JN300010

新装版 電気磁気学

その物理像と詳論

小塚 洋司 著

森北出版株式会社

●本書の補足情報・正誤表を公開する場合があります．当社 Web サイト（下記）
で本書を検索し，書籍ページをご確認ください．
https://www.morikita.co.jp/

●本書の内容に関するご質問は下記のメールアドレスまでお願いします．なお，
電話でのご質問には応じかねますので，あらかじめご了承ください．
editor@morikita.co.jp

●本書により得られた情報の使用から生じるいかなる損害についても，当社およ
び本書の著者は責任を負わないものとします．

|JCOPY|〈(一社)出版者著作権管理機構 委託出版物〉
本書の無断複製は，著作権法上での例外を除き禁じられています．複製される
場合は，そのつど事前に上記機構（電話 03-5244-5088，FAX 03-5244-5089，
e-mail: info@jcopy.or.jp）の許諾を得てください．

新装版の序文

　本書は，初版発刊以来13年が経過し，この度，新版として再発行する運びとなった．著者として誠に喜ばしい限りである．

　初版時の序文にも記したように，本書は一般に理解しがたいといわれている電気磁気学を，"いかにわかりやすく解説するか"ということを主要な執筆課題として取り組んだものである．したがって，従来の電気磁気学の書に見られる執筆形態にとらわれず，各章，各節の個々の主要概念の説明に至るアプローチを工夫し，随所でかなり大胆な執筆手法を採り入れている．たとえば，その節で学ぼうとする主要概念の概要を，はじめに整理して記し，読者の方々が，およその内容を把握した後に，説明に入るという執筆形態なども一つの特徴である．また，この主要概念の説明に至るアプローチの過程をできるだけ平易に，簡潔に解説するという姿勢を貫いている．

　こうした考えのもとに，執筆形式や規格に厳格となるあまり，わかりやすさという本質を切り落とすことのないようにも心がけている．たとえば，本書はSI単位系に従っているが，電気磁気現象からはずれた例示的解説などでは，支障のない限り，日常経験から直感的になじみやすいと思われる重力単位系なども使用している．今回の新本発刊の主な変更点は，上記の執筆方針を堅持しつつ，初版の図面が見にくかった点の改善，ミスプリントなどを修正すること，さらに言葉足らずの説明箇所などの修正である．

　新装版の出版に際し，お世話になりました森北出版の出版部の塚田真弓氏，石田昇司氏他，関係者の方々に厚くお礼申し上げる．

　本書が，電気磁気学を学ぶ方々にとって，その理解や応用の一助として資することができれば著者にとって望外の幸いである．

2012年3月

著者しるす

はじめに

　近年，科学技術は境界領域にまで及び，ますます学際化してゆく傾向にある．このため，単に電気，電子工学の分野に携わる人々のみならず，材料工学や医学を志す人々にとっても電気磁気学は，基礎専門科目として，また教養として重要性が増しつつある．このように学習対象者が多分野に及ぶに至り，理論を追求する立場もあれば，実践的に応用する立場も考えられる．とくに後者の立場からは，電気磁気学の現象，つまり物理像の把握を視座に据えた学習法が一つの重要なファクターとなってくる．実は，本来電気磁気学そのものが，理論的に卓越したマクスウェルと現象論の面で優れた才能を発揮したファラデーという恰好のコンビの業績を基本に体系化されているのである．

　本書は，このようなことを念頭において，理論を詳述するとともに，とくに従来手薄となりがちな物理像をできるだけ平易に解説するという方針のもとに執筆を試みたものである．このため基礎理論には，十分な頁をさき，また物理像を理解しやすくするために，図を多用している．しかし，物理現象を真理に忠実に図解することは，もとより困難で，多くの場合イメージを示唆しているに過ぎないことをお断りしておく．さらに，適宜例題を設け，練習問題では解答もできるだけ詳しく記し，読者の方々の理解を助けるよう努めている．

　電気磁気学では，静電・磁界生起の源をそれぞれ電荷，磁荷とする立場もあるが，本書では，静電界の源を"電荷"，静磁界を"電流"とする立場をとっている．このため静磁界の記述では，電界が"磁界"に対応するという立場をとらず，概念的に"磁束"を電界に対応させるという立場をとっている．しかし，全体の理解を助ける手段として，なじみ深い磁界に関する概説から記述している．

　単位については，国際単位系 (略称 SI 単位系) を採用しているが，電磁気諸量に関しては，MKS 単位が SI 単位で使用されていることから，従来通り MKS 単位の呼称を用いている．

　ところで，電気磁気学は理解し難い学問であるということをよく耳にする．事実，電気磁気学は奥行きの深い学問であり，長年これにかかわってきた筆者自身このことを痛感している．この"わかりにくさ"の原因の一つが，"電気"という言葉にあまりにも惑わされすぎている面があることに触れておきたい．ニュートンが万有引力の法則を発見したのは，1665 年，そしてクーロンが万有引力の表式と形式的に同じである二つの電荷間に働く力に関するクーロンの法則を発見したのは，1785 年であった．電

気磁気学は本来場の学問として特徴づけられているが，これは，クーロン力に基づく"力の場"の学問であり，多くの場合ニュートン力学との類推で発展してきた学問であると考えられる．二つの質量間に働く力が，電気磁気学では，電荷間に作用する力に変わっただけで，この力にかかわる場の様々な現象を取り扱うのが電気磁気学であって，大半は力学的なことを学んでいると考えてさしつかえない．このことは，電位の定義が「仕事」として，つまりエネルギーとして定義されていることからも理解できるであろう．はじめて電気磁気学を学ばれる方々は，とくにこうした力学的な要素が多いことを意識されることをお勧めしたい．

　以上のように，本書は筆者が日頃電気磁気学に対して抱いている考えを前面に出して執筆したものであるが，この趣旨がどこまで達成できたか，諸者の方々のご批判，ご指導を仰ぐ次第である．また，このため頁数もいきおい増す結果となった．こうした筆者の無理な意図をご理解いただき，出版の労をお取りいただいた森北出版㈱の吉松啓視氏，橋本賢治氏他各位のご厚意に対し，心から感謝申し上げる次第である．また，本書出版に際し，一部校正等に協力いただいた佐藤幸男氏 (東芝半導体システム技術センター)，榎本一雄氏 (富士電機㈱)，加藤哲也氏 (日本電気㈱) に深謝する．

1998 年 3 月

著者しるす

目　次

第 1 章　電気磁気学を理解するための基礎数学　　*1*
1.1　ベクトル解析の概要　　1
1.1.1　ベクトル解析を学ぶ理由　　1
1.1.2　ベクトル解析の基礎　　1
1.2　スカラ場，ベクトル場　　9
1.2.1　場の考え方　　9　　1.2.2　発　散　　10
1.2.3　回　転　　11　　1.2.4　勾　配　　13
1.2.5　ベクトル解析における主な法則と公式　　14
1.3　立 体 角　　16
1.3.1　立 体 角　　17
第 1 章の練習問題　　22

第 2 章　電　荷　　*24*
2.1　電気現象と電荷の存在　　24
2.1.1　導体と絶縁体　　24
2.2　クーロンの法則　　26
2.3　静電誘導　　28
第 2 章の練習問題　　29

第 3 章　真空中の静電界　　*30*
3.1　電　界　　30
3.1.1　電界の考え方　　30
3.1.2　真空中に置かれた点電荷による電界　　32
3.2　電気力線　　34
3.3　電位を学ぶための基礎　　36
3.3.1　仕事とエネルギー　　36
3.4　電　位　　39
3.4.1　電位の基本的な考え方　　39

- 3.5　真空中のガウスの定理 …………………………………………………… 48
- 3.6　電気力線の発散 …………………………………………………………… 54
- 3.7　ラプラスおよびポアソンの方程式 ……………………………………… 57
- 3.8　電気力線の性質についてのまとめ ……………………………………… 58
- 3.9　電気双極子 ………………………………………………………………… 61
  - 3.9.1　双極子による電位の求め方　62
- 3.10　電気二重層 ……………………………………………………………… 65
  - 3.10.1　電気二重層による電位　66
- 第 3 章の練習問題　69

第 4 章　真空中の導体系　　*71*

- 4.1　導体に与えた電荷の分布と電界 ………………………………………… 71
  - 4.1.1　導体と静電界　71
- 4.2　電位係数 …………………………………………………………………… 75
  - 4.2.1　電位係数とは　75
- 4.3　容量係数と誘導係数の定義 ……………………………………………… 78
- 4.4　静電容量 …………………………………………………………………… 80
- 第 4 章の練習問題　83

第 5 章　誘電体　　*84*

- 5.1　誘電体 ……………………………………………………………………… 84
  - 5.1.1　誘電率と比誘電率　84
- 5.2　分　極 ……………………………………………………………………… 87
  - 5.2.1　分極の種類　87　　5.2.2　分極の定義　89
  - 5.2.3　分極指力線　90
- 5.3　誘電体内の電界と分極の関係 …………………………………………… 92
  - 5.3.1　P と E の関係　92
- 5.4　電　束 ……………………………………………………………………… 93
  - 5.4.1　電束の意味　93　　5.4.2　電束密度の定義　94
- 5.5　誘電体中のガウスの定理 ………………………………………………… 96
  - 5.5.1　定理の導出　96
- 5.6　ファラデー管 ……………………………………………………………… 97
  - 5.6.1　考え方　97
- 5.7　誘電体の境界条件 ………………………………………………………… 99
  - 5.7.1　電束密度の境界条件　99　　5.7.2　電界の境界条件　100
  - 5.7.3　電気力線の屈折　101　　5.7.4　境界面での特別な現象　101
- 第 5 章の練習問題　103

第6章　静電エネルギーと応用　　105

6.1　導体系の有する静電エネルギー　105
- 6.1.1　孤立導体の有する静電エネルギー　105
- 6.1.2　n 個の導体の場合　107

6.2　電界中の静電エネルギー　109
- 6.2.1　ファラデー管に蓄えられるエネルギー　110
- 6.2.2　静電応力　111
- 6.2.3　ファラデー管に働く力　113

6.3　仮想変位の考え方　114

6.4　導体間に働く力　116
- 6.4.1　電気的エネルギーを補給せず，電極に一定の電荷だけを与えた場合　116
- 6.4.2　電極間の電位差を一定に保つ場合　118

6.5　誘電体間に働く力　119
- 6.5.1　電界が誘電体境界面に垂直な場合　120
- 6.5.2　電界が境界面に平行な場合　121

第6章の練習問題　123

第7章　電界の特殊解法　　124

7.1　境界値問題　124
7.2　電気影像法　125
- 7.2.1　考え方　125
- 7.2.2　導体平面と点電荷　126
- 7.2.3　誘電体面と点電荷　129
- 7.2.4　一様な電界中にある誘電体球　131
- 7.2.5　接地導体球と点電荷　135
- 7.2.6　絶縁された導体球殻と点電荷　137

7.3　写　像　139
- 7.3.1　コーシー・リーマンの微分方程式について　140
- 7.3.2　等角写像　141
- 7.3.3　正則関数と電界の関係　143

第7章の練習問題　144

第8章　電　流　　145

8.1　電　流　145
8.2　抵抗とオームの法則　146
- 8.2.1　抵抗の単位　146
- 8.2.2　抵抗率　147
- 8.2.3　コンダクタンス　148
- 8.2.4　導電率　149

8.3 抵抗率の温度係数 …………………………………………………… 149
8.4 起電力 ………………………………………………………………… 150
 8.4.1 電源に内部抵抗が存在しない場合　152
 8.4.2 内部抵抗が存在する場合　152
8.5 印加電気力 …………………………………………………………… 153
 8.5.1 外部回路が開放の場合　154
 8.5.2 外部回路を閉じた場合　155
8.6 ジュール熱 …………………………………………………………… 155
 8.6.1 太い導体のジュール熱　156
8.7 電力および電気量の単位 …………………………………………… 157
8.8 導体が広がりをもつ場合の電流分布 ……………………………… 157
 8.8.1 電流密度　157　　　8.8.2 電流の連続式　158
 8.8.3 広がりをもつ導体の電界分布　159
8.9 電流の境界条件 ……………………………………………………… 160
第8章の練習問題　161

第9章　真空中の磁界　*162*

9.1 磁　界 ………………………………………………………………… 162
9.2 電流と磁界の関係を理解するための基本事項 …………………… 163
 9.2.1 アンペアの右ねじの法則　163
 9.2.2 微少ループ電流による磁界分布　164
 9.2.3 通常の電流ループによる磁界分布　165
 9.2.4 鎖　交　166
9.3 アンペアの周回積分の法則 ………………………………………… 167
9.4 磁　位 ………………………………………………………………… 171
 9.4.1 電位と磁位　171　　　9.4.2 電流による磁界の磁位　172
 9.4.3 微小ループ電流による磁位　174
9.5 ビオ・サバールの法則 ……………………………………………… 174
9.6 二つの電流間に働く力 ……………………………………………… 178
 9.6.1 実験に基づく証明　178
 9.6.2 等価板磁石による理論的説明　179
 9.6.3 電流の単位について　181
9.7 磁界中の電流に働く力 ……………………………………………… 181
 9.7.1 一般式　181　　　9.7.2 電流単位長に働く力　183
9.8 磁界中の運動電子に作用する力 …………………………………… 184
9.9 分布電流の場合の磁界 ……………………………………………… 184
第9章の練習問題　185

第10章　磁性体　　*186*

10.1　磁　化 …………………………………… 186
10.1.1　磁化現象の微視的な考察　187
10.2　微小ループ電流による磁界 ……………… 188
10.2.1　微小ループ電流のみが物体内につくる磁界　188
10.3　磁束密度 …………………………………… 190
10.3.1　磁性体内部の磁界と磁束密度　190
10.3.2　磁性体外部の磁界と磁束密度　191
10.3.3　磁束，磁束密度，磁化の強さの単位　191
10.4　透磁率と磁化率 …………………………… 191
10.4.1　定　義　191　　10.4.2　磁化率について　193
10.5　磁性体の境界条件 ………………………… 194
10.5.1　境界条件の求め方　194
10.6　磁　極 ……………………………………… 195
10.6.1　考え方　195
10.7　減磁力 ……………………………………… 197
10.7.1　自己減磁力　197　　10.7.2　減磁率　197
10.8　磁力線，磁化線，磁束線 ………………… 198
10.8.1　磁力線　198　　10.8.2　磁化線　198
10.8.3　磁束線　198
10.9　磁気シールド ……………………………… 199
10.9.1　考え方　199
10.10　ベクトルポテンシャル …………………… 201
10.10.1　スカラーポテンシャル　202　　10.10.2　ベクトルポテンシャル　203
10.11　磁界のエネルギー ………………………… 206
10.12　強磁性体の磁化 …………………………… 207
10.12.1　B-H 曲線　207　　10.12.2　μ-H 曲線　208
10.12.3　R_m-H 曲線　208
10.12.4　強磁性体のヒステリシス環線　208
10.12.5　バルクハウゼン効果　209
10.13　ヒステリシス損 …………………………… 209
10.13.1　考え方　210
10.14　磁気回路 …………………………………… 212
10.14.1　磁気回路と電流回路の対応関係　212
10.14.2　等価回路の考え方　213
10.14.3　磁気回路適用上の注意　215
第10章の練習問題　216

第11章　インダクタンス　　　　　　　　　　　　　　　　　　　　*218*

11.1　磁束鎖交数　　　　　　　　　　　　　　　　　　　　218
11.2　インダクタンス　　　　　　　　　　　　　　　　　　219
11.2.1　考え方　219　　　　　11.2.2　インダクタンスの単位　221
11.2.3　ノイマンの公式　222
11.3　2本の平行導線間の相互インダクタンス　　　　　　　　224
11.3.1　考え方　224
11.4　インダクタンスの接続　　　　　　　　　　　　　　　　225
11.4.1　インダクタンスの直列接続　226
11.4.2　インダクタンスの並列接続　229
11.5　電流の有する磁気的エネルギー　　　　　　　　　　　　230
11.5.1　考え方　230
11.5.2　磁気エネルギーのインダクタンス表示　232

第11章の練習問題　　233

第12章　電磁誘導　　　　　　　　　　　　　　　　　　　　　　*235*

12.1　電磁誘導現象　　　　　　　　　　　　　　　　　　　　235
12.2　電磁誘導法則　　　　　　　　　　　　　　　　　　　　236
12.2.1　考え方　237
12.3　誘導起電力について　　　　　　　　　　　　　　　　　238
12.4　電磁誘導法則の拡張　　　　　　　　　　　　　　　　　240
12.5　種々の場合の誘導起電力　　　　　　　　　　　　　　　243
12.5.1　回路は静止，磁束が時間的に変動する場合　243
12.5.2　磁界が静止，回路が移動する場合　243
12.5.3　回路の移動と磁束の時間的変化がある場合　245
12.6　自己誘導作用および相互誘導作用　　　　　　　　　　　246
12.7　磁界のエネルギーと電磁誘導　　　　　　　　　　　　　247
12.8　電流の流れている回路に働く力　　　　　　　　　　　　249
12.8.1　一般式　249
12.8.2　二つの回路の相互位置だけが変化する場合　251
12.9　導体における表皮効果　　　　　　　　　　　　　　　　252
12.9.1　電流の表皮効果　252　　　12.9.2　磁束の表皮効果　253
12.9.3　導体内部の電流　253
12.10　うず電流　　　　　　　　　　　　　　　　　　　　　255
12.10.1　うず電流の導体板に対する作用　257

第12章の練習問題　　258

第13章　電磁波　　　　　　　　　　　　　　　　　　　　　　　　　　　　*260*

13.1　変位電流 ……………………………………………………………… 260
　13.1.1　考え方　260

13.2　マクスウェルの方程式 …………………………………………… 264
　13.2.1　マクスウェルの方程式の導出　264

13.3　波動方程式 ………………………………………………………… 268
　13.3.1　波動方程式の導出　268

13.4　平面波と伝搬特性 ………………………………………………… 269
　13.4.1　一般的媒質中の伝搬　269
　13.4.2　誘電体中を平面波が伝搬する場合　272
　13.4.3　導体中を平面波が伝搬する場合　273

13.5　電磁波の境界条件 ………………………………………………… 274
　13.5.1　電界の境界条件　274　　13.5.2　磁界の条件　277
　13.5.3　電束密度の条件　281　　13.5.4　磁束密度の条件　283
　13.5.5　電磁波の境界条件の適用について　284

13.6　平面波の反射と透過 ……………………………………………… 285
　13.6.1　波動方程式　285　　13.6.2　導出法　285
　13.6.3　境界面に垂直に入射した平面波の反射と透過　286
　13.6.4　境界面に平面波が斜入射する場合　289

13.7　ポインティングベクトル ………………………………………… 294
　13.7.1　ポインティングベクトルの定義　294
　13.7.2　複素ポインティングベクトル–正弦波的に変化する場のエネルギー　297

第13章の練習問題　299

練習問題の略解　300
参 考 文 献　325
索　　　引　326

第1章

電気磁気学を理解するための基礎数学

この章では，電気磁気学の諸現象を理解してゆく上で必要となる基礎的な数学について解説する．まず**ベクトル解析**について概説し，とかくなじみにくいといわれている**立体角**について詳しく記す．

1.1 ベクトル解析の概要

1.1.1 ベクトル解析を学ぶ理由

種々の物理現象を量的に表現する場合，その**大きさ**(数値)に単位をつけるだけで表現できる場合や，**大きさ**のほかに**向き**や**位相**を指定する場合などがある．

たとえば，質量，温度，体積，時間，電荷などは**大きさ**だけで表現できる量であり，このような量を**スカラ** (scalar) という．これに対して，力，重力，速度や，後述する電界，磁界などは，**大きさ**のほかに**向き**を指定してはじめて完全な量表現ができる．このように**大きさ**と**向き**を与えて表現できる量を**ベクトル** (vector) という．なお，上述の**大きさ**と**位相**をもつ量は，電気回路等で用いられ，これは**フェーザ** (phaser) とよばれている．

ところで，電気磁気学でもっとも基本となる場の表現である電界，磁界はベクトルで表される．これは，後述するように，これら電界，磁界がクーロンの法則に従う"**力**"を基礎にして定義されているからである．すなわち，電界も磁界もクーロン力に支配される力の場であり，これと関連する諸量も**大きさ**と**向き**を有するベクトル表示となるものが多い．したがって，電気磁気学を学ぶためには，ベクトルの知識が必要となる．ベクトルの扱いに関しては，数学の領域で**ベクトル解析**という一つの体系ができており，その内容は深い．しかし，本書では，電気磁気学を学ぶために必要最小限度の内容について述べる．

1.1.2 ベクトル解析の基礎

(1) ベクトルの表し方

ベクトルは前述したように，大きさと向きによって定まる量表現である．このベクトルの表示法には，図1.1に示すように，通常 O を始点，A を終点とする**有向線分**が

A(終点)

O(始点)

図 1.1 ベクトル

(平行移動で一致する)   (重ねることができる)

図 1.2 ベクトルの相等

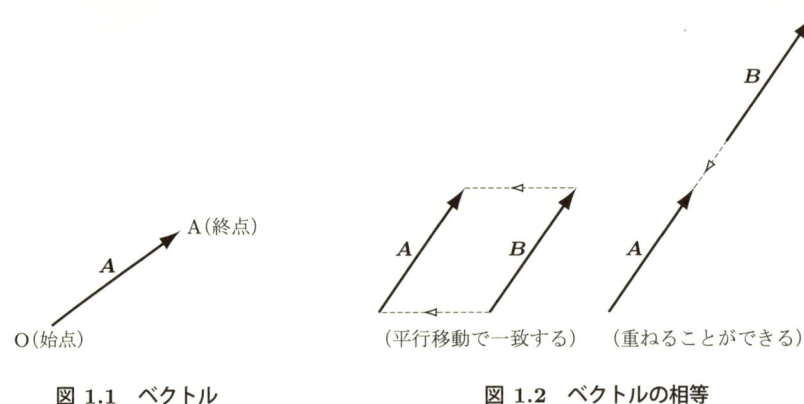

使われている.ベクトルの表記法としては,たとえば,$\boldsymbol{A}$,$\vec{A}$,$\overrightarrow{OA}$ などがあるが,多くの場合,太字 $\boldsymbol{A}$ で表されており,本書もこの太字を採用している.線分 $\overline{OA}$ の長さをベクトル $\boldsymbol{A}$ の大きさ,または絶対値といい,$|\boldsymbol{A}|$ または細字 A で表す.また,向きは矢印で表す.

(2) ベクトルの代数演算

(a) ベクトルの相等

二つのベクトル $\boldsymbol{A}$,$\boldsymbol{B}$ が相等しいとは,大きさと向きがともに等しいときで,このとき $\boldsymbol{A}$,$\boldsymbol{B}$ は相等しいといい,

$$\boldsymbol{A} = \boldsymbol{B} \tag{1.1}$$

と表される (図 1.2).

(b) ベクトルの加法

二つのベクトル $\boldsymbol{A}$,$\boldsymbol{B}$ の加法は,図 1.3 (a) のように $\overline{OA}$,$\overline{OB}$ を 2 辺とする平行四辺形の対角線で表される.つまり,線分 $\overline{OC}$ がベクトル $\boldsymbol{A}$,$\boldsymbol{B}$ の和と定義され,

$$\boldsymbol{A} + \boldsymbol{B} = \boldsymbol{C} \tag{1.2}$$

と表される.ところでベクトルは平行移動してよいから,図 1.3 (b) のように表すこともできる.これは,$\boldsymbol{A}$ ベクトルの終点に $\boldsymbol{B}$ ベクトルを平行移動し,$\boldsymbol{B}$ の始点を接続したとき,$\boldsymbol{A}$ の始点 O と $\boldsymbol{B}$ の終点を結ぶ線分が $\boldsymbol{A}$,$\boldsymbol{B}$ のベクトル和を表すことを意味している.この図法は,図 1.4 のように,多くのベクトルの和を考えるとき便利である.つまり,ベクトル $\boldsymbol{A}$ の始点と最後のベクトル $\boldsymbol{E}$ の終点を結べば,これが $\boldsymbol{A}$,$\boldsymbol{B}$,$\boldsymbol{C}$,$\boldsymbol{D}$,$\boldsymbol{E}$ の総和で,

$$\boldsymbol{F} = \boldsymbol{A} + \boldsymbol{B} + \boldsymbol{C} + \boldsymbol{D} + \boldsymbol{E} \tag{1.3}$$

と表される.

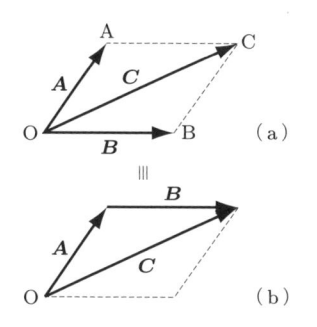

図 1.3 ベクトルの和 $(A + B = C)$

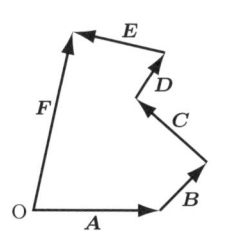

図 1.4 多くのベクトルの和

(c) 零ベクトル

ベクトルの零とは，A, B ベクトルの大きさが等しく，方向が反対であるとき成立し，

$$A + B = 0 \tag{1.4}$$

と表される．これを**零ベクトル**という．

(d) ベクトルの減法

ベクトル B と大きさが等しく，向きが反対のベクトルは，$-B$ と表される．このベクトルを用いて，ベクトルの減法は

$$A - B = C \tag{1.5}$$

と表す．これを図で表すときは A ベクトルと $-B$ ベクトルの和と考えればよい (図 1.5).

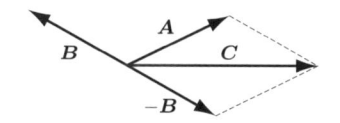

図 1.5 ベクトルの差 $(A + (-B) = C)$

(3) 座標系とベクトル

(a) 単位ベクトル

ベクトル A に対して，向きが同じで大きさが 1 のベクトルを**単位ベクトル**という．

$$a = \frac{A}{|A|} = \frac{A}{A} \quad (A \neq 0) \tag{1.6}$$

表 1.1 大きさ 1 のベクトルのよび方

単位ベクトル	向きを指定する一般的な場合
基本ベクトル	座標軸の方向を指定する場合
法線単位ベクトル	面の向きを指定する場合

したがって，ベクトル $\boldsymbol{A}$ は $\boldsymbol{A} = A\boldsymbol{a}$ と表すことができる．このことから，単位ベクトルは，スカラ量に向きを与え**ベクトル化**する役割をもっていると考えてよい．座標軸の向きを指定する単位ベクトルをとくに**基本ベクトル**といい，面に垂直な単位ベクトルを**法線単位ベクトル**などとよんでいる (表 1.1 参照).

(b) 座標系とベクトル

ここでは直角座標系を例にとり，x, y, z それぞれの軸上正方向に，単位ベクトル，つまり基本ベクトル $\boldsymbol{i}, \boldsymbol{j}, \boldsymbol{k}$ を定める．いま図1.6に示すように，原点 O に始点をもち，終点の座標を P (A_x, A_y, A_z) とするベクトル $\boldsymbol{A}$ は，

$$\boldsymbol{A} = \boldsymbol{i}A_x + \boldsymbol{j}A_y + \boldsymbol{k}A_z \tag{1.7}$$

と表される．ベクトル $\boldsymbol{A}$ と x, y, z 軸がなす角をそれぞれ α, β, γ とするとき，$\boldsymbol{A}$ の各軸上への正射影は，

$$A_x = |\boldsymbol{A}|\cos\alpha, \quad A_y = |\boldsymbol{A}|\cos\beta, \quad A_z = |\boldsymbol{A}|\cos\gamma$$

である．A_x, A_y, A_z をそれぞれベクトル $\boldsymbol{A}$ の x, y, z 成分という．なお，

$$l = \cos\alpha, \quad m = \cos\beta, \quad n = \cos\gamma \tag{1.8}$$

とおくとき，(l, m, n) を $\boldsymbol{A}$ の**方向余弦**という．したがって，方向余弦は

$$l = \frac{A_x}{|\boldsymbol{A}|}, \quad m = \frac{A_y}{|\boldsymbol{A}|}, \quad n = \frac{A_z}{|\boldsymbol{A}|} \tag{1.9}$$

ここで，ベクトルの大きさ $|\boldsymbol{A}|$ は，図 1.6 から明らかに次式である．

$$|\boldsymbol{A}| = \sqrt{A_x{}^2 + A_y{}^2 + A_z{}^2} \tag{1.10}$$

とくに図 1.7 に示すように始点を原点 O に，終点を P(x, y, z) の変数とするベクトル $\boldsymbol{r}$ は，座標系における任意の位置を示すことができることから，このベクトルを**位置ベクトル**，また $\boldsymbol{r}$ を半径と見立てると球面を描くことができ，しかも半径 r は可変できることから**動径ベクトル**，**可変ベクトル**などとよばれ，次式で表される．

$$\boldsymbol{r} = \boldsymbol{i}x + \boldsymbol{j}y + \boldsymbol{k}z \tag{1.11}$$

$$r = |\boldsymbol{r}| = \sqrt{x^2 + y^2 + z^2} \tag{1.12}$$

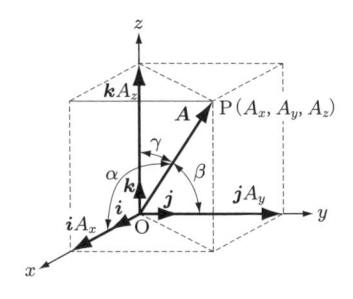

図 1.6　直角座標とベクトル　　　　　図 1.7　動径ベクトル

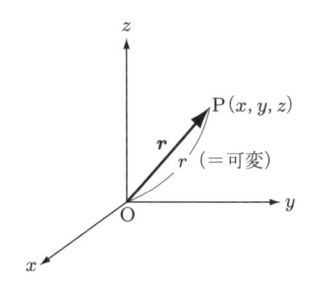

ここでは，座標系として，直角座標系 (x, y, z) を例にとったが，たとえば球座標系 $(\gamma, \theta, \varphi)$ では，$\boldsymbol{A}$ は $\boldsymbol{A} = \boldsymbol{i}_r A_r + \boldsymbol{i}_\theta A_\theta + \boldsymbol{i}_\varphi A_\varphi$ のように表す．

(4) ベクトルの積

ベクトルの積には，通常のスカラ量とベクトル量の積のほか，ベクトル解析を特徴づける積として，**スカラ積** (scalar product) と，**ベクトル積** (vector product) とよばれるものがある[1]．

(a) ベクトルとスカラの積

ベクトル $\boldsymbol{A}$ とスカラ a の積はベクトルとなり，方向は $\boldsymbol{A}$ のベクトルと同方向である．

$$\boldsymbol{C} = a\boldsymbol{B} = a|\boldsymbol{B}|\boldsymbol{b}_0 = aB\boldsymbol{b}_0 \tag{1.13}$$

ただし，$\boldsymbol{b}_0$ は $\boldsymbol{B}$ 方向の単位ベクトルである．

(b) スカラ積

スカラ積は，二つのベクトルを $\boldsymbol{A}$，$\boldsymbol{B}$ とその挟角を θ とすると，

$$\boldsymbol{A} \cdot \boldsymbol{B} = AB \cos \theta \: (= A_x B_x + A_y B_y + A_z B_z) \: (直角座標) \tag{1.14}$$

と定義される．$\boldsymbol{A} \cdot \boldsymbol{B}$ の積の結果がスカラ量であるからスカラ積とよばれる．単位ベクトル $\boldsymbol{i}$，$\boldsymbol{j}$，$\boldsymbol{k}$ のスカラ積は，次式で表される．

$$\begin{aligned} \boldsymbol{i} \cdot \boldsymbol{i} &= \boldsymbol{j} \cdot \boldsymbol{j} = \boldsymbol{k} \cdot \boldsymbol{k} = 1 \\ \boldsymbol{i} \cdot \boldsymbol{j} &= \boldsymbol{j} \cdot \boldsymbol{k} = \boldsymbol{k} \cdot \boldsymbol{i} = \boldsymbol{j} \cdot \boldsymbol{i} \\ &= \boldsymbol{k} \cdot \boldsymbol{j} = \boldsymbol{i} \cdot \boldsymbol{k} = 0 \end{aligned} \tag{1.15}$$

---

[1] スカラ積のことを内積 (inner product)，ベクトル積のことを外積 (outer product) とよぶことがある．

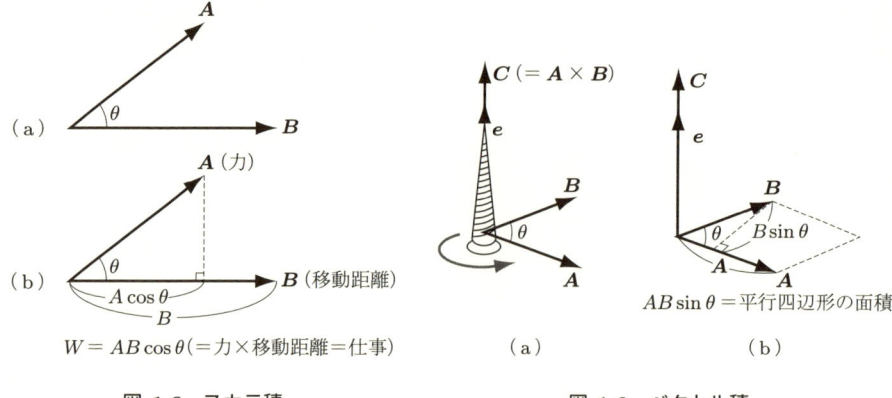

図 1.8 スカラ積

図 1.9 ベクトル積

スカラ積は，たとえば A を力，B を移動距離とすると図 1.8 (b) に示すように**仕事** W を表す関係にある．

(c) ベクトル積

ベクトル積は，A，B の挟角を θ とするとき，

$$C = A \times B \tag{1.16}$$

と定義される（図 1.9）．すなわち，A から B に右ねじを回転したときの進行方向ベクトルを C，その方向の単位ベクトルを e とすると，

$$\begin{aligned} A \times B &= eAB\sin\theta \\ &= \begin{vmatrix} i & j & k \\ A_x & A_y & A_z \\ B_x & B_y & B_z \end{vmatrix} \quad (\text{直角座標}) \end{aligned} \tag{1.17}$$

二つのベクトル A，B の積をとった結果がベクトル量となることから，この積をベクトル積とよんでいる．e は A，B のつくる面に垂直である．

$AB\sin\theta$ は，A，B を 2 辺とする平行四辺形の面積を表し，この大きさをもち，この面に垂直なベクトルがベクトル積のもつ意味である．

単位ベクトルの間には，次式の関係がある．

$$\begin{aligned} i \times j &= -j \times i = k \\ j \times k &= -k \times j = i \\ k \times i &= -i \times k = j \\ i \times i &= j \times j = k \times k = 0 \end{aligned} \tag{1.18}$$

(5) ベクトルの微分

ベクトルの微分には後節で述べるように，ベクトル解析の基礎となる**勾配**，**発散**，**回転**という重要な概念が含まれていることに注意する必要がある．

(a) ベクトルをスカラで微分する場合

$$
\begin{aligned}
&(\text{i}) && \frac{d}{dt}(\boldsymbol{A}+\boldsymbol{B}) = \frac{d\boldsymbol{A}}{dt} + \frac{d\boldsymbol{B}}{dt} \\
&(\text{ii}) && \frac{d}{dt}(a\boldsymbol{B}) = a\frac{d\boldsymbol{B}}{dt} + \boldsymbol{B}\frac{da}{dt} \\
&(\text{iii}) && \frac{d}{dt}(\boldsymbol{A}\cdot\boldsymbol{B}) = \boldsymbol{A}\cdot\frac{d\boldsymbol{B}}{dt} + \frac{d\boldsymbol{A}}{dt}\cdot\boldsymbol{B} \\
&(\text{iv}) && \frac{d}{dt}(\boldsymbol{A}\times\boldsymbol{B}) = \boldsymbol{A}\times\frac{d\boldsymbol{B}}{dt} + \frac{d\boldsymbol{A}}{dt}\times\boldsymbol{B} \\
&(\text{v}) && \frac{d}{dt}\{\boldsymbol{A}\cdot(\boldsymbol{B}\times\boldsymbol{C})\} = \boldsymbol{A}\cdot\left(\boldsymbol{B}\times\frac{d\boldsymbol{C}}{dt}\right) + \boldsymbol{A}\cdot\left(\frac{d\boldsymbol{B}}{dt}\times\boldsymbol{C}\right) \\
& && \qquad\qquad\qquad\qquad\quad + \frac{d\boldsymbol{A}}{dt}\cdot(\boldsymbol{B}\times\boldsymbol{C}) \\
&(\text{vi}) && \frac{d}{dt}\{\boldsymbol{A}\times(\boldsymbol{B}\times\boldsymbol{C})\} = \boldsymbol{A}\times\left(\boldsymbol{B}\times\frac{d\boldsymbol{C}}{dt}\right) \\
& && \qquad\qquad\qquad\qquad\quad + \boldsymbol{A}\times\left(\frac{d\boldsymbol{B}}{dt}\times\boldsymbol{C}\right) + \frac{d\boldsymbol{A}}{dt}\times(\boldsymbol{B}\times\boldsymbol{C})
\end{aligned}
\tag{1.19}
$$

(b) スカラ φ をベクトル $\boldsymbol{I}$ で微分する場合

$$
\begin{aligned}
\frac{d\varphi}{d\boldsymbol{I}} &= \operatorname{grad}\varphi = \boldsymbol{i}\frac{\partial\varphi}{\partial x} + \boldsymbol{j}\frac{\partial\varphi}{\partial y} + \boldsymbol{k}\frac{\partial\varphi}{\partial z} \\
&= \nabla\varphi \text{ (直角座標)}
\end{aligned}
\tag{1.20}
$$

ここで，grad は gradient の略で**勾配**を意味している（13 ページ 1.2.4 項参照）．また，∇ はナブラ (nabla) と読み，

$$
\nabla = \boldsymbol{i}\frac{\partial}{\partial x} + \boldsymbol{j}\frac{\partial}{\partial y} + \boldsymbol{k}\frac{\partial}{\partial z} \tag{1.21}
$$

と表される．ただし，$d\boldsymbol{I}$ は，

$$
d\boldsymbol{I} = \boldsymbol{i}\,dx + \boldsymbol{j}\,dy + \boldsymbol{k}\,dz \tag{1.22}
$$

である．

(c) ベクトル的演算子 ∇ を作用させる微分には，次の二通りがある
(ⅰ) 微分演算子 ∇ とベクトル $\boldsymbol{A}$ のスカラ積の場合

$$\nabla \cdot \boldsymbol{A} = \mathrm{div}\, \boldsymbol{A} = \frac{\partial A_x}{\partial x} + \frac{\partial A_y}{\partial y} + \frac{\partial A_z}{\partial z} \quad \text{（直角座標）} \tag{1.23}$$

div は divergence の略で**発散**を意味している (10 ページ 1.2.2 項参照).

(ⅱ) ∇ とベクトル $\boldsymbol{A}$ のベクトル積

$$\nabla \times \boldsymbol{A} = \mathrm{rot}\, \boldsymbol{A} = \mathrm{curl}\, \boldsymbol{A} = \begin{vmatrix} \boldsymbol{i} & \boldsymbol{j} & \boldsymbol{k} \\ \dfrac{\partial}{\partial x} & \dfrac{\partial}{\partial y} & \dfrac{\partial}{\partial z} \\ A_x & A_y & A_z \end{vmatrix} \tag{1.24}$$

rot は rotation の略で**回転**を意味している (11 ページ 1.2.3 項参照).

(d) ベクトルの偏微分

$\boldsymbol{A}$ が x, y, z の関数，つまりベクトル関数で，極限値が存在するとき，$\boldsymbol{A}$ の偏微分は次式で定義される．

$$\begin{aligned} \frac{\partial \boldsymbol{A}}{\partial x} &= \lim_{\Delta x \to 0} \frac{\boldsymbol{A}(x+\Delta x, y, z) - \boldsymbol{A}(x, y, z)}{\Delta x} \\ \frac{\partial \boldsymbol{A}}{\partial y} &= \lim_{\Delta y \to 0} \frac{\boldsymbol{A}(x, y+\Delta y, z) - \boldsymbol{A}(x, y, z)}{\Delta y} \\ \frac{\partial \boldsymbol{A}}{\partial z} &= \lim_{\Delta z \to 0} \frac{\boldsymbol{A}(x, y, z+\Delta z) - \boldsymbol{A}(x, y, z)}{\Delta z} \end{aligned} \tag{1.25}$$

(e) ベクトルの全微分

$$\begin{aligned} &\text{(ⅰ)}\quad \boldsymbol{A} = \boldsymbol{i} A_x + \boldsymbol{j} A_y + \boldsymbol{k} A_z \text{に対して,} \\ &\qquad d\boldsymbol{A} = \boldsymbol{i}\, dA_x + \boldsymbol{j}\, dA_y + \boldsymbol{k}\, dA_z \\ &\text{(ⅱ)}\quad d(\boldsymbol{A} \cdot \boldsymbol{B}) = \boldsymbol{A} \cdot d\boldsymbol{B} + d\boldsymbol{A} \cdot \boldsymbol{B} \\ &\text{(ⅲ)}\quad d(\boldsymbol{A} \times \boldsymbol{B}) = \boldsymbol{A} \times d\boldsymbol{B} + d\boldsymbol{A} \times \boldsymbol{B} \\ &\text{(ⅳ)}\quad \boldsymbol{A} = \boldsymbol{A}(x, y, z) \text{であるとき,} \\ &\qquad d\boldsymbol{A} = \frac{\partial \boldsymbol{A}}{\partial x} dx + \frac{\partial \boldsymbol{A}}{\partial y} dy + \frac{\partial \boldsymbol{A}}{\partial z} dz \end{aligned} \tag{1.26}$$

(6) ベクトルの積分

ベクトルの積分といっても結局は，スカラの被積分関数の積分を実行することであり，むずかしく考える必要はない．詳細は他書に譲るが，電気磁気学でよく使われるベクトルの線積分，面積分は次式のように表される．

$$\left.\begin{array}{l}\displaystyle\int_C \boldsymbol{A} \cdot d\boldsymbol{r} \\ \displaystyle\int_C \boldsymbol{A} \times d\boldsymbol{r}\end{array}\right\} 曲線 C に沿う線積分 \qquad (1.27)$$

$$\left.\begin{array}{l}\displaystyle\int_S \boldsymbol{A} \cdot d\boldsymbol{S} \\ \displaystyle\int_S \boldsymbol{A} \times d\boldsymbol{S}\end{array}\right\} 曲線 S 上での \boldsymbol{A} の面積分[2] \qquad (1.28)$$

1.2 スカラ場，ベクトル場

1.2.1 場の考え方

スカラ場，ベクトル場

空間の**ある領域**内の各点で，スカラ量が定まるときを**スカラ場**，ベクトル量が定まるときを**ベクトル場**という．

空間の**ある領域** D 内[3]の各点で，**ある量**がそれぞれ定まった値をもつときに，この領域 D をその量に関する**場**または**界** (field) とよぶ．すなわち，この場に属する (領域 D 内にある) ある量の値は，定められている座標の一価関数[4]として表される．領域 D 内で定まるある量，すなわち，一価関数がスカラであるか，ベクトルであるかによってそれぞれ**スカラ場，ベクトル場**という．すなわち，スカラ場，ベクトル場とは，領域 D とその内部で定まるある量が一体となった概念であると考えられる[5]．

たとえば，図 1.10 (a) に示すように室内 (領域 D に相当) で各点の温度 (ある量 = 一価関数 $T(x, y, z)$) が定まっているような場合，この室内は**温度のスカラ場**であるという．

また，同図 (b) のように，水流の状態が管 (ある領域 D) の中の各点の速度 (ある量 = $\boldsymbol{v}(r, \theta, z)$) で定まるときは，この水流は**速度のベクトル場**であるという．このほかの例として，ある領域の圧力，湿度，密度，電位の分布量などはスカラ場，ある領域における重力，風力 (強さと向きを示すとき)，電界，磁界などはベクトル場を構成する．

---

[2] ベクトル解析では，微小面積をベクトルで表す．すなわち，微小面積 dS をその大きさとし，dS の法線の一方を正とし，この向きをもつベクトルが面積ベクトル $d\boldsymbol{S}$ である．これは $d\boldsymbol{S} = \boldsymbol{n} \cdot dS$ とも表される．

[3] D は空間全体であってもよい．

[4] 変数 x の同一の値に対して，関数 $y = f(x)$ の値が一つだけ定まるような関数を一価関数という．

[5] むずかしく考える必要はなく，ベクトル場といえば通常**ベクトル関数**という言葉で置き換え，そこに定義されている領域 D を考えればよい．

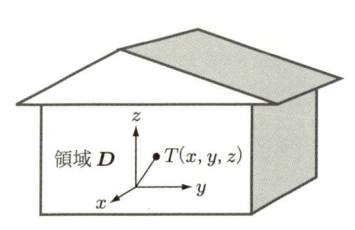

(a) 温度分布によるスカラ場の例．
$\begin{pmatrix}領域\ D(室内)の各点で温度\ T(x,y,z)\ が\\定まり，これはスカラ場である\end{pmatrix}$

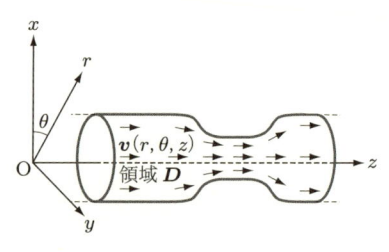

(b) 水流によるベクトル場の例

図 1.10　スカラ場，ベクトル場

1.2.2　発 散[6]

（1） 線束について

線束

ベクトル場内において，面 S 上に面積素 dS を考える．dS 上のベクトル $\boldsymbol{A}$ の法線方向成分を A_n とするとき，$A_n\,dS = \boldsymbol{A} \cdot \boldsymbol{n}\,dS$ を**線束**と定義する．

S 面上全体にわたる総線束 Φ は，

$$\Phi = \int_S \boldsymbol{A} \cdot \boldsymbol{n}\,dS$$

で与えられる．

ベクトル場における発散について学ぶ前に，線束なるものについて定義しておこう．

ベクトル場内に一つの面 S を考え，その面積素 (surface element) を dS とする．dS 上の任意ベクトルを $\boldsymbol{A}$，この法線方向の成分を A_n とする．このとき，$A_n dS$ を**線束** (flux) と定義する．したがって，S 面全体の総線束 Φ は，

$$\Phi = \int_S \boldsymbol{A} \cdot \boldsymbol{n}\,dS = \int_S A_n\,dS \tag{1.29}$$

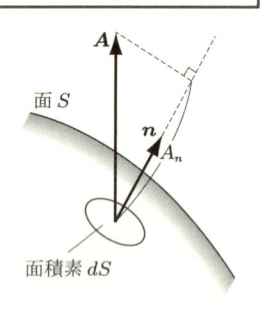

図 1.11　線束の説明

で与えられる．法線ベクトル $\boldsymbol{n}$ を図 1.11 のように外向きにとった場合の線束を正とすれば，$\boldsymbol{n}$ の内向きに対するものは負で表され，したがって線束には正，負が考えられる．線束は電気磁気学では後章で述べる「電束」の概念などに対応している．

---

[6] 発散および後述する回転，勾配等の物理的意味は，拙著『光・電波解析の基礎』(コロナ社刊) を参照されたい．

(2) 発散の定義

発散の定義

$\boldsymbol{A}$ なるベクトル場内の 1 点における**発散** (divergence) は，微小体積 Δv の閉曲面 S から出る単位体積あたりの線束 $\left(\int_S \boldsymbol{A} \cdot \boldsymbol{n}\, dS / \Delta v\right)$ の極限値 $(\Delta v \to 0)$ として，次式のように定義される．

$$\mathrm{div}\boldsymbol{A} = \nabla \cdot \boldsymbol{A} = \lim_{\Delta v \to 0} \frac{\int_S \boldsymbol{A} \cdot \boldsymbol{n}\, dS}{\Delta v}$$
$$= \left(\frac{\text{線束の総数}}{\text{体積}}\right) \text{の極限値}$$

直角座標 (x, y, z) では，

$$\mathrm{div}\boldsymbol{A} = \nabla \cdot \boldsymbol{A} = \lim_{\Delta V \to 0} \frac{\int_S \boldsymbol{A} \cdot \boldsymbol{n}\, dS}{\Delta v}$$
$$= \frac{\partial Ax}{\partial x} + \frac{\partial Ay}{\partial y} + \frac{\partial Az}{\partial z}$$

1.2.3 回 転

(1) 循環について

循環の定義

循環とは，ベクトル場内の任意の閉曲線 C に関するベクトル $\boldsymbol{A}$ の線積分で，次式のように定義される．

$$\Gamma = \oint_C \boldsymbol{A} \cdot d\boldsymbol{l} \qquad (\text{循環})$$

発散のところで線束 (流束) を定義したのと同様に，ベクトルの回転を学ぶには**循環**の定義を知っておく必要がある．

この概念も流体力学から出ているものであって，いま図 1.12 (a) のように，川の流れを流線で表して考えてみよう．

この流れの中に，点線で示すように，太さが一様な管を仮想してみる．管の中に閉じこめられた流れは，慣性をもっており回転運動を続け，最終的にある速度に落ち着くものとする．このときの**流れの速度**に**管の長さ**をかけたものを**循環**と定義している．この概念はベクトル場において，一般に拡張され，たとえ流体のように動くものがなくても循環が定義される．この場合には任意の閉曲線 C についてのベクトル場 $\boldsymbol{A}$ の線積分をもって循環と定義する (図 1.12 (b))．すなわち，

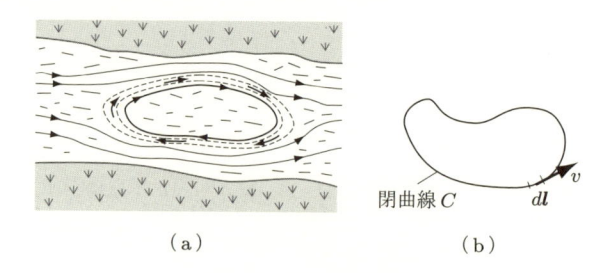

図 1.12 循環の説明

$$\Gamma = \oint_C \boldsymbol{A} \cdot d\boldsymbol{l} \tag{1.30}$$

上述した**線束**と**循環**は，電気磁気学の基礎法則を表現する概念であって，きわめて重要である．

（2）回転の定義

回転の定義

$\boldsymbol{A}$ なるベクトル場内で，閉曲線 C に囲まれた微小な面積を ΔS とし，S 内の点 P における単位法線ベクトルを $\boldsymbol{n}$ とする．このとき，C 内の点 P におけるベクトル $\boldsymbol{A}$ の**回転** (rotation) の $\boldsymbol{n}$ 方向成分は，次式のように定義される．

$$(\text{rot}\,\boldsymbol{A}) \cdot \boldsymbol{n} = \lim_{\Delta S \to 0} \frac{\oint_C \boldsymbol{A} \cdot d\boldsymbol{l}}{\Delta S}$$
$$= \left(\frac{\text{循環}}{C\text{で囲まれた面積}} \right) \text{の極限値}$$

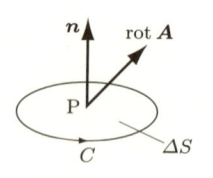

直角座標 (x, y, z) では，

$$\text{rot}\,\boldsymbol{A} = \nabla \times \boldsymbol{A} = \boldsymbol{i}\left(\frac{\partial A_z}{\partial y} - \frac{\partial A_y}{\partial z}\right) + \boldsymbol{j}\left(\frac{\partial A_x}{\partial z} - \frac{\partial A_z}{\partial x}\right) + \boldsymbol{k}\left(\frac{\partial A_y}{\partial x} - \frac{\partial A_x}{\partial y}\right)$$

あるいは行列式の形で

$$\text{rot}\,\boldsymbol{A} = \begin{vmatrix} \boldsymbol{i} & \boldsymbol{j} & \boldsymbol{k} \\ \dfrac{\partial}{\partial x} & \dfrac{\partial}{\partial y} & \dfrac{\partial}{\partial z} \\ A_x & A_y & A_z \end{vmatrix}$$

1.2.4 勾配

(1) 勾配の定義

> **勾配の定義**
>
> **定義**
>
> **勾配** (gradient) は，その大きさが考察点 P における最大の変化率に等しく，その向きは点 P における変化率 (微分勾配) が最大となる向きをもつ．
>
> **定義式**
>
> $$\mathrm{grad}f = \nabla f = \frac{\partial f}{\partial n}\boldsymbol{n}$$
>
> ここに，n ：点 P で等位線 (面) に直角で，f の増加する方向に測った距離
> $\boldsymbol{n}$ ：その向きの単位ベクトル
> $\dfrac{\partial f}{\partial n}$ ：点 P における f の最大変化率 (微分勾配の最大値)

坂道の傾斜の程度を表すのに，勾配という言葉が使われている．日常われわれが勾配とよんでいるもっとも簡単な例は，図 1.13 に示すような断面で考えた勾配である．これは，x 方向だけに変化しており，1 次元の勾配である．

この場合，直線状の坂道 (区間 OA) における勾配は，

$$\frac{\Delta f}{\Delta x} = \tan\theta \tag{1.31}$$

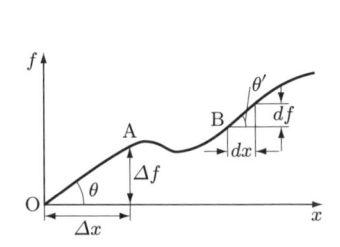

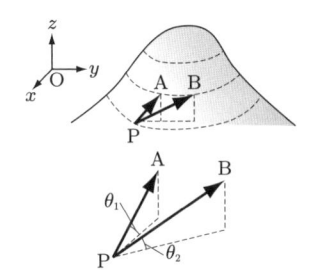

図 1.13　1 次元の勾配　　図 1.14　山の斜面での勾配の考え方

曲線状の坂道では，考えている点 (たとえば点 B) の接線の勾配，すなわち，微分係数で表現される．

$$\frac{df}{dx} = \tan\theta' \tag{1.32}$$

では，図 1.14 のような山の斜面における勾配は，どのように考えるべきであろうか．山の斜面の点 P に立ち，A の方向と B の方向を見ると，明らかに勾配は違っている．このように山の斜面の勾配を考えるようなときは，どちらの向きに向いた勾配か

を指定する必要がある．つまり，この場合の勾配は，大きさのみならず，向きも指定してはじめて定まる．このことから，勾配は一般にベクトル量であり，次のように定義される．

「勾配とは，その大きさが考察点 P における最大の変化率に等しく，その向きは，点 P における変化率 (微分勾配) が最大となる向きをとる」

これを式で示すと，

$$\mathrm{grad} f = \frac{\partial f}{\partial n} \boldsymbol{n} \tag{1.33}$$

である．

山の高さは，地図上では等高線で示される．電気磁気学では，これに類似するものとして，2 次元的には等電位線が，3 次元的には等電位面などがある．このため電気磁気学でも，これらの量的表現に関連して"勾配"の考え方が必要となる．

1.2.5 ベクトル解析における主な法則と公式

ここでは，ベクトル解析における主な法則や公式について簡単に記す．証明等は他書を参照されたい．

(a) 演算法則

(ⅰ) 加法

$$\begin{aligned}
\boldsymbol{A} + \boldsymbol{B} &= \boldsymbol{B} + \boldsymbol{A} & \text{(交換則)} \\
\boldsymbol{A} + (\boldsymbol{B} + \boldsymbol{C}) &= (\boldsymbol{A} + \boldsymbol{B}) + \boldsymbol{C} & \text{(結合則)} \\
a\boldsymbol{A} &= \boldsymbol{A}a & \text{(交換則)} \\
a(b\boldsymbol{A}) &= (ab)\boldsymbol{A} & \text{(結合則)} \\
(a+b)\boldsymbol{A} &= a\boldsymbol{A} + b\boldsymbol{A} & \text{(分配則)} \\
a(\boldsymbol{A} + \boldsymbol{B}) &= a\boldsymbol{A} + a\boldsymbol{B} & \text{(分配則)}
\end{aligned} \tag{1.34}$$

(ⅱ) スカラ積

$$\begin{aligned}
\boldsymbol{A} \cdot \boldsymbol{B} &= \boldsymbol{B} \cdot \boldsymbol{A} & \text{(交換則)} \\
\boldsymbol{A} \cdot (\boldsymbol{B} + \boldsymbol{C}) &= \boldsymbol{A} \cdot \boldsymbol{B} + \boldsymbol{A} \cdot \boldsymbol{C} & \text{(分配則)} \\
a(\boldsymbol{A} \cdot \boldsymbol{B}) &= (a\boldsymbol{A}) \cdot \boldsymbol{B} = \boldsymbol{A} \cdot (a\boldsymbol{B}) = (\boldsymbol{A} \cdot \boldsymbol{B})a
\end{aligned} \tag{1.35}$$

(ⅲ) ベクトル積

$$\begin{aligned}
\boldsymbol{A} \times \boldsymbol{B} &= -\boldsymbol{B} \times \boldsymbol{A} & \text{(交換則不成立)} \\
\boldsymbol{A} \times (\boldsymbol{B} + \boldsymbol{C}) &= \boldsymbol{A} \times \boldsymbol{B} + \boldsymbol{A} \times \boldsymbol{C} & \text{(分配則)} \\
a(\boldsymbol{A} \times \boldsymbol{B}) &= (a\boldsymbol{A}) \times \boldsymbol{B} = \boldsymbol{A} \times (a\boldsymbol{B}) = (\boldsymbol{A} \times \boldsymbol{B})a
\end{aligned} \tag{1.36}$$

(b) ベクトルの三重積

ベクトル A, B, C で構成される積には次のようなものがある．

> (ⅰ) $(A \cdot B)C \neq A(B \cdot C)$
> (ⅱ) $A \cdot (B \times C) = B \cdot (C \times A) = C \cdot (A \times B)$ （スカラ三重積）
> (ⅲ) $A \times (B \times C) = (A \cdot C)B - (A \cdot B)C$ （ベクトル三重積）
> $\quad\ (A \times B) \times C = (A \cdot C)B - (B \cdot C)A$

(1.37)

(c) 四つのベクトルの積

> (ⅰ) $(A \times B) \cdot (C \times D) = A \cdot \{B \times (C \times D)\}$
> $\qquad\qquad\qquad\qquad\ = A \cdot \{(B \cdot D)C - (B \cdot C)D\}$
> $\qquad\qquad\qquad\qquad\ = (A \cdot C)(B \cdot D) - (A \cdot D)(B \cdot C)$
> (ⅱ) $(A \times B) \times (C \times D) = \{(A \times B) \cdot D\}C - \{(A \times B) \cdot C\}D$

(1.38)

(d) ベクトルの微分

> $\mathrm{grad}(\phi + \psi) = \mathrm{grad}\,\phi + \mathrm{grad}\,\psi$
> $\mathrm{grad}(\phi\psi) = \phi\,\mathrm{grad}\,\psi + \psi\,\mathrm{grad}\,\phi$
> $\mathrm{div}(A + B) = \mathrm{div}\,A + \mathrm{div}\,B$
> $\mathrm{rot}(A + B) = \mathrm{rot}\,A + \mathrm{rot}\,B$
> $\mathrm{div}(\phi A) = A \cdot \mathrm{grad}\,\phi + \phi\,\mathrm{div}\,A$
> $\mathrm{rot}(\phi A) = \mathrm{grad}\,\phi \times A + \phi\,\mathrm{rot}\,A$
> $\mathrm{grad}(A \cdot B) = (A \cdot \nabla)B + (B \cdot \nabla)A$
> $\qquad\qquad\quad + A \times \mathrm{rot}\,B$
> $\qquad\qquad\quad + B \times \mathrm{rot}\,A$[7]
> $\mathrm{div}(A \times B) = B\,\mathrm{rot}\,A - A\,\mathrm{rot}\,B$
> $\mathrm{rot}(A \times B) = A\,\mathrm{div}\,B - B\,\mathrm{div}\,A + (B \cdot \nabla)A$
> $\qquad\qquad\quad - (A \cdot \nabla)B$
> $\mathrm{rot}\,\mathrm{rot}\,A = \mathrm{grad}\,\mathrm{div}\,A - \nabla^2 A$
> $\mathrm{rot}\,\mathrm{grad}\,\phi = \mathbf{0}$
> $\mathrm{div}\,\mathrm{rot}\,A = 0$
> $\mathrm{div}\,r = 3$
> $\mathrm{rot}\,r = \mathbf{0}$
> ただし，$r = ix + jy + kz$ （動径ベクトル）

(1.39)

---

[7] $B \cdot \nabla$ において，∇ は微分演算子であって，ベクトル量ではない．したがって，このような表示法は定義なしでは許されない．$B \cdot \nabla = B_x \dfrac{\partial}{\partial x} + B_y \dfrac{\partial}{\partial y} + B_z \dfrac{\partial}{\partial z}$ と定義してはじめて有効となる．

(e) ベクトルの積分

ガウスの発散定理

閉曲面 S によって囲まれた体積を v, $\boldsymbol{n}$ は S 面の外向き法線単位ベクトルとする.

$$\int_v \mathrm{grad}\phi \, dv = \int_S \phi \boldsymbol{n} \, dS \tag{1.40}$$

$$\int_v \mathrm{div}\boldsymbol{A} \, dv = \int_S \boldsymbol{A} \cdot \boldsymbol{n} \, dS \quad \text{(ガウスの発散定理)} \tag{1.41}$$

ストークスの定理

S は C を閉曲線とする面, $\boldsymbol{n}$ は面 S の外向き法線単位ベクトル, $\boldsymbol{n}$ の向きと C は右ねじ関係にあるとする.

$$\oint_C \boldsymbol{A} \cdot d\boldsymbol{l} = \int_S \mathrm{rot}\,\boldsymbol{A} \cdot \boldsymbol{n} \, dS = \int_S \mathrm{rot}\,\boldsymbol{A} \cdot d\boldsymbol{S} \tag{1.42}$$

1.3 立体角

電気磁気学では,後述するように,電界に界するガウスの定理をはじめ,いたるところに**立体角**という概念が導入される.一般の角,立体角は,次のように定義される.

一般の角

一般の角 θ は,曲線 C が直線 OP, OQ によって切り取られる部分 L の,定点 O を中心とする半径 r の円周上への投影長を l とするとき,

$$\boxed{\theta = \frac{l}{r}}$$

と定義される.

$r = 1$ のときは,$\theta = l$ となり,OA, OB によって切り取られる半径 1 の円弧の長さで表される.

立体角

半径 r の球面の上方に面積 S の曲面を考え,この底面 S と O でつくる錐体が半径 r の球面を切り取る部分の面積を S_0 とする.このとき,曲面 S の定点 O に対する立体角は,

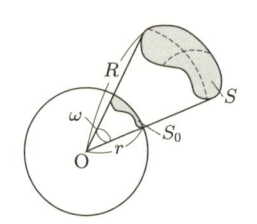

$$\boxed{\omega = \frac{S_0}{r^2}}$$

$r=1$ とすると，$\omega = S_0$ となり半径 1 の球面上の面積そのものとなる．

円板の立体角

点 P から円板を見た立体角 ω

$$\boxed{\begin{aligned}\omega &= \frac{S}{R^2} = 2\pi(1-\cos\theta) \\ &= 2\pi\left(1 - \frac{r}{\sqrt{r^2+a^2}}\right)\end{aligned}}$$

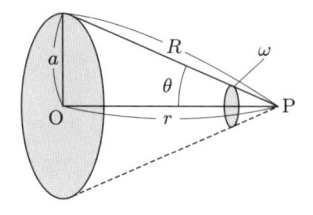

1.3.1 立体角

立体角 (solid angle) とは，図 1.15 に示すように，頂点 O と球面上の面積の周上の 1 点とを結ぶ直線が一周するときにつくる図形，つまり錐体を考えて，点 O に対する**開きの程度**を定量化するもので，一般の角を 3 次元的に拡張したものと考えてよい．もちろん，図示したような平担な円板状のものでなく，図 1.16 に示すように，凹凸面や任意の形状の曲面 (閉曲面も含む) に対して立体角は考えられる．

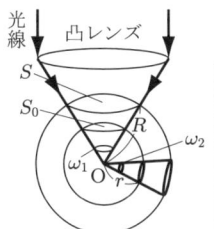

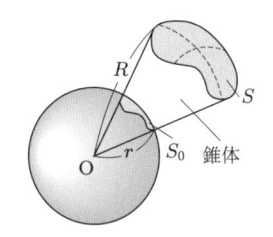

図 1.15 立体角の説明 ($\omega_1 > \omega_2$)

図 1.16 立体角の説明
S は凹凸面や任意の形状の面でよい．

したがって，いま半径 r の球面の上方に，面積 S の曲面があるとき，この S と O とでつくる錐体が，半径 r の球面を切り取る部分の面積を S_0 とすれば，曲面 S の定点 O に対する立体角は，

$$\boxed{\omega = \frac{S_0}{r^2}} \quad [\text{sr}] \tag{1.43}$$

と定義される．ここでも r は任意にとれるから，$r=1$ のときは，$w = S_0$ となり，半径 1 の球面上の面積そのものである．立体角の単位も無次元であるが，通常，**ステラジアン** (steradian) [sr] で表している．

（1）微小面積 dS の点 O に対する立体角

図 1.17 (a)(b) のように，微小面積 dS，その単位法線ベクトルを $\boldsymbol{n}$，O から点 P までの動径ベクトルを $\boldsymbol{R} = \boldsymbol{R}_0 R$ とする．ここに $\boldsymbol{R}_0$ は，$\boldsymbol{R}$ 方向の単位ベクトルである．$\boldsymbol{R}_0$ と $\boldsymbol{n}$ のなす角を θ とすると，この dS の半径 R の球面上へ投影した面積 dS' は，

$$dS' = dS\cos\theta = \boldsymbol{R}_0 \cdot \boldsymbol{n}\, dS = \frac{\boldsymbol{R}}{R} \cdot \boldsymbol{n}\, dS \tag{1.44}$$

$$(\because\ \boldsymbol{R}_0 \cdot \boldsymbol{n} = \cos\theta)$$

（a）

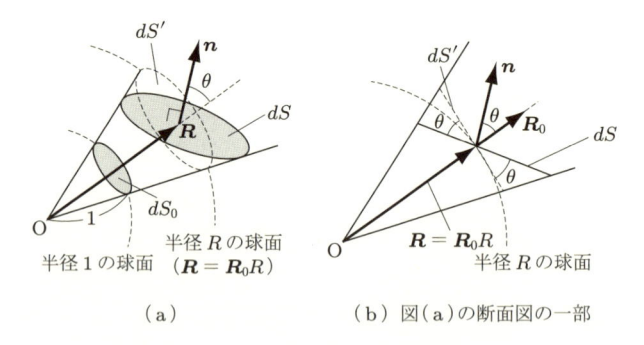

（b）図（a）の断面図の一部

図 1.17 微小面積 dS の立体角の求め方

定義式 (1.43) から，求める立体角 $d\omega$ は，

$$d\omega = \frac{dS'}{R^2} = \frac{dS\cos\theta}{R^2} = \frac{\boldsymbol{R}\cdot\boldsymbol{n}}{R^3}dS \tag{1.45}$$

また，次のように，半径 1 の球面が切り取る錐体の面積として求められる．dS' の半径 1 への投影面積を $dS_0 (= d\omega)$ とすると，

$$dS_0 : dS' = 1^2 : R^2$$

ゆえに，

$$d\omega = dS_0 = \frac{1}{R^2}dS'$$

$$= \frac{\boldsymbol{R}\cdot\boldsymbol{n}}{R^3}dS = \frac{dS\cos\theta}{R^2} \tag{1.46}$$

もちろん，結果は式 (1.45) と同じである．

（2）円板の立体角

半径 a の円板を点 P から見た立体角を求めてみる．円板の中心軸上の一点 $P(OP = r)$ を中心とし，円板の縁 B までの距離を $R(= PB)$ とする球面を描き，この円板をこの球面上へ投影して立体角を求める．したがって，図 1.18 (a) の B，C を縁とする球面

の面積を求める必要がある．球面上の 1 点に線素 dl をとり，これを PA を軸として回転させると，球面の一部に帯状の面積が描ける (図 1.18 (b) 参照)．

∠APQ $= \alpha$ とすると，帯状の面積は図 1.18 (b) から，

$$dS = 2\pi \cdot R\sin\alpha \cdot Rd\alpha = 2\pi R^2 \sin\alpha d\alpha \tag{1.47}$$

ゆえに，この球面全域の面積は

$$S = \int_0^\theta 2\pi R^2 \sin\alpha d\alpha = 2\pi R^2 (1 - \cos\theta) \tag{1.48}$$

ここに，$\theta = $ ∠OPB．

(a)

(b) 図 (a) の dl 部分を PA を軸として回転させたときできる帯状の面積 dS は，
$dS = 2\pi \cdot R\sin\alpha \cdot Rd\alpha$

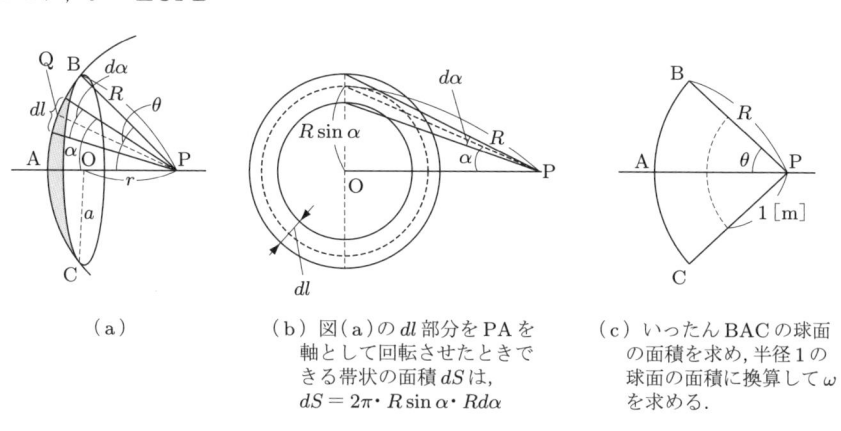

(c) いったん BAC の球面の面積を求め，半径 1 の球面の面積に換算して ω を求める．

図 1.18 円板を見込む立体角

したがって，点 P から円板を見た立体角は，定義より，

$$\boxed{\omega = \frac{S}{R^2} = 2\pi(1 - \cos\theta) = 2\pi\left(1 - \frac{r}{\sqrt{r^2 + a^2}}\right)} \tag{1.49}$$

(3) 立体角の符号について

立体角には正負が存在し，これを区別する必要がある．これは次のように定義される．いま，図 1.19 のように，閉曲面 S に正側，負側を考え，正側 (外向き) に向かって単位法線 $\boldsymbol{n}$ を引く．S 上の微小面積を dS，その O に対する立体角を $d\omega$ とするとき，$d\omega$ の正負は P における単位法線ベクトル $\boldsymbol{n}$ と $\boldsymbol{r}_0$ (動径ベクトル $\boldsymbol{r}$ の単位ベクトル) のなす角によって定まることが，この場合の立体角の式

$$d\omega = \frac{\boldsymbol{r} \cdot \boldsymbol{n}}{r^3}dS = \frac{dS\cos\theta}{r^2} \tag{1.50}$$

から明らかである．ここに θ は，$\boldsymbol{n}$ と $\boldsymbol{r}_0$ のなす角である．

このことを図 1.19 で調べてみよう．
（ⅰ）$\theta(=\theta_1)$ が鋭角のとき，
式 (1.50) より $\cos\theta > 0$ であるから，
$$d\omega = \frac{dS_1 \cos\theta_1}{r_1{}^2} > 0$$

（ⅱ）$\theta(=\theta_2)$ が鈍角のとき，
式 (1.50) で，$\cos\theta < 0$ であるから，
$$d\omega = \frac{dS_2 \cos\theta_2}{r_2{}^2} < 0$$

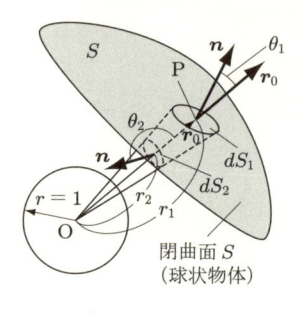

図 1.19　立体角の正負

となる．すなわち，dS_1 では $\boldsymbol{n}$ と $\boldsymbol{r}_0$ のなす角 θ_1 は鋭角で，$d\omega$ は正，dS_2 では $\boldsymbol{n}$ と $\boldsymbol{r}_0$ の θ_2 は鈍角で $d\omega$ は負となる．しかし，この場合，図 1.19 から明らかなように，$d\omega$ の大きさは等しく

$$\frac{dS_1 \cos\theta_1}{r_1{}^2} + \frac{dS_2 \cos\theta_2}{r_2{}^2} = 0$$

である．

（4）**閉曲面と立体角**

閉曲面 S 全体に対する立体角 ω は，頂点 O の存在位置によって，次のような特別の値をとる (図 1.20)．

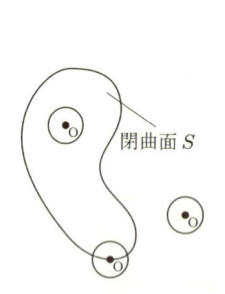

図 1.20　頂点 O の位置と閉曲面 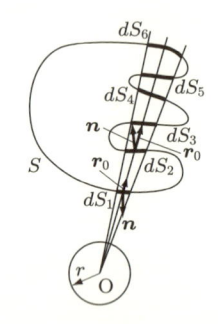　　図 1.21　頂点 O が閉曲面 S の外にある場合

（a）O が S の外に存在する場合，閉曲面全体に対する立体角 ω は 0 である

考え方　いま，図 1.21 に示すように O を頂点とする錐体が閉曲面 S から切り取る面積を $dS_1, dS_2, \cdots, dS_6$ とする．同図から明らかなように，O が S の外にあるときは，必ず $dS_i (i=1, 2, \cdots)$ は偶数個存在し，dS_1 と dS_2 のように一対の組合わせができる．

前述したように，dS_1 の $\boldsymbol{n}$ と $\boldsymbol{r}_0$ のなす角が鈍角のため立体角は負，これに対し dS_2 の立体角は正，しかもその絶対値は等しい．ゆえに，これらの一対の立体角の和は 0

である．他の一対の微小面積についても同様な関係が成立する．したがって，微小面積 $dS_1, dS_2, \cdots, dS_6$ に対する立体角の総和は 0 となる．

この考えを S 面全体に広げても同様の関係が成立する．結局，この場合の閉曲面 S 全体に対する立体角は 0 である．

(b) O が S 内に存在する場合，閉曲面全体に対する立体角は 4π である

考え方 この場合は (a) の場合と違い，図 1.22 に示すように頂点 O が切り取る面積は，一般に奇数個できる．このうち，偶数個の微小面積 dS_i による立体角の総和は，互いに打ち消し合い 0 となる．したがって，dS_i $(i = 1, 2, \cdots)$ のうち一つだけが立体角の構成に寄与する．

いま，この微小面積の一つを dS とし，半径 1 の球面に投影された面積を dS_0 とする．dS_0 を徐々に広げてゆき，閉曲面全体に対する立体角を考えると，これ

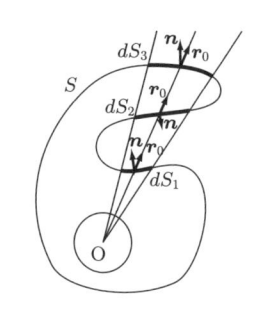

図 1.22 O が S 内に存在するときの立体角の考え方

は半径 $r = 1$ の球面の全表面積 4π であるから，結局 $d\omega = dS_0 = 4\pi$ となる．

(c) O が S 上に存在するとき，閉曲面全体に対する立体角は 2π である

考え方 図 1.23 (a) に示すように，O が閉曲面 S 上にあり，その点で曲面が滑らかであるとする．O における接平面を考えると，これは球面を二等分し，半球面に分かれる．

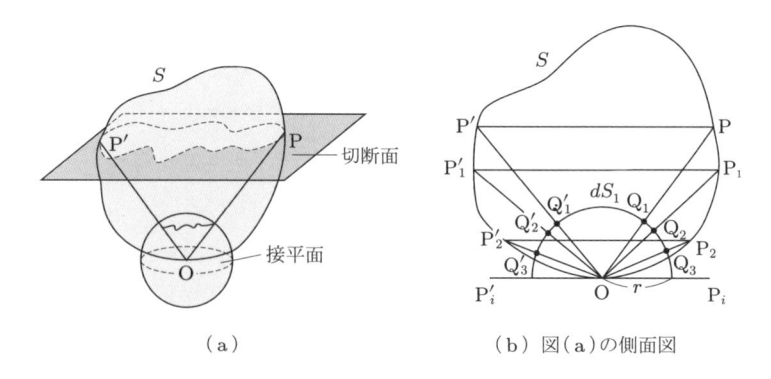

図 1.23 O が S 面上にあるときの立体角の考え方

いま，そのうちの閉曲面 S の側にある半球について考える．この場合の断面図を図 1.23 (b) に示す．ここで錐体 OPP' を考えると，これはこれまで述べてきた立体角の

求め方と変わりなく，半球面を Q_1, Q_1' で切り取り，O を含まない方の閉曲面 PSP' (図 1.23 (a) 参照) に対する立体角 $d\omega \left(= \dfrac{dS_1}{r^2}\right)$ を表している．

いま，O を頂点とする錐体 OPP' を OP_1P_1', OP_2P_2' のように徐々に切断面の高さを低くしていき，閉曲面 S のほぼ全体 (P_2P_2' より上側の閉曲面の部分を指す) が，錐体の底面 (P_2P_2') に乗るようにしていく場合を考える．このようにすれば，錐体が半径 r の球を切り取る面積も Q_1Q_1', Q_2Q_2', Q_3Q_3' のように徐々に広がっていく．

さらに，この操作を続け，閉曲面 S の全体が，この錐体の底面上 (結局，線分 P_iP_i' 上) に乗っている場合の極限を考えると，これは，半径 r の球の半球の面積を切り取ることになる．

したがって，O が閉曲面上にあるときの，全閉曲面に対する立体角 ω は

$$\omega = \frac{\frac{1}{2}(半径 r の球の表面積)}{r^2}$$
$$= \frac{2\pi r^2}{r^2} = 2\pi \tag{1.51}$$

となることがわかる．

第 1 章の練習問題

1. $\boldsymbol{A} = \boldsymbol{i}2 + \boldsymbol{j}3 + \boldsymbol{k}$, $\boldsymbol{B} = -\boldsymbol{i} + \boldsymbol{j} - \boldsymbol{k}2$ とするとき，次式を計算せよ．
   (1) $\boldsymbol{A} \cdot \boldsymbol{B}$ (2) $\boldsymbol{A} \times \boldsymbol{B}$ (3) $|\boldsymbol{A} - \boldsymbol{B}|$ (4) $(\boldsymbol{A} + \boldsymbol{B}) \times (\boldsymbol{A} - \boldsymbol{B})$

2. $\boldsymbol{A} = \boldsymbol{i}3 + \boldsymbol{j}2 - \boldsymbol{k}$, $\boldsymbol{B} = \boldsymbol{i}5 - \boldsymbol{j}3 + \boldsymbol{k}2$ のときの交角を求めよ．

3. $\boldsymbol{A} = \boldsymbol{i}2 + a\boldsymbol{j} + \boldsymbol{k}$, $\boldsymbol{B} = \boldsymbol{i}4 - \boldsymbol{j}2 - \boldsymbol{k}2$ のとき，$\boldsymbol{A}$, $\boldsymbol{B}$ が直交するような a の値を求めよ．

4. $\boldsymbol{A} = \boldsymbol{i}2 - \boldsymbol{j}3 + \boldsymbol{k}6$ の $\boldsymbol{B} = \boldsymbol{i} + \boldsymbol{j}2 + \boldsymbol{k}2$ 上への正射影を求めよ．

5. $\boldsymbol{A} = \boldsymbol{i}5t^4 - \boldsymbol{j}t + \boldsymbol{k}t^3$, $\boldsymbol{B} = \boldsymbol{i}\cos t + \boldsymbol{k}\sin t$ のとき，次式を計算せよ．
   (1) $\dfrac{d}{dt}(\boldsymbol{A} \cdot \boldsymbol{B})$ (2) $\dfrac{d}{dt}(\boldsymbol{A} \times \boldsymbol{B})$

6. $\boldsymbol{A} = \boldsymbol{i}x^2z - \boldsymbol{j}2y^3z^2 + \boldsymbol{k}xy^2z$ について，$\text{div}\,\boldsymbol{A}$ の点 $(1, 2, -1)$ における値を求めよ．

7. 動径ベクトルを $\boldsymbol{r} = \boldsymbol{i}x + \boldsymbol{j}y + \boldsymbol{k}z (r = |\boldsymbol{r}| = \sqrt{x^2 + y^2 + z^2})$ と表すとき，次式を証明せよ．
$$\text{grad}\left(\frac{1}{r}\right) = -\frac{\boldsymbol{r}}{r^3}$$

8. 次式を証明せよ．
$$(\boldsymbol{A} \times \boldsymbol{B}) \cdot (\boldsymbol{C} \times \boldsymbol{D}) = \begin{vmatrix} \boldsymbol{A} \cdot \boldsymbol{C} & \boldsymbol{A} \cdot \boldsymbol{D} \\ \boldsymbol{B} \cdot \boldsymbol{C} & \boldsymbol{B} \cdot \boldsymbol{D} \end{vmatrix}$$

9. $\boldsymbol{A}$ がベクトル，ϕ がスカラであるとき，

(1) div rot $\boldsymbol{A}$ (2) rot rot $\boldsymbol{A}$ (3) rot grad ϕ (4) div grad ϕ

はどのように表されるか.

10. $\boldsymbol{A}$, $\boldsymbol{B}$ をベクトル, ϕ をスカラとするとき, 次式を証明せよ.

$$\mathrm{rot}\,(\phi \boldsymbol{A}) = \mathrm{grad}\,\phi \times \boldsymbol{A} + \phi\,\mathrm{rot}\,\boldsymbol{A}$$

第 2 章

電 荷

この章では，電気磁気学の基礎となる**電荷に関連する基礎事項**や**クーロンの法則**，**静電誘導**などについて述べる．

2.1 電気現象と電荷の存在

紀元前 600 年頃，ギリシアの哲学者タレス (Thales) は，装飾に使われていた琥珀を衣服でこすると軽い紙片などを引きつけるという現象を発見した．これが人類が初めて**電気**を発見した記録といわれている．この琥珀は，ギリシア語で $\eta\lambda\epsilon\kappa\tau\rho o\nu$(electron)とよばれていたことから，この摩擦により現れる電気を electricity と名づけたのである．このような摩擦や他の方法によって，物体が電気的性質を帯びるとき，物体は**帯電した** (electrified) といい，帯電した物体を**帯電体**という．

この帯電現象は，その後ファラデー (Faraday) ほか多くの人々によって研究され，一定の帯電状態にあるものは，ある一定の電気量をもっていることが確かめられている．この例のように，帯電体に生じるような電気量のことを**電荷** (electric charge) と名づけている．この電荷には，正，負の二種類がある．この電荷の実体については次節でさらに詳しく述べることにする．

2.1.1 導体と絶縁体

すべての物質は原子によって構成されており，この原子は，原子核と電子からなっている．また，図 2.1 に示すように原子核は，正の電荷をもつ陽子と電荷をもたない中性子からなり，負の電荷をもつ電子が核のまわりの定められた軌道を回っている．普通の状態では，原子は原子核のもつ正電荷と電子のもつ負電荷の総量の絶対値が等しく，このため原子は電気的には中性の状態にある．したがって，この原子は外部に対して何ら電気的な性質を示さない．

しかし，図 2.1 に示す電子の軌道のうち，もっとも外側の軌道上の電子は**価電子** (valence electron) とよばれ，原子核との結合が非常に弱く不安定で，通常原子核から離れて物質内を自由に移動する性質をもっている．このように核を離れた電子を**自由電子** (free electron) という．

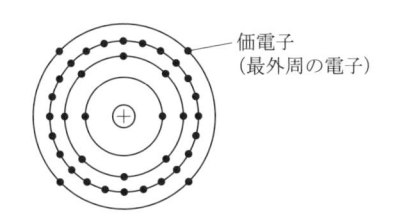

図 2.1　原子のモデル

　さて，後章で述べる電流は，上述の自由電子の流れであり，常温において，この電子が移動する際の**移動のしやすさ**によって，物体は導体，半導体，絶縁体に分類される[1]．この電子の"移動のしやすさ"は，後章で定義される抵抗率で表現される．通常，抵抗率が 10^{-6} Ω·m 以下のものが導体，10^{-6} Ω·m 以上のものを絶縁体とよび，その中間のものを半導体と分類している．

　電子の移動，つまり，電荷の移動を**電流** (electric current) とよんでいるが，本書で扱う第 2 章から 7 章までの真空の媒質や導体，誘電体の電気現象では，いずれの場合も，電荷の移動がない，つまり，電流が存在しない場合の現象を考えている．このように電荷が静止している現象を**静電気** (electrostatics) という[2]．

　なお，電気磁気学では，表 2.1 に示すように，電荷が**真電荷** (または**自由電荷**) と**分極電荷** (または**束縛電荷**) に分類されて扱われる．後章で述べるように，前者は，真空媒質中に存在する点電荷や帯電導体における電荷のように，取り出すことのできる電荷のことであり，後者は，後述する誘電体に固有の電荷であって，外部へ取り出すことのできない電荷である．

表 2.1　電気磁気学における電荷の分類

電荷の種類	特　徴
真電荷 (自由電荷)	取り出すことができる
分極電荷 (束縛電荷)	取り出すことができない

---

[1] 導体，半導体，絶縁体を正確に記述するには，エネルギー準位を考えたバンド理論が必要となるが，これに関しては物性の書物を参考されたい．
[2] 電荷が静止している場合といっても，後節の電位の定義のように無限遠点から単位電荷を運ぶ場合がある．このような場合は限りなくゆっくり運ぶことを"仮想"する必要がある

2.2 クーロンの法則

クーロンの法則

二つの電荷 Q_1, Q_2 間に働く力は，二つの電荷量の積に比例し，距離の 2 乗に反比例し，力の向きは電荷を結ぶ直線の方向である．

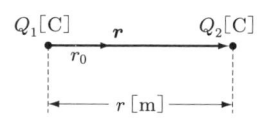

$$F = \frac{1}{4\pi\varepsilon_0}\frac{Q_1Q_2}{r^2} \fallingdotseq 9\times 10^9 \frac{Q_1Q_2}{r^2}$$

ベクトル $\boldsymbol{F}$ で表示して

$$\boldsymbol{F} = \frac{Q_1Q_2}{4\pi\varepsilon_0 r^3}\boldsymbol{r} = \frac{Q_1Q_2}{4\pi\varepsilon_0 r^2}\boldsymbol{r}_0 \quad [\mathrm{N}]$$

ただし，$\boldsymbol{r} = r\boldsymbol{r}_0$

二つの電荷の積が正ならば斥力，負ならば引力である．

$$\boldsymbol{F} \leftarrow \underset{+Q\,[\mathrm{C}]}{\oplus} \cdots\cdots \underset{+Q\,[\mathrm{C}]}{\oplus} \rightarrow \boldsymbol{F} \qquad \underset{+Q\,[\mathrm{C}]}{\oplus} \xrightarrow{\boldsymbol{F}} \cdots\cdots \xleftarrow{\boldsymbol{F}} \underset{-Q\,[\mathrm{C}]}{\ominus}$$

万有引力に関するニュートンの法則は，二つの質量を m_1, m_2 [kg] とし，その間の距離を r [m] とすると，

$$F = \alpha \frac{m_1 m_2}{r^2} \quad [\mathrm{N}]$$

と表される (図 2.2 (a))．

α は万有引力定数で，6.67×10^{-11} [Nm^2/kg^2] である．地球上に生活しているわれわれは，この力の作用する場，つまり**重力場**の中で生活している．

これと同様に，図 2.2 (b) に示すように二つの電荷 Q_1, Q_2 [C] が，距離 r を隔てて相対しているとき，これらの間に働く力は，

$$F = k\frac{Q_1 Q_2}{r^2} \tag{2.1}$$

と表される．これは実験によってクーロンにより明らかにされたもので，この関係を**クーロンの法則** (Coulomb's law) という．すなわち，「二つの電荷間に働く力の大きさは，二つの電荷量の相乗積に比例し，距離の 2 乗に反比例する．また力の向きは，二つの電荷を結ぶ直線上にある」というものである．この力を**クーロン力** (Coulomb force) といい，後述する**電界**つまり**電気的な力の場**は，このクーロン力によって定義される．また，後章で述べる**磁界**も同様な形で表される**磁極** (磁荷) に関するクーロンの法則に基づいて定義できる．このようにクーロンの法則は，単に電気的な力に関する法則として存在するのではなく，電界，磁界の定義を与える電気磁気学上の根底を

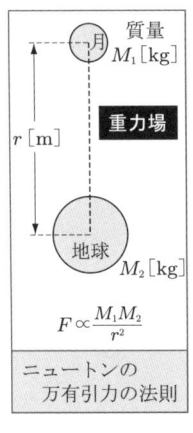

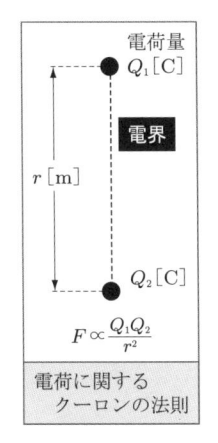

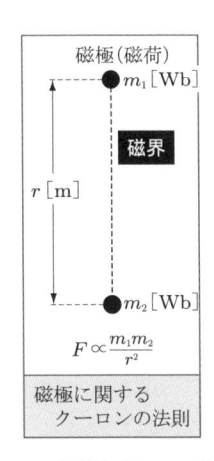

(a) 重力の場　　(b) 電気的な力の場＝電界　　(c) 磁気的な力の場＝磁界

図 2.2 クーロン力の説明

なす法則である点に大きな意義がある.

さて, 式 (2.1) の k は比例定数で, 真空中の値は

$$k = \frac{1}{4\pi\varepsilon_0} \fallingdotseq 9 \times 10^9 \quad [\mathrm{m/F}] \tag{2.2}$$

と表される[3]. したがって式 (2.1) から, 1 C の電荷とは, 真空中で 1 m 隔てて置かれた等量の二つの電荷に作用する力の大きさが,

$$F = 9 \times 10^9 \quad [\mathrm{N}]$$

となる電荷量と定められる.

ここに, ε_0 は真空中の**誘電率** (permitivity) で,

$$\varepsilon_0 = 8.854 \times 10^{-12} \quad [\mathrm{F/m}]$$

以上の関係を用いると, 真空中のクーロン力の大きさは,

$$F = \frac{1}{4\pi\varepsilon_0} \frac{Q_1 Q_2}{r^2} \fallingdotseq 9 \times 10^9 \frac{Q_1 Q_2}{r^2} \quad [\mathrm{N}] \tag{2.3}$$

力はベクトル量であるから, ベクトル表示すると,

$$\boldsymbol{F} = \frac{Q_1 Q_2}{4\pi\varepsilon_0 r^3} \boldsymbol{r} = \frac{Q_1 Q_2}{4\pi\varepsilon_0 r^2} \boldsymbol{r}_0 \ (\text{ベクトル表示式}) \quad [\mathrm{N}] \tag{2.4}$$

---

[3] $\varepsilon_0 = \dfrac{10^7}{4\pi c^2}$, $c = $ 光速 $= 3 \times 10^8$ [m/s] ゆえに, $k \fallingdotseq 9 \times 10^9$ となる. ε_0 の単位は後の静電容量で述べるよう [F/m] で, F はファラド (Farad) である.

ただし，$r = r_0 r$．ここでは r は Q_1 から Q_2 に向かう距離のベクトル表示であり，r_0 はこの方向の単位ベクトルである．

2.3 静電誘導

静電誘導について述べる前に，ここで**帯電状態**についてもう少し詳しく述べておく．物体が正負のいずれかの電荷を帯びていない，つまり帯電していない状態とは，実は正負の電荷が同量で，これらの電荷量の代数和が零の状態のことである．つまり，正，負の電荷は存在するが，電気的に中性となっている状態を意味している．

したがって帯電状態とは，図 2.3 に示すように，正，負の電荷が中和している状態の物体に何らかの手段によって外部から電荷を与え，正または負の電荷が過剰となっている状態をいう．与えた電荷の正，負によって正に帯電しているとか負に帯電しているという．つまり正に帯電していることは，中和している物体に対し，正の電荷が余剰となって分布しているわけである．

これに対し，**静電誘導** (electrostatic induction) とは，図 2.4 のように，はじめ正，負の電荷が中和している物体 (帯電していない物体) に，帯電している物体を近づけた時にクーロン力によって，帯電体側に帯電体の電荷と異符号の電荷が，これと反対側に同符号の電荷が誘導されることを意味している．つまり，中和状態にあった物体中の電荷のうち，帯電体と異符号の電荷が引き寄せられ，帯電体と同符号の電荷は反発し，帯電体から遠い端に現れる現象であって，物体中では，正負の電荷が後章で述べる一種の電気双極子を形成している．

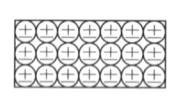

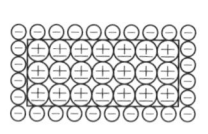

図 2.3 帯電体の説明

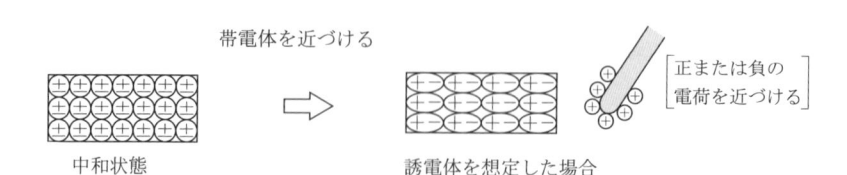

図 2.4 静電誘導の説明

第2章の練習問題

1. 真空中で一直線上に距離 a[m] を隔てて Q_1, Q_2, Q_3 [C] の点電荷が置かれている．各電荷に働くクーロン力を求めよ．

2. 正三角形 A, B, C の各頂点に，等量の電荷を置いたとき，クーロン力 $\boldsymbol{F}$ が下図のように表されるためには，電荷 $+Q$, $-Q$ [C] をどのように配置したらよいか．カッコ内に記入せよ．

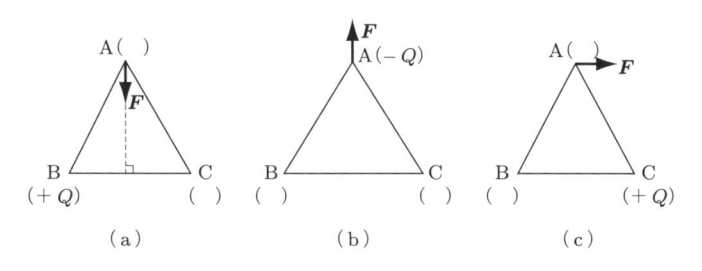

問図 2.1

3. 2の図 (c) の場合のクーロン力 F を具体的に求めよ．ただし正三角形の各辺は，a [m] とする．

第3章 真空中の静電界

この章では，主として**真空媒質中に点電荷(真電荷)**が存在する場合の電界，電位について学ぶ．

3.1 電界

3.1.1 電界の考え方

われわれは，主としてニュートンの万有引力の法則に基づく力の場，つまり**重力場**や地磁気による**磁場**の中で生活していることは前にも述べた．これらの場に共通しているものは，いずれも前章の図2.2に示すように万有引力の法則やクーロンの法則に支配される"力"である．

同様に，**電界**または電場と称しているものは，相互の電荷によって生じるクーロン力に支配される電気的な**力の場**であることをここで改めて強調しておきたい．

(1) 電界とは

> **電界とは**
>
> 電荷が存在している領域に，他の電荷を持ち込もうとすると，この電荷にクーロンの法則に従う力が作用する．このようにクーロン力に支配される力の場を**電界**または**電場**という．

いま真空中に，ある電荷 Q_1 が置かれているとする．この近くに，他の電荷 Q_2 を持ってくると，クーロンの法則に従う力が作用する．これは，次のように考えられる．

Q_1 は，その周囲に電気的な力を及ぼす勢力場を形成しており，Q_2 がこの勢力場に入ると，Q_2 は，反発力または吸引力を受ける．この電気的な力が及ぶ勢力場のことを**電界** (electric field) または電場という．とくに，電荷が静止している場を**静電界** (electrostatic field) という．電界はクーロンの法則に基づく電気的な力の場であり，その発生源は**電荷**にある．しかし，電界を表現するとき，その発生源である電荷は，どこか別の所に存在しているものとし，表さないこともあることに注意すべきである．

(2) 電界の強さと定義式

電界の強さの定義

$$E = \lim_{\Delta Q \to 0} \frac{\Delta F}{\Delta Q} \quad [\text{V/m}] \tag{3.1}$$

ここに，$E \cdots$ 電界の強さ
　　　　$\Delta Q \cdots$ 電界内に持ってきた微量の電荷
　　　　$\Delta F \cdots$ ΔQ に働くクーロン力

電界内の任意点における**電界の強さ** (intensity of electric field) とは，**その点に単位電荷をもってきたときにこれに作用する力**としてベクトルで定義される[1]．しかしこの場合，単位電荷をもってくることにより，最初から存在していた電界は，新たに持ち込んだ単位電荷によって乱されてしまうことになる．このような不都合を避け，電界の強さを厳密に表すためには，電界の強さを次のように定義すればよい．すなわち，最初からある電界を乱さないような，きわめて微量の電荷をもってきたとき，これに働く力を単位電荷あたりに換算したものとして表す．

上式 (3.1) で，$\dfrac{\Delta F}{\Delta Q}$ は任意点に置いた単位電荷あたりに働く**力**であり，$\Delta Q \to 0$ の極限を考えることは，最初から存在している電界を乱さないようなきわめて微量な電荷を置くことを意味している．式 (3.1) のように定義すれば，持ち込んだ電荷により電界変動が起こることは避けられ，上述の曖昧さが排除される．

しかし，実際に電界の強さを計算する場合は，単位電荷 1 [C] を考察点に置いて (この電荷によって電界は乱されないと仮定して)，あらかじめ置かれている電荷との間のクーロン力を求めればよい．

また，最初から定まっている電界分布を乱すことなく，電界内の 1 点に新たに Q [C] の電荷をもってきたとすると，これに働く力 F は，$F = QE$ である．

このように，電界の強さはクーロンの法則に従う**力**を基礎として定義されている．力は大きさと方向をもつベクトル量である．したがって，電界の強さ (または電界) はベクトルで定義されている．

電気磁気学でベクトル解析を学ぶ理由は，このように電気磁気学の基本となる場，つまり電界がベクトルで表示されることからも理解できるであろう．

---

[1] 電界の強さは，ベクトル表式で定義される．しかし，「電界の強さ」のことを単に「電界」と称することが多い．また，「電界の強さ」と「電界の大きさ (スカラ量)」が時として混同されていることに注意されたい．

(3) 電界の強さの単位

SI 単位系では，式 (3.1) において，力 $\Delta \boldsymbol{F}$ がニュートン [N]，電荷 ΔQ がクーロン [C] であるから，電界の強さ $\boldsymbol{E}$ の単位としては [ニュートン/クーロン] である．しかし，実用上，電界の単位は，次のように [ボルト/メートル] で表す．このことは，後述するように，電界が電位の傾き (勾配) に負の符号をつけたものとして定義されることからも理解できる．

$$\frac{[N]}{[C]} = \frac{[N \cdot m]}{[Cm]} = \frac{[J]}{[C \cdot m]} = \left[\frac{V}{m}\right]$$

3.1.2 真空中に置かれた点電荷による電界

(1) 1個の点電荷による電界

図 3.1 (a) に示すように，電荷が 1 個だけ置かれ，これから r [m] の点 P の電界を求めるには，電界の強さの定義から点 P に 1 [C] の電荷を置いて，これに働くクーロン力を求めればよい．いま点 A に Q [C] の電荷が置かれているとすると，点 P の電界の大きさは，

$$E = \frac{Q \times 1}{4\pi\varepsilon_0 r^2} = \frac{Q}{4\pi\varepsilon_0 r^2} \fallingdotseq 9 \times 10^9 \frac{Q}{r^2} \quad [\text{V/m}] \tag{3.2}$$

Q が正なら電界の向きは外向き，Q が負なら点 A に向かう内向きとなり，距離の 2 乗に逆比例して増減する値をとる．

次に，この同じ電界を座標軸上で動径ベクトルを用いて表してみる．

いま，図 3.1 (b) に示すように，電荷 Q [C] が空間の $A(x_1, y_1, z_1)$ にあるものとし，点 P の電界を求めることを考える．

$A(x_1, y_1, z_1)$ および $P(x, y, z)$ の動径ベクトルをそれぞれ $\boldsymbol{r}_1$, $\boldsymbol{r}$ とすると，

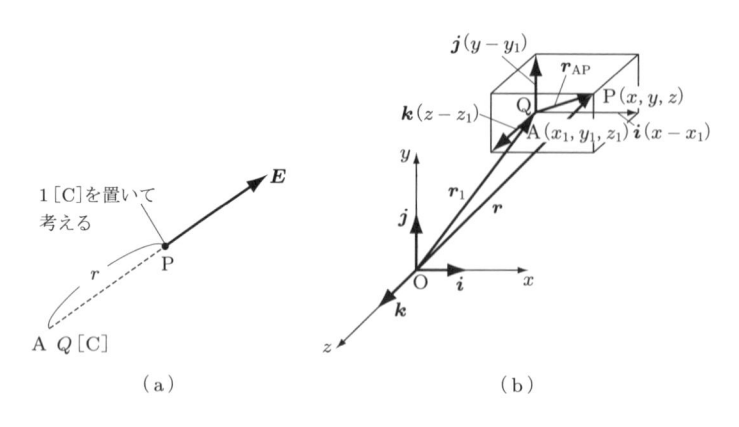

図 3.1 電界の求め方

$$\boldsymbol{r}_1 = \boldsymbol{i}x_1 + \boldsymbol{j}y_1 + \boldsymbol{k}z_1$$
$$\boldsymbol{r} = \boldsymbol{i}x + \boldsymbol{j}y + \boldsymbol{k}z$$

点 A に対する点 P の動径ベクトル $\boldsymbol{r}_{\mathrm{AP}}$ は，同図から明らかなように，

$$\boldsymbol{r}_{\mathrm{AP}} = \boldsymbol{i}(x-x_1) + \boldsymbol{j}(y-y_1) + \boldsymbol{k}(z-z_1) = \boldsymbol{r}_0 r_{\mathrm{AP}}$$
$$r_{\mathrm{AP}} = |\boldsymbol{r}_{\mathrm{AP}}| = \sqrt{(x-x_1)^2 + (y-y_1)^2 + (z-z_1)^2}$$

ここに，$\boldsymbol{r}_0$ は $\boldsymbol{r}_{\mathrm{AP}}$ 方向の単位ベクトルである．したがって電界の強さ $\boldsymbol{E}$ は，

$$\boxed{\begin{aligned}\boldsymbol{E} &= \frac{Q}{4\pi\varepsilon_0 r_{\mathrm{AP}}^2}\frac{\boldsymbol{r}_{\mathrm{AP}}}{|\boldsymbol{r}_{\mathrm{AP}}|} = \frac{Q}{4\pi\varepsilon_0}\frac{\boldsymbol{r}_{\mathrm{AP}}}{r_{\mathrm{AP}}^3} \\ &= \frac{Q\{(x-x_1)\boldsymbol{i}+(y-y_1)\boldsymbol{j}+(z-z_1)\boldsymbol{k}\}}{4\pi\varepsilon_0\{(x-x_1)^2+(y-y_1)^2+(z-z_1)^2\}^{3/2}}\end{aligned}} \quad (3.3)$$

各成分表示すると

$$\left.\begin{aligned}E_x &= \frac{Q}{4\pi\varepsilon_0 r_{\mathrm{AP}}^2}\frac{(x-x_1)}{\sqrt{(x-x_1)^2+(y-y_1)^2+(z-z_1)^2}} \quad [\mathrm{V/m}] \\ E_y &= \frac{Q}{4\pi\varepsilon_0 r_{\mathrm{AP}}^2}\frac{(y-y_1)}{\sqrt{(x-x_1)^2+(y-y_1)^2+(z-z_1)^2}} \quad [\mathrm{V/m}] \\ E_z &= \frac{Q}{4\pi\varepsilon_0 r_{\mathrm{AP}}^2}\frac{(z-z_1)}{\sqrt{(x-x_1)^2+(y-y_1)^2+(z-z_1)^2}} \quad [\mathrm{V/m}]\end{aligned}\right\} \quad (3.4)$$

このように電界は座標軸を定めないで図的に求める方法と座標表示する求め方があるが，どちらを選ぶかはその都度判断する必要がある．

(a) 電界成分の方向余弦との関係

ここで式 (3.4) の E_x 成分について調べると，式 (3.3) の $|\boldsymbol{E}|(=E)$ を用いて次式のように表される．

$$E_x = E\frac{(x-x_1)}{\sqrt{(x-x_1)^2+(y-y_1)^2+(z-z_1)^2}} \quad [\mathrm{V/m}] \quad (3.5)$$

ここに，$E = \dfrac{Q}{4\pi\varepsilon_0 r_{\mathrm{AP}}^2}$ (式 (3.2))

ところで，式 (3.5) の $(x-x_1)/\sqrt{}$ は方向余弦である．E_y, E_z 成分も同様である．

結局，電界 $\boldsymbol{E}$ の各成分 E_x, E_y, E_z を求めるには，式 (3.3) の (つまり $\boldsymbol{E}$ の) スカラ表示式に各方向余弦を掛ければよいことがわかる．

(2) 複数個の点電荷による電界

n 個の点電荷 $Q_1, Q_2, \cdots, Q_n$ が存在する場合の 1 点 P の電界を求めてみよう．

まず点 P に 1 C の電荷を置き，これに働く力を各電荷ごとに求め，それぞれの力 $\boldsymbol{F}_1, \boldsymbol{F}_2, \cdots, \boldsymbol{F}_n$ のベクトル和として，総合的な力 $\boldsymbol{F}$ を求めることができる．これらの力は，それぞれ電界そのものに等しい．式で示すと，式 (3.3) を参考にして，

$$\boxed{\begin{aligned}\boldsymbol{E} &= \boldsymbol{F} = \boldsymbol{F}_1 + \boldsymbol{F}_2 + \boldsymbol{F}_3 + \cdots + \boldsymbol{F}_n = \boldsymbol{E}_1 + \boldsymbol{E}_2 + \cdots + \boldsymbol{E}_n \\ &= \frac{Q_1}{4\pi\varepsilon_0}\frac{\boldsymbol{r}_1}{r_1{}^3} + \frac{Q_2}{4\pi\varepsilon_0}\frac{\boldsymbol{r}_2}{r_2{}^3} + \cdots\cdots + \frac{Q_n}{4\pi\varepsilon_0}\frac{\boldsymbol{r}_n}{r_n{}^3}\end{aligned}} \quad (3.6)$$

ここに，$\boldsymbol{r}_1, \boldsymbol{r}_2, \cdots, \boldsymbol{r}_n$ は各電荷が存在する位置を始点とする動径ベクトルである．

式 (3.6) のベクトル表示式から各成分電界を求めるには，前述した方向余弦の関係を適用すればよい．すなわち，E_x 成分を例にとると，

$$\begin{aligned}E_x &= E_{1x} + E_{2x} + \cdots + E_{nx} \\ &= \frac{Q_1}{4\pi\varepsilon_0}\frac{r_{1x}}{r_1{}^3} + \frac{Q_2}{4\pi\varepsilon_0}\frac{r_{2x}}{r_2{}^3} + \cdots + \frac{Q_n}{4\pi\varepsilon_0}\frac{r_{nx}}{r_n{}^3} \quad [\text{V/m}]\end{aligned}$$

ここに，$r_{1x} = (x - x_1), \ r_{2x} = (x - x_2), \ \cdots, \ r_{nx} = (x - x_n)$

$$r_1 = \sqrt{(x-x_1)^2 + (y-y_1)^2 + (z-z_1)^2} \quad [\text{m}]$$

のように表されることは，先の方向余弦の説明から明らかであろう．これを一般的に表して，Q_i の置かれている点の座標を (x_i, y_i, z_i) とし，考察点 P を P(x, y, z) とすると，

$$\left.\begin{aligned}r_{ix} &= x - x_i, \ r_{iy} = y - y_i, \ r_{iz} = z - z_i \\ r_i &= \sqrt{(x-x_i)^2 + (y-y_i)^2 + (z-z_i)^2} \quad [\text{m}]\end{aligned}\right\}$$

と表される．

また，方向余弦を

$$l_i = r_{ix}/r_i, \ m_i = r_{iy}/r_i, \ n_i = r_{iz}/r_i$$

と表すと，まず x 成分に関して，

$$E_x = \sum_i E_{ix} = \sum_i \frac{Q_i}{4\pi\varepsilon_0 r_i{}^2}\cdot\frac{r_{ix}}{r_i} = \sum_i l_i E_i \quad [\text{V/m}] \quad (3.7)$$

ただし，$E_i = \dfrac{Q_i}{4\pi\varepsilon_0 r_i{}^2}$

とまとめられる．他の y, z 成分 E_y, E_z も同様にして求められる．このようにして，全電界の大きさは，

$$E = \sqrt{E_x{}^2 + E_y{}^2 + E_z{}^2} \quad [\text{V/m}] \quad (3.8)$$

から定められる．

3.2 電気力線

図 3.2 のように，水の流れや空気の流れを**流線**を描いて表す．この手法は見えないものを可視化して現象を考察できるという手段を与えてくれる．これと同様に，電界

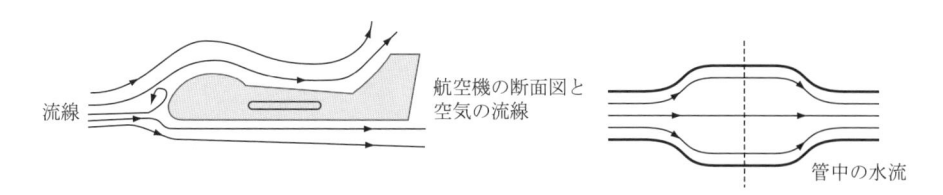

図 3.2　流れの可視化

に対して**電気力線** (electric lines of force) を定義し，**見えない電界を可視化**する手段が考えられている．

電気力線の定義は次のようである．

> **電気力線の定義**
>
> 　電気力線とは，電界中に仮想した線で，その上の接線の向きが常に電界の向きに一致するように描いた線． 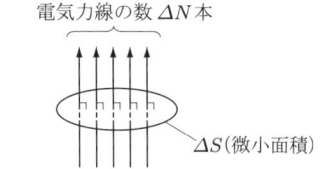
>
> ○**電界の向きの表現** …… 電界の向きと電気力線の向きは一致している．
>
> ○**電界の大きさの表現** …… 電気力線に垂直な断面を考え，ここを通り抜ける電気力線数 (ΔN 本) の面積密度が，電界の大きさ $|\boldsymbol{E}|$ に等しくなるように電気力線を描く．この関係を示すと
>
> $$|\boldsymbol{E}| = E \equiv \frac{\Delta N}{\Delta S}$$

いま図 3.3 (a)，(b) に示すように，電気力線上の点 P，点 Q をとり，これらの点で接線を引くと，その向きが常にその点での電界の方向と一致しているように描かれた線が電気力線である．このように電気力線によって電界の向きを表現するために，電気力線と電界の向きを一致させておく．

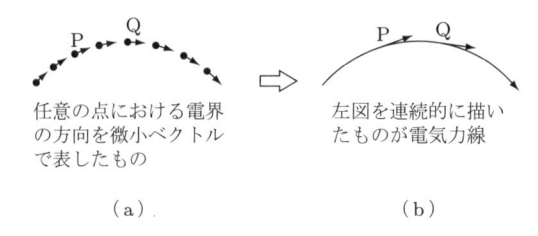

図 3.3　電気力線の意味

さらに，電気力線によって，**電界の大きさ**の表現もできれば都合がよい．これは，図 3.4(a)，(b) に示すように「電気力線に垂直な断面を考え，これを通り抜ける電気力線数 (ΔN 本) の面積密度が電界の大きさ $|\boldsymbol{E}|$ に等しくなるように電気力線を描く」と約束する．すなわち，電気力線に直交する断面を考え，**単位面積を通り抜ける電気力線数**と**電界の大きさ**を等置したものである．

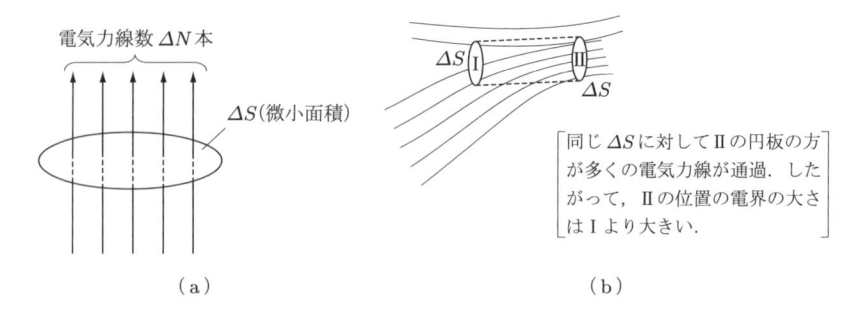

図 3.4　電気力線による電界の強さの大小

この関係を表すと

$$|\boldsymbol{E}| = E \equiv \frac{\Delta N}{\Delta S} \tag{3.9}$$

以上の約束によれば，電気力線によって，電界の向きと大きさを同時に表現することができる．すなわち，電気力線が密の部分は電界の強さ(大きさ)が大で，疎の部分は電界の強さが小であることが視覚的に理解できるようになる．

正の電荷，負の電荷による電気力線の様子を図 3.5 に示す．

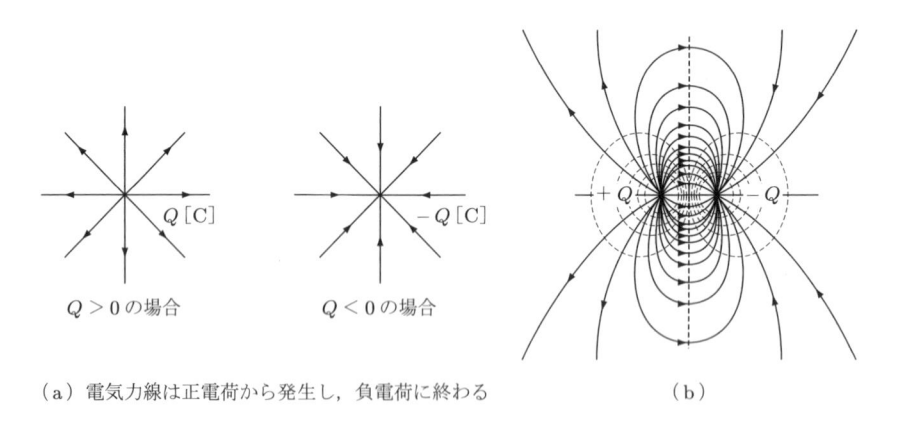

(a) 電気力線は正電荷から発生し，負電荷に終わる

図 3.5　電気力線 (実線) の例

3.3　電位を学ぶための基礎

3.3.1　仕事とエネルギー

電気磁気学で学ぶ**電位**や**静電エネルギー**，**磁気エネルギー**などの概念をはっきり理解するために，まず**仕事**と**エネルギー**について復習しておく．

(1) 仕 事

仕事

物体に**力**が作用し，その力と同じ方向に物体が動いたとき，この力は**仕事** (正の仕事) **をした**という．

仕事 W は，作用する力を $\boldsymbol{F}$，移動した距離を l とすると，

$$W = \boldsymbol{F} \cdot \boldsymbol{l} \quad [\text{N·m}] \text{ または } [\text{J}]$$

である．

床の上に置かれた荷物を押して移動させるときは，われわれの力が仕事をしたことになる．この場合，図 3.6 に示すように，力 $\boldsymbol{F}$ の方向は必ずしも物体の運動方向に一致する必要はなく，一般には一致しないことが多い．いまの場合は，定義から分力 $\boldsymbol{F}''$ は仕事には寄与せず，運動方向分力 $\boldsymbol{F}'$ だけが寄与すると考えればよい．

したがって仕事 W は，一般に

$$W = F'l = |\boldsymbol{F}|\cos\theta \cdot l = \boldsymbol{F}\cdot\boldsymbol{l} \quad [\text{N·m}] \tag{3.10}$$

と表される．

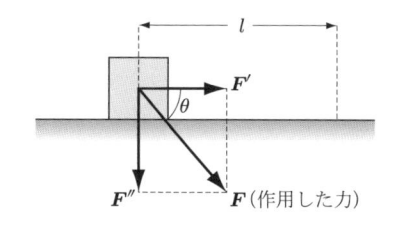

図 3.6 仕事 (分力 $\boldsymbol{F}'$ だけが仕事に寄与し，$\boldsymbol{F}''$ は仕事に寄与しない)

(2) 仕事とエネルギーの関係

力 $\boldsymbol{F}$ が物体に仕事をしてやれば，物体は動きだし速度をもつようになる．一般に，速度を有する物体は，他に対して仕事をする能力をもっている．これは高い所から落下する水が水車を回す例からも明らかであろう．このように，**他に対して仕事をする能力**をもっている物体は，**エネルギー** (energy) をもっているという．物体が速度を有している場合のエネルギーを**運動エネルギー** (kinetic energy) という．また，物体のもつ重力が，空間のある位置で有しているエネルギーを重力による**位置エネルギー** (potential energy) とよんでいる．

(3) 位置エネルギー

ここでは，ある物体を高さ h の位置に持ち上げたときの仕事量が，その位置で物体が有しているエネルギー，つまり位置エネルギーであることを例示する．

われわれが住んでいる地表近くの空間では，主として万有引力による重力が働いており，これから解放されることはない．このような空間を**重力場** (gravitational field) とよんでいる．このような重力場においては，質量 m [kg] の物体に重力 mg [kg·m/s^2] ([N]) が働いている．ただし，g は重力の加速度である．これを上向きに持ち上げるに

は，mg より大きい力 F を加えてやる必要がある[2]．この力 F で物体を高さ h まで持ち上げたときの力 F のなした仕事は Fh である．いま，

$$F \geqq mg \tag{3.11}$$

なら物体を持ち上げることができるから，h の高さに持ち上げるに要する最小の仕事は，

$$W = Fh = mgh \quad [\mathrm{N \cdot m}] \tag{3.12}$$

である．

さて，この仕事 W が，この位置 h における潜在的なエネルギーであることを述べるために，次のように，この物体を落下させて運動エネルギーと関係づけることを試みる．

いま，図 3.7 に示すように，質量 m の物体が，初速度 0，加速度 α で高さ $y = h$ から $y = 0$ の床面まで落下 (自然落下) する場合を考えてみよう．まず，ニュートンの第二法則から，$m\alpha = -mg$ ゆえに，

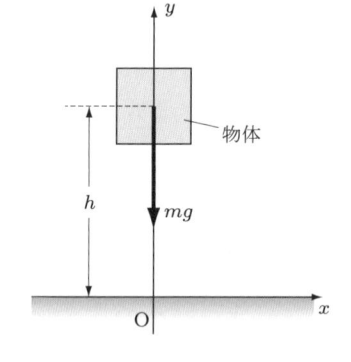

$$\alpha = -g \tag{3.13}$$

図 3.7 位置エネルギー

この関係を用い，t 秒後の物体の速度は，

$$v = \alpha t = -gt \tag{3.14}$$

また，t 秒後の位置は，$t = 0$ のとき $y = h$ の条件を用いて，

$$y = \int v \, dt = h - \frac{1}{2}gt^2 \quad [\mathrm{m}] \tag{3.15}$$

一方，$y = 0$，つまり，床面まで落下する時間 τ は，式 (3.15) から，

$$\tau = \sqrt{\frac{2h}{g}} \quad [\mathrm{s}] \tag{3.16}$$

このときの速度 v は，式 (3.14) から，

$$v = -g\tau = -g\sqrt{\frac{2h}{g}} = -\sqrt{2gh} \quad [\mathrm{m/s}]$$

ところで，質量 m の物体が床面に達して，速度 v になった瞬間の運動エネルギー E は，

$$E = \frac{1}{2}mv^2 = \frac{1}{2}m(\sqrt{2gh})^2 = mgh \quad [\mathrm{N \cdot m}] \tag{3.17}$$

---

[2] mg の単位は，SI 単位で $[\mathrm{kg \cdot m/s^2}] = [\mathrm{N}]$ と表され，力の単位に等しい．

と表される．つまり，この**運動エネルギー**は，物体を持ち上げるのに要した式 (3.12) の**仕事** $W = mgh$ に一致している．エネルギー保存則の立場からも，床面における運動エネルギーは，突然発生したものではなく，高さ h にある物体のエネルギーが落下と共に運動エネルギーに変換され，床面で $E = mgh$ の運動エネルギーを得たと考えるのが自然である．したがって，この床面における運動エネルギーに対応する高さ h の位置エネルギー（$W = mgh$ の仕事量に相当）の存在が考えられるべきであって，これを**位置エネルギー**とよんでいる．

さて，以上の例からも仕事とエネルギーの間には，常に**仕事 = エネルギー**の関係が成立していることが理解できたであろう．

（4） 仕事とエネルギーの単位

式 (3.12), (3.17) からも明らかなように**仕事とエネルギーは同一単位**である．つまり，**仕事 = (力) × (距離)** であるから，単位は [N·m] である．通常これを **1 ジュール** (Joule) と名づけ，単位 [J] を用いる．

$$\boxed{\text{仕事の単位}: 1\ [\text{N·m}] = 1\ [\text{J}]}$$

また，一つの物体または物体系が，外部に対して仕事をしたりエネルギーを供給しているとき，**仕事**または**エネルギー**を供給する速さを量的に表す必要がある．これを**仕事量**といい，時間 t になした仕事，またはエネルギーを W とすると，**仕事率** P は，

$$P = \frac{W}{t}$$

W を [J], t を [s] で表すときの仕事率を**ワット** (Watt) で表す[3]．つまり

$$\boxed{\text{仕事率の単位}: 1\ \left[\frac{\text{J}}{\text{s}}\right] = 1\ [\text{W}]}$$

すなわち，1 W とは，毎秒 1 J の仕事をするような仕事率である（第 8 章参照）．

3.4　電 位

3.4.1　電位の基本的な考え方

前節で地表近くの重力場において物体を重力に逆らって持ち上げると，基準レベル（$y = 0$ であった）のエネルギーとの差に相当するだけの位置エネルギーが増加することについて述べた．すなわち，高さが高いほど大きな位置エネルギーを有している．

電気の場合も図 3.8 に示すように，重力の場が電気の場，すなわち電界に変わり，万有引力に関係していた力（$F \propto m_1 m_2 / r^2$）がクーロン力（$F \propto Q_1 Q_2 / r^2$）に変わった

---

[3] 第 8.7 節（157 ページ）の電力の単位を参照．

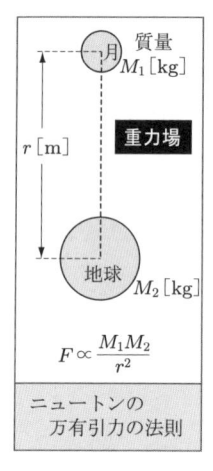

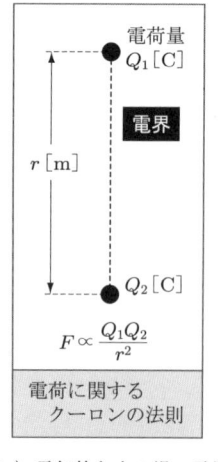

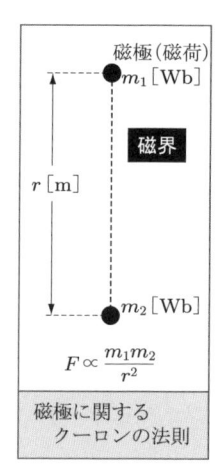

図 3.8 電気(磁気)的な場と重力場の対応関係

(a) 重力の場 — ニュートンの万有引力の法則：質量 M_1 [kg]、M_2 [kg]、$F \propto \dfrac{M_1 M_2}{r^2}$

(b) 電気的な力の場＝電界 — 電荷に関するクーロンの法則：電荷量 Q_1 [C]、Q_2 [C]、$F \propto \dfrac{Q_1 Q_2}{r^2}$

(c) 磁気的な力の場＝電界 — 磁極に関するクーロンの法則：磁極(磁荷) m_1 [Wb]、m_2 [Wb]、$F \propto \dfrac{m_1 m_2}{r^2}$

引力 ⟷ クーロン力
質量 ⟷ 電荷(磁極)

だけであると考えるとわかりやすい．したがって，**重力場の位置エネルギー**に対して**電気的な場における電荷の有する位置エネルギー**すなわち**電位** (electric potential) なるものが考えられることは容易に推察できるであろう．

この電位を理解するために，まず重力場での仕事について考え，とくに仕事量の増減 (正負)，すなわち**位置エネルギーの増減**について理解を深めることにする．

図 3.9 において，点 A は大地であってこの面を基準レベル (零レベル) にとる．いま，質量 m の物体を h_1 の高さまで重力に逆らって持ち上げたときの仕事 (位置エネルギー) を W_1 とする．この h_1 の高さから，さらに点 Q まで重力に逆らって物体を持ち上げると，基準レベル点 A に対する仕事 (位置エネルギー) は

$$W_1 + mg\Delta h \tag{3.18}$$

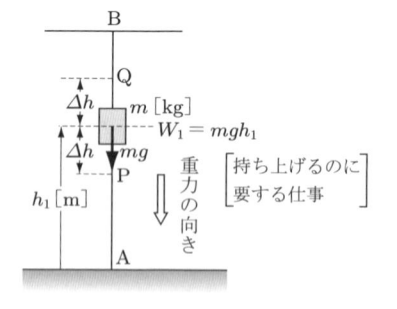

と増加する．

図 3.9 位置エネルギーの増減

一方，重力の作用に従って点 P まで下げると，点 A に対する仕事量は，

$$W_1 - mg\Delta h \tag{3.19}$$

と減少する．

要するに重力，すなわち作用している力に逆らって物体を Δh だけ上方へ動かすと

きには，考察点 h_1 の高さの仕事量 W_1 に $mg\Delta h$ が正の仕事として加算される.

また，逆に重力の作用に応じて仕事をしたときは，W_1 に対して $mg\Delta h$ が負の仕事として差し引かれ，点 A に対する位置エネルギーは減少する．この結果からも明らかなように，**物体を点 A から点 B まで運ぶさいに，重力に逆らって外部から仕事をしてやらなければならないときには，点 A より点 B の方が位置エネルギーが大きい．**

次に述べる電位の高低，つまり仕事量の正負の決め方は，このような重力場におけるそれぞれの関係を参照していると考えると理解しやすい．

（1） 電位差の定義

> **電位差の定義**
>
> 　点 A と点 B の電位差 V_{AB} は，δq なる**験電荷**[4](test charge) を電界に逆らって，A から B に運ぶとき，外部から加えるべき仕事 W を δq で割った値に等しい．
>
> 　式で示すと，
>
> $$V_{BA} = V_B - V_A = \frac{W}{\delta q} = -\int_A^B \boldsymbol{E} \cdot d\boldsymbol{r} \quad [\mathrm{V}] \tag{D.1}$$
>
> ここに，$W = -\displaystyle\int_A^B \delta q \boldsymbol{E} \cdot d\boldsymbol{r}$ （仕事） (D.2)

電位差の定義は，「電界から受ける力に逆らって，単位正電荷[5]を A から B に運ぶとき，外部から加えるべき仕事をもって，AB 2 点間の電位差」と定める．これを**点 B の点 A に対する電位**，あるいは**点 B と点 A との電位差** (potential difference) とよんでいる．

この定義について解説しておこう．この定義は，重力場における仕事量の関係に習って，次のような約束のもとに成立している．

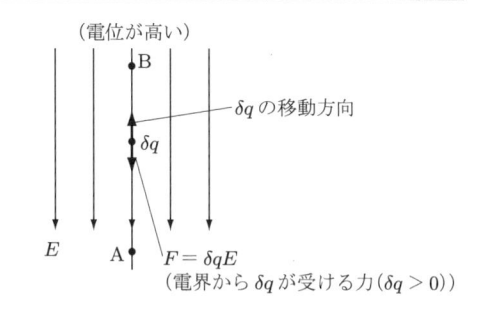

図 3.10　電位の高低

まず，式 (D.1) で点 B の電位から点 A の電位を引く $(V_B - V_A)$ ことは，次の約束に従っている．

(i) 電位も重力場における位置エネルギーと同様に「電界内で微小な験電荷 δq を点 A から点 B まで運ぶとき，電界による力 $(\boldsymbol{F} = \delta q \boldsymbol{E})$ に逆らって外部から仕事をし

---

[4] 電界における種々の現象を調べるために，電界中に仮想した試験的な微小電荷．
[5] 仕事 W を δq で割って電位差が定義されるから，単位正電荷を運ぶことになる．

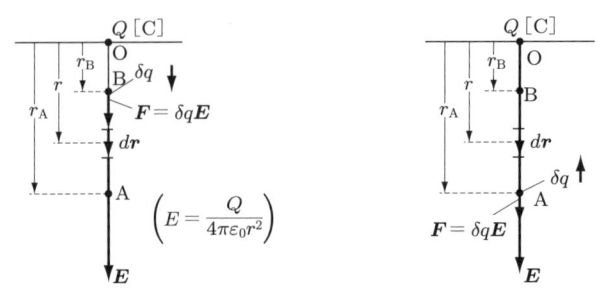

(a) δq を B から A へ移動させる場合   (b) δq を A から B へ移動させる場合

図 3.11

てやる必要があるとき，点 B は点 A より電位が高い」と約束する (図 3.10 参照). 積分記号の前に負の符号がつく理由は次の約束からである．

(ii) 電界から受ける力 $\boldsymbol{F}$ に逆らって電荷を運ぶとき，外力によってなされる仕事を正とする．

(iii) 電界から受ける力によって電荷が運ばれるとき，電界によってなされる仕事を負とする[6]．

これらの約束のもとに，まず図 3.11 (a) に示すように，原点 O に $Q(>0)$ [C] が置かれ O から A の向きに電界が発生している場合，点 B から点 A まで微小な験電荷 $\delta q (>0)$ を**電界方向に移動させるとき**の仕事を考えてみる．線素 $d\boldsymbol{r}$ に対する仕事 dW は，

$$dW = \boldsymbol{F} \cdot d\boldsymbol{r} = \delta q \boldsymbol{E} \cdot d\boldsymbol{r} = \delta q E dr \quad [\text{J}] \tag{3.20}$$

ここで，$E = \dfrac{Q}{4\pi\varepsilon_0 r^2}$ [V/m] であるから，上式は

$$dW = \frac{\delta q Q}{4\pi\varepsilon_0 r^2}\, dr \quad [\text{J}]$$

したがって，験電荷 δq を B から A まで移動させる全仕事は，

$$\begin{aligned}
W_{\text{BA}} &= \int_{\text{B}}^{\text{A}} dW = \int_{r_{\text{B}}}^{r_{\text{A}}} \frac{\delta q Q}{4\pi\varepsilon_0 r^2}\, dr \\
&= \frac{\delta q Q}{4\pi\varepsilon_0}\left[-\frac{1}{r}\right]_{r_{\text{B}}}^{r_{\text{A}}} = \frac{\delta q Q}{4\pi\varepsilon_0}\left(\frac{1}{r_{\text{B}}} - \frac{1}{r_{\text{A}}}\right) \quad [\text{J}]
\end{aligned} \tag{3.21}$$

ここで，$r_{\text{B}} < r_{\text{A}}$ であるから，$\left(\dfrac{1}{r_{\text{B}}} - \dfrac{1}{r_{\text{A}}}\right) > 0$ となり，式 (3.21) は正の仕事である．

---

[6] (ii)，(iii) も重力場における位置エネルギーからの類推であると考えてよい．

次に，図 3.11 (b) に示すように，験電荷 δq を**電界による力 F に逆らって**，A から B へ移動させる場合の全仕事は

$$W_{\mathrm{AB}} = \int_{\mathrm{A}}^{\mathrm{B}} dW = \int_{r_{\mathrm{A}}}^{r_{\mathrm{B}}} \frac{\delta q Q}{4\pi\varepsilon_0 r^2} dr = \frac{\delta q Q}{4\pi\varepsilon_0}\left(\frac{1}{r_{\mathrm{A}}} - \frac{1}{r_{\mathrm{B}}}\right) \quad [\mathrm{J}] \tag{3.22}$$

ここで，$\left(\dfrac{1}{r_{\mathrm{A}}} - \dfrac{1}{r_{\mathrm{B}}}\right) < 0$ で，式 (3.22) は負の仕事である．

ここで得られた結果は，重力場における式 (3.18)，(3.19) の関係と逆である．

すなわち，式 (3.22) を例にとると，これは重力場における式 (3.18) の $+mg\Delta h$ の項に対応する関係であって，電界による力 F に逆らって δq を点 A から点 B まで移動させるのであるから，点 A の仕事量 ((電気的) 位置エネルギー) に AB 間の仕事量 (点 A，点 B の位置エネルギーの差で，これは重力場の式 (3.18) の $+mg\Delta h$ に相当) が加算されるべきである[7]．

同様に，式 (3.21) の仕事量は，重力場における式 (3.19) の $-mg\Delta h$ の項に相当するもので，点 A の位置エネルギーは点 B の位置エネルギーより低く，点 B の位置エネルギーから，式 (3.21) の AB 間の位置エネルギー差 (W_{BA}) を差し引いたものが点 A の位置エネルギーとなるべきである．したがって，式 (3.21) の仕事は負でなければならない．

結局，重力場と比較した場合のこの不自然さを解決するためには，式 (3.20) の右辺に**負**の符号をつけて，

$$dW = -\boldsymbol{F} \cdot d\boldsymbol{r} = -\delta q \boldsymbol{E} \cdot d\boldsymbol{r} = -\frac{\delta q Q}{4\pi\varepsilon_0 r^2} dr \quad [\mathrm{J}] \tag{3.23}$$

と表しておけばよい．この結果，$W_{\mathrm{BA}} < 0$，$W_{\mathrm{AB}} > 0$ となり，前述の約束 (ii)，(iii) にも従っていることになる．

結局，電位差は点 A から点 B まで電界に逆らって，単位電荷 1 C を運ぶときに加えるべき仕事 $\int_{\mathrm{A}}^{\mathrm{B}} \boldsymbol{E} \cdot d\boldsymbol{r}$ に負の符号をつけ

$$V_{\mathrm{BA}} = V_{\mathrm{B}} - V_{\mathrm{A}} = -\int_{\mathrm{A}}^{\mathrm{B}} \boldsymbol{E} \cdot d\boldsymbol{r} \left(= \frac{W}{\delta q}\right) \quad [\mathrm{V}] \tag{3.24}$$

と表される．ここに，W は，

$$W = -\int_{\mathrm{A}}^{\mathrm{B}} \delta q \boldsymbol{E} \cdot d\boldsymbol{r}$$

（2） 電位

電位差は前述のように定義されるが，次に**電位**について考えてみよう．前述の図 3.9 (40 ページ) の重力場の説明で，位置エネルギーの基準点を大地にとって，位置エネル

---

[7] エネルギー的に見ても，外部から負のエネルギーを電荷 δq に与え移動させることは，納得しがたい．

ギーの高低について検討した．同様に電界中に**基準点**を定め，この点との電位差を考えるときに，**電位**の概念が生まれてくる．

もし，電界中のある点の電位 V_P が与えられると，この点を基準として，他のすべての点の電位を定めることができる．したがって，電位は次のように定義される．

> **電位の定義**
>
> 点 P の電位 V_P を基準とすると任意の点 B の電位 V_B は，
>
> $$V_B = V_P - \int_P^B \boldsymbol{E} \cdot d\boldsymbol{r} \quad [\text{V}]$$
>
> と定義される．

これは，基準点の電位 V_P に対する電位差

$$V_B - V_P = -\int_P^B \boldsymbol{E} \cdot d\boldsymbol{r} \quad [\text{V}] \tag{3.25}$$

の関係から得られる．この式は，V_P つまり基準点が変われば，当然，点 B の電位も変わることを意味している．この基準点の取り方には次の三つの場合が考えられる．

> **電位の基準点の取り方**
>
> I．（i）電荷が有限の領域に存在するときは，基準点 V_P を無限遠点にとる．このとき $V_P = 0$ である[8]．
> （ii）電荷が無限の領域に及んで存在する場合は，V_P は任意に定める[9]．
>
> II．実用的には，大地 (アース) を V_P の基準にとる．

結局，I の（i）の場合は，「電界内の任意の点の電位が，単位電荷を電界による力に逆らって無限遠点から点 B まで運ぶに要する仕事」として表されることを意味している．すなわち，

$$V_B = -\int_\infty^B \boldsymbol{E} \cdot d\boldsymbol{r} \quad [\text{V}] \tag{3.26}$$

また，I の（ii）のように，無限遠点にも電荷が存在する場合は，$V_P = 0$ とならないことに注意すべきである．

（3）経路と電位差

図 3.12 に示すように，電界中に 2 点 A，B を考え，経路 AC_1B を経て電荷を運ぶときの仕事を W_1，AC_2B のときの仕事を W_2 とし，それぞれの経路により仕事量が異

---

[8] $V = \dfrac{Q}{4\pi\varepsilon_0 r}$ において，$r \to \infty$ の V が V_P であるから $V_P = 0$
[9] これは無限遠点においても電界が存在し電位が零とならず，基準が定められないからである．

なっているものと仮定する．すなわち，$W_1 \neq W_2$ であるとき，たとえば A から時計回りに AC_1BC_2 を経て A に戻るとき，余剰な仕事が $W_1 - W_2 = \Delta W$ であったとする．この場合，この操作を繰り返すことによって，いくらでも電界からエネルギーを取り出せるか，または電界にエネルギーを与えることができると考えられる．

しかし，静電界では，いったん電荷の分布が定まれば，補充や移動はないことから[10]，エネルギーが補給されることはない．このため，ΔW の仕事，つまりエネルギーが余剰となることは，エネルギー保存則に反する．したがって，+1 C の点電荷が A を出発し A に戻るまでの仕事の総和は零でなければならず，$W_1 = W_2$ である．

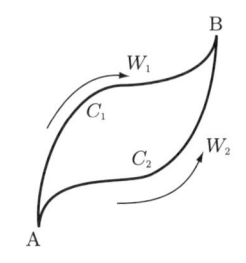

図 3.12 経路と電位差

式で示すと，

$$\left(-\int_A^B \boldsymbol{E} \cdot d\boldsymbol{r}\right)_{C_1} + \left(-\int_B^A \boldsymbol{E} \cdot d\boldsymbol{r}\right)_{C_2} = 0 \tag{3.27}$$

$$\therefore \left(-\int_A^B \boldsymbol{E} \cdot d\boldsymbol{r}\right)_{C_1} = \left(-\int_A^B \boldsymbol{E} \cdot d\boldsymbol{r}\right)_{C_2} = 一定$$

すなわち，**電位差は C_1, C_2 の経路には無関係で，A と B の端点の値だけで決まり，$V_{BA} = $ 一定 となる．**

この性質から明らかなように，+1 C の点電荷が任意の経路 C を一周するときの仕事は

$$\boxed{\oint_C \boldsymbol{E} \cdot d\boldsymbol{r} = 0} \tag{3.28}$$

静電界のこの性質は，エネルギー保存則が満たされていることを示すもので，この観点から，この性質のことを**電界は保存的** (conservative) であるという．これは，静電界のきわめて重要な性質の一つである．

なお，図 3.8 で例示した重力 (引力) の場においても，ある質量の物体がどのような経路でも 1 周すれば，仕事は零であることが証明でき，この点でも重力場と類似の関係がある．

(4) 電位の単位

電位または電位差は，それらの定義式からも明らかなように，**単位電荷あたりの仕事** ($W/\delta q$) として表される．たとえば，基準点を無限遠点にとると，点 B の電位は

---

[10] これは静電界の基本的な条件である．

であった．したがって，電位の単位は

$$\left[\frac{\text{N·m}}{\text{C}}\right] = \left[\frac{\text{J}}{\text{C}}\right] = [\text{V}]$$

電池の発明者ボルタの名にちなんでボルト [Volt] と記す．つまり，1 V は +1 C あたりの仕事が 1 J の場合である．

(5) 電位の傾き

> **電位の傾き**
>
> 電位の傾きとは，単位の長さに対する電位の変化と定義され，直角座標では，
>
> $$\text{grad } V = \boldsymbol{i}\frac{\partial V}{\partial x} + \boldsymbol{j}\frac{\partial V}{\partial y} + \boldsymbol{k}\frac{\partial V}{\partial z}$$
>
> と表される．

$$V_{\text{B}} = -\int_{\infty}^{\text{B}} \boldsymbol{E} \cdot d\boldsymbol{r}$$

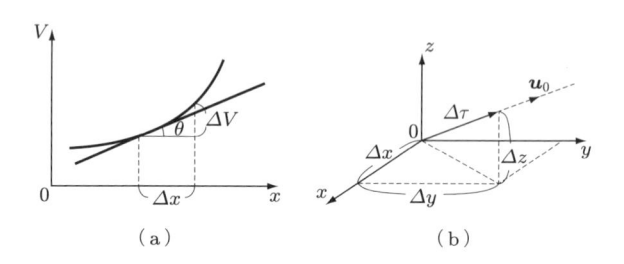

図 3.13 電位の傾き

電位の傾きとは，坂道の勾配とまったく同じ考えに立つもので，図 3.13 (a) のように，高さの変化が電位に，距離の変化が空間の位置の変化に対応しているに過ぎない．図 3.13 (a) の場合，V の x に対する電位の傾きは，

$$\text{電位の傾き} \cdots\cdots \frac{\Delta V}{\Delta x}$$

$\Delta x \to 0$ の極限を考えると，$\dfrac{\partial V}{\partial x}$ が x 方向の電位の傾きとなる．同様に 3 次元を考える場合，$\dfrac{\partial V}{\partial y}$，$\dfrac{\partial V}{\partial z}$ がそれぞれ y，z 方向の電位の傾きを表す．

さて，一般に，任意方向の電位の傾きは，図 3.13 (b) のように微小な変化を線素 $\Delta \tau$ で表し，これに応じる x, y, z 成分の変化を Δx, Δy, Δz とすると，$\Delta \tau$ の変化に対する電位の増加分は，次のように考えればよい．まず，Δx 間の電位の変化割合 $\dfrac{\partial V}{\partial x}$

に区間 Δx を乗じたもの $\frac{\partial V}{\partial x}\Delta x$ が Δx に対する電位の増加分 (変位量) となる．したがって全体としては，これと $\frac{\partial V}{\partial y}\Delta y$, $\frac{\partial V}{\partial z}\Delta z$ の和として求まる．つまり，

$$\Delta V = \frac{\partial V}{\partial x}\Delta x + \frac{\partial V}{\partial y}\Delta y + \frac{\partial V}{\partial z}\Delta z \tag{3.29}$$

ここで，空間の任意方向の変化，つまり $\Delta \tau$ に対する電位の傾きは $\frac{\Delta V}{\Delta \tau}$ であるから，

$$\frac{\Delta V}{\Delta \tau} = \frac{\partial V}{\partial x}\frac{\Delta x}{\Delta \tau} + \frac{\partial V}{\partial y}\frac{\Delta y}{\Delta \tau} + \frac{\partial V}{\partial z}\frac{\Delta z}{\Delta \tau} \tag{3.30}$$

また，$\frac{\Delta x}{\Delta \tau}, \frac{\Delta y}{\Delta \tau}, \frac{\Delta z}{\Delta \tau}$ はそれぞれ，$\Delta \tau$ の方向余弦であるから，

$$l = \frac{\Delta x}{\Delta \tau}, \quad m = \frac{\Delta y}{\Delta \tau}, \quad n = \frac{\Delta z}{\Delta \tau} \tag{3.31}$$

とおく．ここで $\Delta \tau \to 0$ の極限を考え式 (3.30) は，

$$\begin{aligned}\frac{\partial V}{\partial \tau} &= \frac{\partial V}{\partial x}l + \frac{\partial V}{\partial y}m + \frac{\partial V}{\partial z}n \\ &= \left(\boldsymbol{i}\frac{\partial V}{\partial x} + \boldsymbol{j}\frac{\partial V}{\partial y} + \boldsymbol{k}\frac{\partial V}{\partial z}\right) \cdot (\boldsymbol{i}l + \boldsymbol{j}m + \boldsymbol{k}n) \\ &= \boldsymbol{G} \cdot \boldsymbol{u}_0\end{aligned} \tag{3.32}$$

つまり，式 (3.32) はベクトル $\boldsymbol{G} = \left(\boldsymbol{i}\frac{\partial V}{\partial x} + \boldsymbol{j}\frac{\partial V}{\partial y} + \boldsymbol{k}\frac{\partial V}{\partial z}\right)$ と $\boldsymbol{u}_0 = (\boldsymbol{i}l + \boldsymbol{j}m + \boldsymbol{k}n)$ のスカラ積であり，ベクトル $\boldsymbol{G}$ の $\boldsymbol{u}_0$ 方向の成分であることを意味している．この式で表される場合のベクトル $\boldsymbol{G}$ を**電位の傾き**とよんでいる．通常

$$\boxed{\operatorname{grad} V = \nabla V = \boldsymbol{i}\frac{\partial V}{\partial x} + \boldsymbol{j}\frac{\partial V}{\partial y} + \boldsymbol{k}\frac{\partial V}{\partial z} \quad [\mathrm{V/m}]} \tag{3.33}$$

と表す．

(6) 電界と電位の関係

> **電界と電位の関係**
>
> 電界と電位の間には，次の関係が成立している．
> $$\boxed{\boldsymbol{E} = -\operatorname{grad} V \quad [\mathrm{V/m}]}$$
> つまり，電界は電位の傾度に負の符号をつけたものに等しい．

いま，電界の x 成分を $\boldsymbol{E}_x$ とすると，区間 Δx における電位差 ΔV は

$$\Delta V = -E_x \Delta x$$

であり，$\Delta x \to 0$ の極限をとると，

$$E_x = -\frac{\partial V}{\partial x}$$

各成分についても同様に,

$$E_y = -\frac{\partial V}{\partial y}, \quad E_z = -\frac{\partial V}{\partial z}$$

したがって,

$$\begin{aligned} \boldsymbol{E} &= \boldsymbol{i}E_x + \boldsymbol{j}E_y + \boldsymbol{k}E_z \\ &= -\left(\boldsymbol{i}\frac{\partial V}{\partial x} + \boldsymbol{j}\frac{\partial V}{\partial y} + \boldsymbol{k}\frac{\partial V}{\partial z}\right) \\ &= -\operatorname{grad} V \quad [\text{V/m}] \end{aligned} \tag{3.34}$$

この式は,電界と電位を結びつける重要な関係である.

3.5 真空中のガウスの定理

ガウスの定理

電界内に任意の閉曲面 S をとり,$\boldsymbol{n}$ をその面上の1点の外向きの法線ベクトルとすると,

$$\int_S \boldsymbol{E} \cdot \boldsymbol{n} dS = \frac{1}{\varepsilon_0} \sum_{i=1}^{n} Q_i \quad [\text{V/m}]$$

ただし,左辺の面積分は閉曲面全体にわたるもので,$\sum Q_i$ はこの閉曲面内に取り囲まれた電荷の代数和である.

これを**ガウスの定理** (Gauss' theorem) という.

ガウスの定理は,理論的には電界を求めるための一定理であるといえる.とくに電荷が中心に対して対称に分布しているときの電界を求める有力な手段となる.ここでは真空中で成立する定理について述べるが,この定理は,後章で述べるように誘電体媒質に拡張される.

この定理について考えてみよう.

図 3.14 (a) に示すように,電界内の任意の閉曲面 S 上の微小面積 ΔS を考え,この点における外向き法線ベクトルを $\boldsymbol{n}$ とし,電界 $\boldsymbol{E}$ と $\boldsymbol{n}$ とのなす角を θ とする.同図 (b) について考えると $\Delta S'$ は,$\boldsymbol{E}$ に直角な面への ΔS の投影であって,ΔS と $\Delta S'$ は $\Delta S' = \Delta S \cos\theta$ の関係にある.

ここで,$\Delta S'$ を通る電気力線数について考え,これを N 本とすれば,前節 3.2 の約束にしたがって,

$$N = E\Delta S' = E\Delta S \cos\theta = \boldsymbol{E} \cdot \boldsymbol{n}\Delta S \quad [\text{本}] \tag{3.35}$$

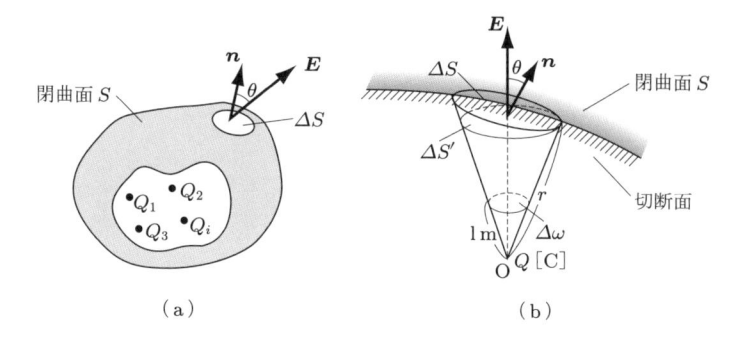

図 3.14 ガウスの定理の説明

したがって，閉曲面全体を通り抜ける電気力線の総数は，これを面積 S について積分して，

$$\Phi = \int_S \boldsymbol{E} \cdot \boldsymbol{n}\, dS \quad [\text{本}] \tag{3.36}$$

他方，上式の電界 $\boldsymbol{E}$ は，点 O にある点電荷 Q から r 離れた点におけるものであるから，

$$\boldsymbol{E} \cdot \boldsymbol{n} \Delta S = E \Delta S \cos\theta = E \Delta S'$$

$$= \frac{Q}{4\pi\varepsilon_0} \cdot \frac{\Delta S'}{r^2} = \frac{Q}{4\pi\varepsilon_0} \Delta\omega \quad [\text{V/m}] \tag{3.37}$$

ここで，$\Delta\omega$ は点 O から ΔS をみた立体角で $\Delta S'/r^2$ に等しい．
式 (3.36) に式 (3.38) を代入し，

$$\Phi = \int_S \frac{Q}{4\pi\varepsilon_0} d\omega = \frac{Q}{4\pi\varepsilon_0} \int_S d\omega \quad [\text{本}][\text{V/m}] \tag{3.38}$$

ここで，点 O から，閉曲面 S 全体をみた全立体角は点 O が閉曲面内にある場合は 4π，閉曲面外にある場合は 0 (第 1 章 1.3.1 項 (4) 参照) の二通りの場合に分かれる．
したがって，式 (3.36) と式 (3.38) から，

$$\int_S \boldsymbol{E} \cdot \boldsymbol{n} dS = \begin{cases} Q/\varepsilon_0 & (Q \text{ が } S \text{ の内部にあるとき}) \\ 0 & (Q \text{ が } S \text{ の外部にあるとき}) \end{cases}$$

次に，$\boldsymbol{E}$ が閉曲面内にある多くの電荷，$Q_1, Q_2, \cdots$，によって生じている場合，それぞれの電荷によって発生している電界を $\boldsymbol{E}_1, \boldsymbol{E}_2, \boldsymbol{E}_3, \cdots$，とすれば，

$$\int_S \boldsymbol{E} \cdot \boldsymbol{n}\, dS = \int_S (\boldsymbol{E}_1 + \boldsymbol{E}_2 + \cdots) \cdot \boldsymbol{n}\, dS$$

$$= \int_S \boldsymbol{E}_1 \cdot \boldsymbol{n}\, dS + \int_S \boldsymbol{E}_2 \cdot \boldsymbol{n}\, dS + \cdots$$

これらの積分は，閉曲面内 S にある電荷に関係するもののみが残り，S の外部にあるものは 0 となる．ゆえに，

$$\int_S \boldsymbol{E} \cdot \boldsymbol{n} dS = \frac{1}{\varepsilon_0} \sum_{i=1}^n Q_i \quad [\text{V/m}] \qquad (3.39)$$

の関係を得る．これが真空における電界に関するガウスの定理である．

〈ガウスの定理の物理的意味〉

式 (3.39) つまり，ガウスの定理の左辺は閉曲面を貫く (出入りする) 電気力線の総数であり，右辺の $\sum Q_i$ は S 面内に存在する全電荷である．したがって，式 (3.38) の意味するところは，

閉曲面 S を出ていく電気力線の総数 $= 1/\varepsilon_0$ (S 面内の全電荷)

である．

ここで，閉曲面 S から出てゆくといっているが，もちろん S 内に負の電荷があれば，電気力線は S 内へ入り，負電荷に終わる．ここでは，正負の電荷の代数和を考えて，これが正であると仮想して出てゆくと表現しているにすぎない．このガウスの定理から，電気力線に関する次の性質が導かれる．

(1) 電気力線は正の電荷から 1 C あたり $1/\varepsilon_0$ 本生じる．
(2) 電気力線は負の電荷に 1 C あたり $1/\varepsilon_0$ 本終端する．
(3) 閉曲面 S 内の電荷の総量が 0 であるとき，この閉曲面内に出入りする電気力線数は等しい．

これらの関係を図示したものが，図 3.15 である．

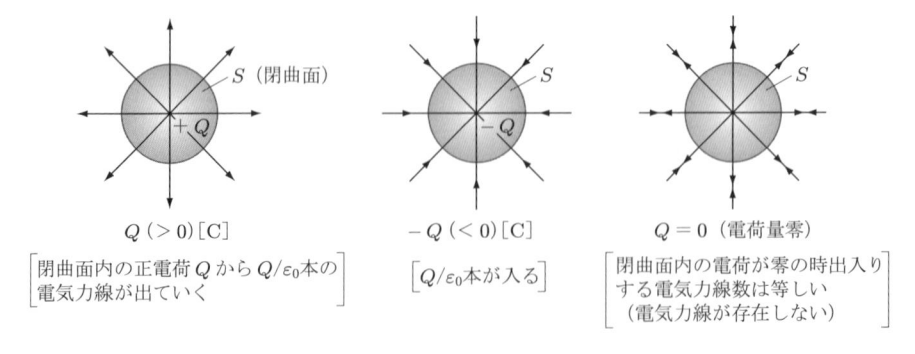

図 3.15 電荷と電気力線の関係

【例題 3.1】 電荷 Q [C] が半径 a [m] の球内に中心に対して対称に一様に分布しているとき，球内外の電界と電位を求めよ．

3.5 真空中のガウスの定理

【解】 いま，電荷が対称に分布しているから，電界，電位も中心に対して対称に分布し，電気力線は放射状に中心から外部へ向けて出ていくと考えられる．

(i) 球外 $r > a$ の場合

球外に半径 r の閉曲面を考える．

この閉曲面つまり球面内には，電荷は Q [C] だけである．また対称性からガウスの定理が適用できて，$\boldsymbol{E} \cdot \boldsymbol{n} = E \cos\theta \; (\theta = 0)$ に注意すると，

$$\int_S \boldsymbol{E} \cdot \boldsymbol{n} \, dS = E \int_S dS = 4\pi r^2 E = \frac{Q}{\varepsilon_0}$$

$$\therefore \; E = \frac{Q}{4\pi\varepsilon_0 r^2} \quad [\text{V/m}]$$

次に，電位も中心から r [m] の点ではすべて等電位であり，積分路を半径方向にとると，

$$V = -\int_\infty^r E \, dr = -\int_\infty^r \frac{Q}{4\pi\varepsilon_0 r^2} dr = \frac{Q}{4\pi\varepsilon_0 r} \quad [\text{V}]$$

として求められる．

また球面を含めて考えると，球面上では，$r = a$ として，

$$E = \frac{Q}{4\pi\varepsilon_0 a^2} \quad [\text{V/m}], \quad V = \frac{Q}{4\pi\varepsilon_0 a} \quad [\text{V}]$$

(ii) 球内 $r < a$ の場合

この問は，球内に電荷が一様な密度で分布していて，その総電荷量が Q [C] という意味である．したがって，$r < a$ の領域内の電荷 Q_r は，Q が体積に比例して配分され，

$$Q_r = \frac{\frac{4}{3}\pi r^3}{\frac{4}{3}\pi a^3} Q = \frac{r^3}{a^3} Q \quad [\text{C}]$$

電界は，ガウスの定理の右辺に上記の電荷を用い，左辺は (i) と同様

$$4\pi r^2 E = \frac{Q_r}{\varepsilon_0} = \frac{r^3 Q}{\varepsilon_0 a^3}$$

$$\therefore \; E = \frac{rQ}{4\pi\varepsilon_0 a^3} \quad [\text{V/m}]$$

次に，中心から r の点の電位は，まず球表面と球の中心からの距離 r の点との電位差を求めて，この結果と (i) の場合に求めた球表面上の電位との和を求めればよい．

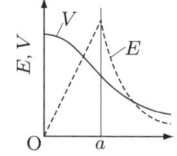

$$V_{\text{ra}} = -\int_a^r E \, dr = -\int_a^r \frac{rQ}{4\pi\varepsilon_0 a^3} dr$$

$$= \frac{(a^2 - r^2)}{8\pi\varepsilon_0 a^3} Q \quad [\text{V}] \quad (\text{球表面と球の中心からの距離 } r \text{ の電位差})$$

ゆえに，求める球内の半径 r の点の電位は，

$$V_r = \frac{Q}{4\pi\varepsilon_0 a} + \frac{(a^2-r^2)Q}{8\pi\varepsilon_0 a^3} = \frac{(3a^2-r^2)Q}{8\pi\varepsilon_0 a^3} \quad [\text{V}]$$

以上の結果の概形を図で示すと右図のようである．

【例題 3.2】 半径 a [m] の無限に長い円筒内に 1 m あたり λ [C] の電荷が一様に分布しているときの電界を求めよ．また，（ⅰ）円筒外の一点と円筒表面との電位差および（ⅱ）円筒内外の点間の電位差を求めよ．

【解】 この問題も円筒の軸に対して電荷分布は対称であるから，電界，電位も中心軸に対して対称と考えられる．この場合も電気力線は中心から放射状に発生している．

（ⅰ）円筒外 $r > a$ の場合

半径 r 上での電界を E とし，図示したような半径 r で長さ 1 m の同心円筒の表面がつくる閉曲面を考える．対称性からこの同心円筒上下軸方向へ電気力線はなく，半径方向だけに発生している．したがって，ガウスの定理が適用でき，

$$\int_S \boldsymbol{E}\cdot\boldsymbol{n}\,dS = E\int_S dS = 2\pi rE = \frac{\lambda}{\varepsilon_0}$$

$$\therefore \quad E = \frac{\lambda}{2\pi\varepsilon_0 r} \quad [\text{V/m}]$$

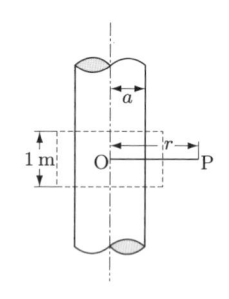

次に，電位差に関しては，この円筒が無限遠に及んでいることから（無限遠でも電荷が存在する），無限遠で電位 0 を定義できず無限遠点を電位の基準にとることができない．このため無限遠点と考察点の電位差，つまり電位を前問のように求めることはできない．このような場合，電位は任意に定義してよかった（43 ページ 3.4 節 (2) 電位参照）．

したがって，この問題では，中心から r の距離にある円筒外の 1 点 P を基準にとり，円筒表面との電位差を求めることにする．

$$V_{ar} = -\int_r^a E\,dr = -\int_r^a \frac{\lambda\,dr}{2\pi\varepsilon_0 r} = \frac{\lambda}{2\pi\varepsilon_0}\log\frac{r}{a} \quad [\text{V}]$$

（ⅱ）円筒内 $r < a$ の場合

電荷は円筒内に一様に分布しているから，半径 $r(<a)$ 内で，軸方向の長さ 1 m あたりの電荷量 λ' は，体積に関して比例配分して

$$\lambda' = \frac{\pi r^2}{\pi a^2}\lambda = \frac{r^2}{a^2}\lambda$$

ガウスの定理を適用して，

$$\int_S \boldsymbol{E}\cdot\boldsymbol{n}\,dS = E\oint_S dS = 2\pi rE = \frac{\lambda r^2}{\varepsilon_0 a^2}$$

$$\therefore \quad E = \frac{r\lambda}{2\pi\varepsilon_0 a^2} \quad [\text{V/m}]$$

次に，中心軸から r の距離の円筒内の点と円筒表面との電位差 V_{ra} は，

$$V_{ra} = -\int_a^r E\,dr = -\int_a^r \frac{r\lambda}{2\pi\varepsilon_0 a^2}\,dr = \frac{\lambda(a^2-r^2)}{4\pi\varepsilon_0 a^2} \quad [\text{V}]$$

ここで，円筒外の点 (中心からの距離 r_1) と円筒内の点 (中心からの距離 r_2) ($r_2 < a < r_1$) との電位差は，(ⅰ) の円筒表面の電位差の式 ($r \to r_1$) と上式 ($r \to r_2$) を用いて，

$$V_{21} = V_{ar_1} + V_{r_2 a} = \frac{\lambda}{2\pi\varepsilon_0}\left(\log\frac{r_1}{a} + \frac{a^2-r_2^2}{2a^2}\right) \quad [\text{V}]$$

と表される．

【例題 3.3】 無限に広い平面上に，一様な面密度 σ [C/m^2] で電荷が分布しているときの電界を求めよ．

【解】 これは，電荷だけで均一な無限平面が形成されている状態である．正の電荷を仮定すれば，電気力線は左右対称に面に垂直に外向きに発生する．

図示するように平面を挟むように底面積 dS の微小な円筒を考え，これを閉曲面としてガウスの定理を適用する．このとき円筒の側面からの電気力線は発生せず両底面からの電界だけを考え，これを E とする．

この微小円筒内の電荷は σdS であるから，ガウスの定理を適用し，

$$\int_S \boldsymbol{E}\,d\boldsymbol{S} = 2E\,dS = \frac{\sigma\,dS}{\varepsilon_0}$$

$$\therefore \quad E = \frac{\sigma}{2\varepsilon_0} \quad [\text{V/m}]$$

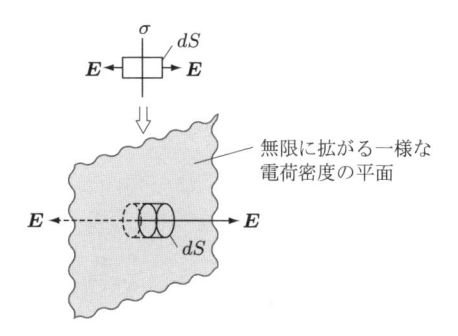

【例題 3.4】 二つの平行な無限平面上に，それぞれの面密度 $+\sigma$, $-\sigma$ [C/m^2] の電荷が分布しているときの電界を求めよ．

【解】 図示したように $+\sigma$ から出ていく電気力線と $-\sigma$ へ入る電気力線を考える．このときの電界をそれぞれ E_+, E_- で表すと前問より

$$E_+ = E_- = \sigma/2\varepsilon_0$$

二つの無限平面の間では，

$$E = E_+ + E_- = \sigma/\varepsilon_0$$

外側では，

$$E = \pm E_+ \mp E_- = 0$$

となる．

3.6 電気力線の発散

電気力線の発散

電気力線の発散は，真電荷密度を ρ [C/m³] とすると，

$$\mathrm{div}\,\boldsymbol{E} = \frac{\rho}{\varepsilon_0} \quad [\mathrm{V/m^2}]$$

と表される．$\mathrm{div}\,\boldsymbol{E}$ は $\boldsymbol{E}$ の発散を表し単位体積あたり，$\dfrac{\rho}{\varepsilon_0}$ 本の電気力線が発生することを意味している．i) $\rho > 0$ のときは，電気力線の発生を，ii) $\rho < 0$ であれば電気力線の消滅(入ること)を意味し，iii) $\rho = 0$ は電気力線の発生源が存在しない(連続である)ことを意味している．

いま，図 3.16 のように空間の体積 v，半径 r の球内に一様に電荷が分布している場合を考えてみる．v 内の全電荷量を Q [C] とすると，Q/v は単位体積あたりの平均電荷量，つまり，電荷密度 ρ [C/m³] を与える．ここで，体積 v を小さくしていき極限をとると，1 点 P での電荷密度を表すようになり[11]，

$$\rho = \lim_{v \to 0} \frac{Q}{v} \quad [\mathrm{C/m^3}] \tag{3.40}$$

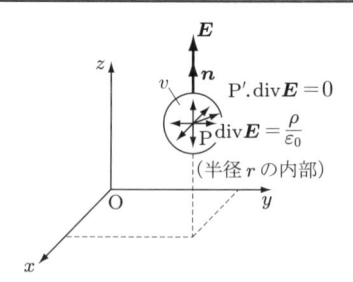

図 3.16 電気力線の発散の説明図

である．

一方，この閉曲面 S 内の空間電荷に対して，ガウスの定理を適用すると，

$$\int_S \boldsymbol{E} \cdot \boldsymbol{n}\,dS = \frac{Q}{\varepsilon_0} \left(= \frac{v\rho}{\varepsilon_0}\right) \tag{3.41}$$

ゆえに，

$$\underbrace{\frac{1}{v} \int_S \boldsymbol{E} \cdot \boldsymbol{n}\,dS}_{S\text{面から出ていく電気力線を}\atop\text{単位体積あたりに換算したもの}} = \frac{\rho}{\varepsilon_0} \quad [\mathrm{V/m^2}] \tag{3.42}$$

左辺は，「S 内の電荷を発生源として，S から出てゆく電気力線を単位体積あたりに換算したもの」を意味している．ここで式 (3.42) において，$v \to 0$ の極限を考えると，これは前述した発散の定義式となり，v の極限における空間の 1 点 (いまの場合点 P) での E の発散を表す．すなわち，

---

[11] 極限をとるからといっても，電荷，つまり電子やイオンの大きさに比べて十分大きいものと考えている．

$$\lim_{v \to 0} \frac{1}{v} \int_S \boldsymbol{E} \cdot \boldsymbol{n} \, dS = \operatorname{div} \boldsymbol{E} = \nabla \cdot \boldsymbol{E} \quad (\boldsymbol{E} \text{の発散}) \tag{3.43}$$

$v \to 0$ の極限においても式 (3.42) の左辺は ρ/ε_0 のままであるから，式 (3.42)，式 (3.43) から

$$\boxed{\operatorname{div} \boldsymbol{E} = \frac{\rho}{\varepsilon_0} \quad [\mathrm{V/m^2}]} \tag{3.44}$$

式 (3.44) は，いま考えている $v \to 0$ とした 1 点 P で成立する関係であり，**ガウスの定理の微分形**を表している．

ここで，$\operatorname{div} \boldsymbol{E}$ を**単位体積から毎秒流出する水量**にたとえると ρ/ε_0 は，これを補給する関係，つまり源泉を意味している．この理由から，もし $\rho/\varepsilon_0 = 0$，つまり

$$\boxed{\operatorname{div} \boldsymbol{E} = 0 \quad [\mathrm{V/m^2}]} \tag{3.45}$$

であれば源泉が存在せず，いまの場合電気力線は発生していないことを意味している．この結果，式 (3.44) は電気力線の源泉がある場合，つまり，図 3.16 において，電荷が存在している半径 r 内で成立し，式 (3.45) は源泉のない場合，電荷分布が存在しない半径 r の外側で成立している関係である．

ここで，電気力線が「発生しない」という意味は，電気力線が「存在しない」という意味と混同してはならない．図 3.16 において，半径 r の球の外側の $\operatorname{div} \boldsymbol{E} = 0$ の点 P′ では無限遠方へ向かう放射状の電気力線が存在していることはこれまでの例からも明らかである．つまり，$\operatorname{div} \boldsymbol{E} = 0$ は，電気力線が**連続**していることを意味しているのである (図 3.17 参照)．

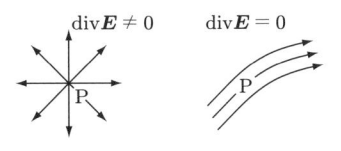

(a) 源泉がある場合　(b) 源泉がない (連続) の場合

図 3.17

さて，$\operatorname{div} \boldsymbol{E} = \frac{\rho}{\varepsilon_0}$ の場合，つまり電気力線が発生する場合，(ⅰ) $\rho > 0$ なら電気力線の発生を，(ⅱ) $\rho < 0$ ならば電気力線の消滅 (終端すること) を意味している．このことは，次式

$$\lim_{v \to 0} \frac{1}{v} \int_S \boldsymbol{E} \cdot \boldsymbol{n} \, dS = \frac{\rho}{\varepsilon_0} \quad [\mathrm{V/m^2}] \tag{3.46}$$

から明らかである．すなわち，この式の $\int_S \boldsymbol{E} \cdot \boldsymbol{n} \, dS$ において $\boldsymbol{n}$ は閉曲面 S に対して外向きを正と約束した単位法線ベクトルである．したがって，$\boldsymbol{E} \cdot \boldsymbol{n} = |\boldsymbol{E}||\boldsymbol{n}|\cos\theta > 0$ が成立するためには，図 3.18 から明らかなように，$\boldsymbol{E}$ は S 面に対して外向きとなる必要がある．$\boldsymbol{E}$ が S 面に対して内向きのときは $\boldsymbol{E} \cdot \boldsymbol{n} < 0$ となる．結局式 (3.46) において，左辺 > 0 のとき，電界の向き，つまり，電気力線は外向きとなり，このとき

当然 ρ も正でなければならない．また，左辺 < 0 のときは電気力線は S 面に対して内向きとなり，ρ は負の値をとる．

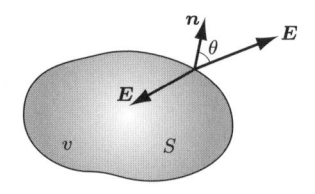

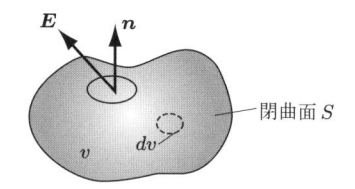

図 3.18 E と n との間隔

図 3.19 体積 v の閉曲面

結局，以上の点から電気力線に関する重要な性質が得られる．**電気力線は正電荷より発生し，負電荷に終わる．それ以外の点では，電気力線は連続である**．また，式 (3.44) から，**電気力線の発生，消滅は単位電荷あたり $1/\varepsilon_0$ の割合である**こともわかる．

以上は，$v \to 0$ とした点についての考察であった．次に，図 3.19 のように一般に体積 v の大きな閉曲面 S について考えてみる．この v の内に含まれている全電荷 Q は，式 (3.44) の関係を用いて，

$$Q = \int_v \rho \, dv = \varepsilon_0 \int_v \text{div } \boldsymbol{E} \, dv \quad [\text{C}] \tag{3.47}$$

一方ガウスの定理より

$$Q = \varepsilon_0 \int_S \boldsymbol{E} \cdot \boldsymbol{n} \, dS \quad [\text{C}] \tag{3.48}$$

ゆえに

$$\int_S \boldsymbol{E} \cdot \boldsymbol{n} \, dS = \int_v \text{div } \boldsymbol{E} \, dv \quad [\text{V/m}] \tag{3.49}$$

式 (3.49) は**ガウスの定理の積分形**であるが，面積積分を体積積分に，また，この逆の変換するときのベクトル公式として一般に成立する関係で，**ガウスの線束定理**ともいわれている．

$\boldsymbol{E}$ を一般のベクトル $\boldsymbol{A}$ で表し，次のベクトル公式を得る．

ガウスの線束定理 (面積積分 ↔ 体積積分変換公式)

$$\int_S \boldsymbol{A} \cdot \boldsymbol{n} \, dS = \int_v \text{div } \boldsymbol{A} \, dv$$

3.7 ラプラスおよびポアソンの方程式

ラプラス,ポアソンの方程式

静電界における電位 V が満たすべき方程式として,ポアソンおよびラプラスの方程式がある.これらは考えている空間に電荷があるかないかによって区別されている.

(考察している空間に電荷が存在している場合)

$$\nabla^2 V = -\frac{\rho}{\varepsilon_0} \cdots \text{ポアソンの方程式 (Poisson's equation)}$$

(考察している空間に電荷が存在しない場合)

$$\nabla^2 V = 0 \cdots \text{ラプラスの方程式 (Laplace's equation)}$$

ラプラス,ポアソンの方程式は,電位を求めるための一般式である.この方程式について考えてみよう.前節の式 (3.34) から

$$\boldsymbol{E} = -\operatorname{grad} V \quad [\text{V/m}] \tag{3.34 再掲}$$

また,前節式 (3.44) より

$$\operatorname{div} \boldsymbol{E} = \frac{\rho}{\varepsilon_0} \tag{3.44 再掲}$$

したがって,式 (3.34) の div をとり,式 (3.44) の関係から

$$\operatorname{div} \operatorname{grad} V = -\frac{\rho}{\varepsilon_0} \quad [\text{V/m}^2]$$

ここで div grad を ∇^2 と書き表して

$$\nabla^2 V = -\frac{\rho}{\varepsilon_0} \quad [\text{V/m}^2] \qquad \text{ポアソンの方程式} \tag{3.50}$$

電荷がなければ $\rho = 0$ として

$$\nabla^2 V = 0 \quad [\text{V/m}^2] \qquad \text{ラプラスの方程式} \tag{3.51}$$

を得る.静電界における電位は,これらラプラス,あるいはポアソンの方程式を必ず満足するような分布をとらなければならない.したがって,これら二つの式は,式 (3.34) の関係から電位を決定するとともに,**静電界を決定するための一般式であるといえる**.すなわち,これまで,(1) 点電荷が分布している場合は,前節のようにクーロンの法則に基づく方法 (電界の定義) で電界を決定できた.また,(2) 電荷分布が対称な場合は,ガウスの定理から電界を求めることができた.さらに,(3) 空間に点電荷が分布しているような場合は,はじめに電位を決定して,$\boldsymbol{E} = -\operatorname{grad} V$ の関係から電界を

定めることができた．しかし，電界中に導体などがある場合は，これらの方法は簡単に適用できない場合が多い．このような場合は，ラプラス，ポアソンの方程式を解き，$\boldsymbol{E} = -\text{grad}\, V$ より電界を決定する方法をとる．これが**静電界を求める一般解法**である．したがって，上述の (1)，(2)，(3) の方法は，特殊な解法であるといえる．

なお，∇^2 をラプラシアンといい，ラプラスおよびポアソンの方程式の直角座標表示は

$$\nabla^2 V = \frac{\partial^2 V}{\partial x^2} + \frac{\partial^2 V}{\partial y^2} + \frac{\partial^2 V}{\partial z^2} = -\frac{\rho}{\varepsilon_0} \quad [\text{V/m}^2] \tag{3.52}$$

$$\nabla^2 V = \frac{\partial^2 V}{\partial x^2} + \frac{\partial^2 V}{\partial y^2} + \frac{\partial^2 V}{\partial z^2} = 0 \quad [\text{V/m}^2] \tag{3.53}$$

3.8 電気力線の性質についてのまとめ

電気力線に関する性質は，電界を理解する上できわめて重要であり，その性質についてとくにここでまとめておく．

(1) 電気力線の向きは，その点の電界の向きと一致し，密度はその点の電界の大きさに等しい $\left(E \equiv \dfrac{\Delta N}{\Delta S} \right)$．(電気力線の定義)

(2) 電気力線は正電荷から発生して，負電荷に終わる (図 3.20, 56 ページ参照)．

(3) 電荷が存在しない所では，電気力線の発生消滅はなく連続である (56 ページ参照)．

(4) 単位電荷あたり $1/\varepsilon_0$ 本の割で電気力線が出入する (50 ページ参照)．

(5) 電気力線は電位の高い点から，低い点に向かっている．

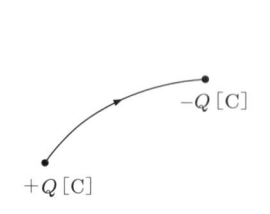

図 3.20 電気力線

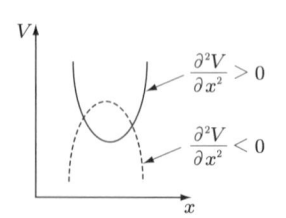

図 3.21 極大，極小値の説明

解説 ラプラス，ポアソンの方程式の考察から (5) の事実が明らかとなる．ポアソンの方程式の直角座標表示は

$$\nabla^2 V = \frac{\partial^2 V}{\partial x^2} + \frac{\partial^2 V}{\partial y^2} + \frac{\partial^2 V}{\partial z^2} = -\frac{\rho}{\varepsilon_0}$$

であった．まず，簡単のため一変数 x について考える．さて，ここで，$\partial^2 V/\partial x^2 > 0$ のとき，図 3.21 に示すように V の曲線は下に凸で，$\partial^2 V/\partial x^2 < 0$ のときは，上に凸となり極値をもつことを思い出してみよう．

次に，一般には $\dfrac{\partial^2 V}{\partial x^2}, \dfrac{\partial^2 V}{\partial y^2}, \dfrac{\partial^2 V}{\partial z^2}$ が同時に正となる場合は V が極小，またこれらが同時に負であれば，V はそこで極大となっている．したがって，この場合 $\nabla^2 V$ は零とならないから，**電荷が存在しない** ($\nabla^2 V = 0$) **所では，電位は極大とも極小ともならず，連続していて，増加または減少しているかのどちらかである**ことがわかる．

他方，電荷が存在している所では，$\nabla^2 V = -\rho/\varepsilon_0$ が成立し，上述のことから ρ の符号によって V は極大か極小となり得る．いま，V が空間のある点で極大になったとして，図 3.22 (a) に示すような，その点を中心とする微小な球を考える．図 3.22 (b) のようにこの球の中心で V が極大であるから，球面上では半径 r の方向 (つまり $\boldsymbol{n}$ の方向) に V は減少している．したがって，この球面上では常に，

$$\frac{\partial V}{\partial n} < 0 \quad {}^{12)}$$

である．ここで，球面上 n 方向の電位の傾き (勾配) を考えると，

$$E_n = -\frac{\partial V}{\partial n} > 0 \quad {}^{13)}$$

となる．ゆえに，この球面上では全電気力線 (電界 E_n) は球面 S の外方へ向かうから

$$\int_S E_n dS = \frac{Q}{\varepsilon_0} > 0$$

でなければならない．つまり，球面内の電荷は正である．この結果，**電位が極大となっているところには必ず正電荷が存在しており，また，正電荷のある所は電位が極大となっている**と結論される．同様に，**電位が極小であるところは負電荷が必ず存在し，逆に負電荷があるところの電位は極小となっている．**

さて，ここで，電気力線の向きであるが，$\boldsymbol{E} = -\operatorname{grad} V$ からわかるように，$\boldsymbol{E}$ は V の減少する方向に向かっている．以上の点を総合すると，結局**電気力線は電位の高い点から低い点へ向かっている**と結論される．このように，電気力線は最高電位のところ (正電荷) から出発して，最低電位のところ (負電荷) に終わっているのである．

[解説終り]

---

12) 球の中心で V が極大であるから球面上の n 方向の変化，つまり勾配は負となっている．つまり $\dfrac{\partial V}{\partial n} \left(= \dfrac{\partial V}{\partial r} と考えてよい \right) < 0$

13) 負号がつくのは，一般式 $\boldsymbol{E} = -\operatorname{grad} V$ の関係からである．

(a) (b)

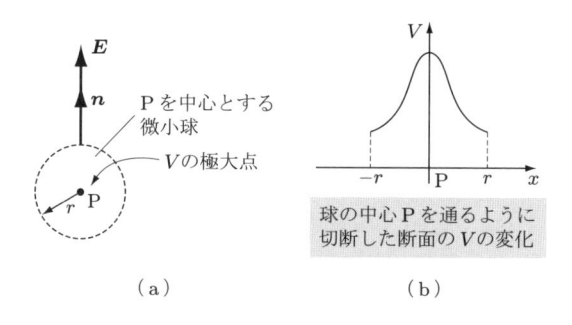

図 3.22 V の極大点を中心にもつ微小球

(6) 電気力線はそれ自身で閉じた曲線になることはない (55 ページ，式 (3.44) の説明参照)．

(7) 電界が零でない所では 2 本の電気力線が交わることはない．

解説 2 本の電気力線が交わるとすると，その点で接線が 2 本引けることになり電界の方向二つあることになり，電気力線の定義が成り立たない．

(8) 電気力線は等電位面と垂直に交わる．ただし，電界零のところでは，この条件は満足されない．

解説 図 3.23 のように，等電位面上の任意点 P の電界 $\boldsymbol{E}$ が，その点における接線と θ の角度をなしているとする．この場合，接線方向に $E\cos\theta$ の成分が発生する．この電界 $E\cos\theta$ の下で，点 P から接線方向に変位 dl を考えると，$dV = -E\,dl\cos\theta$ の仕事が必要となってしまう．これは，点 P での電位 V に対して，dl 変位した点では $V + dV$ となり，等電位面という仮定に反する．したがって，$dV = -E\,dl\cos\theta = 0$ でなければならない．ゆえに，$\cos\theta = 0$ つまり $\theta = \dfrac{\pi}{2}$ でなければならない．

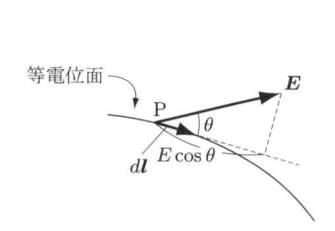

図 3.23 等電位面と電気力線

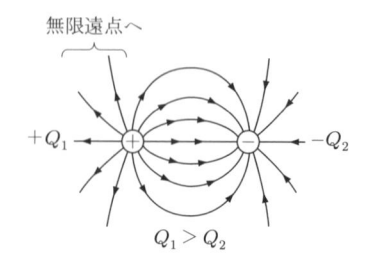

図 3.24 無限遠点と電気力線

(9) 電気力線は導体面に垂直に出入する．ただし，電界零のところでは，この条件

は満足されない．

解説 これは，導体が等電位面を構成するという性質，つまり (8) から明らかである (この証明は第 4 章，72 ページ参照)．

(10) 電気力線のうち，無限遠点へ向かうもの，また無限遠点からくるものがある．

(11) 無限遠点にある電荷まで考えると，電荷の総量は常に零である．

解説 図 3.24 に示した二つの正，負の電荷が相対しているときの電気力線の分布からも推察されるように，電気力線のうちには，無限遠点まで行くものもあり，また，無限遠点から到来する電気力線が考えられる．この場合も (2) の条件は依然満足されていなければならないから，電気力線に対応するだけの電荷が無限遠点に存在していると考えられる．有限の領域内で，正電荷の数が多く，電荷の総和が零とならない場合は，不足分の負電荷は無限遠点にあると考える．電界，つまり電気力線が存在する限り，(2) の条件から電気力線には等量の始点と終点の電荷が必要である．したがって，無限遠点まで含めて電荷の総和は零となっている必要がある．

3.9 電気双極子

電気双極子とは，正負の等量の電荷がきわめて近接して配置された状態のものをさすが，具体的には，水分子や誘電体分極時にその例をみることができる．まず定義をまとめておく．

電気双極子の定義

大きさが等しく符号の異なる二つの点電荷が，きわめて接近して存在しているものを **電気双極子** (electric dipole または electric doublet) という．

電位

双極子の中心から r 離れた点 P の電位は，

$$V_P = \frac{M}{4\pi\varepsilon_0 r^2}\cos\theta \quad [\text{V}]$$

ここに

$$M = Q\delta \quad [\text{Cm}]$$

この M を **電気双極子のモーメント** という．

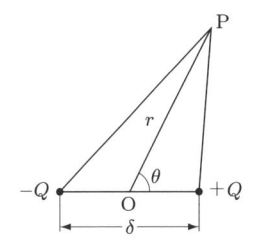

3.9.1 双極子による電位の求め方

図 3.25 に示すように,近接した A, B に電荷 $+Q$, $-Q$ [C] が置かれている場合の点 P における電位を求めてみる.

この場合,定義から $\delta \ll r$ の関係が成立していることはもちろんである.点 P の電位は,点電荷 $+Q$, $-Q$ による点 P の電位を別個に求めて,それらの和を計算すればよい[14].

$$V_P = \frac{Q}{4\pi\varepsilon_0 r_1} - \frac{Q}{4\pi\varepsilon_0 r_2} \quad [V] \quad (重ねの理・第 4 章 4.2 節参照) \tag{3.54}$$

ただし,

$$r_1 = \left\{ r^2 + \left(\frac{\delta}{2}\right)^2 - r\delta\cos\theta \right\}^{1/2}$$
$$= r\left\{ 1 + \left(\frac{\delta}{2r}\right)^2 - \frac{\delta}{r}\cos\theta \right\}^{1/2}$$
$$r_2 = \left\{ r^2 + \left(\frac{\delta}{2}\right)^2 + r\delta\cos\theta \right\}^{1/2}$$
$$= r\left\{ 1 + \left(\frac{\delta}{2r}\right)^2 + \frac{\delta}{r}\cos\theta \right\}^{1/2} {}^{[15]}$$

図 3.25 電気双極子

ここで,$\delta \ll r$ の条件から,高次の項 $(\delta/2r)^2$ を省略し,

$$r_1 \fallingdotseq r\left(1 - \frac{\delta}{r}\cos\theta\right)^{1/2} \fallingdotseq r - \frac{\delta\cos\theta}{2}$$
$$r_2 \fallingdotseq r\left(1 + \frac{\delta}{r}\cos\theta\right)^{1/2} \fallingdotseq r + \frac{\delta\cos\theta}{2} \tag{3.55}{}^{[16]}$$

式 (3.55) を式 (3.54) へ代入し,

$$V_P \fallingdotseq \frac{Q}{4\pi\varepsilon_0} \left\{ \frac{1}{r - \frac{\delta}{2}\cos\theta} - \frac{1}{r + \frac{\delta}{2}\cos\theta} \right\}$$
$$= \frac{Q}{4\pi\varepsilon_0} \frac{\delta\cos\theta}{r^2 - \frac{\delta^2}{4}\cos^2\theta} \fallingdotseq \frac{Q\delta\cos\theta}{4\pi\varepsilon_0 r^2} \quad [V] \tag{3.56}$$

---

[14] 電位には後述する**重ねの理**が成立する.

[15] △ABC の三辺 a, b, c と三つの角 A, B, C の間に**余弦法則** $a^2 = b^2 + c^2 - 2bc\cos A$ が各辺,各角に成立する.ここでは,△POA と △PBO について,この余弦法則を用い,r_1, r_2 を求めている.

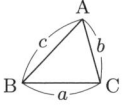

[16] 一般に $\Delta x \ll 1$ のとき,$(1 \pm \Delta_x)^n \fallingdotseq 1 \pm n\Delta x$ が成立.いまの場合 $n = \frac{1}{2}$ である.

ここで

$$Q\delta = M \quad [\text{Cm}] \tag{3.57}$$

とおくと，

$$V_\text{P} = \frac{M}{4\pi\varepsilon_0 r^2}\cos\theta \quad [\text{V}] \tag{3.58}$$

M は力学におけるモーメントに式の形が似ており，電気磁気学では，この**正電荷×距離**を**電気双極子のモーメント** (moment of dipole) とよんでいる．ベクトル表示式は，

$$\boldsymbol{M} = Q\boldsymbol{\delta} \quad [\text{Cm}] \tag{3.59}$$

と表され，$-Q$ から $+Q$ へ向かう向きをもつ．

結局，点 P の電位は，

$$V_\text{P} = \frac{M}{4\pi\varepsilon_0 r^2}\cos\theta = \frac{\boldsymbol{M}\cdot\boldsymbol{r}}{4\pi\varepsilon_0 r^3} \quad [\text{V}] \tag{3.60}$$

(1) 双極子モーメントのベクトルとしての意味

電気双極子 $\boldsymbol{M}$ は，その大きさを M とし，向きは，負電荷から正電荷に向かう方向のベクトルとして定義される．このように，$\boldsymbol{M}$ をベクトル化すると，図 3.26 (a) のように，同一の点 (O) にある二つの電気双極子モーメント $\boldsymbol{M}_1$, $\boldsymbol{M}_2$ は，ベクトル的に合成され，同図 (b) のように，$\boldsymbol{M}_1 + \boldsymbol{M}_2 (= \boldsymbol{M})$ の一つの双極子モーメントとして表すことができる．

その理由は，点 P の電位を考えると，合成ベクトル $\boldsymbol{M}$ を用いても，$\boldsymbol{M}_1$, $\boldsymbol{M}_2$ から個々に求めても結果が同じとなるからである．すなわち，まず，点 P の電位は各々の双極子による電位の和として表されるから，

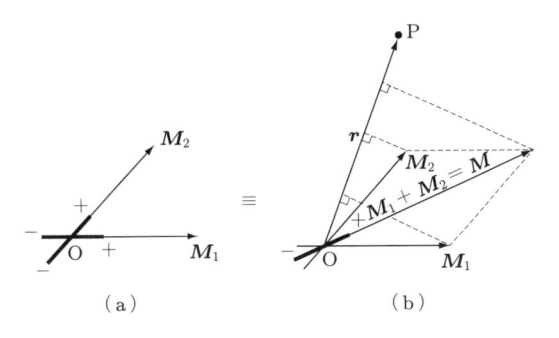

図 3.26 双極子モーメントの合成 (ここでは，$\boldsymbol{M}_1$, $\boldsymbol{M}_2$ ベクトルの始点として描いてある)

$$V_P = V_1 + V_2 = \frac{M_1}{4\pi\varepsilon_0 r^2}\cos\theta + \frac{M_2}{4\pi\varepsilon_0 r^2}\cos\theta = \frac{M_1 \cdot r}{4\pi\varepsilon_0 r^3} + \frac{M_2 \cdot r}{4\pi\varepsilon_0 r^3}* \quad (3.61)$$

さらに変形して，

$$* = \frac{(M_1 + M_2)\cdot r}{4\pi\varepsilon_0 r^3} = \frac{M \cdot r}{4\pi\varepsilon_0 r^3}\left(= \frac{M}{4\pi\varepsilon_0 r^2}\cos\theta\right) \quad [\text{V}] \quad (3.62)$$

式 (3.62) は図 3.26 (b) の場合の双極子モーメント M を用いた結果と一致している．したがって，双極子モーメントをベクトル化して扱えば，合成することも，また分解することもできるようになり，とくに複数個の双極子の扱いが便利となる．

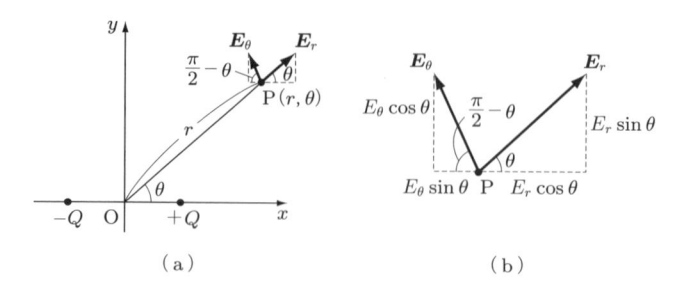

（2）電気双極子による電界

電気双極子による電界を求めるために，図 3.27 のような，2 次元の極座標 (r, θ) を考える．P(r, θ) の電位は，前述の式 (3.60) から，

$$V_P = \frac{M}{4\pi\varepsilon_0 r^2}\cos\theta \quad [\text{V}] \quad (3.63)$$

一方，電位 V と電界 E を結びつける関係式は，一般に，

$$E = -\text{grad}\, V \quad [\text{V/m}]$$

であった．この式をいまの場合の極座標成分で表し，式 (3.63) を代入すると，

$$\begin{aligned}E &= E_r i_r + E_\theta i_\theta = -\frac{\partial V_P}{\partial r}i_r - \frac{1}{r}\frac{\partial V_P}{\partial \theta}i_\theta \\ &= \frac{M}{2\pi\varepsilon_0 r^3}\cos\theta\, i_r + \frac{M}{4\pi\varepsilon_0 r^3}\sin\theta\, i_\theta\end{aligned} \quad (3.64)$$

ゆえに，

$$E_r = \frac{M}{2\pi\varepsilon_0 r^3}\cos\theta \quad [\text{V/m}], \quad E_\theta = \frac{M}{4\pi\varepsilon_0 r^3}\sin\theta \quad [\text{V/m}] \quad (3.65)$$

また，直角座標における電界成分は，図 3.27 (b) を参照して

$$E_x = E_r\cos\theta - E_\theta\sin\theta = \frac{M}{4\pi\varepsilon_0 r^3}(2\cos^2\theta - \sin^2\theta) \quad [\text{V/m}] \quad (3.66)$$

図 3.27 電気双極子による電界

$$E_y = E_r \sin\theta + E_\theta \cos\theta = \frac{3M}{4\pi\varepsilon_0 r^3}(\sin\theta \cos\theta) \quad [\text{V/m}] \tag{3.67}$$

のように求められる．

(3) 電気双極子の具体例

電気双極子は，前述のように定義されるが，この現象が生じている一例として，後述する**誘電体の分極現象**がある．

いま，誘電体物質内の1個の原子に着目すると，電界が存在しないときは，図 3.28 (a) のように，中心に原子核，その周囲軌道に電子が同心的に配置されているが，電界が加えられるとこの関係は偏心したように変位する．この現象は，結局，同図 (d) のように，見かけ上電気双極子を生じたことになる．

また，電界を加えなくても，分子の構造上おのずから正，負の電荷が分離し，双極子を構成しているとみなせるものがある．たとえば，図 3.29 に示すように，水分子がそれである．水分子では酸素原子が負に，二つの水素原子は正に帯電しているが，同図のようにそれらの配列が非対称なため，この分子から遠方では負の電荷が一方に，正の電荷が他方に偏って配置している双極子と等価とみなせる．

また，振動電磁界，つまり静電界ではなく電波の送受信アンテナに**双極子 (ダイポール) アンテナ**と称するものがある．放射電界分布が正負の二電荷の双極子で近似できることからこのように名づけられている．なお，後章で述べる誘電体や磁性体の誘電率や透磁率の発現にも，それぞれ電気的，磁気的な"双極子"がかかわっていることに留意されたい．

電気双極子の考えは，このように理論上も実用上も電気磁気学の基礎となる重要な概念である．

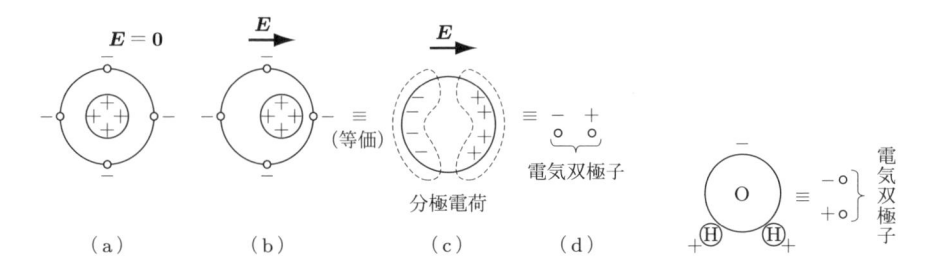

図 3.28　分極による電気双極子の例　　図 3.29　水分子の双極子の例

3.10　電気二重層

電気二重層は，一種類だけの電荷を帯びたきわめて薄い面で構成される**電気一重層** (electric single layer) を二層に近接して重ねたものであり，次のように定義される．

> **定義**
>
> きわめて薄い一方の面に正電荷，他の面に負電荷をもち，近接して二層を形成しているものを**電気二重層** (electric double layer) という．
>
> 電気二重層による点Pの電位は
>
> $$V_\mathrm{P} = \frac{M}{4\pi\varepsilon_0}\omega \quad [\mathrm{V}]$$
>
> ここに，$M = \sigma\delta$ $[\mathrm{C/m}]$ 　σ：面電荷密度
>
> 　　　　　　　　　　　　　δ：二層間の間隔
>
> 　　　　　　　　　　　　　ω：点Pから二重層をみた立体角

3.10.1 電気二重層による電位

図 3.30 に示すように，面積密度で電荷を表し，これを σ，微小面積を ΔS とする．ここで，ΔS 部分に着目すれば，これは電気双極子を形成しているとみなせるから，電気二重層は電気双極子の集合として考えることができる．すなわち，$+\sigma\Delta S$，$-\sigma\Delta S$ のそれぞれの電荷で双極子を構成している．

したがって，前節の式 (3.56) がそのまま適用でき，点Pの電位 ΔV_P は，

$$\begin{aligned}
\Delta V_\mathrm{P} &= \frac{(\sigma\Delta S)\delta}{4\pi\varepsilon_0 r^2}\cos\theta \\
&= \frac{\sigma\delta}{4\pi\varepsilon_0}\frac{\Delta S\cos\theta}{r^2} \quad [\mathrm{V}]
\end{aligned} \tag{3.68}$$

[正電荷による"電気一重層"]

(a)

[正負の薄い電荷層で構成された"電気二重層"]

(b)

双極子
[図(b)の平面 S で切断した断面図]

(c)

[電気双極子の集合と見なせる]

(d)

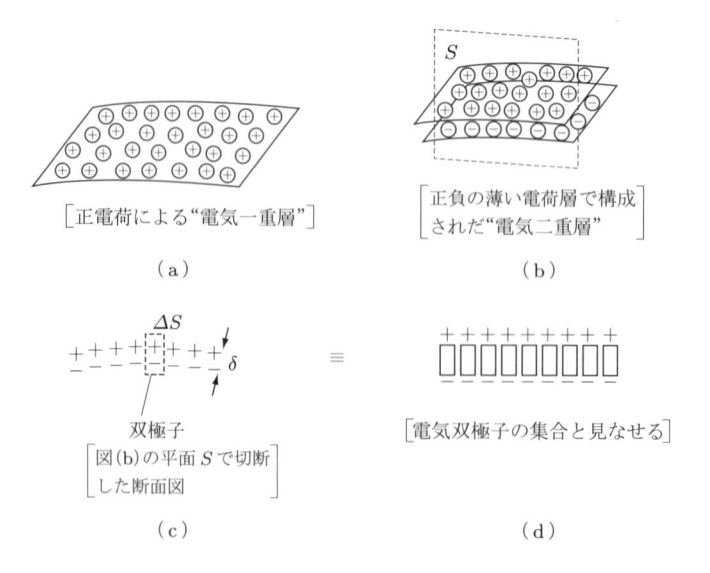

図 3.30　電気二重層の考え方

ここで，$\Delta S \cos\theta / r^2$ は，点 P から ΔS をみた立体角 $\Delta\omega$ である．

ゆえに，
$$\Delta V_P = \frac{\sigma\delta}{4\pi\varepsilon_0}\Delta\omega \quad [\text{V}] \tag{3.69}$$

いま，$\sigma\delta = M$ とおき，この M を**電気二重層の強さ** (intensity of an electric double layer) という．この M を用いて式 (3.69) は，

$$\boxed{\Delta V_P = \frac{M\Delta\omega}{4\pi\varepsilon_0} \quad [\text{V}]} \tag{3.70}$$

次に，図 3.31 に示すように点 P から電気二重層全面をみた立体角を ω とすると，点 P の電位は，

$$\boxed{V_P = \frac{M}{4\pi\varepsilon_0}\int \Delta\omega = \frac{M}{4\pi\varepsilon_0}\omega \quad [\text{V}]} \tag{3.71}$$

と導かれる．この式から明らかなように，電気二重層による電位は，点 P から電気二重層をみる立体角 ω で定まる．

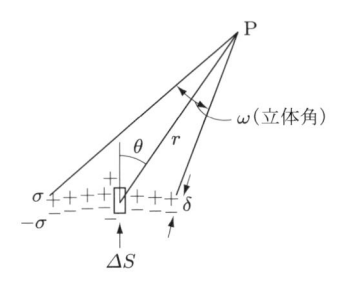

図 3.31 電気二重層による電位

(1) 電界中で電気二重層を運ぶに要する仕事

ここでは，電気二重層を無限遠点から，他の電荷によりあらかじめ形成されている電界 E 内の任意点へ運ぶのに必要とする仕事について考えてみる．この考え方は，後に，電気二重層に働く力を求めるのに必要であり，さらに，この力から類推して，二つの電流の間に作用する力を求める場合などに応用されていく．まず，結論を先にまとめておく．

電気二重層を電界中で運ぶのに要する仕事

電気二重層を無限遠点から，あらかじめ他の電荷により形成されている電界 E 内の任意点に運ぶために必要とする仕事 W は，

$$W = -M \int_S E_n \, dS \quad [\text{J}]$$

ここに，$M = \sigma\delta$，E_n：電界 $\boldsymbol{E}$ の二重層面に垂直な成分．

上式は次の物理的意味をもつ．

$W = -M \times$ (電気二重層全面を − 側から + 側へ通り抜けていく 電界 $\boldsymbol{E}$ の電気力線の数)

図 3.32 に示したように，電気二重層上の微小面積 ΔS を考え，この部分 A の電荷 $\sigma\Delta S$，B の電荷 $-\sigma\Delta S$ を無限遠点から運んでくるために必要な仕事をそれぞれ，ΔW_1，ΔW_2 とする．

電荷 $+\sigma\Delta S$ について，$\quad \Delta W_1 = -\int_\infty^{\text{A}} (\sigma\Delta S \boldsymbol{E} \cdot d\boldsymbol{l})$

電荷 $-\sigma\Delta S$ について，$\quad \Delta W_2 = -\int_\infty^{\text{B}} (-\sigma\Delta S \boldsymbol{E} \cdot d\boldsymbol{l})$

(a)

(b)

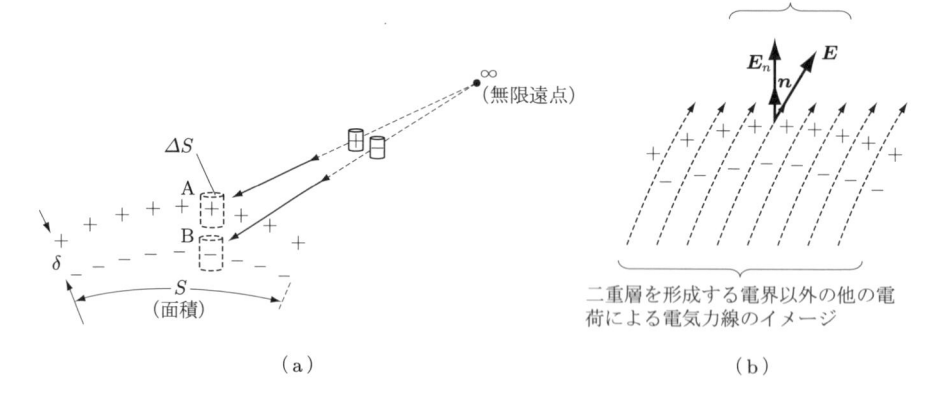

図 3.32　電気二重層を運ぶに要する仕事

これら二つの電荷を運ぶに要した仕事の合計 ΔW は，

$$\begin{aligned}
\Delta W &= \Delta W_1 + \Delta W_2 = -\int_\infty^{\text{A}} (\sigma\Delta S \boldsymbol{E} \cdot d\boldsymbol{l}) - \int_\infty^{\text{B}} (-\sigma\Delta S \boldsymbol{E} \cdot d\boldsymbol{l}) \\
&= \sigma\Delta S \left\{ -\int_\infty^{\text{A}} (\boldsymbol{E} \cdot d\boldsymbol{l}) + \int_\infty^{\text{B}} (\boldsymbol{E} \cdot d\boldsymbol{l}) \right\} \\
&= \sigma\Delta S (V_{\text{A}} - V_{\text{B}}) \quad [\text{J}]
\end{aligned} \tag{3.72}$$

ここで，$V_{\text{A}} - V_{\text{B}}$ は，点 A と点 B の電位差である．

いま，電気二重層面に垂直な電界 $\boldsymbol{E}$ の成分を E_n とすれば，
$$V_A - V_B = -E_n \delta \tag{3.73}$$
したがって，式 (3.72) は，
$$\Delta W = -\sigma \delta E_n \Delta S = -M E_n \Delta S \tag{3.74}$$
これが，微小面積 ΔS 部分の電荷を運ぶに必要な仕事である．

ゆえに，電気二重層全体に関する仕事は，電気二重層の全面積 S にわたって式 (3.73) を積分すればよい．

この結果，
$$\boxed{W = -M \int_S E_n dS \quad [\text{J}]} \tag{3.75}$$

ここで，前節 3.5 のガウスの定理の物理的意味のところで述べたように，式 (3.74) の意味するところは，

$$\boxed{\begin{aligned} W = -M \times &\text{(電気二重層全面を $-$ 側から $+$ 側へ通り抜けていく電界 } \boldsymbol{E} \\ &\text{の電気力線の数)} \\ = -M\Phi \quad [\text{J}] & \end{aligned}} \tag{3.76}$$

となる．

第 3 章の練習問題

1. 問図 3.1 のように，A，B にそれぞれ q_1, q_2 [C] の点電荷が置かれているとき，点 P の電界を求めよ．ただし，$q_1 = 1 \times 10^{-8}$ [C]，$q_2 = -3 \times 10^{-8}$ [C] とし，$1/4\pi\varepsilon_0 \fallingdotseq 9 \times 10^9$ で近似してよい．

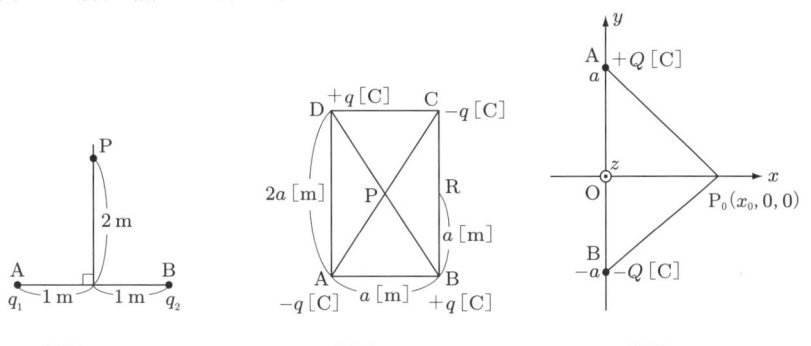

2. 前問 1 の場合の点 P の電位を求めよ．

問図 3.1　　　問図 3.2　　　問図 3.3

3. 問図 3.2 のような長方形 ABCD において，頂点 A と C に $-q(<0)$ [C]，B と D に $+q(>0)$ [C] の点電荷を置くとき，次の電界を求めよ．
   (a) 長方形の中心 P
   (b) BC の中点 R

4. 問図 3.3 のように，y 軸上の点 $A(0, a, 0)$ と $B(0, -a, 0)$ にそれぞれ $+Q$，$-Q$ [C] の点電荷がある．このとき，
   (a) x 軸上の点 $P_0(x_0, 0, 0)$ の電位を求めよ．
   (b) 点 P_0 の電界を $\boldsymbol{E} = -\operatorname{grad} V$ から求めよ．

5. 問図 3.4 のように一様な表面密度 σ [C/m²] に帯電している半径 a [m] の極く薄い円板がある．この中心軸上で円板の中心 O からの距離 r の点 P の電位および電界を求めよ．

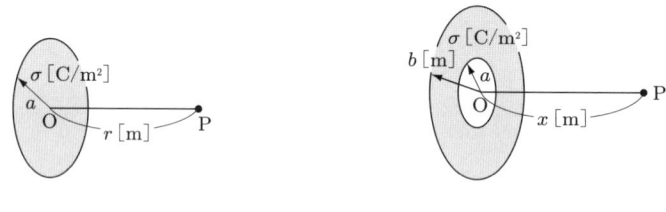

問図 3.4

問図 3.5

6. 問図 3.5 に示すように，内径 a [m]，外径 b [m] の円板に表面密度 $+\sigma$ [C/m²] で，一様に薄く電荷が帯電しているとき，円板 O の中心から x [m] 離れた中心軸上点 P の電位を求めよ．

7. 問図 3.6 に示すように長さ $2l$ [m] にわたり，線電荷密度 λ [C/m] の電荷が直線状に一様に分布している．この直線の両端点を A，B とするとき，AB の中心 O から AB に垂直な直線上 r の距離にある点 P の電位と電界を求めよ．

8. 一様な線電荷密度 $\pm\lambda$ [C/m] の電荷が，半径 a [m] の二つの円周上に分布している．このとき，両円の中心軸上任意点 P の電位 V を求めよ．ただし，二つの円の中心は，問図 3.7 のように x 軸上にあり，それぞれの中心の点の座標は $(-b, 0, 0)$，$(b, 0, 0)$ である．

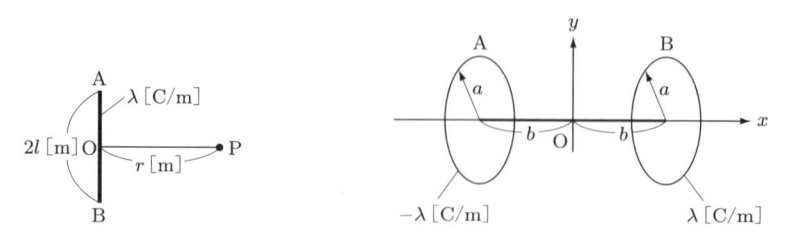

問図 3.6

問図 3.7

第4章 真空中の導体系

前章までは,真空中に**点電荷**だけが存在する場合の電界,電位等の問題について学んだ.この章では,真空中にいくつかの**導体が分布**している場合の帯電状態,つまり導体系における電位,電荷の分布や静電容量などについて学ぶ.

4.1 導体に与えた電荷の分布と電界

4.1.1 導体と静電界

静電界とは,個々の電荷の分布が静止している状態における電界をいう.

一方**導体**は,その中で電界によって電荷が動き得る物体である.

図 4.1 に示すように,もし,導体内あるいは表面に沿って電界 E が存在すれば電荷は容易に移動し,これは静電界の定義に反することになる.したがって,静電界を考えている限り**導体内部および表面に沿って電界が存在してはならない**.

この静電界の定義を基礎として,以下のような導体に関する電荷分布および電界の関係が定められる.

(1) 導体表面の電界の向きは表面に垂直となる

電界は,電荷の存在する周囲に生じる.導体表面に電荷が分布している場合,導体外部に電界が発生する.導体表面上の任意点における電界が,図 4.2 に示すように,その点の接線と θ の角度をなしているとすると,この電界の接線方向成分 $E\cos\theta$ が存在することになる.このため電荷は導体表面上を移動することになり,静電界というい まの前提に反することになる.このため,$E\cos\theta = 0$ でなければならない.$E \neq 0$ であるから,$\theta = \pi/2$ となる.すなわち導体表面上では,E が導体表面上に常に垂直になっている.

(2) 外部から導体に与えた電荷は,導体の表面に分布する

これはガウスの定理を用いて証明できる.いま,外部から与えた電荷が導体内部にその体積密度 ρ [C/m^3] で分布すると仮定する.図 4.3 に示すように導体内に閉曲面を考え,この閉曲面の面積を S,体積を v とし,導体の誘電率を ε_0 (真空の誘電率にほぼ等しいと考えられる) とすると,次式が成立する.

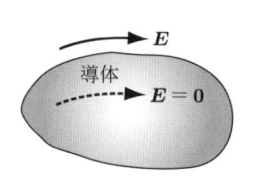

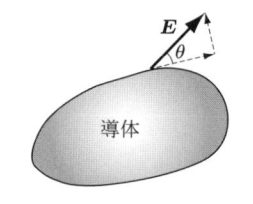

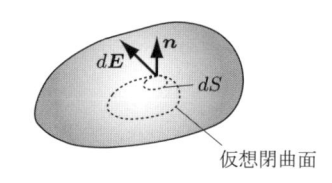

図 4.1 導体と電界の説明　**図 4.2** 導体と電界の関係　**図 4.3** 導体の断面図

$$\int_S \boldsymbol{E} \cdot d\boldsymbol{S} = \frac{1}{\varepsilon_0} \int_v \rho\, dv \quad [\text{V/m}] \tag{4.1}$$

しかし，導体内部では上述のように電界 $\boldsymbol{E}$ が零であるから，左辺は零．したがって右辺も零となり，外部から与えた電荷は導体閉曲面内部には存在し得ないことがわかる．ここで，閉曲面を限りなく導体表面に近接させて考えても式 (4.1) の関係はそのまま成立するから，結局電荷は導体表面のみに分布することになる．

さて，次に導体が中空部をもつとき，電荷はどのような分布をするかについて考えてみる．これは，中空部に電荷を置くか否かで，次のように考えられる．

(3) 中空導体

(a) **中空部に電荷を置かなければ，外部から与えた電荷は外部表面にのみ分布する．この場合中空部には電界を生じない．**

証明　図 4.4 に示すような中空導体を考え，導体内に閉曲面 S を仮想して，ガウスの定理を適用する．これは (2) と同様，導体中には電界が存在し得ないから，閉曲面内には電荷の分布がなく，これは閉曲面を導体内表面 (中空部側) に限りなく近づけても同じ結果となる．したがって，外部から与えられた電荷は中空導体の外表面のみに分布する．

次に，中空部に閉曲面 S' を考えると，そこには電荷がなく ($\rho = 0$)，$\int_S \boldsymbol{E} \cdot d\boldsymbol{S} = 0$ が成立する．したがって，中空部の電界は零である．

(b) **中空部に電荷を置くと，等量異符号の電荷が導体の内表面に誘導され，さらにこれと等量同符号の電荷が外表面に分布する．**

証明　図 4.5 に示すように，中空部に $+Q$ [C] の電荷を置くと，静電誘導により，中空導体内表面に負の電荷が誘導される．

導体内に閉曲面 S を仮想して，この負電荷の面積密度を σ [C/m^2] とするとガウスの定理から，

$$\int_S \boldsymbol{E} \cdot d\boldsymbol{S} = \frac{+Q}{\varepsilon_0} + \frac{1}{\varepsilon_0} \int_S \sigma\, dS \quad [\text{V/m}] \tag{4.2}$$

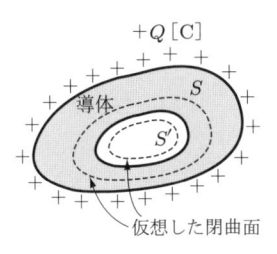

図 4.4 **中空導体** (外部に電界 $+Q$ [C] を与え中空部に電荷を与えない場合)

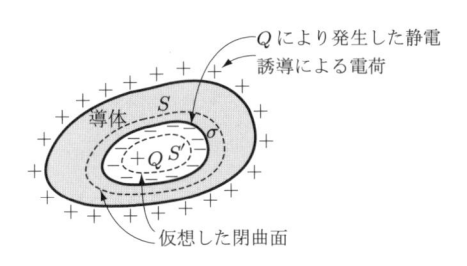

図 4.5 **中空導体** (中空部にのみ $+Q$ [C] を与えた場合)

の関係が成立する．この場合も導体内に電界は存在せず，式 (4.2) の左辺は零となり，右辺も零でなければならないから，

$$Q = -\int_S \sigma \, dS \quad \text{[C]} \tag{4.3}$$

となる．ゆえに，中空導体内表面には，あらかじめ置かれた電荷 $+Q$ [C] と等量異符号の電荷 $-Q$ [C] が分布する．

次に，中空導体外表面の電荷分布について考えてみる．この導体には初め正，負等量の電荷が中和した安定な状態を保っていたと考えられるから，中空導体内表面に誘導された電荷と異符号の電荷 $+Q$ [C] が外表面に分布しなくてはならない．

なお，中空内部で $+Q$ を囲む閉曲面 S' を考えれば，

$$\int_{S'} \boldsymbol{E} \cdot d\boldsymbol{S} = \frac{Q}{\varepsilon_0} \quad \text{[V/m]}$$

が成立し，$+Q$ による電界 $\boldsymbol{E}$ が存在することが明らかである．

【例題 4.1】 図示した同心球導体で

(1) 導体 1 の電荷 Q，導体 2 の電荷零のとき，
(2) 導体 1 の電荷零，導体 2 の電荷 Q のとき，
(3) 導体 1 の電荷 Q，導体 2 の電荷 $-Q$ のとき，

各場合の各部の電界および各導体の電位を求めよ．

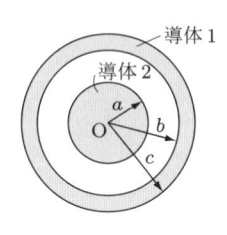

【解】 静電界では導体内の電界は零である．導体外の電界を E_1，導体間の電界を E_2 とし，導体 1 の電位を V_1，導体 2 の電位を V_2 とする．

(1) 外導体 1 に電荷を与えても内導体球には電荷は誘起されない (71 ページ 4.1.1 項，(2) 参照) ことに注意して，各部に閉曲面を考え，ガウスの定理を適用する．

外導体外部の閉曲面 (半径 r) 内では電荷量として Q [C] のみであるから，

$$\int_S \boldsymbol{E}_1 \cdot \boldsymbol{n} \, dS = 4\pi r^2 E_1 = \frac{Q}{\varepsilon_0}$$

$$\therefore \quad E_1 = \frac{Q}{4\pi\varepsilon_0 r^2} \quad (r > c) \quad [\text{V/m}]$$

また，$E_2 = 0$ (導体 2 に電荷はなく，導体間で考える閉曲面内で電荷が零のため)

次に，外導体表面上の電位 V_1 は，

$$V_1 = -\int_{\infty}^{c} E_1 \, dr = -\int_{\infty}^{c} \frac{Q}{4\pi\varepsilon_0 r^2} \, dr = \frac{Q}{4\pi\varepsilon_0 c}$$

また，V_2 は両導体の電位差を V_{21} とすると，

$$V_2 = V_1 + V_{21}$$

であるが，$V_{21} = 0 \left(= -\int_{b}^{a} E_2 \, dr \right)$ であるから，

$$V_1 = V_2 = \frac{Q}{4\pi\varepsilon_0 c} \quad [\text{V}]$$

と等電位になる．

(2) 導体 1 の電荷が与えられておらず，導体 2 のみに Q が与えられている場合は，静電誘導により図 4.5 に示したように電荷が内外導体球に分布する (71 ページ 4.1.1 項，(3) の (b) 参照).

導体 1 の外部に閉曲面 S を考え，この内部の電荷の代数和を求めると Q のみが存在している．

前と同様

$$\int_S \boldsymbol{E} \cdot \boldsymbol{n} \, dS = 4\pi r^2 E_1 = \frac{Q}{\varepsilon_0}$$

$$\therefore \quad E_1 = \frac{Q}{4\pi\varepsilon_0 r^2} \quad (r > c) \quad [\text{V/m}]$$

また，二つの導体間で閉曲面 S を考えると，この場合も S 内に Q のみが存在する．ゆえに，E_2 は，

$$E_2 = \frac{Q}{4\pi\varepsilon_0 r^2} \quad (a < r < b) \quad [\text{V/m}]$$

次に，V_1 は，

$$V_1 = -\int_{\infty}^{c} \frac{Q}{4\pi\varepsilon_0 r^2} \, dr = \frac{Q}{4\pi\varepsilon_0 c} \quad [\text{V}]$$

V_2 は，導体 1 と導体 2 間の電位差を V_{12} とすると

$$V_{21} = -\int_{b}^{a} \frac{Q}{4\pi\varepsilon_0 r^2} \, dr = \frac{Q}{4\pi\varepsilon_0} \left(\frac{1}{a} - \frac{1}{b} \right)$$

$$\therefore \quad V_2 = V_1 + V_{21} = \frac{Q}{4\pi\varepsilon_0} \left(\frac{1}{a} - \frac{1}{b} + \frac{1}{c} \right) \quad [\text{V}]$$

(3) この場合，外導体外部の閉曲面内の総電荷量は零となるから，$E_1 = 0$，また両導体間の閉曲面内には $-Q$ が存在する．したがって，

$$\int_S \boldsymbol{E}_2 \cdot \boldsymbol{n}\, dS = 4\pi r^2 E_2 = -\frac{Q}{\varepsilon_0}$$

$$\therefore\ E_2 = -\frac{Q}{4\pi\varepsilon_0 r^2}$$

次に電位は,

$$V_1 = 0$$

$$V_2 = V_1 + V_{21} = -\int_b^a E_2\, dr = -\frac{Q}{4\pi\varepsilon_0}\left(\frac{1}{a} - \frac{1}{b}\right)\ [\text{V}]$$

4.2 電位係数

　一つまたは二つの等量異符号の電荷をもつ導体がある場合の静電容量は，後節 4.4 で定義されるように，$C = Q/V$ と表される．これはまた $V = Q/C$, $Q = CV$ とも表すことができる．では，導体が三つ以上存在する場合の V, Q, C 相互の関係はどのように表されるであろうか．n 個の導体が存在する場合の V, Q 相互の関係を一般的に表すときに現れる係数が電位係数であり，また後述する容量係数，誘導係数である．

4.2.1　電位係数とは

> **電位係数**
>
> n 個の導体からなる導体系を考え，各導体の電荷，電位をそれぞれ $Q_1, Q_2, \cdots, Q_n, V_1, V_2, \cdots, V_n$ とするとき，次式の関係が成立する．
>
> $$\begin{aligned} V_1 &= p_{11}Q_1 + p_{12}Q_2 + \cdots + p_{1n}Q_n\ [\text{V}] \\ V_2 &= p_{21}Q_1 + p_{22}Q_2 + \cdots + p_{2n}Q_n\ [\text{V}] \\ &\cdots\cdots\cdots\cdots \\ V_n &= p_{n1}Q_1 + p_{n2}Q_2 + \cdots + p_{nn}Q_n\ [\text{V}] \end{aligned}$$
>
> ここで，各係数 p_{11}, p_{12} 等は導体の形状や配置だけによって定まる係数で，これらを**電位係数** (coefficient of potential) という．

　図 4.6 (a) に示すように，導体球 A，B，C の半径 a, b, c に比べ，相互間の距離 r_{12}, r_{23}, r_{31} が十分大きい場合には，一つの導体に対して他の導体は点 (電荷) とみなすことができる．

　いま，それぞれの導体に Q_1, Q_2, Q_3 の電荷を与えたときの各導体の電位を求めると，

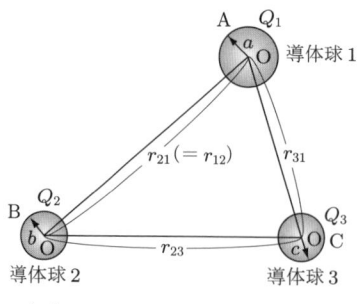

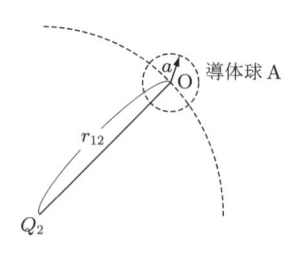

(a) $r_{21}, r_{23}, r_{31} \gg a, b, c$ の関係がある

(b) $V_A = -\int_\infty^{r_{12}} E dr = -\int_\infty^{r_{12}} \dfrac{Q_2}{4\pi\varepsilon_0 r_{12}^2} dr = \dfrac{Q_2}{4\pi\varepsilon_0 r_{12}}$

（Q_2 による導体球 A 上の電位）

(c) $V_a = -\int_\infty^a E dr = \dfrac{Q_1}{4\pi\varepsilon_0 a}$

（導体球 A 表面上の電位）

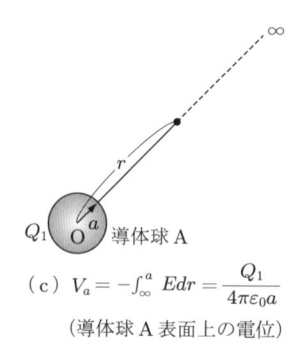

図 4.6 電界の求め方

$$\left.\begin{aligned}
V_1 &= \dfrac{Q_1}{4\pi\varepsilon_0 a} + \dfrac{Q_2}{4\pi\varepsilon_0 r_{21}} + \dfrac{Q_3}{4\pi\varepsilon_0 r_{31}} \quad \text{(導体 1 の総合電位)} \\
&\quad \begin{pmatrix}\text{導体1自身}\\\text{の電荷 }Q_1\\\text{による表面}\\\text{上の電位}\end{pmatrix} \begin{pmatrix}\text{導体2の電}\\\text{荷 }Q_2\text{によ}\\\text{る導体1の}\\\text{電位}\end{pmatrix} \begin{pmatrix}\text{導体3の電}\\\text{荷 }Q_3\text{によ}\\\text{る導体1の}\\\text{電位}\end{pmatrix} \\
V_2 &= \dfrac{Q_1}{4\pi\varepsilon_0 r_{12}} + \dfrac{Q_2}{4\pi\varepsilon_0 b} + \dfrac{Q_3}{4\pi\varepsilon_0 r_{32}} \quad \text{(導体 2 の総合電位)} \\
V_3 &= \dfrac{Q_1}{4\pi\varepsilon_0 r_{13}} + \dfrac{Q_2}{4\pi\varepsilon_0 r_{23}} + \dfrac{Q_3}{4\pi\varepsilon_0 c} \quad \text{(導体 3 の総合電位)}
\end{aligned}\right\} \quad (4.4)$$

ただし，r_{12}, r_{23}, r_{31} 等は a, b, c に比べきわめて大きい．

　この電位を求める考えの基礎となっているのは，図 4.6 (b), (c) に示す点電荷による点 O の電位，半径 a の球の電位の知識と**重ねの理** (principle of superposition) である．重ねの理とは，たとえば，各導体にそれぞれ $Q_1, Q_2, \cdots$，の電荷を与えた場合の電位が，それぞれ $V_1, V_2, \cdots$，であり，次にそれぞれ $Q_1', Q_2', \cdots$，の電荷を与えた場合の電位がそれぞれ $V_1', V_2', \cdots$，であるならば，各導体にそれぞれ Q_1+Q_1', Q_2+Q_2', $\cdots$,

の電荷を与えた場合の電位は，それぞれ $V_1 + V_1'$, $V_2 + V_2'$, $\cdots$，と表されるような関係をいう．つまり，原因を重ね合わせると，結果も重ね合わせたものになることを**重ねの理**とよび，電磁現象ではよく使われる．

さて，これらの関係を n 個の導体に関して一般的に表すと，

$$\left.\begin{array}{l} V_1 = p_{11}Q_1 + p_{12}Q_2 + \cdots + p_{1n}Q_n \quad [\text{V}] \\ V_2 = p_{21}Q_1 + p_{22}Q_2 + \cdots + p_{2n}Q_n \quad [\text{V}] \\ \quad\vdots \qquad\quad \vdots \qquad\qquad \vdots \\ V_n = p_{n1}Q_1 + p_{n2}Q_2 + \cdots + p_{nn}Q_n \quad [\text{V}] \end{array}\right\} \quad (4.5)$$

ここで，係数 p_{ij} (i, j は $1, 2, 3, \cdots, n$) を**電位係数**といい，式 (4.4) からわかるように大きさ，形 (球半径 a 等)，相互の位置 (r_{ij}), $\left(\text{たとえば，} p_{11} = \dfrac{1}{4\pi\varepsilon_0 a},\ p_{12} = \dfrac{1}{4\pi\varepsilon_0 r_{21}}\right)$ のみによって定まり，電位や電荷等に無関係な値で，単位は [V/C] = [1/F] [1] となる．

(1) 電位係数の性質

式 (4.5) で，導体 1 だけに単位正電荷 1 C を与え，他の導体には与えないものとする．

電気力線は導体 1 から出るだけであるから，各導体のうちで導体 1 の電位が最も高い (58 ページ 3.8 節，(5) 参照)．

また，導体 1 以外の導体 $2, 3, \cdots$，では，静電誘導による正負の電荷が現れるが，この誘導による電荷量は正，負等量であるから，これらの電荷の総和は零となる．したがって，他の導体 $2, 3, \cdots$，では，① 電気力線の出入りが等しいか，② 電気力線の出入りがまったくない場合，とが考えられる．電気力線の出入りがある導体は最高または最低の電位をもつことはない．また，電気力線の出入りがなければ，他のいずれかの導体と同電位の関係にある (58 ページ (5) 参照)．

したがって，導体 1 が最高電位であるが，他の導体 $2, 3, \cdots$，は最低電位とはなっていない．ゆえに，最低電位は無限遠点になければならない．

導体 1 だけに 1 C を与えた場合，式 (4.5) から，

$$V_1 = p_{11} > 0 \quad (\text{最高電位}) \quad (4.6)$$

である．このことから電位係数間には次の性質があることが導かれる．

(i) $p_{11} > 0$ 一般に拡張して $p_{ii} > 0$ (式 (4.6) から明らか)

(ii) $p_{11} \geqq p_{21}$ 一般に拡張して $p_{ii} \geqq p_{ji}$ (式 (4.6) で，p_{11} が最大となるから，他の係数はこれより小さい)

---

[1] [クーロン/ボルト] の単位をファラド (Farad) と名づけ [F] で表す．また，[1/F] のことをダラフ (Daraf) ともよんでいる．

(iii) $p_{21} \geqq 0$ 一般に拡張して $p_{ji} \geqq 0$ (系のもっとも低い導体の電位でも無限遠点の電位より高いから)

(iv) $p_{12} = p_{21}$ 一般に拡張して $p_{ij} = p_{ji}$ (第6章, 6.1.2項参照)

4.3 容量係数と誘導係数の定義

容量係数と誘導係数

前節の電位係数の式 (4.5) を電荷 $Q_1, Q_2, \cdots, Q_n$ について解くと次式のような形で表される.

$$Q_1 = q_{11}V_1 + q_{12}V_2 + \cdots + q_{1n}V_n \quad [\text{C}]$$
$$Q_2 = q_{21}V_1 + q_{22}V_2 + \cdots + q_{2n}V_n \quad [\text{C}]$$
$$\cdots\cdots\cdots$$
$$Q_n = q_{n1}V_1 + q_{n2}V_2 + \cdots + q_{nn}V_n \quad [\text{C}]$$

ここに現れる係数のうち, 異なる数字を添字とする係数を**誘導係数** (coefficient of induction) といい, 同一数字を添字とする係数を**容量係数** (coefficient of capacity) とよんでいる.

さて, 式 (4.5) を, $Q_1, Q_2, Q_3, \cdots$ について行列を用いて解けば,

$$\left. \begin{array}{l} Q_1 = q_{11}V_1 + q_{12}V_2 + \cdots + q_{1n}V_n \quad [\text{C}] \\ Q_2 = q_{21}V_1 + q_{22}V_2 + \cdots + q_{2n}V_n \quad [\text{C}] \\ \quad\vdots \qquad\vdots \qquad\vdots \qquad\qquad\vdots \\ Q_n = q_{n1}V_1 + q_{n2}V_2 + \cdots + q_{nn}V_n \quad [\text{C}] \end{array} \right\} \quad (4.7)$$

を得る.

ここに, $q_{11} = \dfrac{\Delta_{11}}{\Delta}$, $q_{12} = \dfrac{\Delta_{21}}{\Delta}$, $\cdots$, $q_{1n} = \dfrac{\Delta_{n1}}{\Delta}$

$$\Delta = \begin{vmatrix} p_{11} & p_{12} & \cdots & p_{1n} \\ p_{21} & p_{22} & \cdots & p_{2n} \\ p_{n1} & p_{n2} & \cdots & p_{nn} \end{vmatrix}$$

$\Delta_{ij} = \Delta$ の i 行, j 列要素に対する余因数

$\qquad = (-1)^{i+j} \times$ (第 i 行および第 j 列を除いた小行列式)

式 (4.7) で, $V_1 = 1\,\text{V}$ として, 導体2以下の電位を零電位に保つと,

$$Q_1 = q_{11}, \ Q_2 = q_{21}, \ \cdots, \ Q_n = q_{n1}$$

つまり, これは導体1の電荷が q_{11}, 導体2が q_{21}, $\cdots$, であることを意味してい

る．導体 2 以下の電位を零に保つとは，導体を無限遠点で細い導線で接続することを仮想するか，実際にはアースをとればよい．

いま，図 4.7 に示すように導体 2 以下は細い線で結ばれアースされているから，これを一体化して大きな導体とみなすと，静電誘導により，導体 1 と近い端面と遠い端面に異種の電荷が誘導されると考えられる．q_{21} の電荷は，このうち導体 1 に近い側に誘導される電荷であると考えてよい．この理由から $q_{21}, q_{31}, \cdots,$ 等の二つの添字が異なる数字からなる係数を**誘導係数**と名づける．

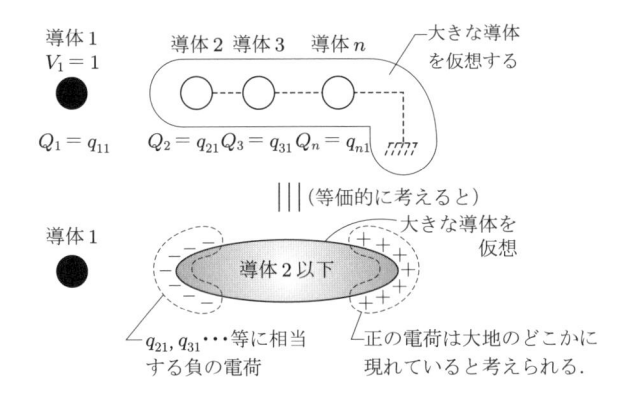

図 4.7 容量，誘導係数のイメージ

一方，q_{11} は導体 1 を 1 V の電池に接続したとすると，これに流れ込む電荷量，つまり，充電能力を示すものであるから，q_{11}, q_{22} のように添字が同じ数字からなる係数を**容量係数**という．

容量係数，誘導係数どちらも [C/V] = [F] となり，単位はファラドである．

■**容量係数と誘導係数の性質**

q_{11} は導体 1 に単位電位を与え，他の導体 2 以下を零電位としたときの導体 1 の電荷である．したがって，導体 2 以下の電位は最低電位であるから電気力線は入るものだけである．したがって，導体表面には負電荷のみが現れる．ゆえに，

(i) $q_{21}, q_{23}, \cdots, \leqq 0$
　一般に拡張して $q_{ij} \leqq 0$ (誘導係数は負)

(ii) $q_{11} > 0$
　一般に拡張して $q_{ii} > 0$ (容量係数は正)

(iii) $q_{12} = q_{21}$
　一般に拡張して $q_{ij} = q_{ji}$
　これは $p_{ij} = p_{ji}$ から明らかである．さらに，

(iv) $q_{11} \geqq -(q_{21} + q_{31} + \cdots + q_{n1})$

これは，導体 1 の電位が最高であるから，導体 1 から出た電気力線は他の導体に終わるか，無限遠点へ行く．したがって，導体 1 の電気力線は，他の導体の電気力線数の総和より大きいか相等しい (各導体の電荷量もこれに対応している)．ゆえに，(iv) が成立する．

4.4 静電容量

真空中に導体がいくつか存在する場合の，容量，電荷，電位の関係は，前式 (4.5) で表すことができた．ここで定義する**静電容量** (electrostatic capacity) は，導体が 1 個および 2 個存在する場合で，しかも後者では，等量異符号の電荷に限定された特殊な場合と考えればよい．

静電容量の定義

1. 孤立した導体の静電容量

孤立した 1 個の導体の電位が V [V] で，この導体に蓄えられている電荷が Q [C] であるときの静電容量 C [F] は，

$$\boxed{C = \frac{Q}{V} \quad [\mathrm{F}]}$$

2. 二つの導体間の静電容量

2 個の導体があり，その一方に $+Q$ [C]，他方に $-Q$ [C] の電荷を与えた場合，2 導体間の電位差が V であるときの静電容量は，

$$\boxed{C = \frac{Q}{V} \quad [\mathrm{F}]}$$

静電容量は，上述のように定義されるが，同一定義が二つあるはずはなく，両者は同一内容である．すなわち，1 の電位 V は電位の定義から，**無限遠点との電位差**であり，静電容量の V は，電位差で統一される．

静電容量は単に**容量** (capacitance) といったり，**キャパシタンス**とも表現する．静電容量の逆数を**逆容量** (reciprocal capacity) といったり，また**エラスタンス** (elastance) という．

■**静電容量の単位**

静電容量の単位は [C/V] であり，これをファラド [F] で表す．このファラドは実用上大きすぎる場合があり，次のような単位も定められている．

$$
\begin{aligned}
10^{-6}\ [\text{F}] &= 1\ [\mu\text{F}] \quad (1\ \text{マイクロ・ファラド}) \\
10^{-12}\ [\text{F}] &= 1\ [\text{pF}] \quad (1\ \text{ピコ・ファラド}) \\
&= 1\ [\mu\mu\text{F}] \quad (1\ \text{マイクロ・マイクロ・ファラド})
\end{aligned}
$$

【例題 4.2】 半径 a [m] の孤立している導体球の静電容量を求めよ.

【解】 静電容量を求めるには,まず電位 (差) を求める必要がある.その上で定義から $C = \dfrac{Q}{V}$ が求まる.この導体球表面上の電位 V は,

$$
\begin{aligned}
V &= -\int_\infty^a E\,dr = -\int_\infty^a \frac{Q}{4\pi\varepsilon_0 r^2}\,dr \\
&= \frac{Q}{4\pi\varepsilon_0 a} \quad [\text{V}] \\
\therefore\ C &= \frac{Q}{V} = 4\pi\varepsilon_0 a \quad [\text{F}]
\end{aligned}
$$

【例題 4.3】 図示したような同心球導体間の静電容量を求めよ.

【解】 内導体球,外導体球にそれぞれ $+Q$, $-Q$ [C] の電荷を与える.両導体間の電界 E は,例題 4.1 を参考にして,

$$
E = \frac{Q}{4\pi\varepsilon_0 r^2} \quad [\text{V/m}]
$$

導体間の電位差 V は,

$$
\begin{aligned}
V &= -\int_b^a E\,dr = \frac{Q}{4\pi\varepsilon_0}\left(\frac{1}{a} - \frac{1}{b}\right) \quad [\text{V}] \\
\therefore\ C &= \frac{Q}{V} = \frac{4\pi\varepsilon_0}{\left(\dfrac{1}{a} - \dfrac{1}{b}\right)} \quad [\text{F}]
\end{aligned}
$$

【例題 4.4】 図示したような無限長の同軸円筒がある.この場合の静電容量を求めよ.

【解】 内外円筒に単位長あたりそれぞれ $+\lambda$, $-\lambda$ の電荷を与えると,この両導体間の電界 E_r は,軸方向の長さ 1 m の円筒状の閉曲面を考えて (第 3 章,例題 3.2 参照),

$$
\int_S \boldsymbol{E}_r \cdot \boldsymbol{n}\,dS = 2\pi r E = \frac{\lambda}{\varepsilon_0}
$$

$$
\therefore\ E_r = \frac{\lambda}{2\pi\varepsilon_0 r}
$$

両導体間の電位差は,

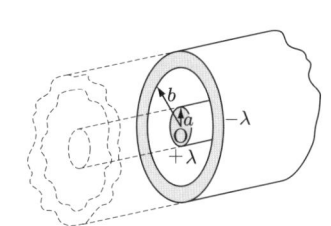

$$V = -\int_b^a E_r dr = \frac{\lambda}{2\pi\varepsilon_0}\int_b^a \frac{1}{r}dr$$
$$= \frac{\lambda}{2\pi\varepsilon_0}\log\frac{b}{a} \quad [\text{V}]$$

したがって，単位長あたりの静電容量は，
$$C = \frac{\lambda}{V} = \frac{2\pi\varepsilon_0}{\log\frac{b}{a}} \quad [\text{F/m}]$$

【例題 4.5】 無限に広い 2 枚の平行平面板の間隔が d [m] のとき，単位面積あたりの静電容量を求めよ．

【解】 この場合は平行板間の電界は一様と考えられ，この電界は (第 3 章，例題 3.4 を参照)，両平面板の電荷密度を $+\sigma$, $-\sigma$ [C/m^2] とすると，
$$E = \frac{\sigma}{\varepsilon_0}$$

平面板の電位差 V は，
$$V = Ed = \frac{\sigma}{\varepsilon_0}d$$

したがって，両平面板間の単位長あたりの静電容量は，
$$C = \frac{\sigma}{V} = \frac{\varepsilon_0}{d} \quad [\text{F/m}]$$

【例題 4.6】 間隔が d [m] の平行導体平板が有限の面積 S [m^2] をもつときの両板間の静電容量を求めよ．

【解】 この場合は電気力線が平行平板の端部から漏れ，一様な分布とならなくなる．しかし，間隔 d が面積 S に比べ非常に狭い場合は，両平行板間の電界は一様とみなして，例題 4.5 の結果を利用して C を求める．

両平行板に $\pm Q$ [C] の電荷を与えると，密度は $Q/S\ (=\sigma)$ で与えられる．例題 4.5 で
$$V = \frac{\sigma}{\varepsilon_0}d = \frac{Q}{\varepsilon_0 S}d$$
$$\therefore \quad C = \frac{\varepsilon_0 S}{d} \quad [\text{F}]$$

第 4 章の練習問題

1. 無限長同軸円筒の導体がある．内導体の半径 a [m]，外導体の内側半径 b [m]，外側半径 c [m] とする．次の各場合の両導体間の電界の大きさと電位差，および外導体外部の電界の大きさを求めよ．
   (a) 内導体だけに，単位長あたり $+q$ の電荷を与えた場合．
   (b) 内導体に単位長あたり $+q$，外導体に $-q$ の電荷が与えられた場合．

2. 前問 1 で，(1) 内導体に単位長あたり $+q_1$，外導体に $+q_2$ の電荷が与えられた場合と，(2) また，この場合，外導体に $-q_2$ の電荷が与えられた場合の両導体間の電界の大きさと電位差および外導体外部の電界の大きさを求めよ．

3. 半径 a, b [m] の二つの導体球が，半径に比べて，きわめて長い中心間の距離 d [m] に置かれているときの容量係数，および誘導係数を求めよ．

4. 1 辺 r [m] の正三角形の各頂点に半径 a [m] $(a \ll r)$ の導体球が置かれており，いずれも Q [C] の電荷が与えてある．この 3 個の導体球を順次瞬間的に接地するとき，各球に残る電荷量を求めよ．

5. 半径 a [m] の導体球を内半径 b，外半径 c [m] の導体球殻で包んだ同心球がある．内，外の導体球をそれぞれ，1, 2 とするとき，電位係数および容量，誘導係数を求めよ．

6. 二つの導体間の静電容量を電位係数を用いて表せ．また，容量係数と誘導係数で表せ．

7. 面積 S [m^2] の金属板を b [m] 隔てて平行に置いてある．この金属板間に $b/3$ [m] の厚さの金属板を平行に，かつ両板間の中央に置くとき静電容量は最初の何倍になるか．ただし，b は S に比してきわめて小さいものとする．

8. 半径 a [m] の二つの無限に長い直線導体 AB がその中心間の間隔 d [m] を隔てて平行に置かれているとき，単位長あたりの導体間の静電容量 [F/m] を求めよ．

第 5 章

誘 電 体

前章までは，真空中に点電荷が存在する場合の電界，電位の問題を主に取り扱った．本章では，**真空中に絶縁体 (誘電体)** が加わった場合の電界，電位の問題を中心に考えてみる．

5.1 誘電体

> **誘電体**
>
> 誘電体とは，ゴムやプラスチックのように電流を通さない絶縁体のことである．この絶縁体に電界を加えると**分極**という現象によって特徴づけられる電気的な性質を示すようになる．このような分極という観点から絶縁体を考えるとき，絶縁体のことをとくに**誘電体**とよんでいる．
>
> ○媒質が真空のときの静電容量を C_0，誘電体があるときの静電容量を C とする．この両者の比を ε_s とすれば，
>
> $$\boxed{\frac{C}{C_0} = \varepsilon_s \quad (\geqq 1)} \tag{D.1}$$
>
> この ε_s を**比誘電率**という．
>
> ○誘電体がある場合の電位差 V は，真空中の電位差 V_0 の $1/\varepsilon_s$，すなわち，
>
> $$\boxed{V = \frac{V_0}{\varepsilon_s} \;\; [\mathrm{V}]} \tag{D.2}$$
>
> の関係がある．
>
> ○また，誘電体中の電界 E は，真空中の電界 E_0 の $1/\varepsilon_s$，すなわち，
>
> $$\boxed{E = \frac{E_0}{\varepsilon_s} \;\; [\mathrm{V/m}]} \tag{D.3}$$
>
> の関係がある．

5.1.1 誘電率と比誘電率

まず，図 5.1 に示すようなコンデンサを考えてみよう．この電極板間で，一方は真空，他方は絶縁体が充填されている場合，両者の静電容量が異なっていることは経験

的に知るところである．いま，

　C_0：電極間が真空であるときの静電容量

　C ：電極間に絶縁体が充填されているときの静電容量

としてみる．このとき，
$$\frac{C}{C_0} = \varepsilon_s \quad (\geqq 1) \qquad (5.1)$$

とおくと，ε_s は電極の形状には無関係で，絶縁体の種類だけで決まる．この事実は古くからファラデーによって確認されている．この ε_s は真空に対する静電容量 C_0 との比で決まることから，**比誘電率** (relative dielectric constant) という[1]．また，真空の誘電率 ε_0 との積を**誘電率** (dielectric constant) といい，これを ε で表せば，

$$\boxed{\varepsilon = \varepsilon_0 \varepsilon_s \ [\text{F/m}]} \qquad (5.2)$$

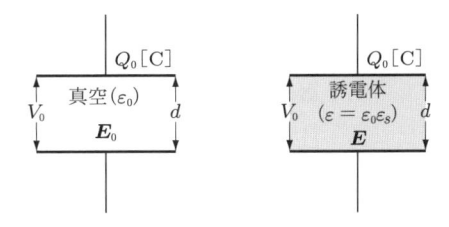

図 5.1 コンデンサと誘電体

となる．

　ところで，このように絶縁体を入れることによって静電容量が変化するのは，極板に生じている電荷 Q_0 によって，絶縁体内に新たな電荷 (後述する分極電荷) が誘導されるためであって，このような電気的な性質 (後述の分極) の下に誘電体を考えるときには，この絶縁体のことをとくに誘電体 (dielectric) とよんでいる．表 5.1 に比誘電率の値を示す[2]．

　さて，図 5.1 において両電極板に一定の電荷量 Q_0 が生じている条件と式 (5.1) の関係から，

$$Q_0 = C_0 V_0 = CV = C_0 \varepsilon_s V \ [\text{C}]$$

$$\therefore \boxed{V = \frac{V_0}{\varepsilon_s} \ [\text{V}]} \qquad (5.3)$$

つまり，**誘電体がある場合の電位差 V は，真空中の電位差 V_0 の $1/\varepsilon_s$ となる．**

　次に，図 5.1 において

$$V_0 = E_0 d \qquad (5.4)$$

また，

$$V = Ed$$

---

[1] 比誘電率のことを (relative permittivity) ともいう．
[2] 同表から明らかなように，ε_s の値が 10 を超えるものは少なく，これらの中で水が意外に大きく，平均的な値として約 80 であることは注目すべきである．

表 5.1 主な物質の比誘電率

物　質	比誘電率 ε_s	物　質	比誘電率 ε_s
真　空	1.000	ポリエチレン	2.3
空　気	1.0005	ポリスチロール	2.6
水　素	1.000264	テフロン	2.1
酸　素	1.000547	変圧器油	2.2〜2.4
炭酸ガス	1.000985	パラフィン	1.9〜2.5
窒　素	1.000606	ガラス	3.5〜4.5
水	75〜81	金属ガラス	8〜10
紙	1.2〜2.6	石英ガラス	3.4〜4.5
木材	2〜3	酸化チタン	100
生ゴム	2.3〜2.6	酸化チタン磁器	30〜80
ベークライト	4.5〜7.0	チタン酸バリウム磁器	1000〜3000
エボナイト	2.0〜3.5		

これと前式 (5.3) の関係から，

$$V = \frac{V_0}{\varepsilon_s} = Ed \tag{5.5}$$

式 (5.4), (5.5) から V_0 を消去して，

$$\boxed{E = \frac{E_0}{\varepsilon_s} \quad [\text{V/m}]} \tag{5.6}$$

つまり，誘電体の電界 E は真空中の電界 E_0 の $1/\varepsilon_s$ となっている．

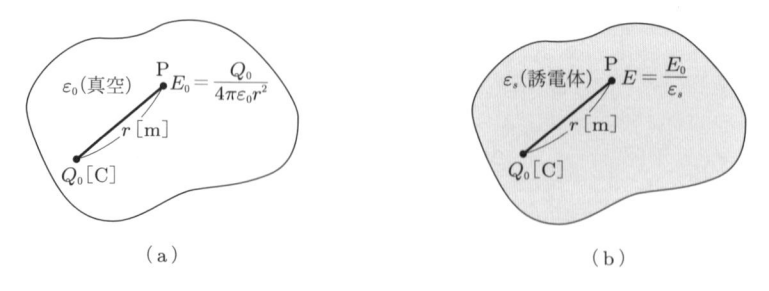

図 5.2　真空中と誘電体中の電界の違い (誘電体中の点 P の電界は真空中の場合の電界より $E = E_0/\varepsilon_s$ と小さくなっている．そこへ Q [C] を外部からもってくると，これに $F = QE = Q_0Q/4\pi\varepsilon_0\varepsilon_s r^2$ の力が働く)

この事実から，図 5.2 (a) に示すように，真空媒質中の点電荷 Q_0 から r 離れた点 P の電界 E_0 は，同図 (b) の ε_s の誘電体媒質中の同じ点 P では E_0/ε_s，つまり，

$$E = \frac{E_0}{\varepsilon_s} = \left(\frac{Q_0}{4\pi\varepsilon_0 r^2}\right)\frac{1}{\varepsilon_s} \quad [\text{V/m}] \tag{5.7}$$

と表される.

また，同図 (a) の真空媒質中の点 P に電荷 Q [C] をもってきたとき，これに働く力は，$F = QE_0$ であった．これに対し誘電体媒質では，点 P の電界が $E (= E_0/\varepsilon_s)$ と変化しているから，この点に Q [C] をもってくると，$F = QE$，つまり，

$$F = \left(\frac{Q_0 Q}{4\pi\varepsilon_0 r^2}\right)\frac{1}{\varepsilon_s} \quad [\text{N}] \tag{5.8}$$

と表される．これらの式 (5.7), (5.8) から明らかなように，誘電体中における電界や電位，クーロン力などを表す諸関係式は，真空媒質で成立するこれらの諸式において，単に $\varepsilon_0 \to \varepsilon_0 \varepsilon_s (= \varepsilon)$ の変換を施せばよいことがわかる．

5.2 分 極

5.2.1 分極の種類

誘電体を構成している原子に着目すると，これは，正の電荷をもった原子核と負の電荷をもった電子の集合からなっている．これに電界を加えると，電子が電界方向と反対方向にわずかに変位する．このため，正負の電荷 (原子核，電子) 構成のバランスが崩れ，原子が一つの双極子を形成する．このような状態にある原子を**分極原子**とよび，この分極が**電子の変位**によって生じていると見る立場から，これを**電子分極** (electronic polarization) とよんでいる．これに対し，分子に着目する場合，その中の原子が電界によって変位し，今度は分子が双極子を形成する．この場合は，**原子が変位**したのであるから，これを**原子分極** (atomic polarization) という．また分子の場合，はじめから正電荷の重心と負電荷の重心が一致しておらず，双極子を形成しているものがある．これは**極性分子** (polar molecule) とよばれ，誘電体中では不規則に分布している．このため，双極子のモーメントは互いに打ち消され，誘電体全体としては分極していない．しかし，これに電界が加わると，極性分子が回転し，電界方向に規則正しく配向される結果，誘電体は分極される．これを**方位分極** (orientation polarization) とよんでいる．誘電体が分極される機構は，以上の電子分極，原子分極，方位分極に分類されるが，いずれの場合の現象も双極子形成がそれらの根底にあり，またその場合，電荷の変位をともなっている．以下では，電子分極を例にとり，さらに具体的な分極機構についてのイメージを与えることにする．

考え方 （ⅰ）原子 1 個に着目した場合

ここでは，電子分極を例にとり，まず原子 1 個に着目した場合の分極現象について述べる．

図 5.3 (a) に示すように，電界が加わらない状態 ($\boldsymbol{E} = \boldsymbol{0}$) では，通常電子は陽核に対して対称的に分布しており，電気的に中性である．しかし，これに電界が加わると

第5章 誘電体

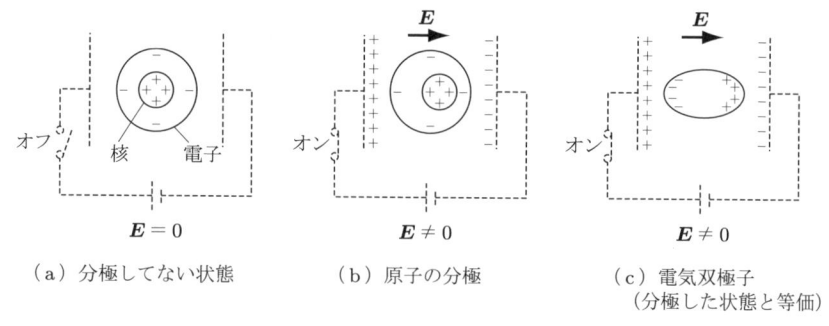

(a) 分極してない状態 $E = 0$
(b) 原子の分極 $E \neq 0$
(c) 電気双極子 (分極した状態と等価) $E \neq 0$

図 5.3 原子1個の分極

($E \neq 0$), 同図 (b) に示すように, 電子は電界と反対方向にわずかに変位する. このため, 一端には負電荷が, 他端には正電荷が過剰となり, 電気双極子を形成する. つまり, この分極状態は, 同図 (c) の電気双極子と等価な関係にある.

(ii) 誘電体内のすべての原子を巨視的にみる場合

図 5.4 に示すように, 誘電体に電界が加わると, 誘電体内部では電荷は変位しているものの, 正負の電荷は一様に分布しており (正, 負の電荷数が等しい), 電界を加える前と変わらないと考えられる. しかし, 誘電体の両端面では補給される電荷がなく, 正または負の電荷が現れている.

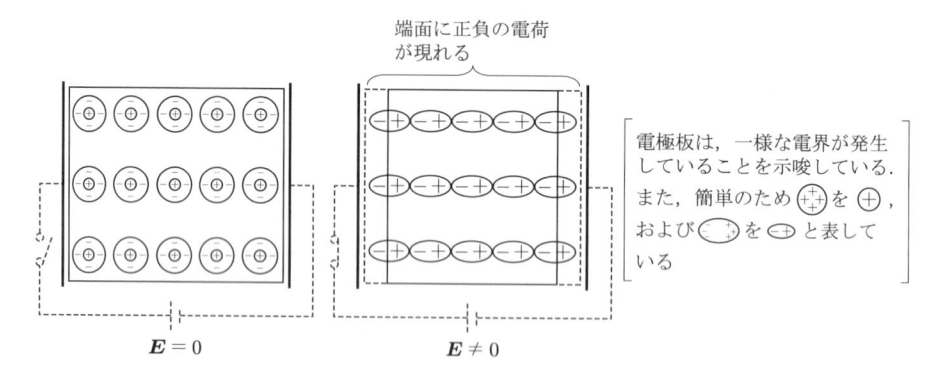

図 5.4 誘電体の分極電荷

つまり, 誘電体が分極すると, クーロン力に基づきその端面に電荷が現れる. この分極している電荷は, 図 5.5 に示すように, ちょうど棒に結ばれているゴムひもが, 同図 (b) のように引っ張られている状態と同じで, 取り出すことができない. したがって, 電界がないときには, 元の状態 (電気的に中性) に戻ってしまう. つまり, 分極現象における電荷は, 準弾性的な振る舞いをすると想像すればよい. この意味で, この電荷のことを**束縛電荷** (bound charge) または**分極電荷** (polarization charge) とよんでいる.

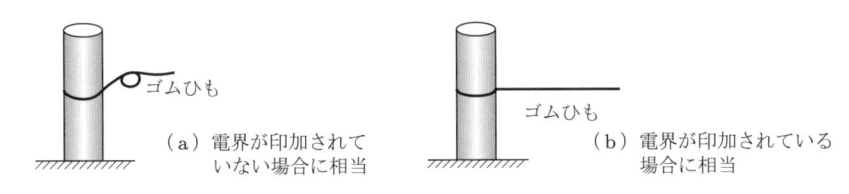

図 5.5　分極電荷の性質

5.2.2　分極の定義

分極の定義

　分極を生じている誘電体内の任意点で，電荷の変位した方向に対して垂直な断面を考える．ここでベクトル P を考え，P の大きさをこの断面の単位面積を通り抜ける電荷の量とし，その方向は正電荷の移動方向とする．このように分極現象をベクトルで表すとき，このベクトル P のことを**分極**という．

　図5.6に示すように，分極を生じている1断面に着目し，単位面積あたり σ' の正電荷が変位したとすると，定義から P の大きさは，

$$P = \sigma' \quad [\text{C/m}^2] \tag{5.9}$$

である．この σ' が分極電荷である．この分極電荷は，前項で述べたように，誘電体に電界が加わることによって，誘電体内の電荷の相対位置がいくぶんずれただけのもので，外部に取り出すことができないものであった．これに対し，前章まで取り扱ってきた電荷は自由に移動し，取り出すことができる電荷で，これを**自由電荷** (free charge) または**真電荷** (true charge) といい，分極電荷と区別している．

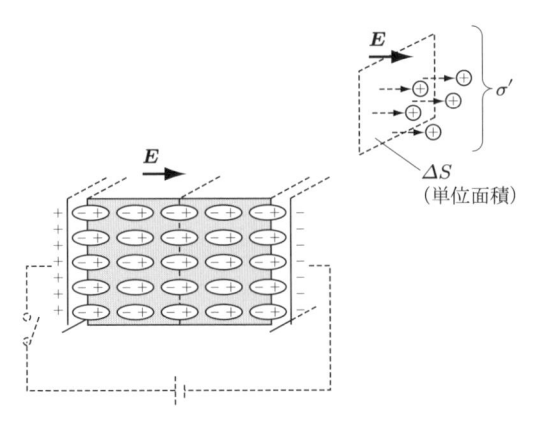

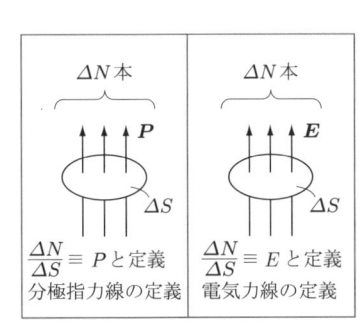

図 5.6　分極の定義　　　　図 5.7　分極指力線と分極 P

5.2.3 分極指力線

これまで，電界内で電界の向きを示す仮想的な線を考え，これを**電気力線**とよんできた．分極 P の場でもこのような仮想的な力線を考えることができる．

> **分極指力線**
>
> 分極指力線とは，分極 P の場で考えた指力線をいう．つまり，分極指力線上における任意点での接線方向が，常にその分極 P と同じ向きで，その点の分極指力線の密度が分極に等しいと定義される．
>
> 分極指力線は**負の分極電荷から発生し，正の分極電荷で終わる**．つまり，
>
> $$\text{div}\, \boldsymbol{P} = -\rho' \quad [\text{C/m}^3] \qquad \rho':\text{分極電荷密度}$$

分極指力線は，上述のように電気力線と同様に定義され，分極指力線上の任意点における接線方向が，常に分極 P と同じ方向で，図 5.7 に示すように，分極指力線の密度 $(\Delta N/\Delta S)$ は分極 P に等しいと定義されている．

さて，ここで分極指力線発生の様子を表す $\text{div}\, \boldsymbol{P} = -\rho'$ について考えてみよう．

誘電体に電界が印加されれば，分極を生じるが，とくに誘電体中のいたるところで電荷の変位が一様である場合を**平等分極** (uniform polarization) という．この場合には，図 5.8 (a) に示すように，誘電体内において分極はしているものの，正負の分極電荷量はそれぞれ同量であるから，分極電荷の総量は零となる．このため，誘電体内には見掛上分極電荷は現れない．しかし誘電体端面では，同図に示すように，単一電荷 (正または負の電荷) のみが残り，分極電荷が現れることになる．ここで，分極電荷が誘電体内に現れないといっても，分極電荷の総量が零であるという意味であって，個々の電荷は電界の印加によって変位している．したがって，誘電体内のどの点をとっても，そこには分極ベクトル P を常に考えることができることに注意すべきである．これに対し，分極が平等でない場合，つまり分極が誘電体内の場所に依存する場合には，

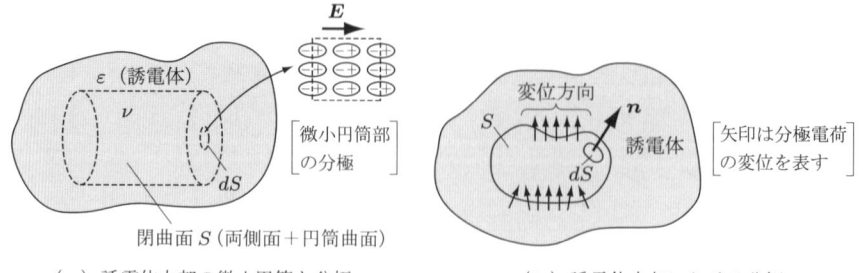

（a）誘電体内部の微小円筒と分極
（平等分極の例）

（b）誘電体内部における分極
（平等分極でない場合）

図 5.8 分極の例

誘電体内で考えたある閉曲面内の分極電荷の総量は零とならず，分極電荷が残留し得る．以下では，この後者の一般的な場合を含めて考えることにする．

いま，図 5.8 (b) に示すように，分極している誘電体内に任意の閉曲面を考え，その体積を V，面積を S とする．また，S 面上の微小面積を dS とし，次式を考えてみる．

$$\int_S \boldsymbol{P} \cdot \boldsymbol{n} dS \quad [\mathrm{C}] \tag{5.10}$$

ここに，$\boldsymbol{n}$ は dS の単位法線ベクトルである．

これは，S 面から外向きに出ていく分極指力線の総数，つまり S 面から出た分極電荷の総量を表している．

さて，ここで図 5.8 (b) に示すように，平等分極ではない場合では，S 面内の分極電荷の総量は零とならず，分極電荷が残留していると考えられる．この分極電荷の体積密度を $\rho'\ [\mathrm{C/m^3}]$ とすると，S 面内に残る分極電荷の総量は，

$$\int_v \rho' \, dv \quad [\mathrm{C}] \tag{5.11}$$

と表される．

ところで，分極前では誘電体内で電荷の変位はなく，電気的に中性 (正負同量の電荷が存在) であるから，式 (5.10), (5.11) の総和は 0 となる．ゆえに，

$$\int_S \boldsymbol{P} \cdot \boldsymbol{n} \, dS + \int_v \rho' \, dv = 0 \tag{5.12}$$

ここで，ガウスの線束定理 $\int_v \mathrm{div}\,\boldsymbol{P}\, dv = \int_S \boldsymbol{P} \cdot \boldsymbol{n}\, dS$ を用いて上式を変形すると，

$$\int_v (\mathrm{div}\,\boldsymbol{P} + \rho')\, dv = 0 \quad [\mathrm{C}] \tag{5.13}$$

いまの場合，v は任意に選べるから，式 (5.13) が V の形に関係なく常に成立するには，

$$\mathrm{div}\,\boldsymbol{P} + \rho' = 0$$

したがって，

$$\boxed{\mathrm{div}\,\boldsymbol{P} = -\rho' \quad [\mathrm{C/m^3}]} \tag{5.14}$$

を得る．式 (5.13) は，**分極指力線は負の分極電荷から発生し，正の分極電荷に終わる**ことを表している．また，その数は，単位負分極電荷から 1 本の割合で発生することになる．

なお，平等分極の場合は $\rho' = 0$ となり，式 (5.13) は，$\mathrm{div}\,\boldsymbol{P} = 0$ となる．このことは，平等分極している誘電体内では，分極指力線が連続していることを意味している．

5.3 誘電体内の電界と分極の関係

電界と分極の関係

誘電体内の分極 $\boldsymbol{P}$ と電界 $\boldsymbol{E}$ との間には

$$\boxed{\boldsymbol{P} = \varepsilon_0 \boldsymbol{E}(\varepsilon_s - 1) \quad [\text{C/m}^2]}$$

の関係がある．

5.3.1 P と E の関係

誘電体内の電界は，図 5.9 (a) のように極板の真電荷密度 σ と誘電体端面に現れている分極電荷 σ' の代数和の電荷 $\sigma - \sigma'$ によって生じていると考えられる．すなわち，同図 (b) のように，同図 (a) の誘電体内の電界 E は，$\sigma - \sigma'$ の電荷をもつ仮想的な極板によって生じる電界として考えてよい．ところで，極板に真電荷密度 σ が分布している場合の電界は，$E = \sigma/\varepsilon_0$ であった (第 3 章，例題 3.4 参照)．したがって，$\sigma - \sigma'$ の仮想的な極板による電界は，この σ を $\sigma - \sigma'$ で置き換えて

$$E = \frac{\sigma - \sigma'}{\varepsilon_0} \quad [\text{V/m}] \tag{5.15}$$

これに式 (5.9) を用いると，

$$E = \frac{\sigma - P}{\varepsilon_0} \quad [\text{V/m}] \tag{5.16}$$

一方，誘電体中の電界の強さは真空中の電界の強さ $E_0 = \sigma/\varepsilon_0$ の $1/\varepsilon_s$ であるから，

$$E = \frac{\sigma}{\varepsilon_0 \varepsilon_s} \quad [\text{V/m}]$$

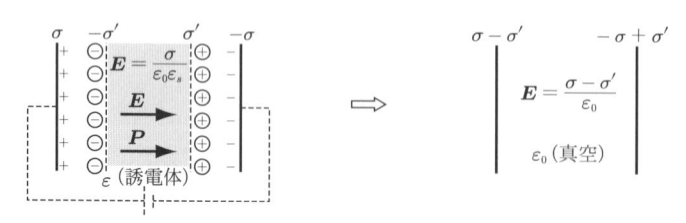

(a) 電界，分極が一様で，誘電体表面だけに分極電荷がある場合，この誘電体内の電界は，右図のように，分極電荷 σ' と最初から存在していた電荷 σ によって生じると考えられる

(b) 左図の誘電体中における電界は電極板に $\pm(\sigma - \sigma')$ の見かけ上の電荷がある場合の真空中の電界と等価となる

図 5.9 誘電体媒質と等価な電荷分布

ゆえに,
$$\sigma = \varepsilon_0 \varepsilon_s E \quad [\text{C/m}^2] \tag{5.17}$$

式 (5.16) に式 (5.17) を代入して

$$\boxed{P = \varepsilon_0 E(\varepsilon_s - 1) \quad [\text{C/m}^2]} \tag{5.18}$$

ベクトル表示して,

$$\boxed{\bm{P} = \varepsilon_0 \bm{E}(\varepsilon_s - 1) \quad [\text{C/m}^2]} \tag{5.19}$$

これが分極 $\bm{P}$ と誘電体内の電界 $\bm{E}$ との関係である.

5.4 電 束

5.4.1 電束の意味

図 5.10 のように,電極間が真空の媒質で,その中の一部に誘電体がある場合を考えてみよう.前節で述べたように,真空中に比べ誘電体中の電界は弱くなっている.したがって,電界の強さに比例する**電気力線数**は誘電体中では減少している.一方,誘電体中には前節で述べたように負の分極電荷から発生し,正の分極電荷で終わる**分極指力線**が発生している.このように,真空中と誘電体中では電気力線も不揃いで,しかも分極指力線が誘電体中には加わっている.こうした力線の不揃いを統一して,真空中も誘電体中も連続している力線で表すために考え出された指力線が,**電束**という概念である.

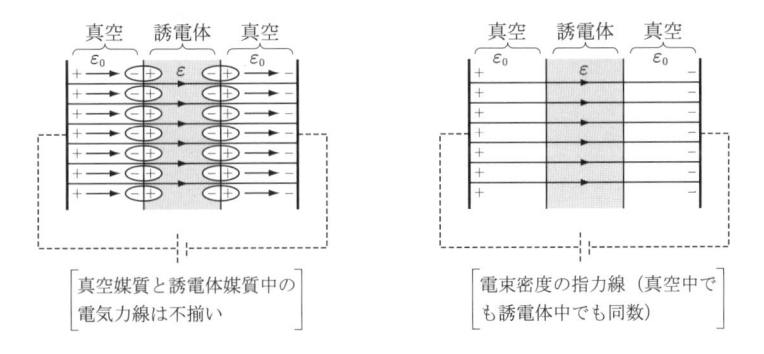

図 5.10 電気力線と電束密度の指力線の違い

5.4.2 電束密度の定義

電束密度の定義

電束密度 D は

$$D = \varepsilon_0 E + P \quad [\text{C/m}^2]$$

と定義される.
○ D の大きさは分極電荷には無関係で，導体表面に与えられている真電荷の面積密度 σ [C/m²] に等しく，D の方向は導体表面に垂直となる.
○電束密度の指力線は真電荷の 1 C から 1 本の割合で発生している.
○電束密度の概念を導入すると，正の真電荷から発生した指力線は，その途中が誘電体であっても，その数は変わらず連続して負の真電荷に至る.

電束密度の考え方 図 5.10 に示したように，無限に広がる電極板間の一部に誘電体が挿入されている場合の各力線の関係を調べてみる．いま，両極板の真電荷密度を $\pm\sigma(\sigma > 0)$，誘電体端面に現れている分極電荷密度を $\pm\sigma'(\sigma' > 0)$ とする．真空中では電気力線は単位面積あたり σ/ε_0 本発生し (第 3 章，例題 3.4 参照)，誘電体中では単位面積あたり $(\sigma-\sigma')/\varepsilon_0$ に減少している．しかし，誘電体中には，単位面積あたり σ' 本の分極指力線が発生している．これら相互の力線の数について調べると，誘電体内では，そこでの電気力線を ε_0 倍し，これに分極指力線を加えると，合計が σ 本となっていることがわかる．これはちょうど，真空中の電気力線の ε_0 倍に等しくなっている．このことは，電気力線に関しては，常に ε_0 を乗じ，分極指力線があればこれを加えることによって，真空中でも誘電体中でも，その発生本数を等しくすることができ，これらの力線を統一することができる．以下，このことを図を用いて，もう少し具体的に述べてみる.

○いま，図 5.11 (a) の真空媒質の電極間の**電気力線数**は，真電荷密度を $\pm\sigma(\sigma > 0)$ [C/m²] とすると，単位面積あたり … σ/ε_0 本が発生 　　　　　　　(I)
○同図 (b) の誘電体が存在する場合は，分極電荷密度を $\pm\sigma'(\sigma' > 0)$ [C/m²] とすると，**分極指力線数**は，単位面積あたり … σ' 本が発生 　　　　　　　(II)
○一方，同図 (b) の誘電体内の**電気力線数**は前節 5.3.1 項で述べたように，単位面積あたり … $(\sigma-\sigma')/\varepsilon_0$ 本が発生 (同図 (c) 参照) 　　　　　　　(III)

ここで，(II), (III) の誘電体中で発生している分極指力線，電気力線において，(III) の電気力線を ε_0 倍し，分極指力線を加えると，つまり，(III) $\times \varepsilon_0 + $ (II) を考えると，誘電体中の全力線数は，単位面積あたり

$$\frac{\sigma-\sigma'}{\varepsilon_0} \times \varepsilon_0 + \sigma' = \sigma \quad [\text{本/m}^2] \quad\quad\quad (\text{IV})$$

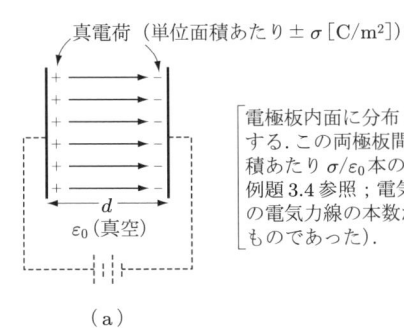

5.4 電束

図(a) 真電荷(単位面積あたり±σ[C/m²])

電極板内面に分布している真電荷密度を σ [C/m²] とする.この両極板間,つまり真空媒質中では,単位面積あたり σ/ε_0 本の**電気力線**が発生している(第3章例題3.4参照;電気力線の定義は,単位面積あたりの電気力線の本数が電界の大きさ E に等しいというものであった).

図(b) 分極電荷(単位面積あたり±σ′[C/m²])

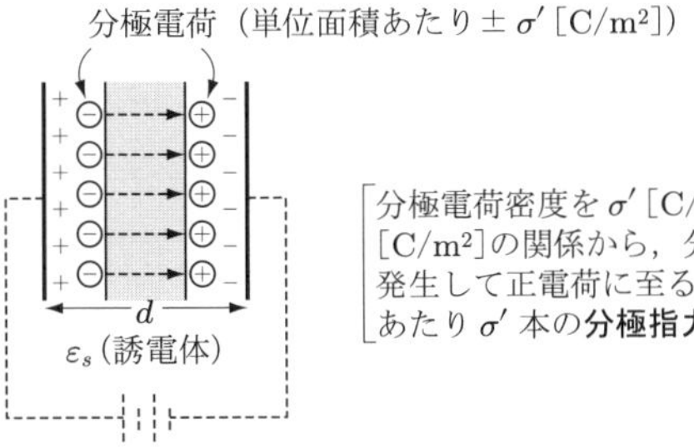

分極電荷密度を σ' [C/m²] とすると,$\mathrm{div}\boldsymbol{P}=-\rho'$ [C/m²] の関係から,分極指力線は分極負電荷から発生して正電荷に至る.この誘電体には,単位面積あたり σ' 本の**分極指力線**が発生している.

図(c) $\sigma-\sigma'$ $-\sigma+\sigma'$

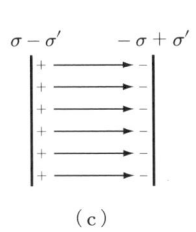

図(b)の誘電体中に発生している**電気力線数**は,単位面積あたり $(\sigma-\sigma')/\varepsilon_0$ 本.したがって,図(b)の誘電体内に発生している全体の力線は,分極指力線数に電気力線数が加わったものとなる.

図 5.11 電束密度の考え方

となる.このことから,電気力線には常に ε_0 を乗じ,分極指力線があれば,この数を加えることにすれば,媒質が真空であっても誘電体であっても,**力線**(電気力線,分極指力線)の数を統一することができる.しかもその数は単位面積あたりの真電荷の大きさ σ となっていることがわかる.電気的な力線がある面を貫く場合,これを束として考えるとき,これを**電束**という.

ここで,新たに考えた単位面積あたり σ 本の力線を**単位面積あたりの電束**,つまり**電束密度**(electric flux density)という.したがって,「正の単位真電荷から常に1本の電束密度の指力線が発生し,途中真空媒質から誘電体媒質に変化するような不連続な媒質であっても,この指力線は連続し負の真電荷に至る」.

この関係を式で表せば,

96　第5章　誘電体

$$\text{div}\,\boldsymbol{D} = \rho \quad [\text{C/m}^3] \tag{5.20}$$

である．

さて，式 (IV) を D とおき，前式 (5.9) および (5.15) の関係を代入して書き改めると

$$\boxed{D = \frac{\sigma - \sigma'}{\varepsilon_0} \times \varepsilon_0 + \sigma' = \varepsilon_0 E + P \quad [\text{C/m}^2]} \tag{5.21}$$

と表すことができる．

電束密度 D のベクトル表示は，結局，

$$\boldsymbol{D} = \varepsilon_0 \boldsymbol{E} + \boldsymbol{P} = \varepsilon_0 \varepsilon_s \boldsymbol{E} = \varepsilon \boldsymbol{E} \quad [\text{C/m}^2] \tag{5.22}$$

$\boldsymbol{D}$ の方向は，$\boldsymbol{D}$ が真電荷だけに関係し，分極電荷に無関係であるから，導体電極板を考える場合はこの表面に垂直となる．

5.5　誘電体中のガウスの定理

誘電体中のガウスの定理…ガウスの定理の一般形

誘電体中の任意の閉曲面を出ていく全電束数は，その閉曲面で囲まれた体積内に分布する真電荷の総量に等しい．

$$\boxed{\int_S \boldsymbol{D} \cdot \boldsymbol{n}\,dS = \sum_{i=1}^n Q_i \quad [\text{C}]}$$

5.5.1　定理の導出

前3章3.5節では，真空中で成立するガウスの定理について述べた．ここでは誘電体中で成立するガウスの定理を導く．誘電体中で成立するといっているが，もちろん，真空媒質でも成立する．したがって，これは，**ガウスの定理の一般形**である．

さて，誘電体中に図 5.12 に示すように，任意の閉曲面を考え，その体積を v，全表面積を S とする．前節の式 (5.20) で示される電束密度 $\boldsymbol{D}$ の発散

$$\text{div}\,\boldsymbol{D} = \rho \quad [\text{C/m}^3] \quad (5.20\,\text{再掲})$$

を，体積 v について積分すると，

$$\int_v \text{div}\,\boldsymbol{D}\,dv = \int_v \rho\,dv \quad [\text{C}] \tag{5.23}$$

式 (5.23) の左辺にガウスの線束定理を用い，体積積分を面積分に変換すると，

$$\int_S \boldsymbol{D} \cdot \boldsymbol{n}\,dS = \int_v \rho\,dv \quad [\text{C}] \tag{5.24}$$

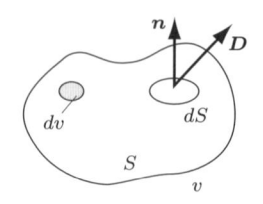

図 5.12　任意の閉曲面 S

を得る．この式の右辺は，体積 v 中に分布する真電荷量に相当するから，これを Q_i で表すと，

$$\int_S \boldsymbol{D} \cdot \boldsymbol{n}\, dS = \sum_{i=1}^n Q_i \quad [\mathrm{C}] \quad (\text{ガウスの定理の一般表式}) \tag{5.25}$$

が導かれる[3]．

式 (5.25) の意味は，「誘電体中の任意の閉曲面内を出ていく全電束数は，その閉曲面で囲まれた体積内に分布する真電荷の総量に等しい」というものである．

真空中では，$\boldsymbol{D} = \varepsilon_0 \boldsymbol{E}$ であるから，式 (5.25) は

$$\int_S \varepsilon_0 \boldsymbol{E} \cdot \boldsymbol{n}\, dS = \sum_{i=1}^n Q_i \rightarrow \int_S \boldsymbol{E} \cdot \boldsymbol{n}\, dS = \frac{1}{\varepsilon_0} \sum_{i=1}^n Q_i$$

となり，真空中のガウスの定理に一致している．

5.6 ファラデー管

力管

一般に，微小面積の周辺が指力線によって取り囲まれてできる管を**力管** (tube of force) という．

ファラデー管

電束密度の指力線によって取り囲まれた力管 (つまり，電束によってできる力管) を考え，その両端の電荷が単位電荷 (±1 C の真電荷) であるものを**ファラデー管** (Faraday tube) という．

ファラデー管の性質

(ⅰ) ファラデー管の両端には，正，負の単位真電荷が存在する．

(ⅱ) 真電荷のない点で，ファラデー管は連続である．

(ⅲ) ファラデー管内の電束数は一定である．

(ⅳ) ファラデー管の密度は，電束密度に等しい．

5.6.1 考え方

図 5.13 のように，微小面積 ΔS の周辺が指力線によって囲まれた管を**力管** (tube of force) とよんでいる．

---

[3] 式 (5.20) と式 (5.25) は同一の物理内容であり，前者がガウスの定理の微分形，後者が積分形である．

第5章 誘電体

（a）力管

[微小面積 ΔS の周辺を通過する指力線によって囲まれた管を**力管**という]

（b）電束による力管

[ΔS の周辺を通る電束密度の指力線（電束）による力管を仮想し（図(b)），とくに，この力管内の両端に±1 [C] の真電荷が存在すると考えたものを**ファラデー管**という（図(c)）]

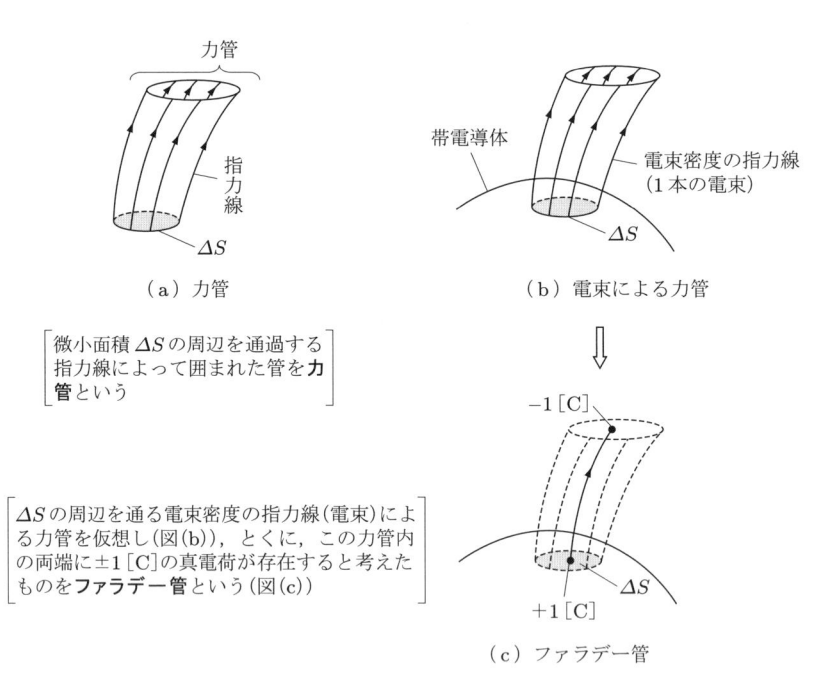

（c）ファラデー管

図 5.13 ファラデー管のイメージ

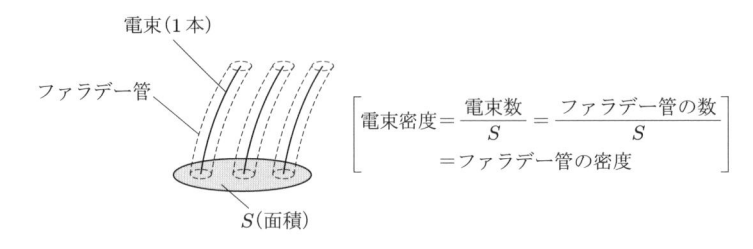

[電束密度 = $\dfrac{電束数}{S}$ = $\dfrac{ファラデー管の数}{S}$ = ファラデー管の密度]

図 5.14 電束密度とファラデー管

いま，電荷の存在する導体面上に，微小面積 ΔS をとると，ΔS 周辺を通る電束密度の指力線が考えられる．つまり，電束による力管を仮想することができる[4]．この電束によってできる力管において，ΔS 内の電荷が単位電荷（真電荷）であるものをとくに**ファラデー管**と称している．

この定義によれば，単位電荷（1 C）から 1 本の割合で電束が発生するから，1 本の電束は 1 本のファラデー管に対応している．

また，電気力線は交わらないという性質があるから，ファラデー管内への電束の出入はなく，ファラデー管内の電束数は一定である．

---

[4] 電束密度の指力線を束として考えるとき，これを**電束**といった．

さらに，図 5.14 に示すように，1 本の電束が 1 本のファラデー管を伴うから，単位面積あたりの電束 (電束密度) と単位面積あたりのファラデー管数 (ファラデー管密度) とは等しい．したがって，電束もファラデー管も性質は同一と考えてよい．しかし，電束が線の概念であるのに対し，ファラデー管は容積がイメージできる管である点が大きな相違点である．ファラデーがこの考え方を電界中にもち込んだことは，静電エネルギーの解明や，ひいては電磁波発見へ潜在的に寄与しており，その意味からも重要な概念である．

5.7 誘電体の境界条件

誘電率が異なる二種の誘電体境界面で，電界，電束密度および電気力線に関して成立する境界条件および屈折の法則は，次のようにまとめられる．

電束密度の境界条件

電束密度の法線成分 D_n は，誘電体境界面上に真電荷の分布がないとき，その両面において連続である．

$$D_{1n} = D_{2n} \quad [\text{C/m}^2]$$

ここに，D_{1n}, D_{2n} は各媒質における電束密度の法線成分．

電界の境界条件

電界の強さの面に平行な成分 (接続成分) は，誘電体境界面の両側で相等しい．

$$E_{1t} = E_{2t} \quad [\text{V/m}]$$

ここに，E_{1t}, E_{2t} は各媒質における電界の強さの境界面に対する接線成分．

電気力線の屈折

電束あるいは電気力線は，誘電率の大きい誘電体に入ると屈折角 θ が増加する．

$$\frac{\tan\theta_1}{\tan\theta_2} = \frac{\varepsilon_1}{\varepsilon_2}$$

ここに，θ は境界面の法線を基準にして測った角である．

誘電率と電束密度の関係

電束は誘電率の大きい誘電体の方へ集まる性質をもつ．

5.7.1 電束密度の境界条件

いま，図 5.15 のように，異なった誘電率 $\varepsilon_1, \varepsilon_2$ をもつ二種の誘電体が互いに接する境界の両側に，微小面積 ΔS を囲む体積 Δv の扁平な円筒を考えてみる．円筒厚はき

わめて薄く，側面からの電束の出入はないものとし，ΔS 面だけの出入を考える．ε_1 側から ε_2 側に向かう ΔS に対する単位法線ベクトルを $\boldsymbol{n}$ とする．

この微小円筒閉曲面に対し，ガウスの定理を適用し，
$$\boldsymbol{D}_2 \cdot \boldsymbol{n}\Delta S + \boldsymbol{D}_1 \cdot (-\boldsymbol{n}\Delta S) = \rho \Delta v$$

ゆえに，$\boldsymbol{D}$ の法線成分を D_{1n}, D_{2n} で表して，
$$D_{2n}\Delta S - D_{1n}\Delta S = \rho \Delta v$$

境界面上に真電荷密度 ρ の分布がないとすれば，
$$D_{2n}\Delta S - D_{1n}\Delta S = 0$$

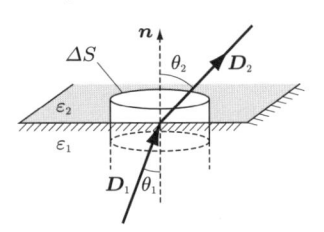

図 5.15 電束密度の境界条件

したがって，
$$\boxed{D_{1n} = D_{2n} \quad [\mathrm{C/m^2}]} \tag{5.26}$$

5.7.2 電界の境界条件

ここでは，図 5.16 のような，異なった誘電率 ε_1, ε_2 をもつ二種の誘電体が互いに接する境界に沿って扁平な矩形経路を考える．いま静電界の保存性から，誘電体媒質でも，
$$\oint \boldsymbol{E} \cdot d\boldsymbol{l} = 0 \qquad (3.28 再掲)$$

が成立する．

ここで，周回積分
$$\oint_{\mathrm{ABCD}} \boldsymbol{E} \cdot d\boldsymbol{l} = \int_{\mathrm{A}}^{\mathrm{B}} \boldsymbol{E} \cdot d\boldsymbol{l} + \int_{\mathrm{B}}^{\mathrm{C}} E \cdot d\boldsymbol{l}$$
$$+ \int_{\mathrm{C}}^{\mathrm{D}} \boldsymbol{E} \cdot d\boldsymbol{l} + \int_{\mathrm{D}}^{\mathrm{A}} \boldsymbol{E} \cdot d\boldsymbol{l}$$

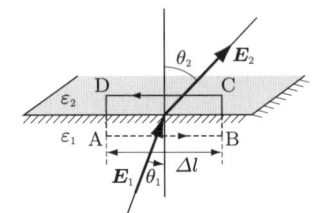

図 5.16 電界の境界条件

を考えると，$\overline{\mathrm{BC}}$, $\overline{\mathrm{DA}}$ は実際には境界面に限りなく近接しているから，この区間の積分は
$$\int_{\mathrm{B}}^{\mathrm{C}} \boldsymbol{E} \cdot d\boldsymbol{l} = \int_{\mathrm{D}}^{\mathrm{A}} \boldsymbol{E} \cdot d\boldsymbol{l} = 0$$

としてよい．ゆえに，
$$\oint_{\mathrm{ABCD}} \boldsymbol{E} \cdot d\boldsymbol{l} \fallingdotseq \int_{\mathrm{A}}^{\mathrm{B}} \boldsymbol{E} \cdot d\boldsymbol{l} - \int_{\mathrm{D}}^{\mathrm{C}} \boldsymbol{E} \cdot d\boldsymbol{l}$$

ここで，$\int_{\mathrm{A}}^{\mathrm{B}} dl = \int_{\mathrm{D}}^{\mathrm{C}} dl = \Delta l$, $\boldsymbol{E}$ の境界面に対する接線成分を E_t とすれば，
$$\oint_{\mathrm{ABCD}} \boldsymbol{E} \cdot d\boldsymbol{l} \fallingdotseq E_{1t}\Delta l - E_{2t}\Delta l$$

式 (3.28) の関係から，

$$\boxed{E_{1t} = E_{2t}} \quad [\text{V/m}] \tag{5.27}$$

5.7.3 電気力線の屈折

誘電率 ε_1 の誘電体から ε_2 の誘電体へ進む電気力線が，図 5.15，5.16 に示したように，境界面で屈折する場合を考えてみる．

屈折角をそれぞれ θ_1, θ_2 とすると，電界 $\boldsymbol{E}_1$, $\boldsymbol{E}_2$ に対する境界条件から，

$$E_1 \sin \theta_1 = E_2 \sin \theta_2 \tag{5.28}$$

また，電束密度 $\boldsymbol{D}_1$, $\boldsymbol{D}_2$ に対する境界条件から，

$$D_1 \cos \theta_1 = D_2 \cos \theta_2 \tag{5.29}$$

両式を辺々割算して，

$$\boxed{\frac{\tan \theta_1}{\tan \theta_2} = \frac{\varepsilon_1}{\varepsilon_2}} \tag{5.30}$$

この結果から，$\varepsilon_1 > \varepsilon_2$ ならば $\theta_1 > \theta_2$ となり，**誘電率の大きい誘電体へ入ると屈折角が大きくなる**．

また，$\varepsilon_1 > \varepsilon_2$ なら $\theta_1 > \theta_2$ となるが，このとき，$\cos \theta_1 < \cos \theta_2$ となるから，式 (5.29) において $D_1 > D_2$ となり，ε の大きい方 (ε_1) へ電束が集まることがわかる．

5.7.4 境界面での特別な現象

（1） 電界が境界面に垂直な場合

電界が境界面に垂直な場合，つまり $\theta_1 = 0$ のときは，次のようになる．

（i） $\theta_2 = 0$ となり，電束および電気力線は屈折しない．

（ii） 電束密度は変わらない ($D_1 = D_2$)．

（iii） 電界の強さは，$\dfrac{E_1}{E_2} = \dfrac{\varepsilon_2}{\varepsilon_1}$ からわかるように，不連続的に変わり，誘電率が大きい誘電体で電界は小さくなる．

（2） 無限大の誘電率をもつ誘電体の場合

いま，一方の誘電体の誘電率 ε_2 を無限大にした場合を考える．$\varepsilon_2 \to \infty$ のとき，式 (5.30) から，$\theta_1 = 0$ または $\theta_2 = \dfrac{\pi}{2}$ である．ここで式 (5.29) において，$D_1 \neq 0$ であるから，$\theta_1 = 0$ でなければならない．この結果，電気力線は境界面に垂直になる．これは導体面に電気力線が入る場合と同じである．したがって，導体の代わりに誘電率無限大の誘電体を用いても，**外部の静電界分布**には変わりない．しかしこの場合，導体が誘電率無限大の誘電体であるという意味ではない点に注意を要する．

【例題 5.1】
無限に広がる平行平板間に二種の誘電率 ε_1, ε_2 をもつ誘電体を入れ，極板に単位面積あたり σ [C/m^2] の電荷を与えるとき，極板間の電位差を V [V] とする場合の静電容量を求めよ．

【解】 境界条件から $\boldsymbol{D}_1 = \boldsymbol{D}_2 (\boldsymbol{E}_1 \neq \boldsymbol{E}_2)$
電束密度の定義から
$$D_1 = D_2 = \sigma$$
さらに
$$D_1 = \varepsilon_1 E_1, \quad D_2 = \varepsilon_2 E_2$$
$$\therefore \quad E_1 = \frac{\sigma}{\varepsilon_1}, \quad E_2 = \frac{\sigma}{\varepsilon_2}$$
したがって極板間の電位差は，
$$V = E_1 x + E_2 (d - x) = \sigma \left\{ \frac{x}{\varepsilon_1} + \frac{1}{\varepsilon_2}(d - x) \right\}$$
ゆえに，単位面積あたりの静電容量は，
$$C = \frac{\sigma}{V} = \frac{1}{\left\{ \dfrac{x}{\varepsilon_1} + \dfrac{1}{\varepsilon_2}(d - x) \right\}} \quad [\text{F/m}^2]$$

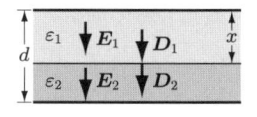

【例題 5.2】
図に示すような同軸円筒導体に二種の誘電率 ε_1, ε_2 をもつ誘電体が同心円筒状に満たされているとき，静電容量を求めよ．

【解】 内導体に単位長あたり $+\lambda$，外導体に $-\lambda$ の電荷を与え，一様に分布しているものとする．

電荷分布が対称であり，電界，電束密度ともに中心から放射状の外向きとなる．この対称性に着目し，ガウスの定理を用いて電束密度を求めることができる．

ε_1 内の電束を D_1 とし，中心から半径 r，単位長さの円筒側面と軸に垂直な底面をもつ円筒状閉曲面 S を考える．電荷分布の対称性からこの底面から出ていく電束はなく，側面だけを考えればよい．

$$\int_{S \text{の側面}} \boldsymbol{D}_1 \cdot \boldsymbol{n} \, dS = D_1 \int_{S \text{の側面}} dS = 2\pi r l D_1 = \lambda l$$

ただし，l は円筒軸長方向の任意長 λ は考えている閉曲面側面の単位長の全電荷量である．

$$\therefore \quad D_1 = \frac{\lambda}{2\pi r} \quad [\text{C/m}^2]$$

ここで，境界条件より $D_1 = D_2 (E_1 \neq E_2)$ であるから，ε_1, ε_2 両媒質で電束は同一となり，

$$D \, (= D_1 = D_2) = \frac{\lambda}{2\pi r} \quad [\text{C/m}^2]$$

次に，この結果から ε_1, ε_2 各媒質の電界 E_1, E_2 は，

$$E_1 = \frac{D}{\varepsilon_1} = \frac{\lambda}{2\pi\varepsilon_1 r} \quad [\text{V/m}]$$

$$E_2 = \frac{D}{\varepsilon_2} = \frac{\lambda}{2\pi\varepsilon_2 r} \quad [\text{V/m}]$$

内外導体間の電位差 V は，

$$V = -\int_c^b \boldsymbol{E}_2 \cdot d\boldsymbol{r} - \int_b^a \boldsymbol{E}_1 \cdot d\boldsymbol{r}$$

$$= -\frac{\lambda}{2\pi} \left\{ \frac{1}{\varepsilon_2} \int_c^b \frac{dr}{r} + \frac{1}{\varepsilon_1} \int_b^a \frac{dr}{r} \right\}$$

$$= \frac{\lambda}{2\pi} \left(\frac{1}{\varepsilon_2} \log \frac{c}{b} + \frac{1}{\varepsilon_1} \log \frac{b}{a} \right) \quad [\text{V}]$$

ゆえに，単位長さあたりの静電容量は，

$$C = \frac{\lambda}{V} = \frac{2\pi}{\dfrac{1}{\varepsilon_1} \log \dfrac{b}{a} + \dfrac{1}{\varepsilon_2} \log \dfrac{c}{b}} \quad [\text{F/m}]$$

第 5 章の練習問題

1. $1\,\text{kV/m}$ の電界中に置かれたガラスの分極の強さ，分極率および電束密度を求めよ．ただし，ガラスの比誘電率を 10 とする．

2. 平行平板空気コンデンサの極板間隔を $5\,\text{mm}$ とするとき，この極板間にある誘電体を充填したら，静電容量が 3 倍になったという．極板間に $1\,\text{kV}$ を加えた場合の電界の強さ，誘電体の比誘電率，分極の大きさと分極率を求めよ．

3. 平行平板コンデンサの間隔を l とし，この中に極板と同寸法の厚さ d の金属板を挿入した場合と，これと同寸法の誘電体を挿入したときの静電容量の比を求めよ．ただし，$l > d$ とする．

4. 平行平板コンデンサの極板間隔を $d\,[\text{m}]$ とするとき，この一方の極板 A で誘電率が ε_1，そこから距離に比例して誘電率が増加し，他方の極板 B で ε_2 となるような誘電体をつめた場合，単位面積あたりの静電容量を求めよ．

5. 平行平板コンデンサの両極板間の面積を S，その厚さが，$d_1, d_2, d_3, \cdots, d_n$ と分割されており，これら各層の誘電率が $\varepsilon_1, \varepsilon_2, \cdots, \varepsilon_n$ のとき，静電容量を求めよ．

6. 平行導体極板間において，極板に垂直に分割された区間に誘電率 $\varepsilon_1, \varepsilon_2, \cdots, \varepsilon_n$ の誘電体が充填されている．各区間の極板占有面積を $S_1, S_2, \cdots, S_n$ とするとき，このコンデンサの静電容量を求めよ．

7. 半径 $a, b\,(a < b)$ の同心球コンデンサの両極間で，内側の半径から $a, r_1, r_2, \cdots, r_{n-1}, b$ に至る同心球の間にそれぞれ $\varepsilon_1, \varepsilon_2, \cdots, \varepsilon_n$ の誘電率の誘電体を層状に充填した場合の

静電容量を求めよ.

8. 誘電率 ε の無限に広い厚さ一定の誘電体平板に，一様な電界 $\boldsymbol{E}_0$ が誘電体面の法線と θ_0 の角度をなしているときの誘電体中での電界 $\boldsymbol{E}$ を求めよ.

第6章

静電エネルギーと応力

この章では，静電界が保有しているエネルギー，つまり**静電エネルギー**について考察する．また，**導体間や誘電体間に働く力**について，**仮想変位の法**や**ファラデー管**を用いて具体的に述べる．

6.1 導体系の有する静電エネルギー

導体の有する静電エネルギー

(Ⅰ) 孤立導体の場合

孤立導体が全体として Q [C] の電荷を有しており，そのときの電位が V [V]，また，導体の静電容量を C [F] とするとき，この導体の有する静電エネルギー W は，

$$W = \frac{1}{2}VQ = \frac{1}{2}CV^2 = \frac{1}{2}\frac{Q^2}{C} \quad [\mathrm{J}]$$

(Ⅱ) 導体が複数個存在する場合

各導体の電荷および電位がそれぞれ，$Q_1, Q_2, Q_3, \cdots, V_1, V_2, V_3, \cdots$ であるとき，導体系全体の静電エネルギー W は，

$$\begin{aligned}W &= \frac{1}{2}V_1Q_1 + \frac{1}{2}V_2Q_2 + \cdots + \frac{1}{2}V_nQ_n \\ &= \frac{1}{2}\sum_{i=1}^{n}V_iQ_i \quad [\mathrm{J}]\end{aligned}$$

6.1.1 孤立導体の有する静電エネルギー

真空中に導体が1個存在している，いわゆる**孤立導体**のもつ静電エネルギーについて考えてみよう．

いま，孤立導体が充電され，全体として Q_1 [C] の電荷を有しており，そのときの電位が V_1 [V] であるとする．この状態は，はじめ電荷が零の状態であるところに，徐々に電荷を運び最終的に Q_1 [C] に充電され，そのときの電位が V_1 [V] であるという意味である[1]．

---

[1] この問題は，電荷の運ばれてくる**過程**を考えることが重要である．

したがって，この導体が充電されて蓄えられているエネルギーとは**無限遠点から電界に逆らって少しずつ電荷を孤立導体に運び，総量として Q_1 [C] の電荷を運んだ場合に必要な仕事 (電位)** を考えればよい．

すなわち，このことは導体がこの仕事分の**静電エネルギー**を蓄えており，外部に対してこれに応じた仕事をし，エネルギーを放出することができることを意味している．

さて，一般に電界 $\boldsymbol{E}$ の下で無限遠点から微小電荷 δq を点 A まで運んできたときの仕事は，

$$W = -\int_{\infty}^{\mathrm{A}} \delta q \boldsymbol{E} \cdot d\boldsymbol{l} \quad [\mathrm{J}] \tag{6.1}$$

と表される．

一方，電位は「単位正電荷を電界に逆らって，考察点 A まで運ぶに要する仕事」として定義されており，44 ページの式 (3.26) から

$$V_1 = \frac{W}{\delta q} = -\int_{\infty}^{\mathrm{A}} \boldsymbol{E} \cdot d\boldsymbol{l} \quad [\mathrm{V}] \tag{3.26 再掲}$$

である．

この定義に基づいて上述の問題を考えるとき，往々にして式 (3.26) の両辺を単に Q_1 倍して，$Q_1 V_1 \left(= -\int_{\infty}^{\mathrm{A}} Q_1 \boldsymbol{E} \cdot d\boldsymbol{l} \right)$ だけの仕事が必要で，これだけの静電エネルギーが蓄えられていると考えがちである．

しかし，これは上式 (6.1) (または式 (3.26)) の意味を考えてみれば，次のように誤りであることがわかる．すなわち，これらの式の電界 $\boldsymbol{E}$ は，あらかじめ何らかの電荷が存在し，それによって発生している電界である．

ところが，(i) いま問題としている孤立導体は，はじめ，電荷が与えられておらず帯電していない．したがって，その周囲には電界は存在しない．ここに電荷 Q_1 を突然運んできたとしても仕事をしたことにはならない．

また，(ii) 電界中で電荷を移動させて仕事を算出するときは，はじめから存在する電界を乱さないように電荷を少しずつ，つまり，微小電荷を移動させることが原則である．

この (i)，(ii) の理由から，いまの場合の静電エネルギー (= 仕事) を算出するには電荷が徐々に充電され，最終的に Q_1 [C] に達し，電位が V_1 [V] に昇圧されるという過渡的な状況を考える必要がある．以下，次の手順で，この場合の**孤立導体のもつ静電エネルギー**を求めてみる．

■**充電途中の微小電荷によるエネルギー**

いま，図 6.1 に示すような電荷の充電過程で，q [C] に充電されている導体による電界 E の場で，無限遠点から微小電荷 δq [C] を導体面上に運ぶのに要するエネルギー

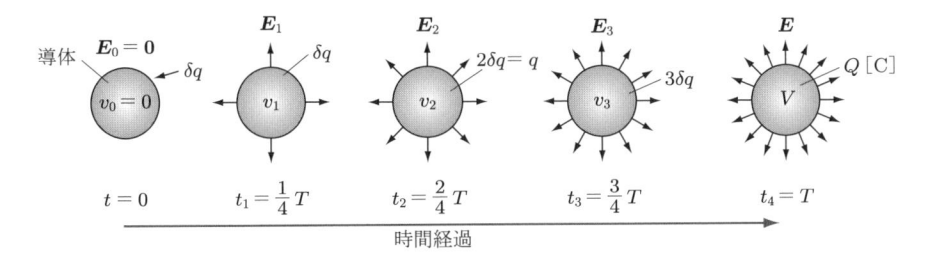

図 6.1 孤立導体の有する静電エネルギーの求め方
最初，電荷量が零であった導体に，徐々に微小電荷 δq を運び，最終的に総電荷量 Q [C]，電位 V となる様子を示す．図中の E, v は δq が運ばれた後の状態を示している．導体の電荷量の増加とともに電界も強くなる

dW は，そのときの導体電位を v [V] とすると

$$dW = -\int_\infty^A \delta q \boldsymbol{E} \cdot d\boldsymbol{l} = v\delta q \quad [\text{J}] \tag{6.2}$$

と表される．

■電荷を Q_1 [C] まで充電した最終的なエネルギー

次に，電荷をはじめから δq [C] ずつ運び最終的に Q_1 [C] に充電されたときのエネルギー W は，式 (6.2) を用いて，

$$W_1 = \int dw = \int_0^{Q_1} v\delta q = \int_0^{Q_1} p_{11} q \delta q = \frac{1}{2} p_{11} Q_1^2 \quad [\text{J}] \tag{6.3}$$

ここで，孤立導体における電位係数の関係 $v = p_{11} q$ を用いている．さらに，式 (4.5) から $p_{11} Q_1 = V_1$ の関係を用いて，

$$W_1 = \frac{1}{2} V_1 Q_1 \ [\text{J}] \tag{6.4}$$

また，導体の静電容量を C とし，$Q_1 = C_1 V_1$ の関係から，

$$\boxed{W = \frac{1}{2} V_1 Q_1 = \frac{1}{2} C_1 V_1^2 = \frac{1}{2} \frac{Q_1^2}{C_1} \quad [\text{J}]} \tag{6.5}$$

と表される．

これが孤立帯電導体に電荷 Q_1 [C] が充電されるときに蓄えられている静電エネルギーである．

6.1.2 n 個の導体の場合

簡単のため，前節では，孤立導体を考えたが，一般に導体がいくつか存在する導体系においても，各導体の電荷が，Q_1, Q_2, Q_3, $\cdots$，それぞれの電位が V_1, V_2, V_3, $\cdots$，であれば，導体系全体の静電エネルギーは，

$$\boxed{\begin{aligned} W &= \frac{1}{2}V_1Q_1 + \frac{1}{2}V_2Q_2 + \cdots + \frac{1}{2}V_nQ_n \\ &= \frac{1}{2}\sum_{i=1}^{n}V_iQ_i \quad [\text{J}] \end{aligned}} \tag{6.6}$$

と表される．これは次のように考えればよい．

まず，導体1だけを考え，これを Q_1 まで充電した場合のエネルギーは，式 (6.5) で表された．

次に，導体2に微小電荷 δq [C] を運び，最終的に Q_2 [C] まで充電する場合を考える．いま，導体2の充電過程における電位を v [V]，このときの電荷を q [C] とすると，77ページの式 (4.5) 第2式から

$$v = p_{21}Q_1 + p_{22}q$$

このときの仕事 W_2 は，

$$\begin{aligned} W_2 &= \int_0^{Q_2} v\delta q = \int_0^{Q_2} (p_{21}Q_1 + p_{22}q)\delta q \\ &= p_{21}Q_1 Q_2 + \frac{1}{2}p_{22}Q_2^2 \end{aligned}$$

次に，同様に導体3を最終的に Q_3 [C] に充電するのに要する仕事 W_3 は，

$$W_3 = p_{31}Q_1Q_3 + p_{32}Q_2Q_3 + \frac{1}{2}p_{33}Q_3^2$$

これを繰り返し，すべての導体を充電した場合の仕事 W は，これらの総和で表され，$W = W_1 + W_2 + W_3 + \cdots$ である．つまり，上式を用いて

$$\left.\begin{aligned} W = &\frac{1}{2}p_{11}Q_1^2 + p_{21}Q_1Q_2 + \frac{1}{2}p_{22}Q_2^2 \\ &+ p_{31}Q_1Q_3 + p_{32}Q_2Q_3 + \frac{1}{2}p_{33}Q_3^2 \\ &+ \cdots\cdots\cdots\cdots\cdots \\ &+ p_{n1}Q_1Q_n + p_{n2}Q_2Q_n + p_{n3}Q_3Q_n + \cdots + \frac{1}{2}p_{nn}Q_n^2 \end{aligned}\right\}$$

ところで，この場合，はじめ導体1を充電し，次に導体2を充電したが，これと逆に，はじめ導体2を充電し，次に導体1を充電する場合も考えられる．いま，二つの導体だけを考え，導体1, 2 がそれぞれ Q_1, Q_2 に充電された場合の仕事は，

$$W = \frac{1}{2}p_{11}Q_1^2 + p_{21}Q_1Q_2 + \frac{1}{2}p_{22}Q_2^2 \quad (\text{最初導体1を充電する場合})$$

$$W' = \frac{1}{2}p_{22}Q_2^2 + p_{12}Q_2Q_1 + \frac{1}{2}p_{11}Q_1^2 \quad (\text{最初導体2を充電する場合})$$

ここで，両者に蓄えられるエネルギーは同一であるべきであるから，$W = W'$，ゆえに

$$p_{21} = p_{12}$$

が成立する．他の電位係数に関しても同じ関係が成立し，一般に

$$p_{ij} = p_{ji}$$

と表される．この関係を用いて上式を書き改め，77 ページの式 (4.5) を用いると式 (6.6) が導かれる．

このように，導体系では，電位と電荷量の積の 1/2 のエネルギーを各導体が分担していることになる．

図 6.2 に示すように，二つの導体に等量異符号の電荷 $+Q$, $-Q$ [C] が与えられ，電位が V_1，V_2 の場合の静電エネルギーを求めてみよう．

式 (6.6) より

$$W = \frac{1}{2}(V_1 - V_2)Q$$

電位差を $V_1 - V_2 = V$ とおくと，

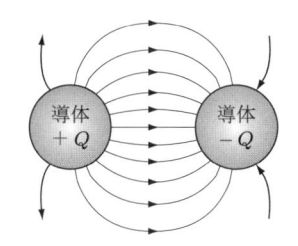

$$\boxed{W = \frac{1}{2}VQ} \qquad (6.7)$$

図 **6.2** 等量異符号の電荷をもつ場合の静電エネルギー

導体間の静電容量を C とすると，$Q = CV$ より，

$$\boxed{W = \frac{1}{2}CV^2 = \frac{1}{2}\frac{Q^2}{C} \quad [\text{J}]} \qquad (6.8)$$

6.2 電界中の静電エネルギー

電界中に蓄えられる静電エネルギー

電界中には単位体積あたり，$\frac{1}{2}\boldsymbol{E}\cdot\boldsymbol{D}$ [J/m³] のエネルギーが蓄えられている．

前節で，孤立導体が有する静電エネルギーを考えたが，この場合は，無限遠点から点電荷を運ぶに要する仕事としてエネルギーを求め，これが導体の電荷が蓄えている静電エネルギーで，導体の電位と電荷の積の $\frac{1}{2}$（つまり $\frac{1}{2}VQ$）として表された．

また，複数個の導体が真空中に分布している場合の導体系のエネルギーは，各導体の電荷が蓄えているエネルギーの総和として考えられ，この場合も各導体が $\frac{1}{2}VQ$ のエネルギーを分担して蓄えていると考えてきた．

つまり，これまでの静電エネルギーの考え方は，エネルギーが個々の帯電導体，すなわち，電荷に所有されているものとし，それを取り巻く周囲媒質は考慮されていなかった．

しかし，ファラデー管の概念をもち込むと帯電導体の電荷が所有していると考えてきたエネルギーが，実はそれが存在している**電界中に分布しているエネルギー** (場のもつエネルギー) として解釈されるようになる．

以下，この静電エネルギーの所在の視点を，**電荷**から**電界**へ移すことができることをファラデー管を用いて考察する．

6.2.1 ファラデー管に蓄えられるエネルギー

いま，図 6.3 に示すように，それぞれの電位が V_1, V_2 であるような導体 I，II を考え，この電界中に導体 I から出て導体 II に終わるファラデー管を考える．ファラデー管の両端には，定義から ± 1 C の電荷が存在している．このファラデー管内のエネルギーを求めると前式 (6.6) から，

$$W = \frac{1}{2}V_1 + \frac{1}{2}(-1)V_2$$
$$= \frac{1}{2}(V_1 - V_2) \quad [\text{J}] \tag{6.9}$$

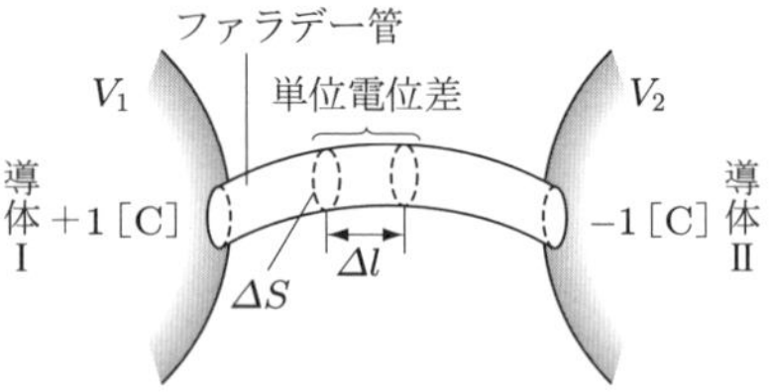

すなわち，ファラデー管は管に沿う単位電位差ごとに，

$$W = \frac{1}{2} \ [\text{J}] \tag{6.10}$$

図 6.3 ファラデー管に蓄られえるエネルギー

のエネルギーが蓄えられていると考えられる．

ところで，ファラデー管は，電束密度の概念に基づいていることからも明らかなように，媒質が真空であっても誘電体であっても考えることができる．いま，ファラデー管において，単位電位差の部分を考えて，その長さを Δl，断面積を ΔS とすると，体積は $\Delta S \Delta l$ であるから，静電エネルギーの体積密度は，

$$w_e = \frac{1}{2} \frac{1}{\Delta S} \cdot \frac{1}{\Delta l} \quad [\text{J/m}^3] \tag{6.11}$$

ここで，単位真電荷 $/\Delta S = D$，単位電位差 $/\Delta l = E$ の関係があるから，式 (6.11) をこれらで置き換えて，

$$\boxed{w_e = \frac{1}{2}ED \quad [\text{J/m}^3]} \tag{6.12}$$

あるいはベクトル表示で，

$$\boxed{w_e = \frac{1}{2}\boldsymbol{E} \cdot \boldsymbol{D} \quad [\text{J/m}^3]} \tag{6.13}$$

さらに，$\boldsymbol{D} = \varepsilon \boldsymbol{E}$ の関係を用いて，

$$\boxed{\begin{aligned} w_e &= \frac{1}{2\varepsilon}(\boldsymbol{D} \cdot \boldsymbol{D}) = \frac{1}{2\varepsilon}\boldsymbol{D}^2 \\ &= \frac{\varepsilon}{2}(\boldsymbol{E} \cdot \boldsymbol{E}) = \frac{\varepsilon}{2}\boldsymbol{E}^2 \quad [\text{J/m}^3] \end{aligned}} \tag{6.14}$$

ここに，D^2, E^2 は，それぞれ $D \cdot D$, $E \cdot E$ の意味である．これがファラデー管に蓄えられるエネルギーを表す式である．

結局，導体系の各導体が分担してもっていると考えた静電エネルギーは，**電界中**に単位体積あたり $E \cdot D/2$ [J/m^3] のエネルギーを蓄えて分布していると考えることができる．

6.2.2 静電応力

> **静電応力**
>
> 帯電している導体表面の表面電荷密度を σ [C/m^2] とすると，
>
> $$f = \frac{\sigma^2}{2\varepsilon} \left(= \frac{1}{2} E \cdot D \right) \quad [\text{N/m}^2]$$
>
> の外向きの力が作用する．

前節で**ファラデー管に蓄えられるエネルギー**すなわち**電界中のエネルギー**について述べた．ここでは**ファラデー管に働く力**を理解するために，まず静電応力について考えることにする．導体に電荷を与えると，これによる電界が生じ，この結果として導体表面は一種の応力の作用を受ける．これを**静電応力** (electrostatic stress) という．

さて，図 6.4 に示すように広い導体面上に一様に電荷 σ [C/m^2] が分布している帯電導体に働く静電応力を求めてみよう．一般に電界 E の中に置かれた電荷 q にはクーロン力 $F = qE$ が働く．したがって，いまの場合も導体面上のいたるところで外向きの力が作用する．この力を求めるために，まず，導体外部に発生している電界 E を求めてみる．

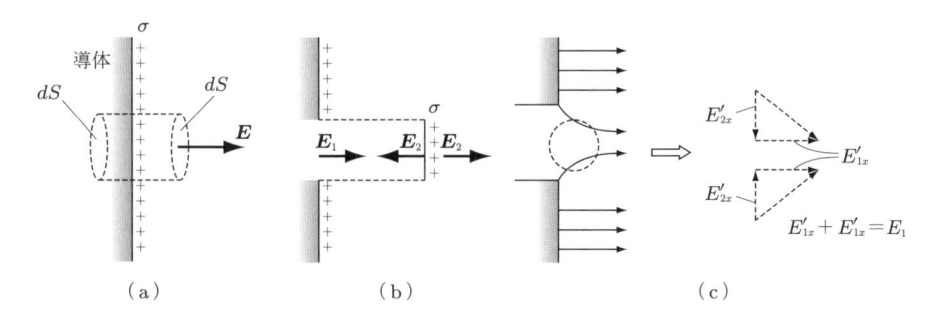

図 6.4 静電応力の考え方

電界 E を求めるために，図 6.4 (a) に示すように導体面に垂直な円筒領域を考え，ガウスの定理を適用する．電荷分布が一様であるから，電界は均等でかつ導体面に垂直に発生し，導体内部では零である．

導体面に平行な微小面積を dS とすると，円筒内の電荷は σdS である．ガウスの定理から，

$$\int_S \boldsymbol{E} \cdot \boldsymbol{n}\, dS = \frac{\sigma dS}{\varepsilon_0} \quad [\mathrm{V \cdot m}] \tag{6.15}$$

左辺の積分に関与するのは，電荷が存在し直交している導体外部の dS 面だけであるから，上式は，

$$\int_S \boldsymbol{E} \cdot \boldsymbol{n}\, dS = E\, dS = \frac{\sigma dS}{\varepsilon_0}$$

$$E\, dS = \frac{\sigma dS}{\varepsilon_0} \quad [\mathrm{V \cdot m}]$$

ゆえに，

$$\boxed{E = \frac{\sigma}{\varepsilon_0} \quad [\mathrm{V/m}]} \tag{6.16}$$

ところで，この導体面近傍外部の電界 $\boldsymbol{E}$ は，dS 面上の電荷と dS 面以外の平板上の電荷の二つに分離したものから生じていると考えられる．その理由は，図 6.4 (b) に示すように dS の断面をもつ空孔を仮定してみると，この空孔部近傍の電界 $\boldsymbol{E}_1$ が，dS 面以外の電荷によって発生していると考えられるからである．つまり，同図 6.4 (c) に示すように導体の空孔部近傍では，E'_{2x} が互いに相殺し，$2E'_{1x}$ が $\boldsymbol{E}_1$ の電界を構成していると考えられる．

また，同図 6.4 (b) に示すように，dS 面だけの電荷を分離して考えれば，この電荷から左右対称の電界 $\boldsymbol{E}_2$ が発生している．

したがって，本来の電界 $\boldsymbol{E}$ は，これら $\boldsymbol{E}_1$ と $\boldsymbol{E}_2$ を合成したものとして考えられる．ここで注意すべきは，導体内部の電界は零でなければならないから，

$$\boldsymbol{E}_1 - \boldsymbol{E}_2 = \boldsymbol{0} \text{ (導体面近傍内部の合成電界)}$$

ゆえに，

$$\boldsymbol{E}_1 = \boldsymbol{E}_2$$

また，$\boldsymbol{E}_1$ と導体面近傍外部電界 $\boldsymbol{E}_2$ は同方向であるから，導体外部の電界 $\boldsymbol{E}$ は，

$$\boldsymbol{E} = \boldsymbol{E}_1 + \boldsymbol{E}_2 = 2\boldsymbol{E}_1$$

ゆえに，

$$E_1 = E_2 = \frac{E}{2} = \frac{\sigma}{2\varepsilon_0} \quad [\mathrm{V/m}] \tag{6.17}$$

の関係を得る．

さて，以上の準備のもとに，dS 面上の電荷 σdS に働く静電応力を求めることができる．すなわち，クーロンの法則によれば，電界 $\boldsymbol{E}$ の中に電荷 q が存在する場合の力は $\boldsymbol{F} = q\boldsymbol{E}$ であった．いまの場合，dS 面に対する電界は，図 6.4 (b) において $\boldsymbol{E}_1$ と

E_2 との合成と考えられるが，E_2 は互いに相殺し，E_1 だけが残る．したがって，dS 面の電荷に生じる力は，

$$F = \sigma\, dS E_1 = \frac{\sigma^2}{2\varepsilon_0} dS \quad [\text{N}] \tag{6.18}$$

単位面積あたりに作用する力，つまり静電応力 f に換算して，

$$\boxed{f = \frac{\sigma^2}{2\varepsilon_0} \quad [\text{N/m}^2]} \tag{6.19)^{3)}}$$

これが帯電している導体表面のいたるところに作用する静電応力で，電荷の正，負にかかわらず，常に電荷を空間へ押し出すような外向きの力として作用する．なお，この静電応力式 (6.19) は，前節 6.2 で述べた式 (6.12) の電界中の静電エネルギーに等しい[4]．

6.2.3　ファラデー管に働く力

図 6.5 に示すように導体面に終端している 1 本のファラデー管を考える．このファラデー管の両端には ±1 [C] の単位電荷が存在しているから，同図に示すように，導体面から外向きに式 (6.19) で示した静電応力 f が作用する．すなわち，この管を縮ませようとする力 f が管の両端に作用し，この結果，側面において管が膨張するように同じく f の応力が作用する．この現象は，図 6.6 に示すように，あらかじめ伸ばしてあるゴム管が長さ方向に縮もうとし，かつ側面で膨れようとする状態に類似している．

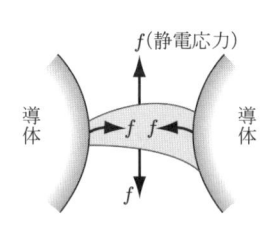

図 6.5　帯電導体間のファラデー管に作用している力

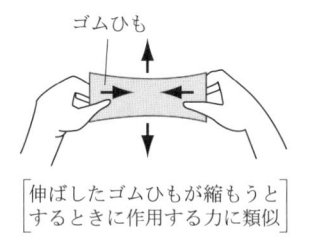

図 6.6　ファラデー管に作用している力のイメージ

一般に，媒質中に電荷が存在し，電気力線が分布しているところでは，このようなファラデー管を常に仮想することができ，媒質がこの管で充満していると考えられる．

[3)]　式 (6.19) は一般に誘電体中でも成立し，

$$f = \frac{\sigma^2}{2\varepsilon} = \frac{Q^2}{2S^2\varepsilon} = \frac{1}{2}ED \quad [\text{N/m}^2] = [\text{Nm/m}^3] = [\text{J/m}^3]$$

[4)]　一般には応力は，物体内部で作用する力のことで，物体内に任意の単位面積を考えた場合，この面を通してその両側の部分が互いに相手に及ぼす力をその面に対する応力という．

したがって，このファラデー管の立場からは，この管の応力によって電荷相互の間に電気的な力が作用し，これがクーロン力であるといえる．このファラデー管を用い，電荷相互に働く力やエネルギーを論ずる立場は，ファラデーが 19 世紀前半に提唱した近接作用論の考え方の中心をなすものであった．ファラデー管の導入により，帯電体や電荷間相互の力関係等が可視化され，直観的に理解できるようになったのである．

たとえば，図 6.7(a), (b) に示すような正負の電荷が相対している場合，この電荷間にファラデー管を考えると，この管は縮もうとする．この結果，左右の電荷には引力が働く．

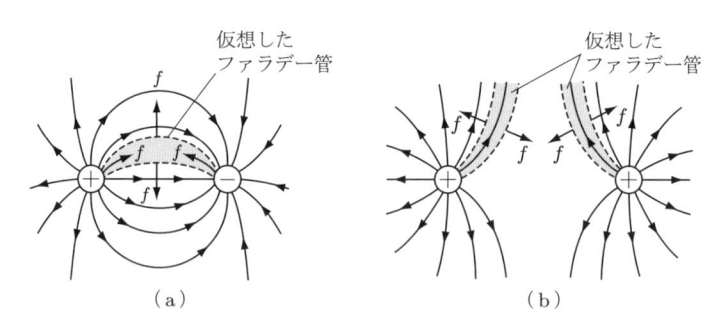

図 6.7 電気力線とファラデー管

また，同図 (b) のように，同符号の電荷が相対している場合は，ファラデー管は無理に押し曲げられた状態になり，この曲りをまっすぐに戻そうとして，相互に押し合う反発力が生じると考えられる．これがクーロン力の物理像である．

なお，空間に充満されているファラデー管の一部に振動する変位が与えられたとすると，この電気的な振動，すなわち，電気エネルギーをともなう波動は周囲へ伝搬していくことが想像できよう．これは，正に電磁波である．ファラデーが抱いたファラデー管の考え方は，やがてマクスウェルの目にとまり，電磁波存在の予言へと発展していくのである．

6.3 仮想変位の考え方

仮想変位の方法

仮想変位の方法とは，微小変位を仮想し，この変位によって生じるエネルギー収支の関係に，エネルギー保存則を適用して問題を解く方法をいう．

静電界のエネルギーを考えるとき，しばしば仮想変位の考え方が使われる．この仮想変位について考えてみよう．

仮想変位の考え方を理解するために，図 6.8 に示すような滑車の問題を考えてみる．

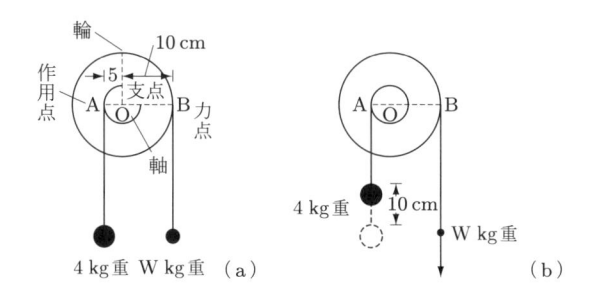

図 6.8 輪軸による仮想変位の説明

この滑車は輪軸とよばれているもので，直径の小さい方を**軸**，直径の大きい方を**輪**という．

いま，軸の作用点から 4 kg 重[5]の物体が，また，輪の力点からは W kg 重の物体がひもでつり下げられており，両者はつり合いがとれているとする．軸と輪の半径をそれぞれ 5 cm，10 cm とすると，W はてこの原理から求められる．すなわち，

$$\overline{OA} \times 4\,\text{kg} = \overline{OB} \times W \quad [\text{kg 重}]$$

$\overline{OA} = 0.05$ m，$\overline{OB} = 0.1$ m であるから，$W = 2$ kg 重である．

しかし，この W はまた，次のような物体に対する仕事量 (エネルギー) の観点からも求めることができる．

いま，同図に示すように，仮に 4 kg 重の物体を 10 cm 引き上げたとする．輪軸では，(ひもを引く距離) : (物体の動く距離) = (輪の半径) : (軸の半径) の関係があるから，4 kg 重の物体を 10 cm 引き上げると，W [kg 重] の物体は 20 cm 下がることになる．ところで，(重力による位置エネルギー) = (質量) × (重力加速度) × (高さ) の関係がある．したがって，4 kg 重の物体が，10 cm 引き上げられ位置エネルギーが増加したとすると，W [kg 重] の物体は，位置エネルギーが減少したことになる．しかし，この場合，エネルギー保存則により，両者のエネルギー収支の和は不変で零でなければならない．この関係を式で示すと，

$$4\,[\text{kg 重}] \times 0.1\,[\text{m}] - W\,[\text{kg 重}] \times 0.2\,[\text{m}] = 0$$

これより，$W = 2$ kg 重と求まる．

この後者の W の求め方は，つり合い状態 (静止状態) にある関係を変化 (変位) させて，その結果の変位量に対してエネルギー保存則を適用している．このように，静止状態にある位置関係を仮に変化 (変位) させ，その上でエネルギー保存則を適用して問題を解決する方法を**仮想変位の法**という．

---

[5] ここでは現象を理解しやすくするために，あえて日常的になじみ深い重力単位系と [cm] 単位で記している．1 kg 重 = 9.8 N である．

この考え方の根底には，変位を生じさせてエネルギー保存則をあてはめるという意図がある．したがって考察対象が実際に動かせるものでなくても，動き(変位)を仮想してよいのであって，その結果にエネルギー保存則を適用するところにこの方法の特徴がある．上の例では，大きな変位を考えたが，与えられている条件に影響を及ぼさないような程度の微小な変位を考えるのが普通である．

6.4 導体間に働く力

導体間に働く力と静電エネルギー

(1) 電極間に一定電荷を与えた場合

(2) 電極間の電位差を一定に保つ場合

の両者の関係

(i) (1), (2)いずれの場合も力は同一方向に作用し，導体として平行な電極板を例にとるならば，電極板間隔を減少させる向きの吸引力が働く．

(ii) $W_Q = W_V$ ならば，すなわち，はじめに系が蓄えているエネルギーが等しければ，

$$F = -\frac{\partial W_Q}{\partial x} = \frac{\partial W_V}{\partial x} \quad [\text{N}]$$

で，一定電荷が与えられようが，一定電位差に保たれようが，電極に働く力は等しいことになる．ここに，W_Q, W_V はそれぞれ (1), (2) の場合の静電エネルギーである．

(iii) エネルギー収支に関しては，(1) では極板を動かすのに必要な仕事分だけ，静電エネルギー W_Q が減少する．(2) では電源からエネルギーが供給されるために極板を動かすのに必要な仕事と等しい静電エネルギーの増加 (ΔW_V) がある．

静電応力や静電エネルギーに関しては，**ファラデー管の考え方**を適用することによって，それらの現象が理解されやすくなる．また，**仮想変位の考え方**に従い説明することもできる．ここでは，適宜両者の考え方を取り入れ，導体間に働く応力や静電エネルギーについて考察する．

6.4.1 電気的エネルギーを補給せず，電極に一定の電荷だけを与えた場合

(1) ファラデー管による説明

図 6.9 に示す平行平板コンデンサにおいて，電界 E が極板間で均一であるとする．この極板間でファラデー管を考えると，管軸方向の力が働き極板は間隔を狭めるように変位する．これは，ファラデー管のもつ応力から明らかである．

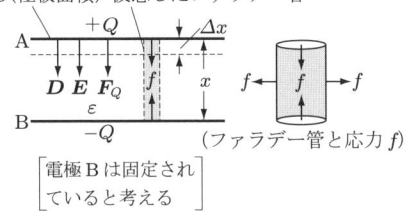

図 6.9　電極間に働く静電力 (電荷 Q が与えられた場)

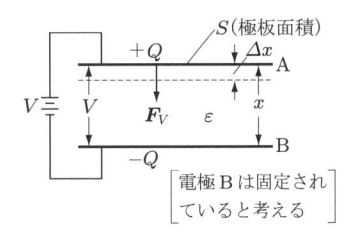

図 6.10　電極間に働く静電力

（2）仮想変位による説明

いま，平行板コンデンサの電極板の面積を S，間隔を x とし，両極板に $\pm Q$ の一定の電荷が与えられているとする．

いま，下側の電極 B は固定されているものとすると，$+Q$，$-Q$ 間に吸引力が作用し，力 F_Q は下向きとなる．

この力 F_Q により電極 A が Δx だけ変位したと**仮定**する (**仮想変位**)．

この変位に要する仕事，つまり**力学的エネルギー**は $F_Q \Delta x$ である．

いまの場合，外部から電気的なエネルギーの補給がないから，この F_Q による仕事に要したエネルギーは，最初コンデンサに蓄えられていた**静電エネルギーの減少**によって補われる (**エネルギー保存則**)．この減少量を ΔW_Q とすると，

$$\boxed{\text{力による仕事} + \text{静電エネルギーの減少} = 0}$$

の関係により，

$$F_Q \Delta x + \Delta W_Q = 0 \tag{6.20}$$

式 (6.20) で $\Delta x \to 0$, $\Delta W_Q \to 0$ の極限を考えて，

$$F_Q = -\frac{\partial W_Q}{\partial x} \quad [\text{N}] \tag{6.21}$$

ここで，$C = \dfrac{\varepsilon S}{x}$ であるから，109 ページの式 (6.8) は，

$$W_Q = \frac{1}{2}\frac{Q^2}{C} = \frac{Q^2}{2}\frac{x}{\varepsilon S} \tag{6.22}$$

式 (6.21) へ代入して，

$$F_Q = -\frac{\partial W_Q}{\partial x} = -\frac{d}{dx}\left(\frac{Q^2}{2}\frac{x}{\varepsilon S}\right)$$
$$= -\frac{Q^2}{2}\frac{1}{\varepsilon S} = -\frac{1}{2}\left(\frac{Q}{S}\right)^2 \frac{S}{\varepsilon}$$

ここで，$D = \dfrac{Q}{S}$ であるから，

$$\boxed{F_Q = -\frac{D^2}{2\varepsilon}S = -\frac{1}{2}EDS \quad [\text{N}]} \tag{6.23}$$

単位面積あたりの力 f_Q は，

$$f_Q = -\frac{1}{2}ED \quad [\text{N/m}^2] \tag{6.24}$$

これが，単位面積あたりの極板に作用する静電応力である[6]．

6.4.2 電極間の電位差を一定に保つ場合

これは図 6.10 に示すように，電極板間に電源が接続され，電気的なエネルギーが供給されている場合である．この場合も，両電極には正負の電荷が存在し，ファラデー管の考え方に基づき，両極板間の間隔を狭めるような吸引力が作用していると考えてよい．

エネルギーに関しては，**極板を変位させるのに要する仕事** (エネルギー)，**電極間に蓄えられている静電エネルギー**のほか，**外部から供給される電気的なエネルギー**の三者の関係を調べる必要がある．

○まず，静電エネルギーについて述べる．電極に働く力を F_V とし，極板間隔が Δx だけ減少したとすると，間隔 x に依存する静電容量 $\left(C = \dfrac{\varepsilon S}{x}\right)$ が ΔC だけ増加する．

○他方，V を一定に保つとき，電極間に蓄えられる**静電エネルギー** W_V は，前節の式 (6.8) より

$$W_V = \frac{1}{2}CV^2 = \frac{1}{2}\frac{\varepsilon S}{x}V^2 \quad [\text{J}] \tag{6.25}$$

○ここで，静電容量の増加 ΔC による静電エネルギーの増加量 ΔW_V を式 (6.25) から求める．すなわち，式 (6.25) の全微分を考えて

$$\Delta W_V = \frac{1}{2}V^2 \Delta C \tag{6.26}$$

○また，電位差 V が常に一定であるから，ΔC の増加に対する電荷量の増加は，$Q = CV$ の全微分を考え[7]，

$$\Delta Q = V\Delta C \tag{6.27}$$

○したがって，外部から供給される電気的なエネルギー ΔW_e は，式 (6.27) を用い，

$$\Delta W_e = \Delta QV = V^2 \Delta C \tag{6.28}$$

---

[6] 応力 f_Q の次元は $\left[\dfrac{\text{N}}{\text{m}^2}\right] = \left[\dfrac{\text{N} \times \text{m}}{\text{m}^3}\right] = \left[\dfrac{\text{J}}{\text{m}^3}\right]$ の変換からエネルギーの次元と等しい．

[7] $C = \dfrac{Q}{V}$ で V が一定であるから，ΔC の増加に対して，Q が増加する必要がある．

○静電エネルギーの式 (6.26) を式 (6.28) と比較すると，外部から供給される電気的なエネルギー ΔW_e のうち，半分が静電エネルギー ΔW_V の増加に用いられ，残りの半分が電極を動かすための仕事 $F_V \Delta x$ に費やされる．すなわち，

$$F_V \Delta x = \Delta W_V = \frac{\Delta W_e}{2} = \frac{1}{2}V^2 \Delta C \tag{6.29}$$

○ここで，$\Delta x \to 0$，$\Delta W_V \to 0$ の極限を考え，F_V を求めると，

$$\begin{aligned} F_V &= \frac{\partial W_V}{\partial x} \\ &= \frac{1}{2}V^2 \frac{\partial C}{\partial x} = \frac{1}{2}V^2 \frac{\partial}{\partial x}\left(\frac{\varepsilon S}{x}\right) \\ &= -\frac{1}{2}V^2 \frac{\varepsilon S}{x^2} \quad [\text{N}] \end{aligned} \tag{6.30}$$

$E = \dfrac{V}{x}$ から

$$F_V = -\frac{1}{2}\varepsilon E^2 S = -\frac{1}{2}EDS \tag{6.31}$$

ゆえに，単位面積に働く力 f_V は，

$$\boxed{f_V = -\frac{1}{2}ED \quad [\text{N/m}^2]} \tag{6.32}$$

これが，電極間の電位を一定に保つ場合の単位面積に働く力，つまり静電応力である．

6.5 誘電体間に働く力

誘電体間に働く力と静電エネルギー

Ⅰ．**電界が境界面に垂直な場合**
  誘電率の大きな媒質が，誘電率の小さな媒質の方へ引き込まれるような力 f が作用する．

Ⅱ．**電界が境界面に平行な場合**
  (1) 電極間に電荷だけを与えた場合
  (2) 電極間の電位差を一定に保つ場合の両者関係
    (ⅰ) (1)，(2) いずれの場合も力は同一方向に作用し，誘電率の大きい媒質が誘電率の小さい方へ引き込まれるような力が作用する．
    (ⅱ) (1), (2) のそれぞれの静電エネルギーを W_Q, W_V とすると，$W_Q = W_V$ ならば，それぞれの力 F_Q, F_V は等しく，これらを F とすると，

$$\boxed{F = -\frac{\partial W_Q}{\partial x} = \frac{\partial W_V}{\partial x} \quad [\text{N}]}$$

の関係が成立する.

(iii) エネルギー収支に関しても，前節の導体の場合と同様の関係が成立する．すなわち，(1) では境界面を変位させるのに必要な仕事分だけ静電エネルギー W_Q が減少する．(2) では，電源からエネルギーが供給されるために，境界面を変位させるのに必要な仕事と等しい静電エネルギーの増加 (ΔW_V) がある．

6.5.1 電界が誘電体境界面に垂直な場合

ファラデー管の考え方は誘電体媒質でも成立する．いまの場合もファラデー管を考えることにより，現象が理解しやすくなる．

図 6.11 に示すように，平行平板電極間が，二種の誘電体で満たされ，その境界面が電極板に平行なコンデンサを考えてみる．なお，これは同図 (b) の場合と等価な関係にあることが証明できる．したがって，二つの誘電体の境界面に無限に薄い導体電極を仮定して考えることができる．

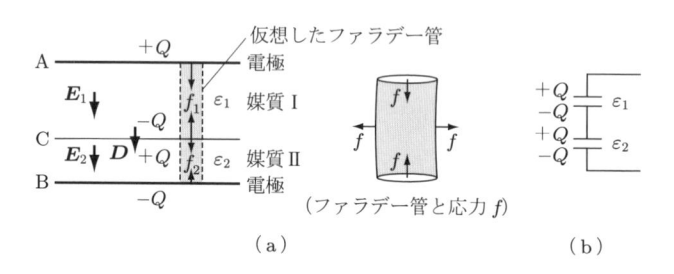

図 6.11 誘電体間に働く力

いま，ファラデー管を考えると，誘電体の境界面で管軸方向の応力 f_1, f_2 が異なるから，$(f_2 - f_1) = f$ だけの応力が電界方向に作用する．113 ページの式 (6.19) の脚注 2 から，

$$f_1 = \frac{1}{2} \frac{{D_1}^2}{\varepsilon_1} \tag{6.33}$$

$$f_2 = \frac{1}{2} \frac{{D_2}^2}{\varepsilon_2} \tag{6.34}$$

ここで，境界条件より $D_1 = D_2$ が成立しているから，境界面 C に作用する力は，

$$\boxed{\begin{aligned} f_C &= f_2 - f_1 = \frac{1}{2} \left(\frac{1}{\varepsilon_2} - \frac{1}{\varepsilon_1} \right) D^2 \\ &= \frac{1}{2} \left(\frac{1}{\varepsilon_2} - \frac{1}{\varepsilon_1} \right) \frac{Q^2}{S^2} \end{aligned}} \tag{6.35}$$

方向は，$\varepsilon_1, \varepsilon_2$ の大小で決まり，

$$\varepsilon_1 > \varepsilon_2 \quad \text{ならば} \quad f_2 > f_1$$

つまり，**誘電率の大きい物体が誘電率の小さい方に引き込まれるような力が働く**.

6.5.2 電界が境界面に平行な場合
（1） 電気的エネルギーを補給せず，電極に一定の電荷だけを与えた場合

電界が二種の誘電体の境界面に平行となる場合の静電応力も，ファラデー管を考えると理解しやすい[8]．

図 6.12 のように，境界面にファラデー管を仮想した場合，ファラデー管側面の応力 f_1, f_2 は誘電率に依存し大きさが異なる．したがって，$f_1 - f_2 = f_Q$ だけの応力が境界面に垂直に作用する（x 軸の正方向を f の正方向としている）．

ここで，電界の接線成分が相等しいという条件を適用するために，ファラデー管の応力の電界表現式を用いる[9]．これは，それぞれの媒質で次式により表される．

$$\begin{aligned} f_1 &= \frac{1}{2}\varepsilon_1 E_1^2 \\ f_2 &= \frac{1}{2}\varepsilon_2 E_2^2 \end{aligned} \quad (6.36)$$

境界面で，$E_1 = E_2 = E$ であるから，

$$\boxed{f_Q = f_1 - f_2 = \frac{1}{2}(\varepsilon_1 - \varepsilon_2)E^2 \quad [\text{N/m}^2]} \quad (6.37)$$

$\varepsilon_1 > \varepsilon_2$ ならば $f_1 > f_2$．

この場合も，**誘電率の大きい物体が小さい方に引き込まれるような力が作用する**．

（2） 電極間の電位差を一定に保つ場合

次に図 6.13 に示すように，電界が二種の誘電体境界面に平行となり，しかも外部から極板間電位差が一定になるようにエネルギーが補給されている場合を考える．現象としては，(1) の場合のように境界面でファラデー管側面の応力が作用し合っていることが推察される．ここでは，仮想変位の法を導入して応力を求めてみる．

この場合も変位 Δx により，静電容量が増加し，静電エネルギーが増加するから，形式的には前節の 6.4.2 項とまったく同じ扱いである．すなわち，**静電力により境界面を変位させるに要する仕事** $F_V \Delta x$，および**電極間に蓄えられる静電エネルギー** W_V の他に，**外部から供給される電気エネルギー** W_e の三者関係を考えればよい．

○まず，$\varepsilon_1 > \varepsilon_2$ と仮定する．境界面に $F_V(= f_1 - f_2)$ なる力が作用し，x の増加する方向に変位したとする．このとき，極板間全体の静電容量は

---

[8] この場合も，もちろん仮想変位の方法で応力を求めることができる．

[9] 113 ページの脚注 3) の式より，$f = \dfrac{\sigma^2}{2\varepsilon} = \dfrac{1}{2}DE = \dfrac{1}{2}\varepsilon E^2$

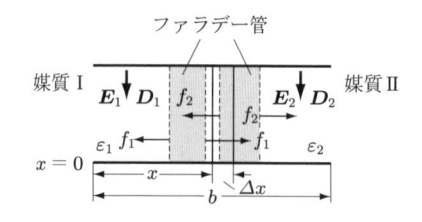

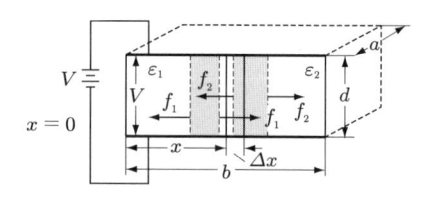

図 6.12 誘電体間に働く力 (電極に一定電荷を与えた場合)

図 6.13 誘電体間に働く力 (電極間電位差を一定に保つ場合)

$$C = \frac{a(b-x)}{d}\varepsilon_2 + \frac{ax\varepsilon_1}{d} = \frac{a\{(\varepsilon_1-\varepsilon_2)x + b\varepsilon_2\}}{d} \quad (6.38)$$

である．したがって，変位のため x が増加すれば，静電容量が増加することが上式からわかる．この増加量を ΔC とする．

○他方，V を一定に保つとき，電極間に蓄えられる静電エネルギー W_V は式 (6.8) より，

$$\begin{aligned} W_V &= \frac{1}{2}CV^2 \\ &= \frac{V^2}{2}\frac{a\{(\varepsilon_1-\varepsilon_2)x + b\varepsilon_2\}}{d} \quad [\text{J}] \end{aligned} \quad (6.39)$$

○ここで，静電容量の増加 ΔC による静電エネルギーの増加量 ΔW_V は，式 (6.39) から全微分を考え，

$$\Delta W_V = \frac{1}{2}V^2 \Delta C \quad (6.40)$$

○電位差 V が常に一定であるから，静電容量が ΔC 増加すれば当然電荷量の増加をともなう[10]．$Q = CV$ の全微分を考え，

$$\Delta Q = V\Delta C \quad (6.41)$$

○したがって，外部から変位 Δx にともない (C の増加) 供給される電気的エネルギー ΔW_e は，式 (6.41) を用い

$$\Delta W_e = \Delta Q V = V^2 \Delta C \quad (6.42)$$

○ここで，静電エネルギーの式 (6.40) を式 (6.42) と比較すると，外部から供給される電気的エネルギー ΔW_e の半分が，静電エネルギー ΔW_V の増加に用いられ，残りの半分が境界面を変位させるのに必要な仕事 $F_V \Delta x$ に費やされる．すなわち，

$$F_V \Delta x = \Delta W_V \left(= \frac{\Delta W_e}{2}\right) = \frac{1}{2}V^2 \Delta C$$

$\Delta x \to 0$，$\Delta W_V \to 0$ の極限を考えて，

---

[10] $C = \dfrac{Q}{V}$ において，$V = $ 一定 から明らか．

$$F_V = \frac{\partial W_V}{\partial x} = \frac{V^2}{2}\frac{\partial C}{\partial x} = \frac{V^2}{2}\frac{\partial}{\partial x}\frac{\{(\varepsilon_1-\varepsilon_2)x+b\varepsilon_2\}a}{d}$$
$$= \frac{V^2}{2}\frac{(\varepsilon_1-\varepsilon_2)a}{d} = \frac{V^2}{2}\frac{(\varepsilon_1-\varepsilon_2)ad}{d^2} \tag{6.43}$$
$$= \frac{1}{2}E^2(\varepsilon_1-\varepsilon_2)ad \quad [\text{N}] \tag{6.44}$$

ここで，境界面の単位面積あたりに働く力方 f_V は，

$$\boxed{f_V = \frac{1}{2}(\varepsilon_1-\varepsilon_2)E^2 \quad [\text{N/m}^2]} \tag{6.45}$$

結局，電極板に境界面が平行な場合の式 (6.37) と同じ形の式を得る．

$\varepsilon_1 > \varepsilon_2$ なら，ε_1 から ε_2 の媒質へ力が作用する．また，E が一定であるから，式 (6.45) からも明らかなように，境界面の位置にかかわらず一定の力が作用する．

なお，これらの場合の静電エネルギーに関しても，前節 6.4 の導体間に働く力の場合と同様な関係にある．

第 6 章の練習問題

1. 平行平板コンデンサの極板寸法を縦 a [m]，横 b [m]，間隔を l [m] とするとき，比誘電率 ε_s の誘電体をその一部の極板間に充填した場合の静電エネルギーおよび誘電体に働く力を求めよ．ただし，板間には V [V] の電位差があるものとする．

2. 平行平板コンデンサ内に極板と平行に半分だけ比誘電率 20 の誘電体を挿入した場合，誘電体を挿入しない場合に比べ吸引力は何倍となっているか．ただし，極板間には一定の電位差 V が加えられている．

3. 半径 a [m] の 2 本の無限長の直線状導線が，間隔 d [m] を隔てて平行に置かれている．線間の電位差を V [V] とするとき，単位長あたりの吸引力を求めよ．ただし，$d \ll a$ とする．

4. 平行平板コンデンサの極板面積 S [m^2]，厚さを d [m] とし，この両極板間に誘電率 ε の誘電体が充填されている．この極板を垂直に引き離すのに要する力を（ⅰ）極板間電圧 V が一定の場合，（ⅱ）電荷 Q が一定の場合，について求めよ．

5. 平行平板コンデンサの極板間隔を d [m]，面積を S [m^2] とし，極板間に一定の電位差 V [V] が与えられている．このとき，極板と同形で厚さ t [m]，誘電率 ε の誘電体を極板に平行に一部分挿入した場合，引き込まれる力を求めよ．

6. 中空同心球導体の内球の半径を a [m]，外球の内半径を b [m] とするとき，この同心球間が空気の場合と比誘電率 ε_s なる誘電体を満たした場合において，両球間に V [V] の電圧を与え充電するとき，各場合に蓄積されるエネルギーを求めよ．

7. 半径 a [m] の導体球の周囲を厚さ d [m]，誘電率 ε の誘電体で包み，導体球に電荷 Q [C] を与えるときの静電エネルギーを求めよ．

第7章 電界の特殊解法

　これまでの静電界の求め方として，(I)**「クーロンの法則に基づく方法」**，(II)**「ガウスの定理による方法」**などについて学んだ．(I)は，点電荷が一様な媒質中に一つあるいはそれ以上存在する場合に適用でき，また，(II)は電荷が中心対称形をなして分布している場合の電界を求めるのに有効な方法であった．

　この章では，与えられた電荷分布に対して，導体や誘電体の**境界面**が種々の形で存在する場合の電界，電位の求め方について述べる．

7.1　境界値問題

　空間の電荷分布のほかに，導体や誘電体の境界面がある場合は，境界条件を満たすように電界を求めなければならない．このように，境界条件を満たすように電界を決定する問題を**境界値問題**という．この種の境界値問題のもっとも一般的な解法は，ラプラスの方程式，あるいはポアソンの方程式を与えられた境界条件の下で解くことである．しかし，すべての問題に対して，これらの微分方程式が解けるわけではなく，通常困難となる場合が多い．このため，電位つまり電界を求めるのにラプラス，ポアソンの方程式をわざわざ解かなくても，与えられた境界条件を満たす特殊な解法が考案されている．この電界の特殊解法として，**電気影像法**や**等角写像法**などがある．

一般解法

　ラプラス，ポアソンの方程式を境界条件の下で解く

特殊解法および適用例

(1)　クーロンの法則(電界の定義)に基づく方法…点電荷が空間に一つまたはそれ以上分布している場合に有効．

(2)　ガウスの定理による方法…電界分布が対称な場合に有効．

(3)　電気影像法，等角写像法…境界値問題に有効．

7.2 電気影像法

7.2.1 考え方

空間の点電荷に対して，ほかに導体や誘電体の境界があると，境界面上には，電荷が誘導され，クーロンの法則に基づく前述 (I) の方法では簡単に電界を求めることができなくなる．このような場合，境界の存在にとって代わる点電荷を考え，境界の電界へ及ぼす効果をこの点電荷で置き換えることができれば，問題は単に点電荷による電界の計算に帰着する．つまり，これまでの計算法 (I) が適用できることとなり，電界計算は簡単化される．電気影像法とは，図 7.1 に示すように**境界値問題**を，境界条件を満たすように点電荷で置き換え，**点電荷問題**として電界解析を行う方法であるといえる．

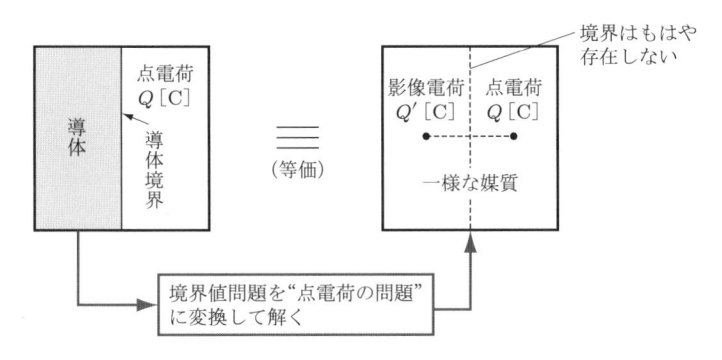

図 7.1 電気影像法の考え方 (導体境界の例)

この境界条件を満たすべく定められた点電荷を**影像** (image) といい，影像を用いて静電界の問題を解く方法のことを**電気影像法**または単に**影像法** (image method) とよんでいる．

この解法は，本来ラプラスの方程式を解くべき問題を**点電荷**の問題に置き換えたわけであるから，影像法適用にあたっては，次の条件が満たされなければならない．

影像法を適用するための条件

(1) 影像 (電荷) を設定した後も，考察対象としている空間の電荷分布は不変であること (変更があってはならない)．

(2) 得られた解は，与えられた境界条件を満足していること．

(3) 得られた解は，ラプラスの方程式 (またはポアソンの方程式) を満足していること[1]．

---

[1] 空間に真電荷密度 ρ が分布している場合は複雑となるため，ここではラプラスの方程式に関する現象を扱う．

また，境界条件を整理すると，通常次のものを考えればよい．

境界条件

導体境界面の場合
(1) 導体表面上で等電位面であること．
(この場合，あらかじめ導体の電位か電荷が与えられている)

誘電体境界面の場合
(1) 電束密度の垂直成分が境界面の両側で相等しい．
(2) 電界の接線成分が境界面の両側で相等しい．
これを電位を用いて表現すると，それぞれ

$$\varepsilon_1 \frac{\partial V_1}{\partial n} = \varepsilon_2 \frac{\partial V_2}{\partial n} \tag{D.1}$$

$$\frac{\partial V_1}{\partial t} = \frac{\partial V_2}{\partial t} \tag{D.2}$$

7.2.2 導体平面と点電荷

半無限導体平面と点電荷

影像電荷としては，あらかじめ置かれている点 P の電荷 $+Q$ に対し，導体面に対称な点 P′ に $-Q$ を置けばよい．

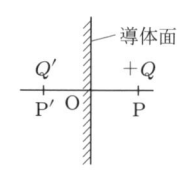

図 7.2 のように，端面が無限に広い平面を有する半無限導体面を考え，その面内に z, y 軸を，面に垂直な方向に x 軸をとる．$x > 0$ の媒質は誘電率 ε の誘電体を考え，x 軸上点 P に電荷 Q が置かれている．この場合，右半空間 $(x > 0)$ を考察対象としているから[2] この領域に限定した電界を影像法で求めてみる．

結論を先に述べると，$x < 0$ の P と対称な点 P′ $(-d, 0)$ に $-Q$ [C] の影像を考え，導体平面を取り除いて，誘電率 ε の一様な媒質中の**点電荷だけの問題**に置き換えればよい．この結果が前述の三つの条件を満たしていればよく，これについて調べてみる．

条件 (1)：影像電荷は左半空間 $(x < 0)$ に配置したのであって，考察対象としている右半空間 $(x > 0)$ の電荷分布は何ら変更していない．

条件 (2)：いまの場合，満たすべき境界条件は前述の導体の条件 (1)，つまり境界面上 $x = 0$ で電位 $V = 0$ (等電位面) である．

---
[2] 左半空間 $(x < 0)$ は半無限導体であり，無限遠点に伸びているから導体面も零電位の等電位面が仮定されている．もちろん，左半空間の導体部の電界は存在しない．

(a) 点電荷と平面導体

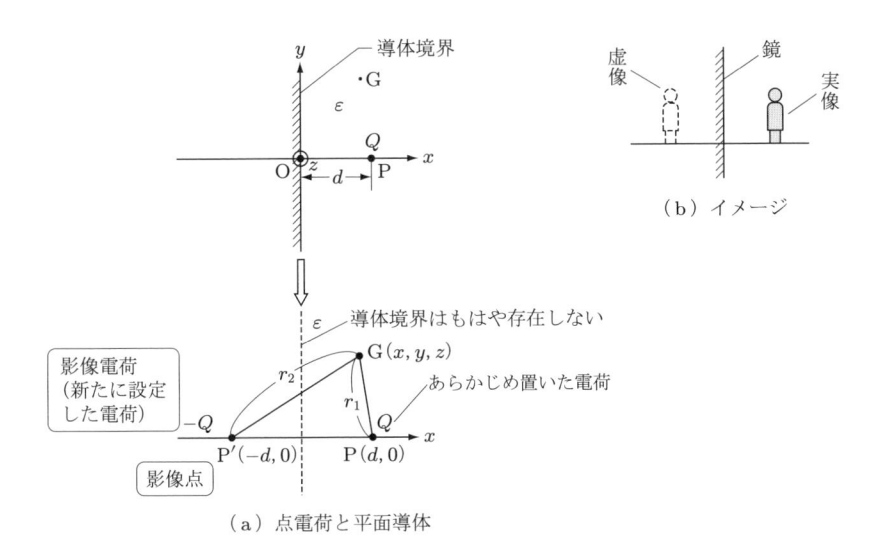

(b) イメージ

図 7.2

これを調べるために，点 G の電位を求めると，重ねの理より，

$$V_\mathrm{G} = \frac{Q}{4\pi\varepsilon r_1} - \frac{Q}{4\pi\varepsilon r_2}$$
$$= \frac{Q}{4\pi\varepsilon}\left(\frac{1}{\sqrt{(x-d)^2+y^2+z^2}} - \frac{1}{\sqrt{(x+d)^2+y^2+z^2}}\right) \quad [\mathrm{V}] \quad (7.1)$$

$x=0$ のとき，上式 $V_\mathrm{G}=0$

ゆえに，導体面上の境界条件を満たしている．

条件(3)：次に式 (7.1) がラプラスの方程式

$$\nabla^2 V = \frac{\partial^2 V}{\partial x^2} + \frac{\partial^2 V}{\partial y^2} + \frac{\partial^2 V}{\partial z^2} = 0 \quad [\mathrm{V/m^2}] \quad (7.2)$$

を満たすかどうかを調べるために，式 (7.2) へ式 (7.1) の V_G を代入すると，

$$\nabla^2 V_\mathrm{G} = 0$$

が成立する．

以上の結果から，P'$(-d, 0)$ に $-Q$ [C] の影像を置いて，この**境界値問題を点電荷問題**に置き換えられることがわかった[3]．

さて，電界は $\boldsymbol{E} = -\mathrm{grad}\, V$ から次式のように求められる．

$$E_x = -\frac{\partial V_\mathrm{G}}{\partial x}$$

---

[3] この例では，あらかじめ影像を仮定して，その妥当性を証明するという手順をとった．しかし，実際には種々の境界値問題に対して，いかなる影像を選択するかが問題である．

$$= \frac{Q}{4\pi\varepsilon}\left\{\frac{x-d}{[(x-d)^2+y^2+z^2]^{3/2}} - \frac{x+d}{[(x+d)^2+y^2+z^2]^{3/2}}\right\} \quad [\text{V/m}]$$

$$E_y = -\frac{\partial V_\text{G}}{\partial y}$$

$$= \frac{Q}{4\pi\varepsilon}\left\{\frac{y}{[(x-d)^2+y^2+z^2]^{3/2}} - \frac{y}{[(x+d)^2+y^2+z^2]^{3/2}}\right\} \quad [\text{V/m}]$$

$$E_z = -\frac{\partial V_\text{G}}{\partial z}$$

$$= \frac{Q}{4\pi\varepsilon}\left\{\frac{z}{[(x-d)^2+y^2+z^2]^{3/2}} - \frac{z}{[(x+d)^2+y^2+z^2]^{3/2}}\right\} \quad [\text{V/m}] \quad (7.3)$$

とくに導体面上に垂直な電界成分は

$$E_{x0} = -\frac{Qd}{2\pi\varepsilon}\frac{1}{(d^2+y^2+z^2)^{3/2}}, \quad E_{y0} = E_{z0} = 0 \quad (7.4)$$

上式, $Q > 0$ を考えると誘電体媒質中の真電荷 Q [C] から発生する上式に相当する電束 ($D_{x0} = \varepsilon E_{x0}$) が導体面上で終わることを意味している．このとき，導体面上の電荷密度 σ は，

$$\sigma = \varepsilon E_{x0} = -\frac{Qd}{2\pi}\frac{1}{(d^2+y^2+z^2)^{3/2}} \; (= D_{x0}) \quad [\text{C/m}^2] \quad (7.5)$$

この σ の分布の様子を図 7.3 に示す．

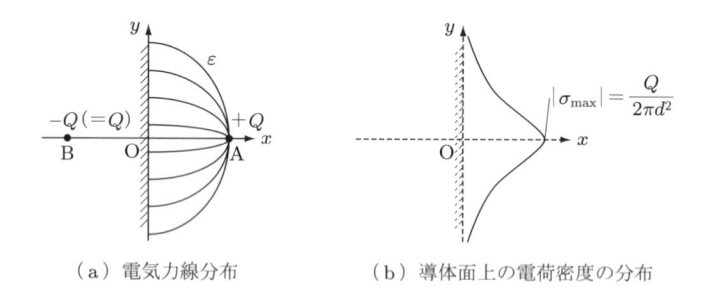

（a）電気力線分布　　（b）導体面上の電荷密度の分布

図 7.3 点電荷の導体平板に対する電気力線分布 (a) および電荷密度分布 (b)

次に，Q と影像電荷 $-Q$ の間にはクーロン力が作用し，Q の等号にかかわらず常に引力となり，その大きさ (絶対値) は，

$$F = \frac{Q^2}{4\pi\varepsilon(2d)^2} = \frac{Q^2}{16\pi\varepsilon d^2} \quad [\text{N}] \quad (7.6)$$

である．しかし，実際には導体平面と点電荷 Q の関係を考えているのであって，式 (7.6) の意味するところは，Q による静電誘導によって導体面上に誘導される電荷，つまり導体平面との間に働く力のことである．この力が電荷 Q[C] と影像 $-Q$[C] のクーロン力に相当しているという意味である．なお，この力は**影像力** (image force) とよ

んでいるが，Q の符合にかかわらず常に引力となることは，導体面平面上に誘起される電荷が静電誘導によっていることを考えれば明らかである．

なお，この例は，前図 7.2 に示すように平面鏡の前面に立って鏡で見る像は，平面鏡に対して対称な位置にある虚像を見ている場合と同じような関係にある．電気影像法の名の由来は，光学的な影像の関係を考えれば納得できるであろう．

7.2.3 誘電体面と点電荷

> **誘電体面と点電荷**
>
> 点 P にあらかじめ置かれている電荷 $+Q$ による電界は，
> (ⅰ) ε_1 内の電界を考えるときは，点 P に Q，境界面に対して対称な点 P′ に $Q' = \dfrac{\varepsilon_1 - \varepsilon_2}{\varepsilon_1 + \varepsilon_2} Q$ を置き，全空間が ε_1 で満たされているとしたときの電界に等しい．
> (ⅱ) ε_2 内の電界は，点 P に $Q'' = \dfrac{2\varepsilon_2}{\varepsilon_1 + \varepsilon_2} Q$ だけを置き，全空間が ε_2 の誘電体で満たされているとしたときの電界に等しい．

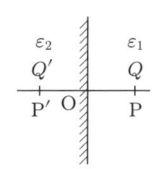

ここでは，図 7.4 のように，ε_1，ε_2 の誘電率の異なった誘電体が，yz 面で境を接し，ε_1 の誘電体内の 1 点 P に Q [C] の電荷がある場合の影像について考えてみる．

この場合の満たすべき条件を次に挙げる．

(1) 境界面 OO′ の右側の ε_1 の誘電体中には，Q 以外の電荷が存在しない．

(2) 境界面 OO′ の左側の ε_2 の誘電体中には電荷が存在しない．

(3) 境界面で，126 ページの誘電体の条件 (D.1)，(D.2) の条件を満たしている．

さて，考え方としては，ε_1，ε_2 のそれぞれの誘電体内については別個に電位，電界を求めるという手段をとる．

まず，**第 1 の仮定**：境界面の右側，つまり ε_1 の誘電体の電位 (電界) を求めるときには，図 7.4(b) のように，全空間が誘電率 ε_1 の誘電体であるとし，$x = -d$ の点 P′ に影像 Q' を仮定する．

前節の導体面に対して点電荷 Q がある場合は，いまの ε_2 側に相当する導体側に関しては，P と対称点に Q と等量異符号の影像電荷を置き，導体内の電界は零であるから，右側の電界だけを求めればよかった．しかし，いまのように二つの異なる ε_1，ε_2 をもつ境界面の場合は，図 7.4(d) に示すように境界面の ε_1 の側には Q と同符号，ε_2 側にはこれと異なった量で異符号の分極電荷が現れ[4]，ε_2 側にも電界が発生する．この ε_2 側に生じる分極電荷に対応させて $x = -d$ に Q' を仮定する．

さて，$x > 0$ の側の電位は，

---

[4] $P = \sigma' = \varepsilon_0 E(\varepsilon_s - 1)$ から明らかなように，σ' の大きさは，ε_s の大小に関係している．

(a) ε₁ > ε₂ のとき

(b)

(c)

(d)

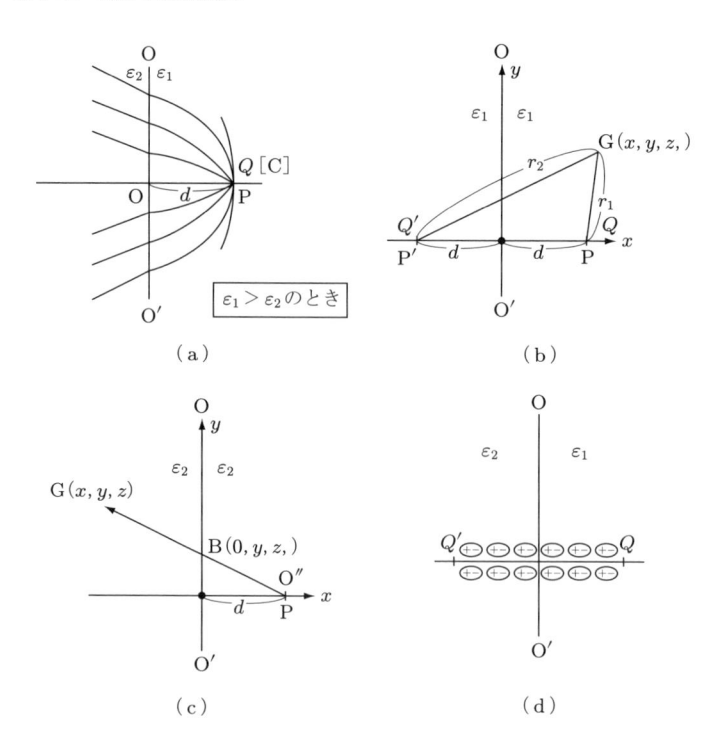

図 7.4 誘電体と点電荷

$$V_1 = \frac{Q}{4\pi\varepsilon_1\sqrt{(x-d)^2+y^2+z^2}} + \frac{Q'}{4\pi\varepsilon_1\sqrt{(x+d)^2+y^2+z^2}} \quad [\text{V}] \quad (7.7)$$

第2の仮定：次に境界面の左側，つまり，ε_2 の誘電体の電位 (電界) を考えるときは，境界 OO′ の分極電荷と Q の効果を表す電荷として新たに Q'' を点 P に仮定し，図 7.4(c) のように全空間が誘電率 ε_2 の誘電体で満たされていると仮定して，$x<0$ の電位を求める．この場合，

$$V_2 = \frac{Q''}{4\pi\varepsilon_2\sqrt{(x-d)^2+y^2+z^2}} \quad [\text{V}] \quad (7.8)$$

さて，ここで境界条件は，$x=0$ の OO′ 面上で V_1, V_2 が等しいことから，

$$\frac{Q+Q'}{4\pi\varepsilon_1\sqrt{d^2+y^2+z^2}} = \frac{Q''}{4\pi\varepsilon_2\sqrt{d^2+y^2+z^2}} \quad [\text{V}] \quad (7.9)$$

ゆえに，

$$\frac{Q+Q'}{\varepsilon_1} = \frac{Q''}{\varepsilon_2} \quad (7.10)$$

また，$x=0$ の OO′ 上での境界条件として電束密度の法線成分に関し $D_{1x} = D_{2x}$ が成立しなければならない．つまり，

$$\varepsilon_1 \left(\frac{\partial V_1}{\partial x}\right)_{x=0} = \varepsilon_2 \left(\frac{\partial V_2}{\partial x}\right)_{x=0} \quad [\text{C/m}^2] \tag{7.11}$$

式 (7.11) に式 (7.7), (7.8) を代入すると,

$$Q - Q' = Q'' \tag{7.12}$$

式 (7.10), (7.12) を Q', Q'' について解いて,

$$Q' = \frac{\varepsilon_1 - \varepsilon_2}{\varepsilon_1 + \varepsilon_2} Q \quad [\text{C}] \tag{7.13}$$

$$Q'' = \frac{2\varepsilon_2}{\varepsilon_1 + \varepsilon_2} Q \quad [\text{C}] \tag{7.14}$$

前述の条件に関しては, $x > 0$ の領域を考えるときは, この考察領域には点電荷 Q だけが存在し, また $x < 0$ の領域を考えるときは, この領域に電荷を分布させていないから, 126 ページの条件 (1), (2) は満足されている. 条件 (3) も上式の過程で考慮されている. 以上の結論は, (Ⅰ) 右側 ε_1 の誘電体中の電界を求めるときは点 P, P' にそれぞれ Q, Q' の点電荷を配置し, また, (Ⅱ) 左側の ε_2 の誘電体中の電界を求めるときは点 P に Q'' の点電荷を置いて, かつ全空間がそれぞれ ε_1, ε_2 の誘電体であるとして考えればよいことを意味している. 式 (7.13) から, Q' の符号は ε_1, ε_2 の大小関係によっている. また, それに応じて電界分布も変わることに注意すべきである.

さらに, 点 P の電荷 Q と誘電体 ε_2 との間の力は, Q と Q' のクーロン力に等しい. ゆえに,

$$F = \frac{1}{4\pi\varepsilon_1} \frac{QQ'}{(2d)^2} = \frac{Q^2}{4\pi\varepsilon_1 (2d)^2} \left(\frac{\varepsilon_1 - \varepsilon_2}{\varepsilon_1 + \varepsilon_2}\right) \quad [\text{N}] \tag{7.15}$$

これは, $\varepsilon_1 > \varepsilon_2$ のときは Q が境界面から反発され, $\varepsilon_1 < \varepsilon_2$ のときは Q が境界面の方へ引き寄せられることを意味している.

7.2.4 一様な電界中にある誘電体球

一様な電界中にある誘電体球

○球外の誘電体媒質中の電界を考えるときは, 外部電界 E_0 と球の中心に置いた双極子 $M = 4\pi a^3 \dfrac{\varepsilon_1(\varepsilon_2 - \varepsilon_1)}{2\varepsilon_1 + \varepsilon_2}$ による電界を重ねたものを考えればよい.

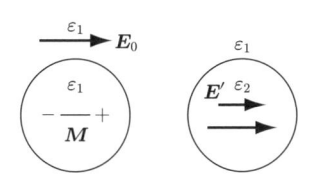

○誘電体球内部では, 一様な電界 $E' = \dfrac{3\varepsilon_1}{2\varepsilon_1 + \varepsilon_2} E_0$ が発生している.

図 7.5(a) のように, 一様な電界 $\boldsymbol{E}_0$ が存在する誘電率 ε_1 の誘電体中に, 誘電率 ε_2 の球がある場合について球内外の電界, 電位を求めてみよう.

ここで，一様な電界とは全空間にわたって一様な電界を仮定することを意味しており，この空間に誘電体を入れた場合も無限遠点においては完全に一様となることを仮定している．したがって，この問題で考察されるべき条件としては，新たに無限遠点の条件が加わってくる．つまり，

(1) 球面の両側で126ページの誘電体の境界条件 (D.2) が満たされている．
(2) 電位 V は，いたるところでラプラスの式を満足する．
(3) 球から十分遠方で電界は一様となる．

一様な電界中の誘電体球の問題は，図 7.5 (b) に示すように大きな平行平板導電間に ε_2 の誘電体球を置いて考えることができる．同図から明らかなように誘電体球には正，負の分極電荷が生じるから，球外の電界を考えるときは，これと等価なモーメント M の電気双極子を球中心に置いて考えればよい[5]．つまり，球外の電界は全空間が ε_1 で，そこに存在する E_0 と，この球中心のモーメント M による電界が重ね合わされたものとして考えることができる．

一方，球内の電界を考えるときは，球と同じ誘電率 ε_2 をもつ誘電体で満たされている空間に E' の一様な電界があるものとして考えればよい．

境界条件 (1)：まず球内外の電位を求め，126ページの境界条件 (D.2) を適用することを考える．

極座標 (r, θ) に対し，双極子による球外の電位は63ページの式 (3.60) より，

$$V_M = \frac{M}{4\pi\varepsilon_1 r^2} \cos\theta \quad [\text{V}] \tag{7.16}$$

また，球外の電界 E_0 の r 成分 $E_r (= E_0 \cos\theta$ (図 7.6 参照)) に対する電位は，

$$E_r = -\frac{\partial V}{\partial r} \quad [\text{V/m}]$$

の関係から積分して，

$$V_0 = -rE_0 \cos\theta \tag{7.17}$$

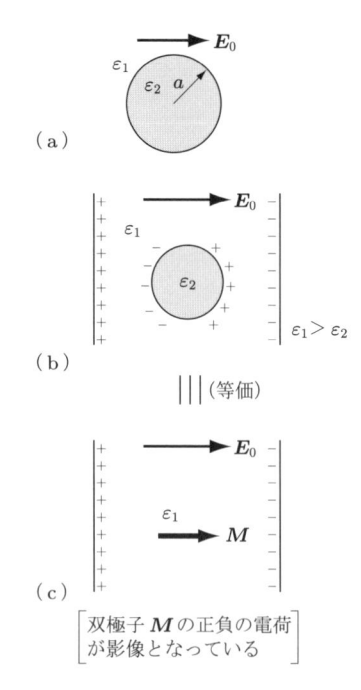

図 7.5 一様な電界中にある誘電体球 (a)

---

[5] 電気双極子の正負の電荷が，いまの場合の仮想的な電荷，つまり影像である．

式 (7.16), (7.17) の和として図 7.6 に示す球外の A(r, θ) の電位が,

$$V = \frac{M}{4\pi\varepsilon_1 r^2} \cos\theta - E_0 r \cos\theta \quad (7.18)$$

と求まる.

また, 球内の B(r', θ) における電位は式 (7.17) の場合と同様に,

$$V' = -E' r' \cos\theta \quad (7.19)$$

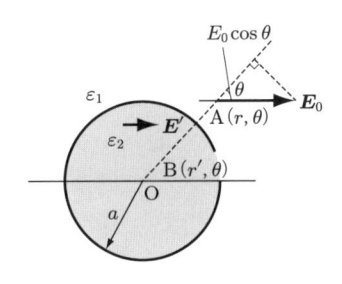

図 7.6 球外の電荷の r 方向成分

ここで, 126 ページの電位 (電界) に関する境界条件 (D.2) を考えると,

$$\left(\frac{\partial V}{\partial t}\right)_{r=a} = \left(\frac{\partial V'}{\partial t}\right)_{r'=a}$$

であるが, 極座標では,

$$\left(\frac{1}{r}\frac{\partial V}{\partial \theta}\right)_{r=a} = \left(\frac{1}{r'}\frac{dV'}{d\theta}\right)_{r'=a} \quad [\text{V/m}] \quad (7.20)$$

と表される.

上式に式 (7.18), (7.19) を代入し,

$$E_0 \sin\theta - \frac{M \sin\theta}{4\pi\varepsilon_1 a^3} = E' \sin\theta \quad (7.21)$$

境界条件 (2): 次に, 電位 (電束密度) に関する**境界条件**は, 126 ページの (D.1) である.

$$\varepsilon_1 \left(\frac{\partial V}{\partial r}\right)_{r=a} = \varepsilon_2 \left(\frac{\partial V'}{\partial r'}\right)_{r'=a} \quad [\text{C/m}^2] \quad (7.22)$$

式 (7.22) に式 (7.18), (7.19) を代入し,

$$\varepsilon_1 E_0 \cos\theta + \frac{2M \cos\theta}{4\pi a^3} = \varepsilon_2 E' \cos\theta \quad [\text{C/m}^2] \quad (7.23)$$

式 (7.21), (7.23) を M, E' について解くと,

$$M = 4\pi a^3 \frac{\varepsilon_1(\varepsilon_2 - \varepsilon_1)}{2\varepsilon_1 + \varepsilon_2} E_0 = \text{const.} \quad [\text{C m}] \quad (7.24)$$

$$E' = \frac{3\varepsilon_1}{2\varepsilon_1 + \varepsilon_2} E_0 = \text{const.} \quad [\text{V/m}] \quad (7.25)$$

球外の電位は, 式 (7.24) の M を式 (7.18) へ代入し,

$$V = \left[\frac{a^3}{r^3}\frac{\varepsilon_2 - \varepsilon_1}{\varepsilon_2 + 2\varepsilon_1} - 1\right] E_0 r \cos\theta \quad [\text{V}] \quad (7.26)$$

と求められる.

同様に球内の電位は式 (7.25) の E' を式 (7.19) へ代入し, 一般に $r' \to r$ と表し,

$$V' = -\frac{3\varepsilon_1}{2\varepsilon_1 + \varepsilon_2} E_0 r \cos\theta \quad [\text{V}] \tag{7.27}$$

と求まる.

さて，ここで 132 ページの条件 (1)，(2)，(3) について調べると，(1) については満足されていることは明らかであり，(2) についてもラプラスの式へ V を代入し証明される．また，(3) に関しては，球外の電界は一様な E_0 と双極子による電界の合成 (和) であった．双極子の電界は $r \to \infty$ で，

$$E_r = \frac{2M\cos\theta}{4\pi\varepsilon_1 r^3}, \quad E_\theta = \frac{M\sin\theta}{4\pi\varepsilon_1 r^3} \tag{7.28}$$

が零となり，一様な E_0 のみが無限遠点の電界となることから明らかである．式 (7.25) は球内の電界も r，θ に無関係で一様であることを示している．このため誘電体は一様に分極している．

球内の電束密度 D' は，

$$D' = \varepsilon_2 E' = \frac{3\varepsilon_2}{2\varepsilon_1 + \varepsilon_2} D_0 \quad [\text{C/m}^2] \tag{7.29}$$

ただし，$D_0 = \varepsilon_1 E_0$.

式 (7.29) を ε_1，ε_2 の大小で評価するために，次式のように変形する．

$$\frac{D'}{D_0} = \frac{3}{\left(2\dfrac{\varepsilon_1}{\varepsilon_2} + 1\right)} \tag{7.30}$$

$$\frac{E'}{E_0} = \frac{3}{2 + \dfrac{\varepsilon_2}{\varepsilon_1}} \tag{7.31}$$

これらの式 (7.30)，(7.31) より，

（Ⅰ）$\varepsilon_1 > \varepsilon_2$ のとき，$E' > E_0$，$D' < D_0$

（Ⅱ）$\varepsilon_1 < \varepsilon_2$ のとき，$E' < E_0$，$D' > D_0$

たとえば，(Ⅱ) のように ε_2 の方が大きいときは，図 7.7 に示すように電束は誘電率の大きいところに集まる性質を示す．しかし，ここで注意すべきは，球内の電界は $E' = D'/\varepsilon_2$ であるため，誘電体球面内の電界 E' は E_0 より小さくなる．このことは，図 7.8 に示すように，$\varepsilon_2 > \varepsilon_1$ の場合は，電束が球面に収束するようになるため，分極電荷の発生が促され，E_0 と逆向きの電界 E'' が発生し，E' が E_0 より小さくなるとも説明される．

さらに，誘電体球で $\varepsilon_2 \to \infty$ のときは，球外の電界に関しては導体球を置いた場合に一致する．したがって，導体球で置き換える場合は球の中心に，

$$M = 4\pi a^3 \varepsilon_1 E_0 \quad [\text{C m}]$$

のモーメントをもつ双極子を置けばよい．

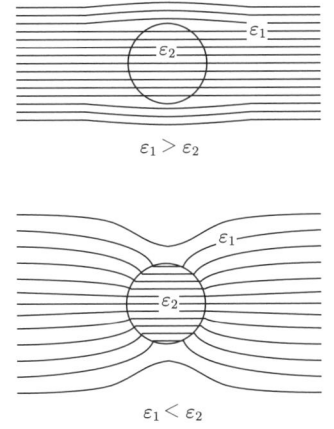

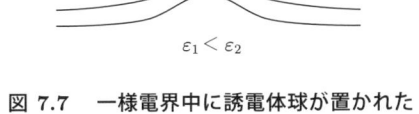

図 7.7　一様電界中に誘電体球が置かれた場合の電束分布の変化

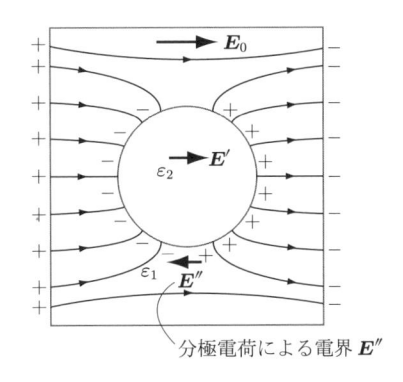

図 7.8　一様電界内に置かれた誘電体球内部の電界の発生状況

7.2.5　接地導体球と点電荷

> **接地導体球と点電荷**
>
> 接地された導体球の中心 O から d の距離の点にある電荷 $+Q$ の，この球に対する影像は，O から $\dfrac{a^2}{d}$ の距離の P′ にあり，$Q' = -\dfrac{a}{d}Q$ と表される．

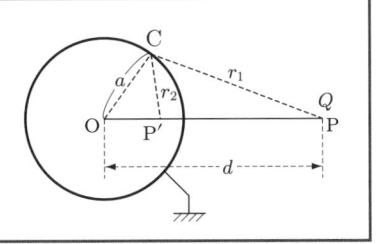

図 7.9 に示すように，接地された半径 a [m] の導体球殻の外側の点 P に点電荷 Q [C] がある場合の電界を求めてみる．この場合の満たすべき条件は次のようである．

(1)　球殻の外側には Q 以外の電荷は存在しない．

(2)　球殻の表面は電位零の等電位面である．

いま，図の導体球殻の半径を a [m]，中心点 O から点 P までの距離を d [m] とする．また，影像点および影像電荷を決定するために，線分 OP 上に，次の関係を満たすような P′ を定める．

$$\text{OC} : \text{OP} = \text{OP}' : \text{OC}$$

この結果，2 辺比例，挟角相等により，球面上の任意点 C に対して，△OPC と △OCP′ は相似となり，

$$\frac{\text{OC}}{\text{OP}} = \frac{\text{OP}'}{\text{OC}} = \frac{\text{CP}'}{\text{CP}} = \frac{r_2}{r_1} \tag{7.32}$$

の関係をもつ．

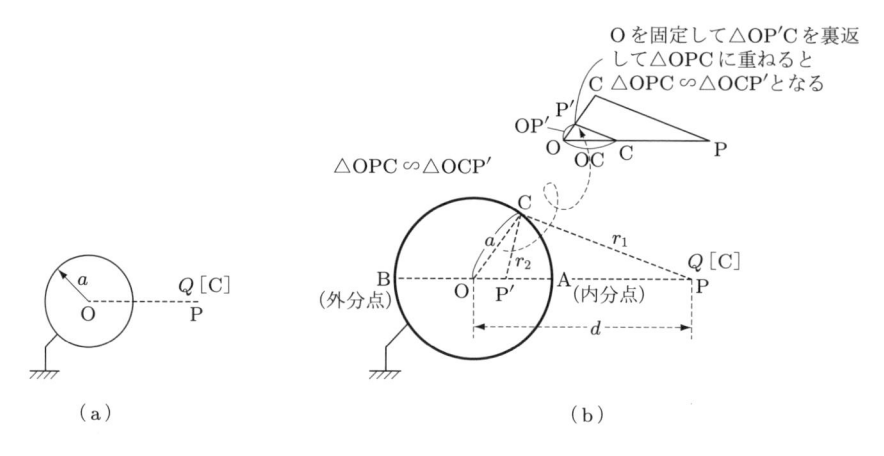

図 7.9　接地導体球

いま，点 P' に影像 Q' [C] を仮定し，これと点 P の点電荷 Q とによる導体球面上の電位を求めると，

$$V = \frac{1}{4\pi\varepsilon}\left(\frac{Q}{r_1} + \frac{Q'}{r_2}\right) = \frac{Q}{4\pi\varepsilon r_1}\left(1 + \frac{Q'}{Q}\frac{r_1}{r_2}\right) \quad [\text{V}] \tag{7.33}$$

式 (7.33) が条件 (2) を満たすためには，$V = 0$ となる必要があるから，

$$\frac{r_1}{r_2} = -\frac{Q}{Q'}(= \text{一定})^{6)} \quad \therefore \quad Q' = -\frac{r_2}{r_1}Q \tag{7.34}$$

ここで，式 (7.32) の関係より，

$$\frac{r_2}{r_1} = \frac{a}{d}\left(= \frac{\text{OC}}{\text{OP}}\right)$$

$$\therefore \quad Q' = -\frac{a}{d}Q \quad [\text{C}] \cdots \text{影像電荷} \tag{7.35}$$

として，影像電荷が求まる．

また，このときの影像点は式 (7.32) から，

$$\boxed{\text{OP}' = \frac{\text{OC}^2}{\text{OP}} = \frac{a^2}{d}} \cdots \text{影像点} \tag{7.36}$$

132 ページの条件 (1) に関しては，考察対称領域，すなわち導体球面の外側においては影像を考えた後も電荷分布は不変であるから，この条件は満たされている．

また，条件 (2) については，Q' の導出において満たされていることがわかる．もちろん，条件 (3) も満たされている．

---

6) $\dfrac{r_1}{r_2} = $ 一定であるような軌跡は，線分 $\overline{\text{PP}'}$ をこの比に内分および外分する 2 点 A, B を直径の両端とする円 (球面) である．

Q と導体球殻に作用する力は，平面導体表面の場合と同様に考え，いまの場合，Q と $-\frac{a}{d}Q$ の間のクーロン力を求めればよい．すなわち，

$$F = \frac{QQ'}{4\pi\varepsilon\overline{PP'}^2} \quad [\text{N}] \tag{7.37}$$

$\overline{PP'} = d - OP' = d - \frac{a^2}{d}$ を上式へ代入し，

$$F = \frac{Q \times \frac{a}{d}Q}{4\pi\varepsilon\left(d - \frac{a^2}{d}\right)^2} = \frac{adQ^2}{4\pi\varepsilon(d^2 - a^2)^2} \quad [\text{N}] \tag{7.38}$$

導体球殻の前に置かれた点電荷 Q [C] は，静電誘導により球面に現れる電荷のため，この F による力で導体球殻側へ引っ張られる．

7.2.6 絶縁された導体球殻と点電荷

> **絶縁された導体球と点電荷**
>
> 絶縁された球の中心 O から d の距離の点 P にある電荷 $+Q$ の，この球に対する影像は，O から $\frac{a^2}{d}$ の点 P′ に $Q' = -\frac{a}{d}Q$ と O に $Q'' = \frac{a}{d}Q$ を置けばよい．

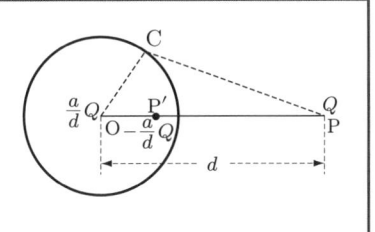

図 7.10 に示すように，絶縁された導体球殻に対し，点電荷 Q が点 P に置かれている場合の影像を考えてみる．この問題では，球殻が絶縁されており，外部から電荷は与えられていない．したがって，もし点 P に Q が存在しなければ，球殻の電位 $V = 0$，電荷 $Q_0 = 0$ でなければならない．点 P に Q をおいた結果も，誘導される正，負の電荷の総和は 0 であるから，この場合も球殻の総電荷量 (全電束数) は 0 となっている．しかし，電位は 0 でなくなり，ある電位 V をもち，等電位面をなしている．

この場合の影像が満たすべき条件は次のように整理される．

(1) 球殻の外部では，Q 以外の電荷は存在しない．

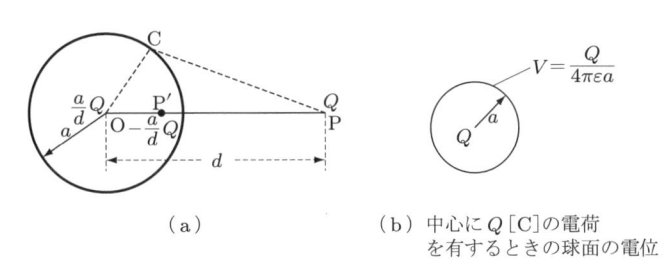

　　　　　（a）　　　　　　　　（b）中心に Q [C] の電荷
　　　　　　　　　　　　　　　　　　を有するときの球面の電位

図 7.10 絶縁された導体球

(2) 球殻は等電位面をなしている.

(3) 球殻に出入する全電束数は零である.

さて，影像をどのように配置したらよいかを考えてみる.

前項の接地導体球殻の場合は，点 P の電荷 Q とその影像点 P′ の電荷 $Q' = -(a/d)Q$ によって，導体球殻上の電位は 0 であった．したがって，点 P′ にこの Q' を配置した上で，さらに球殻上の電位を V とするために球の中心 O に $Q_c = 4\pi\varepsilon aV$ の電荷を置くことを仮定する[7]．ここで，点 P の点電荷 Q による球殻上の誘導電荷は，点 P′ の Q と球心の Q_c の電荷によって，その効果が代表されていると考えられる．しかるに，上述のように，この場合，誘導された総電荷量は 0 であるから，

$$Q_c + Q' = 4\pi\varepsilon aV - \frac{a}{d}Q = 0 \tag{7.39}$$

ゆえに，

$$Q_c = 4\pi\varepsilon aV = \frac{a}{d}Q \tag{7.40}$$

となり，球心に置くべき電荷は点 P′ の電荷と等量異符号の電荷であることがわかる．

結局，上述の条件 (1) が満足されていることは明らかであり，条件 (2) は，式 (7.40) より

$$V = \frac{Q}{4\pi\varepsilon d} = 一定 \tag{7.41}$$

と等電位面となり満足されている．また，球殻内の点 P′ の電荷 $(-(a/d)\cdot Q)$ と球心 O の電荷 $((a/d)\cdot Q)$ の和は 0 であるから，球面に入る全電束数は 0 で，条件 (3) も満たされている．結局，求める影像は点 P′ と球心 O に上述の電荷を置けばよいことが明らかとなった．なお，電荷 Q に働く力は，次式で表され接地球の場合より小さい．

$$F = \frac{1}{4\pi\varepsilon} \left\{ \frac{Q\left(\frac{a}{d}Q\right)}{\left(d - \frac{a^2}{d}\right)^2} - \frac{Q\left(\frac{a}{d}Q\right)}{d^2} \right\} = \frac{aQ^2}{4\pi\varepsilon} \left\{ \frac{d}{(d^2-a^2)} - \frac{1}{d^3} \right\}$$

---

[7] 中心に点電荷 Q [C] を置くと半径 a [m] 上の電位は，$V = \dfrac{Q}{4\pi\varepsilon a}$ [V]，ゆえに，$Q = 4\pi\varepsilon aV$ [C] の関係がある (図 7.10 (b) 参照).

7.3 写像

写像

$W = f(Z)$ が Z の正則関数であるとき，Z 平面内の任意の 1 点は，これに対応する W 平面内に 1 対 1 に移すことができ，また，この逆も成立する．したがって，図形全体も Z 平面から W 平面へ，また逆に，W 平面から Z 平面に 1 対 1 にかつ連続的に移すことができ，これを一般に**変換**とよんでいる．この変換によって移された図形のことを**写像**という．

$f(Z)$ が正則関数となるための条件

$f(Z)$ が Z のある変域 D で正則であるための必要十分条件は，D 内の任意の点において u および v が，次のコーシー・リーマン (Cauchy-Riemann) の微分方程式を満足することである．

$$\frac{\partial u}{\partial x} = \frac{\partial v}{\partial y} \tag{D.1}$$

$$\frac{\partial u}{\partial y} = -\frac{\partial v}{\partial x} \tag{D.2}$$

まず，等角写像の性質を利用して，電界，電位の分布やその大きさを知ることを説明する前に，その基礎事項について述べる．

図 7.11 に示すように二つの複素平面 Z 平面，W 平面を考え，複素変数および相互の関数関係を次のように定める．

$$Z = x + jy \tag{7.42}$$

$$W = u + jv \tag{7.43}$$

$$W = f(Z) \tag{7.44}$$

$W = f(Z)$ を複素変数 Z に関する複素関数という．この複素関数 $f(Z)$ が Z の変域 D の各点で微分可能，つまり，微分係数 $\dfrac{dW}{dZ} = f'(Z)$ をもつとき，複素関数論では，とくに正則であるという．したがって，微分可能である $f(Z)$ のことを**正則関数**とよぶ．

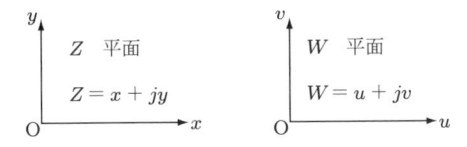

図 7.11 Z 平面と W 平面

7.3.1 コーシー・リーマンの微分方程式について

このコーシー・リーマンの微分方程式を用いると，u, v が 2 次元のラプラス (Laplace) の式を満たしていることがわかる．まず，式 (D.1)，(D.2) の辺々を掛け合わせて移行すると，

$$\frac{\partial u}{\partial x}\frac{\partial u}{\partial y} + \frac{\partial v}{\partial x}\frac{\partial v}{\partial y} = 0 \tag{7.45}$$

この式は，$u =$ 一定，$v =$ 一定 の 2 組の曲線群が互いに直交していることを意味しているから，その一方，たとえば $v =$ 一定 を等電位線群とすれば，他の $u =$ 一定 は電気力線群を表す．

さらに，式 (D.1) より，

$$\frac{\partial^2 u}{\partial x^2} = \frac{\partial^2 v}{\partial x \partial y} \tag{7.46}$$

式 (D.2) より，

$$\frac{\partial^2 v}{\partial y \partial x} = -\frac{\partial^2 u}{\partial y^2}$$

ゆえに，

$$\frac{\partial^2 u}{\partial x^2} = \frac{\partial^2 v}{\partial x \partial y} = -\frac{\partial^2 u}{\partial y^2} \tag{7.47}$$

同様に，

$$\frac{\partial^2 v}{\partial x^2} = -\frac{\partial^2 u}{\partial x \partial y} = -\frac{\partial^2 v}{\partial y^2} \tag{7.48}$$

式 (7.47)，(7.48) の右辺を左辺へ移項して，

$$\boxed{\begin{aligned}\frac{\partial^2 u}{\partial x^2} + \frac{\partial^2 u}{\partial y^2} &= 0 \quad \text{(ラプラスの式)} \\ \frac{\partial^2 v}{\partial x^2} + \frac{\partial^2 v}{\partial y^2} &= 0\end{aligned}} \quad\begin{aligned}(7.49)\\(7.50)\end{aligned}$$

を得る．これは 2 次元のラプラスの式である．

結局，Z を変数とする正則関数 $W = f(Z) = u + jv$ の u, v は

(I) ラプラスの方程式を満足する．

(II) u, v ともに一定 (W 平面上で u, v は直交している) の Z 平面上の曲線は直交し，電気磁気学では一方を等電位線群とすれば，他方は，電気力線群を表すことになる．

7.3.2 等角写像

等角写像の定理

$W = f(Z)$ が変域 D で正則であるとき，Z 平面上の図形は $f'(Z) = 0$ なる点を除き，等角に写像される．

この定理は，正則関数における変換が**等角写像** (conformal transformation) になることを述べたものであり，この証明は次のようである．

Z の変域 D 内に，図 7.12 (a) に示すように Z_0 を通る任意の二つの曲線 C_1, C_2 を考え，これらの曲線上に Z_0 に近接した Z_1, Z_2 をとる．前節の写像の定理により変域 D は W 平面上に 1 対 1 でしかも連続的に写像される．したがって，W 平面上におけるこれらの Z_0, Z_1, Z_2 の写像を ω_0, ω_1, ω_2 とすれば，曲線 C_1, C_2 も W 平面上で，それぞれ ω_0 と ω_1，ω_0 と ω_2 を通る曲線 G_1, G_2 に写像される．

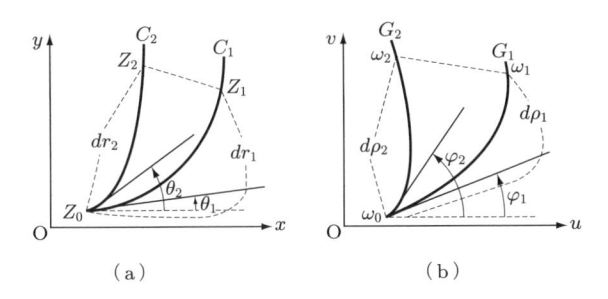

図 7.12 等角写像

まず，$f(Z)$ が領域 D 内で正則，つまり微分可能であるから，$Z = Z_0$ の微分係数を考える．

$$f'(Z_0) = \lim_{Z_1 \to Z_0} \frac{f(Z_1) - f(Z_0)}{Z_1 - Z_0} = \lim_{Z_1 \to Z_0} \frac{\omega_1 - \omega_0}{Z_1 - Z_0} \tag{7.51}$$

また，Z_0 における微係数 $f'(Z_0)$ は Z が Z_0 に近づく経路には無関係であるから，$Z_2 \to Z_0$ の極限も考えられる．

$$f'(Z_0) = \lim_{Z_2 \to Z_0} \frac{f(Z_2) - f(Z_0)}{Z_2 - Z_0} = \lim_{Z_2 \to Z_0} \frac{\omega_2 - \omega_0}{Z_2 - Z_0} \tag{7.52}$$

Z_1, Z_2 は Z_0 にきわめて近接しており，これに対応して W 平面における ω_0 の近くに ω_1, ω_2 を仮定しているから，式 (7.51), (7.52) は次式のように表すことができる．

$$\frac{\omega_1 - \omega_0}{Z_1 - Z_0} = f'(Z_0) + \varepsilon_1 \tag{7.53}$$

ただし，

$$\lim_{Z_1 \to Z_0} \varepsilon_1 = 0$$

$$\frac{\omega_2 - \omega_0}{Z_2 - Z_0} = f'(Z_0) + \varepsilon_2 \tag{7.54}$$

ただし，

$$\lim_{Z_2 \to 0} \varepsilon_2 = 0,$$

等角写像の前提条件から，$f'(Z_0) \neq 0$ であるから，式 (7.53), (7.54) を辺々除して，

$$\frac{\omega_2 - \omega_0}{\omega_1 - \omega_0} = \frac{Z_2 - Z_0}{Z_1 - Z_0} \frac{1 + \dfrac{\varepsilon_2}{f'(Z_0)}}{1 + \dfrac{\varepsilon_1}{f'(Z_0)}} \tag{7.55}$$

ここで，Z_1, Z_2 を限りなく Z_0 に近づけると，式 (7.55) は，

$$\lim_{\substack{Z_1 \to Z_0 \\ Z_2 \to Z_0}} \frac{\omega_2 - \omega_0}{\omega_1 - \omega_0} = \lim_{\substack{Z_1 \to Z_0 \\ Z_2 \to Z_0}} \frac{Z_2 - Z_0}{Z_1 - Z_0} \tag{7.56}$$

と表される．

いま，無限小変位をそれぞれ

$$d\omega_1 = \lim_{Z_1 \to Z_0} (\omega_1 - \omega_0) = d\rho_1 e^{j\varphi_1}$$

$$d\omega_2 = \lim_{Z_2 \to Z_0} (\omega_2 - \omega_0) = d\rho_2 e^{j\varphi_2}$$

$$dZ_1 = \lim_{Z_1 \to Z_0} (Z_1 - Z_0) = dr_1 e^{j\theta_1}$$

$$dZ_2 = \lim_{Z_2 \to Z_0} (Z_2 - Z_0) = dr_2 e^{j\theta_2}$$

とおくと，式 (7.56) の $\lim_{\substack{Z_1 \to Z_0 \\ Z_2 \to Z_0}}$ が不要となり，同式から，

$$\frac{d\rho_2}{d\rho_1} e^{j(\varphi_2 - \varphi_1)} = \frac{dr_2}{dr_1} e^{j(\theta_2 - \theta_1)} \tag{7.57}$$

が得られる．式 (7.57) から，

$$\varphi_2 - \varphi_1 = \theta_2 - \theta_1 \tag{7.58}$$

$$\frac{d\rho_2}{d\rho_1} = \frac{dr_2}{dr_1} \to \frac{d\rho_2}{dr_2} = \frac{d\rho_1}{dr_1} = |f'(Z_0)| \text{ [8]} \tag{7.59}$$

が成立する．ここでたとえば θ_1 は，図 7.12 (a) に示すように x 軸と曲線 C_1 の Z_0 における接線とのなす角であるから，結局，Z 平面上で，Z_0 を通る曲線 C_1, C_2 のなす角 $(\theta_2 - \theta_1)$ が W 平面上の写像による曲線 G_1, G_2 のなす角 $(\varphi_2 - \varphi_1)$ に等しいこ

---

[8] たとえば，

$$\frac{d\rho_1}{dr_1} = \lim_{Z_1 \to Z_0} \frac{|\omega_1 - \omega_0|}{|Z_1 - Z_0|} = \lim_{Z_1 \to Z_0} \frac{|f(Z_1) - f(Z_0)|}{|Z_1 - Z_0|} = |f'(Z_0)|$$

とがわかる．また，無限小の三角形 Z_0, Z_1, Z_2 と $\omega_0, \omega_1, \omega_2$ を考えると，式 (7.59) から対応する辺の長さの比が等しく，これらの挟角が等しいから，Z 平面上の無限小三角形は，W 平面上に相似な図形 (つまり**等角な図形**) として写像されることがわかる．このときの相似比は $|f'(Z_0)|$ に一致している．

この等角写像の性質を用いると，次のようにして電界，電位分布 (2 次元) を知ることができる．すなわち，$u = $ 一定，$v = $ 一定の直線は W 平面上で，それぞれ v, u 軸に平行であるから直交している．したがって，一方を等電位線，他方を電気力線とすると，Z 平面上の写像が与えられた等電位線 (または電気力線) に一致するように $W = f(Z)$ の変換を施せば，得られた Z 平面上の図形は $W = f(Z)$ によって決まる電位，電界分布を表している．この場合，140 ページの (Ⅰ) によって，u, v はラプラスの方程式を満たしている．

7.3.3 正則関数と電界の関係

> **正則関数と電界の関係**
>
> Z の正則関数 $W = f(Z)$ において，v を電位，u が電気力線を示すものとするき，複素数の絶対値 $\left|\dfrac{dW}{dZ}\right|$ は，電界の大きさを表す．

前項では，等角写像の変換によって電位，電界分布が求められることについて述べた．ここでは，この場合の電界の大きさを具体的に求める方法について述べる．

いま，前式 (7.42)〜(7.44)

$$Z = x + jy$$
$$W = u + jv$$
$$W = f(Z)$$

の関係式を用いて，$\dfrac{dW}{dZ}$ を考えてみる．

$$\begin{aligned}\frac{dW}{dZ} &= \frac{du + j\,dv}{dx + j\,dy} \\ &= \frac{\left(\frac{\partial u}{\partial x}\,dx + \frac{\partial u}{\partial y}\,dy\right) + j\left(\frac{\partial v}{\partial x}\,dx + \frac{\partial v}{\partial y}\,dy\right)}{dx + j\,dy}\end{aligned} \quad (7.60)$$

式 (7.60) の分子にコーシー・リーマンの微分方程式

$$\frac{\partial u}{\partial x} = \frac{\partial v}{\partial y}, \quad \frac{\partial u}{\partial y} = -\frac{\partial v}{\partial x} \quad (7.61)$$

の $\dfrac{\partial u}{\partial x}, \dfrac{\partial u}{\partial y}$ を代入し，整理すると，

$$\text{分子} = \left(\frac{\partial v}{\partial y} dx - \frac{\partial v}{\partial x} dy\right) + j\left(\frac{\partial v}{\partial x} dx + \frac{\partial v}{\partial y} dy\right)$$

$$= \frac{\partial v}{\partial y}(dx + j\,dy) + \frac{\partial v}{\partial x}(j\,dx - dy)$$

$$= \frac{\partial v}{\partial y}(dx + j\,dy) + j\frac{\partial v}{\partial x}(dx + j\,dy)$$

$$= \left(\frac{\partial v}{\partial y} + j\frac{\partial v}{\partial x}\right)(dx + j\,dy) \tag{7.62}$$

式 (7.62) を (7.60) へ代入して,

$$\frac{dW}{dZ} = \frac{\partial v}{\partial y} + j\frac{\partial v}{\partial x} \tag{7.63}$$

さて, ここで, $\boldsymbol{E} = -\operatorname{grad} v$ の関係から, 電界の x, y 成分は

$$Ex = -\frac{\partial v}{\partial x}, \quad Ey = -\frac{\partial v}{\partial y}$$

と表される. したがって, 式 (7.63) の絶対値を考えると,

$$\boxed{\left|\frac{dW}{dZ}\right| = \sqrt{\left(\frac{\partial v}{\partial x}\right)^2 + \left(\frac{\partial v}{\partial y}\right)^2} = \sqrt{Ex^2 + Ey^2} = |\boldsymbol{E}|} \tag{7.64}$$

の関係を得る.

第 7 章の練習問題

1. 無限に広い平面導体から d [m] の距離に, 半径 a [m] の小球が Q [C] に帯電している. 小球と導体板の間の静電容量はいくらか. ただし, $d \gg a$ とし, 平面導体の電位は零である.

2. 半径 a [m] の導線が, 地表上 h [m] の高さに地表面と平行に張られている. 単位長あたりの対地静電容量を求めよ.

3. 無限に広い平面導体を直角に曲げて接地されている. 点電荷 Q [C] を問図 7.1 のようにおくときの点 P の電位を求めよ.

4. 接地されている 2 枚の無限平面導体板 A, B の間に, 両板からのそれぞれの距離 a, b [m] の点に点電荷 Q [C] を置く場合の点電荷に働く力を求めよ.

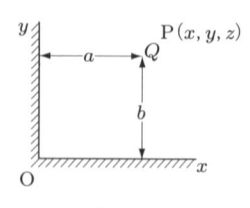

問図 **7.1**

5. 誘電率 ε_1, ε_2 の二種の誘電体が平面で接している. このとき, 境界面上に立てた垂線上で, 境界面からそれぞれ a_1, a_2 の距離の誘電体 ε_1 内の点 P_1, P_2 に電荷 Q_1, Q_2 が置かれているとき, Q_1 に作用する力を求めよ.

第8章

電　流

　これまでは，電荷を真空中媒質や誘電体媒質で静止した状態で取り扱ってきた．また，導体の場合についても，その表面上で電荷分布が静止している定常状態の問題を考えてきた．
　本章では，電荷が**電界によって移動する場合の現象**，つまり**電流**について学ぶ．

8.1　電　流

電流の定義

　大きさ：電流が導体を流れている場合，電流に垂直な任意の断面 S を考えるとき，この面を通って単位時間に移動する電荷量をもって定義される (図 8.1)．すなわち，電流の大きさ I は，dt [s] 間に，dQ [C] の電荷が移動するとき

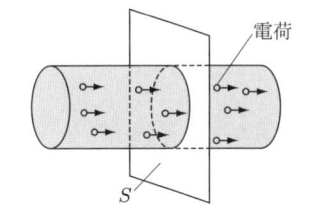

$$I = \frac{dQ}{dt} \quad [\text{A}]$$

図 8.1　電流の定義

　方向：正電荷の進む方向をもって電流の向きとする (第 9 章，9.6.3 項参照)．

　電流 (electric current) とは，電荷が電界によって力を受け移動する現象である (**クーロン力**)．この場合の電荷と称するものには，金属中の自由電子をはじめ，真空中の電子や正，負のイオン，電解液中における正，負イオンや帯電粒子などが考えられる．
　後章 (第 13 章) で分類するように，電流には導体中を自由電子が移動するような場合の**伝導電流**や，真空，気体中または液体中をイオンや帯電粒子が移動する**対流電流**などいくつかの種類がある．
　SI 単位系における電流の単位は，1 秒間に 1 C の電荷移動がある場合を 1 アンペア (Ampere) といい，1 A と表す．したがって，1 C/s = 1 A である．
　電池による電流のように，大きさも向きも時間的に変化しない電流を**定常電流** (stationary current) または**直流**という．これに対し，大きさも向きも時間的に変化する電流を**変動電流**という．これには交流や過渡電流が相当している．なお，電流の変化が時間的に変化してもきわめて遅いものを**準定常電流** (quasi-stationary current)

として取り扱う．本章では定常電流だけを考察対象としている．

8.2 抵抗とオームの法則

オームの法則

電流が流れている導体の 2 点 AB 間の電位差 V は，電流の大きさ I に比例する（図 8.2）．比例定数を R とすると，

$$V = RI \quad [\text{V}] \quad (\text{オームの法則})$$

この R を導体の**電気抵抗**または単に**抵抗**という．

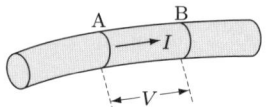

図 8.2 オームの法則

電流は電荷の移動であったが，この電荷は電界から受ける力 $\bm{F} = Q\bm{E}$ によって移動する．したがって，電流が流れる以上，導体中に電界が存在している必要がある．前章までは静電界を考えてきており，導体中の電界は存在しなかった．

さて，導体中に電界が存在していれば**電流 (正電荷) は電界の方向に流れる**ことは，電界が正電荷から負電荷へ向かっていることから明らかであろう．

また，導線を流れる電流を考えた場合，電流は電位の高い点から低い点へ向かって流れており，導線の 2 点間 AB では電位差がある．この電位差 V が，一様な断面積をもつ導線では電流の大きさに比例することをオームが実験的に発見したのである．しかし，金属以外の導体では，一般に V と I との間に比例関係が成立しないことに注意すべきである．

図 8.3 に示すように，$V \propto I$ の関係が成立しない場合も，特定の電流に着目して

$$R = V/I \tag{8.1}$$

と定義することがある．オームの法則は金属導体では常に成立し，R は電流に無関係で，導体の種類，形状，温度によって定まる定数である．本章では，オームの法則に従う現象だけを取り扱ってゆく．

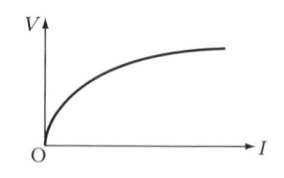

図 8.3 電位差 V が I に比例しない場合

8.2.1 抵抗の単位

抵抗の単位は，次のように定められている．

抵抗の単位

電位差 V を**ボルト**，電流 I を**アンペア**で表すとき，抵抗 R の単位を**オーム** [Ω] と名づける．すなわち，1 V の電位差で 1 A の電流が流れるときの抵抗を 1 Ω と

している．なお，

$$10^6\,[\Omega] = 1\,[\mathrm{M}\Omega] \quad [\text{メガオーム}]$$
$$10^3\,[\Omega] = 1\,[\mathrm{k}\Omega] \quad [\text{キロオーム}]$$
$$10^{-6}\,[\Omega] = 1\,[\mu\Omega] \quad [\text{マイクロオーム}]$$

と称している．

8.2.2　抵抗率

抵抗は，前述したように，導体の種類，形状，温度に異なった値をとる．したがって，形状と温度が一定であれば，導体の種類だけで抵抗値が定まる．このように導体の種類によって抵抗値が異なることを表現するために，一定の形で抵抗値を知る必要があり，次のように抵抗率 (resistivity) を定義する．

抵抗率の定義

導体の温度を一定に保ち，単位長を辺とする立方体をとり，この対向面間の抵抗を**抵抗率**という．SI 単位では 1 m の辺の立方体の対向面間の抵抗が抵抗率である (図 8.4)．

$$\rho = \frac{V}{I} \quad [\Omega \cdot \mathrm{m}]$$

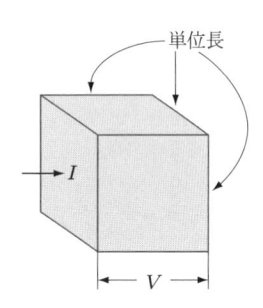

図 8.4　抵抗率説明のための立方体

この抵抗率 ρ と抵抗 R の間には次の関係がある．

抵抗率と抵抗の関係

長さ $l\,[\mathrm{m}]$，均一な断面積 $S\,[\mathrm{m}^2]$ の導体の電気抵抗 R は，

$$R = \rho \frac{l}{S} \quad [\Omega]$$

つまり抵抗 R は，長さ l に比例し，断面積 S に反比例しており，導体の形状が定まればこの式から抵抗値が決まる．

これは次のように考える．いま，図 8.5 に示すように長さ l，断面積 S の導体に電流 I が流れ，電位差が V であるとき，抵抗は $R = V/I$ となっている．図示したように，この導体中に単位断面積をもつ角柱状の棒を考える．この単位断面積を流れる電流は I/S，またこの角柱状の棒の単位長を考えると，電位差は V/l と表せる．ゆえに，こ

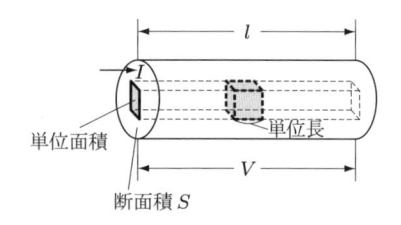

図 8.5 抵抗率と抵抗の関係

の単位長の立方体の抵抗はこれら電位差 V/l と電流 I/S の比であるが，これは定義から抵抗率そのものである．

$$\rho = \frac{V/l}{I/S} = \frac{S}{l}\frac{V}{I} = \frac{S}{l}R \tag{8.2}$$

ゆえに，

$$\boxed{R = \rho \frac{l}{S} \quad [\Omega]} \tag{8.3}$$

表 8.1, 8.2 に主な金属および絶縁物の抵抗率を示してある．

表 8.1 金属導体の抵抗率
(単位 10^{-8} Ω·m, 20°C)

物　質	抵抗率
金	2.43
銀	1.62
銅	1.69
硬アルミニウム	2.82
純　鉄	10.0
鋼　鉄	200.0
けい素鋼	62.5
鉛	21.9
水　銀	95.8
ニクロム線	109.0
タングステン	5.5
黄　銅	5〜7

表 8.2 主な絶縁物の抵抗率
(単位 Ω·m, 室温近傍値)

物　質	抵抗率
ガラス (ソーダ)	$10^9 \sim 10^{11}$
石英ガラス	$25 \sim 10^{16}$
純　水	2.4×10^5
ゴ　ム	$(1 \sim 15) \times 10^{13}$
セメント	4.5×10^6
磁　器	3×10^{12}
テフロン	$10^{14} \sim 10^{17}$
乾燥木材	$10^8 \sim 10^{12}$

（1） 抵抗率の単位

式 (8.2) から，ρ の単位はオームメートル $[\Omega \cdot \mathrm{m}]$ となることがわかる．

8.2.3 コンダクタンス

さて，次に抵抗の逆数のことを**コンダクタンス**と名づける．すなわち，コンダクタンスを G とすると式 (8.3) により，

$$G = \frac{1}{R} = \frac{1}{\rho} \cdot \frac{S}{l} \quad [\mathrm{S}] \quad (コンダクタンス)$$

G の単位は 1/オームであるが，以前はこれを**モー** (Mho) [℧] で表したが，現在モーの代わりにジーメンス (Siemens) を用い，この単位を [S] で表す．つまり

$$1\ [1/\Omega] = 1\ [℧] = 1\ [S]$$

の関係がある．

8.2.4 導電率

抵抗の逆数をコンダクタンスとして表示することに対応し，抵抗率の逆数を**導電率** (conductivity) という．つまり導電率を κ とすると

$$\kappa = 1/\rho \quad [S/m]$$

したがって，コンダクタンス G は

$$G = \kappa \frac{S}{l} \quad [S]$$

（1） 導電率の単位

単位は

$$\frac{1}{\text{オーム・メートル}} = \frac{\text{ジーメンス}}{\text{メートル}} = \frac{S}{m}$$

である．

8.3 抵抗率の温度係数

温度係数

$t_1\ [°C]$ における抵抗率を ρ_1，$t_2\ [°C]$ における抵抗率を ρ_2 とし，温度差 $t_2 - t_1 = t$ とすると，一般に

$$\rho_2 = \rho_1 \{ 1 + \alpha t + \beta t^2 + \gamma t^2 + \cdots \} \quad [\Omega \cdot m] \tag{D.1}$$

の関係がある．通常の金属導体では α に比べ β，γ はきわめて小さいから省略してさしつかえない．

α，β，γ … 等を抵抗率の $t_1\,°C$ における**温度係数**という．

導体の抵抗は電界で加速された電荷 (電子) が，結晶の原子と弾性，または非弾性衝突することが主な原因である．この結晶格子の原子は，絶対零度 (0°K) でなければ，熱的に励起され，原子が変位している．また，熱的な励起のために電荷 (電子) 速度にもランダム性が加わり電荷の流れに変動をきたす．

このような抵抗の発生機構を考えれば，同一材料であっても抵抗が温度によって異なった値をとることが推測されるであろう．

さて，通常の金属では，抵抗率 ρ は温度上昇に比例して増加する．

t_1°C としては普通 20°C の値をとることが多い．したがって，式 (D.1) を

$$\boxed{\rho_2 = \rho_{(20)}\{1 + \alpha(t-20)\} \quad [\Omega \cdot \text{m}]} \quad (8.4)$$

と表しておけばよい．

なお，半導体や電解質では，上記とは逆に温度上昇とともに抵抗は下る傾向を示す．したがって，この場合は温度係数は負となる．

主な抵抗率の温度係数を表 8.3 に示す．

表 8.3 主な抵抗率の温度係数 (20°C)

金属	α の値
鉄	0.0050
銅	0.00393
銀	0.0038
アルミニウム	0.0039
水銀	0.00089
白金	0.003
鉛	0.0039

8.4 起電力

起電力

起電力とは，導体内に電位差を生じさせ，それによって電荷を移動させ電流を流そうとする，いわば原動力のことである．その大きさは

$$U = \frac{P}{I} \quad [\text{V}] \quad P : \text{電流の電力}$$

と定義される．

起電力の単位はボルト [V] で，電位差に等しい[1]．

図 8.6 (a) に示す二つの水槽 A，B に異なった水位の水が入れてある．いま水が導通するようにパイプ C で連結すると水位の高い (つまり位置エネルギーの大きい) 水槽 A の水は，水位の低い (つまり位置エネルギーの小さい) 方へ流れ込み，やがて同一レベルに達し水の流れは静止する．この場合，パイプ C を流れる水をこのまま流し続けるには，同図 (b) に示すように水槽 B の水をポンプで汲み上げて，常に水槽 A の水位を B より高く確保する必要がある．ポンプは A 槽の失なわれてゆく位置エネルギーを補給する役割を果たしている．このことを念頭において**起電力**について考えてみよう．

さて，電流が流れる通路を**電気回路**あるいは単に**回路**という．図 8.7 (a) のように回路の抵抗 R に電流が流れると電気的エネルギーが消費され，これは熱に変換されてしまう．したがって，絶えず電流を流し続けるためには，何らかの手段でエネルギーが補給されなければならない．この場合の電気的エネルギー源のことを**電源**という．電

---

[1] 電位差，起電力も同じボルト [V] で表されることから，電位差，起電力の大きさのことを**電圧**とよんでいる．

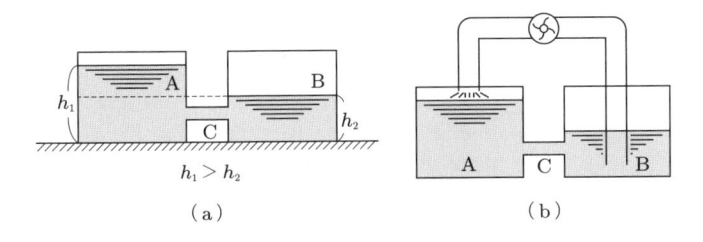

図 8.6　起電力の説明

源には化学反応を利用する**電池**をはじめ発電機，太陽電池，熱電対などがある．これらは，いずれも化学的エネルギーや機械的エネルギー，光エネルギー，熱エネルギーなどを電気エネルギーに変換している電源である．いま図 8.7 (b) のように，具体的な電源として電池を例にとり，高電位点 A から低電位点 B へ電流 I が流れている場合を考えてみよう．

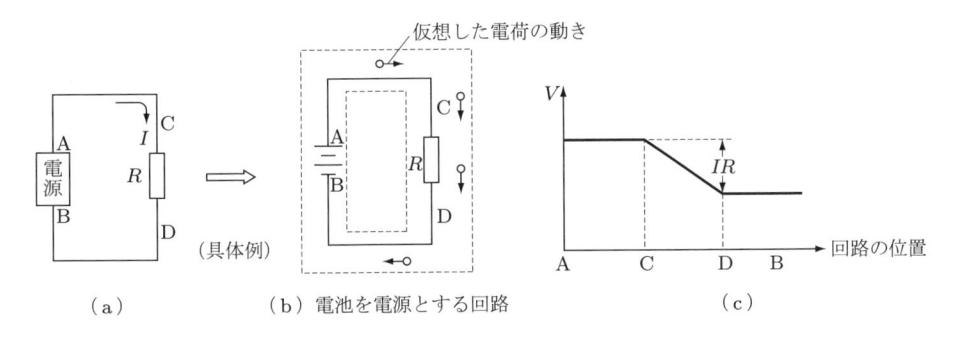

図 8.7　起電力の説明

電流は電荷の流れであるから，点 A から点 B へ移動する電荷に着目すると[2]，この電荷に対する電位，つまり電気的な位置エネルギーは次のように変化する．点 A を出た電荷は点 B に到着したとき，$V = IR$ の電位の降下があるから，このままでは電荷に対する電気的な位置エネルギーは低下したままで (同図 (c) 参照)，電荷は回路を循環できなくなる．しかし，電荷が点 B から点 A まで電池の中を通って移動すると電位差 $V = IR$ だけ電位が持ち上げられると考えれば，再び電荷は点 A から点 B に流れ連続的に循環することができる．

このように導体内に何らかの手段により，つまり上述の各種の電源などを用いて，導体内の電位を電位降下分だけ上昇させることができれば電荷を移動させ，電流を流し続けることができる．このときの原動力となるものが**起電力**である．

---

[2] 実際には，電流の流れは電子の移動を考えなくてはならない．このときは電荷の流れはいまの場合と逆になる．ここでは，説明の便宜上，電荷移動方向を A → B としている．

8.4.1 電源に内部抵抗が存在しない場合

電力の損失が，抵抗 R の中だけで起こる図 8.8 のような回路では，電源が供給する電力 UI [W] と抵抗 R によるジュール損失 I^2R [W] (8.6 節参照) とは相等しい．ゆえに，

$$UI = I^2R \quad [\text{W}] \tag{8.5}$$

$$U = IR = V \quad [\text{V}] \tag{8.6}$$

また，

$$I = \frac{U}{R} \quad [\text{A}] \tag{8.7}$$

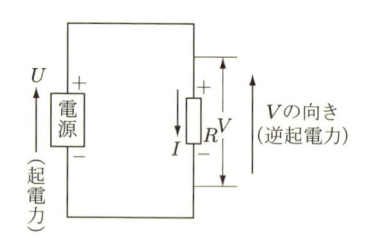

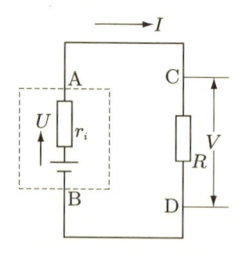

図 8.8　電源に内部抵抗がない場合の起電力の関係

図 8.9　電源に内部抵抗がある場合

このように電源の内部抵抗が零のときは，起電力 U と抵抗 R の両端子間電圧 V が等しくなる．とくに，この抵抗 R の端子間電圧のことを U と大きさが同じで，これを打ち消すように逆向きに発生する起電力 (電流の向きと逆) という意味で**逆起電力**という．また，前図 8.7 (c) にみるように，電位は抵抗の電流方向に沿って降下することから，この逆起電力のことを**電圧降下**ともいう．さらに，この例のように内部抵抗が零で，供給する電流に関係なく一定の起電力を発生する電源を**定電圧源**という．

8.4.2 内部抵抗が存在する場合

現実には，電源は内部抵抗をある程度もっている．図 8.9 のように，起電力 U [V]，内部抵抗 r_i [Ω] の電池を電源とする回路に抵抗 R [Ω] が接続されている場合を考える．この回路電流 I は，全抵抗が直列で $(R + r_i)$ [Ω] であるから，

$$I = \frac{U}{R + r_i} \quad [\text{A}] \tag{8.8}$$

ゆえに，

$$U = I(R + r_i)$$

あるいは

$$U - Ir_i = IR = V \quad [\text{V}] \tag{8.9}$$

となる．つまりこの場合は，電流 I が流れていると電池の端子電圧が $(U - Ir_i)$ [V] となり，起電力 U の値より電流に比例して低くなっている．また式 (8.9) から明らかなように，抵抗 R の端子間電圧 V は，U から電池の内部抵抗 r_i による電圧降下 Ir_i [V] を差し引いた値となっている．また内部抵抗 r_i が非常に大きな値をとるときは，式 (8.8) から次の近似式が成立する．

$$I = \frac{U}{R + r_i} = \frac{U}{r_i \left(1 + \dfrac{R}{r_i}\right)} \fallingdotseq \frac{U}{r_i} \quad [\text{A}]$$

これは，R に無関係に電流が一定となることを示している．

このように，負荷とする抵抗 R に無関係に電流を流すことができる電源を**定電流源**という．

8.5 印加電気力

前節図 8.7 (a) で，起電力を考えたとき電源部では電流 (電荷) は B から A へ，つまり，低電位点 B から高電位点 A へ流れていた．これは，一見，通常の電流に対する考え方に矛盾している．このことは，起電力が存在する場合には，電荷を低電位点 B から，高電位点 A へ持ち上げる何らかの力 (後述の印加電気力) が作用していることから説明できる．このことについて乾電池を例にとり，もう少し詳しくそのメカニズムを考えてみよう．

図 8.10 のように，電解液として，塩化アンモニウム (NH_4Cl) を容器に入れ，これに陽極の電極として炭素棒を，陰極として亜鉛棒を挿入したものが乾電池の基本的なモデルである．

この場合，起電力は両電極と電解液の接触部分に発生する．いま，陽極が電解液に接している部分を拡大し，便宜上 Δd の隔たりを考えると図示したような二つの電界 $\boldsymbol{E}_c$ と $\boldsymbol{E}'$ が考えられる．いま，電解液側の電位より陽極 (炭素電極) の電位が V_A だけ高いとすると，

$$V_A = -\int_C^A \boldsymbol{E}' \cdot d\boldsymbol{r}$$

の関係が成立するような静電解 $\boldsymbol{E}'$ が存在し，電荷を電解液の方へ押すような力が作用する．

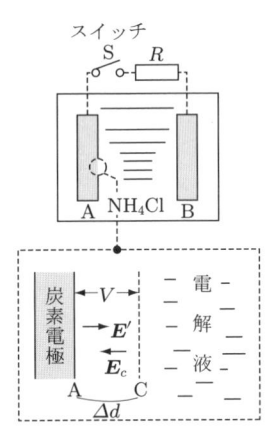

図 8.10 乾電池の構成

他方，この境界部には電気化学的に電荷を陽極の方へ押し戻そうとする力が作用している．いま，単位電荷あたりに作用するこの電気化学的力を E_c と表すと，これは起電力を生じるための物理現象（ここでは，電気化学的な力，その他電磁誘導によるものなどがある）によって電荷に印加される力であるから，**印加電気力**とよんでいる．

8.5.1 外部回路が開放の場合

これは，図 8.10 のスイッチ S が開いている場合で，外部回路には電流が流れていない．このことは電界による電荷移動が存在しないことであり，電荷に作用する力が零，つまり電界が，

$$E' + E_c = 0 \tag{8.10}$$

となっている．この場合 CA 間の積分は，

$$\underbrace{\int_C^A E' \cdot d\boldsymbol{r}}_{-V_A} + \underbrace{\int_C^A E_c \cdot d\boldsymbol{r}}_{U_A} = 0 \tag{8.11}$$

である．

第 1 項，第 2 項の電位差をそれぞれ $-V_A$，U_A とおくと式 (8.11) は

$$-V_A + U_A = 0, \quad \therefore \quad U_A = V_A \tag{8.12}$$

この電気化学的な力 E_c に基づく電位差 U_A が陽極に生じる起電力であり，いまの場合，外部回路に電流が流れていないから，V_A に等しい関係にある．つまり，E_c の存在が V_A によって電荷が電解液側へ移動するのを阻止している．このことは結局 E'，E_c によって電荷に作用する力がつり合っていることを意味している．

以上は，陽極だけに着目したが陰極でもまったく同様の現象が考えられる．したがって，今度は乾電池の陰陽両極間の静電界を E'，起電力発生原理に基づく力，つまり電気化学的力を E_c として乾電池全体を考えると，式 (8.11) の積分路を B → A で置き換えるだけであるから，

$$V = -\int_B^A E' \cdot d\boldsymbol{r} \tag{8.13}$$

$$U = \int_B^A E_c \cdot d\boldsymbol{r} \tag{8.14}$$

となり，V は電池の両極間の電位差であり，U は電池の起電力の大きさを表す．いまのように外部回路が開放状態の場合は，式 (8.12) と同様

$$U = V \tag{8.15}$$

つまり，起電力 U と同等の電位差 V（電池の端子電圧）が両極間に現れている．

8.5.2 外部回路を閉じた場合

今度は前図 8.10 において,スイッチ S を閉じて外部回路に電流が流れる場合を考えてみる.この場合は,電池内部にも電流は流れ,したがって,電池内の電荷は電界による力を受けている.つまり,電池内の電界は

$$\boldsymbol{E} = \boldsymbol{E}' + \boldsymbol{E}_c \tag{8.16}$$

となり $\boldsymbol{E} \neq \boldsymbol{0}$ である.ここで,次式のように両極間の積分を考えると

$$\int_B^A \boldsymbol{E} \cdot d\boldsymbol{r} = \underbrace{\int_B^A \boldsymbol{E}' \cdot d\boldsymbol{r}}_{-V} + \underbrace{\int_B^A \boldsymbol{E}_c \cdot d\boldsymbol{r}}_{U} = U - V \tag{8.17}$$

この場合,起電力の大きさ U と両極間の電位差 V とは値を異にしている.

この $\boldsymbol{E}$ は,電池内の内部抵抗 r_i に打ち勝って電荷を移動させるためのものと考えるべきものである.つまり

$$\int_B^A \boldsymbol{E} \cdot d\boldsymbol{r} = I r_i \tag{8.18}$$

式 (8.17) へ代入し,

$$I r_i = U - V \quad \text{または} \quad U - I r_i = V \tag{8.19}$$

つまり,電池の両極間の電位差 V (電池の端子間電圧) は,起電力 U よりも電圧降下分 $I r_i$ だけ小さくなっている.

この関係を外部抵抗 R をもつ回路で考えると,図 8.11 において,

$$V = RI \tag{8.20}$$

であるから,これを式 (8.19) へ代入して

$$I = \frac{U}{R + r_i} \tag{8.8 再掲}$$

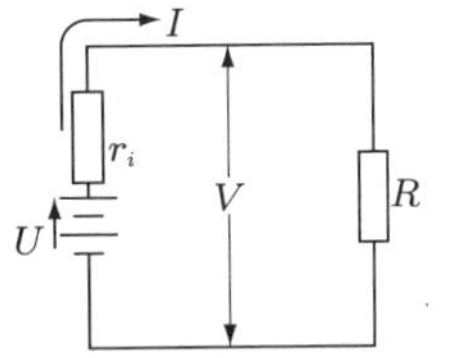

図 8.11 内部抵抗と起電力

つまり,回路的には,外部抵抗 R に電池の内部抵抗 r_i が直列に加わった前項 8.4.2 の関係となっている.

8.6　ジュール熱

ジュール熱

抵抗 R が接続された回路に電流 I が流れると,この抵抗中で電気的エネルギーが消費され,熱エネルギーに変換される.この発熱した熱を**ジュール熱**という.

$$P = I^2 R \quad [\text{W}] \quad (\text{ジュールの法則})$$

回路の抵抗 R に電流 I が流れている場合，R の両端に $V=IR$ [V] の電位差を生じる．これを単位時間，つまり 1 秒間について考えてみると，電流の定義から[3]，I [C] の電荷が移動していることに相当する．一方，電荷がこの電位差 V の抵抗 R を高電位側から低電位側へ向かって移動するとき，この部分の電界による仕事 W は VI [J/s] である[4]．したがって，R 中を電流 I が流れているとき，毎秒

$$P = VI \quad [\text{J/s}] \tag{8.21}$$

の仕事が電界によってなされている．この毎秒なされる仕事のことを**電力**といい，単位は [J/s] であるが，これをワット [W] で表す．つまり

$$1\,\text{J/s} = 1\,\text{W}$$

式 (8.21) は，次式のように書き表すことができる．

$$\boxed{P = I^2 R \quad [\text{W}]}$$

これを**ジュールの法則**といい，この関係で発生する熱を**ジュール熱**という．

8.6.1 太い導体のジュール熱

図 8.12 に示すように，導体中の流線に対し垂直な端面をもつ微小体積 Δv をとる．この抵抗率を ρ とすると抵抗 R は

$$\Delta R = \rho \frac{\Delta l}{\Delta S} \tag{8.22}$$

ここを流れている電流は，電流密度を i [A/m²] と表し，

$$\Delta I = i \Delta S \tag{8.23}$$

ゆえに，発生するジュール熱 ΔP は

$$\Delta P = \rho \frac{\Delta l}{\Delta S}(i \Delta S)^2 = \rho i^2 \Delta l \Delta S \tag{8.24}$$

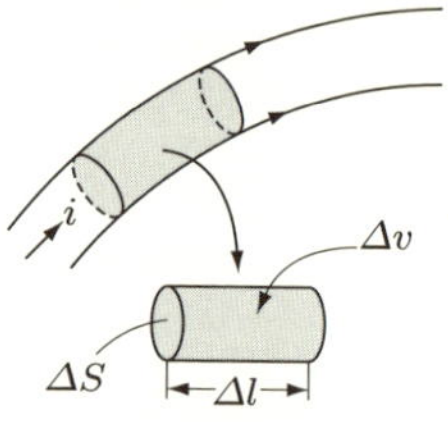

図 8.12 導体中の微小部分

ここで，$i^2 = \boldsymbol{i}^2$，$\Delta l \Delta S = \Delta v$ であるから，発生する全ジュール熱 P は

$$P = \int_v \rho \boldsymbol{i}^2 dv \tag{8.25}$$

ところで，式 (8.2) において $V/l = E$，$I/S = i$ であるから $\rho = \dfrac{E}{i}$，つまり $i = \kappa E$ の関係がある．この関係を式 (8.25) へ適用して

---

[3] $I = \dfrac{dQ}{dt}$ [A]

[4] A，B 2 点間の電位差は，単位電荷 1 [C] を電界 $\boldsymbol{E}$ による力に逆らって運ぶときの仕事として定義され，$V_{\text{BA}} = -\int_{\text{A}}^{\text{B}} \boldsymbol{E} \cdot d\boldsymbol{r}$ (A)．したがって，I [C] の電荷を運ぶときの仕事は力を $\boldsymbol{F}$ とすると，式 (A) を I 倍して $W = IV_{\text{BA}} = -\int_{\text{A}}^{\text{B}} I\boldsymbol{E} \cdot d\boldsymbol{r} = -\int_{\text{A}}^{\text{B}} \boldsymbol{F} \cdot d\boldsymbol{r}$ (AB 間の仕事)．

$$P = \int_v \frac{1}{\rho} \boldsymbol{E}^2 \, dv = \int_v \kappa \boldsymbol{E}^2 \, dv = \int_v \boldsymbol{E} \cdot \boldsymbol{i} \, dv$$

を得る．これが導体が太い場合のある体積中に発生する**ジュール熱**である．

8.7 電力および電気量の単位

前述したように電力の単位はワットで仕事率と同じであった．つまり

$$1 \text{ W} = 1 \text{ J/s}$$

したがって，電力と時間の積はエネルギーである．時間の単位を秒または時間にとると

$$1 \text{ W} \times 1 \text{ s} = 1 \text{ J} \tag{8.26}$$

$$1 \text{ W} \times 1 \text{ h} = 1 \text{ W} \times 3600 \text{ s} = 3600 \text{ J} \tag{8.27}$$

であり，式 (8.26) のエネルギーを **1 ワット秒**，式 (8.27) の場合を **1 ワット時**という．実際上は**ワット時**の単位では小さすぎるため

$$1 \text{ kW} \times 1 \text{ h} = 10^3 \text{ W} \times 36 \times 10^2 \text{ s}$$

$$= 3.6 \times 10^6 \text{ J} \tag{8.28}$$

で表せる，**1 キロワット時**を用いている．

種々のエネルギー (運動エネルギー，熱エネルギー等) が考えられる中で，**電力と時間の積によるエネルギー**を電気工学では，とくに**電気量**といい，単位として [Wh]，[kWh] などが使われている．

8.8 導体が広がりをもつ場合の電流分布

これまでは，主として電流が流れる導体は十分細いものとして考えてきた．導体の広がりを考慮に入れた場合の電流の取り扱いは前節 8.6.1 項でも導入した**電流密度 i** を定義することで解決する．まず，電流密度について述べる．

8.8.1 電流密度

電流密度

電流の流れている 1 点に着目し，その点の電荷の移動方向に垂直な微小面積 ΔS を取り，単位時間にここを通り抜ける電荷を ΔI とすると単位時間あたりの電流 i は

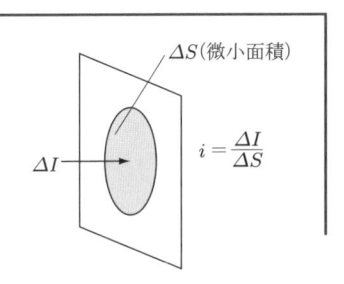

図 8.13 電流密度の説明

$$i = \frac{\Delta I}{\Delta S} \quad [\mathrm{A/m^2}]$$

大きさとしてこの i の値を,方向としていま考えている点における電荷の移動する方向をもつベクトル i のことを,この点における**電流密度** (current density) という.

電界に対し,電気力線を考えて場の視覚化をはかったが,電流の場合も電流密度 i に対して指力線の考え方を導入すると便利である.すなわち,電流の流れている場所に仮想的な線を考え,その接線が電流密度 i の方向になるように定めたものを**電流の流線**という.この場合の**流線の数**は電気力線の定義のときのように単位電流に対して 1 本が対応するように規定しておくことにする.

次に,このように流線を定義すると,たとえば図 8.14 のように導体内の任意の微小面積 dS の周辺を通る流線を母線とする流管を考えることができる.この場合,dS を通る電流の強さ dI は,dS における電流密度を i,流管に直角な断面積を dS_n とすると

$$dI = i\,dS_n = (\boldsymbol{i} \cdot \boldsymbol{n})\,dS = i\,dS\cos\theta = \boldsymbol{i} \cdot d\boldsymbol{S} \tag{8.29}$$

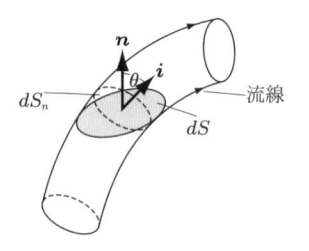

図 8.14 流線による流管

のように,電流密度を用いて表される.

8.8.2 電流の連続式

図 8.15 に示すように任意の閉曲面 S を考え,その外向き法線を $\boldsymbol{n}$ とすると,S を通して単位時間にこの全表面から流出する電流,すなわち単位時間あたりこの面から流出する全電荷は

$$\int_S i_n\,dS \quad [\mathrm{A}] \tag{8.30}$$

また,S 内の電荷密度を ρ とすると S 内の電荷は $Q = \int_v \rho\,dv$,この Q が時間とともに減少する割合が,S から流出する電流式 (8.30) に等しいから

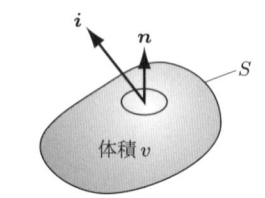

図 8.15 閉曲面からの電流の流れ

$$\int_S i_n\,dS = -\frac{\partial}{\partial t}\int_v \rho\,dv \quad [\mathrm{A}] \tag{8.31}$$

ガウスの定理 $\int_S \boldsymbol{A} \cdot \boldsymbol{n}\,dS = \int_v \mathrm{div}\,\boldsymbol{A}\,dv$ を上式左辺に用い,

$$\int_S i_n\,dS = \int_S \boldsymbol{i} \cdot \boldsymbol{n}\,dS = \int_v \mathrm{div}\,\boldsymbol{i}\,dv \quad [\mathrm{A}] \tag{8.32}$$

また,

$$\frac{\partial}{\partial t}\int_v \rho\, dv = \int_v \frac{\partial \rho}{\partial t}\, dv \tag{8.33}$$

としてよいから，式 (8.32)，(8.33) を式 (8.31) へ代入し，

$$\int_v \mathrm{div}\,\boldsymbol{i}\, dv + \int_v \frac{\partial \rho}{\partial t}\, dv = \int_v \left(\mathrm{div}\,\boldsymbol{i} + \frac{\partial \rho}{\partial t}\right) dv = 0 \quad [\mathrm{A}] \tag{8.34}$$

式 (8.34) は S の形に無関係に成立すべきであるから

$$\boxed{\mathrm{div}\,\boldsymbol{i} = -\frac{\partial \rho}{\partial t} \quad [\mathrm{A/m^3}]} \tag{8.35}$$

の関係を得る．

これは「時間とともに電荷が減少する割合が**伝導電流の源泉**となっている」ことを表している．つまり「ある場所から電流が流出するときは，その**電荷量が必ず減少する**」ということを意味しており，**電荷の保存**を示している．

また，式 (8.35) は，定常状態で一定の値の電流，つまり直流がいつまでも流れ続けるか，通常の導体のように導体内に電荷の蓄積が起こらない場合には $\frac{\partial \rho}{\partial t} = 0$ で

$$\boxed{\mathrm{div}\,\boldsymbol{i} = 0 \quad [\mathrm{A/m^3}]} \tag{8.36}$$

式 (8.36) は**定常電流に対する連続式**である．つまり「定常電流における電流密度ベクトルは**源泉をもたない**」ことを意味し，「$\boldsymbol{i}$ の分布を示す流線は**必ず閉曲線を形成していなければならない**」ことを示している．さらにこの場合，式 (8.31) から $\frac{\partial \rho}{\partial t} = 0$ より

$$\int_S i_n\, dS = 0$$

であるから負号 $(-)$ をつけて

$$\int_S (-i_n)\, dS = 0$$

が成立する．これは，任意の閉曲面に流入する全電流は常に零であることを意味しており，回路における**キルヒホッフの第一法則**と同一の内容を意味するものである．

8.8.3 広がりをもつ導体の電界分布

導体が広がりをもつ連続導体中の電界分布を求める関係式は 155 ページの式 (8.16) から導かれる．

$$\boldsymbol{E} = \boldsymbol{E}' + \boldsymbol{E}_c \quad [\mathrm{V/m}] \tag{8.37}$$

導体の導電率を κ とすると式 (8.37) から

$$\boldsymbol{i} = \kappa \boldsymbol{E} = \kappa(\boldsymbol{E}' + \boldsymbol{E}_c) \quad [\mathrm{A/m^2}] \tag{8.38}$$

$\boldsymbol{E}'$ は電荷による電界，つまり静電界であったから

$$\boldsymbol{E}' = -\operatorname{grad} V \tag{8.39}$$

ここで，式 (8.38) の発散 div をとり，式 (8.39) を代入すると

$$\operatorname{div} \boldsymbol{i} = \operatorname{div} \kappa(-\operatorname{grad} V + \boldsymbol{E}_c) \tag{8.40}$$

直流のような定常状態，ならびに導体中に電荷の蓄積を考える必要がないとき，式 (8.40) の右辺は零，つまり

$$\operatorname{div} \boldsymbol{i} = \operatorname{div} \kappa(-\operatorname{grad} V + \boldsymbol{E}_c) = 0 \tag{8.41}$$

κ が場所により変化しなければ，式 (8.41) より，κ は消えて，

$$\boxed{\operatorname{div} \operatorname{grad} V = \nabla^2 V = \operatorname{div} \boldsymbol{E}_c} \tag{8.42}$$

$\boldsymbol{E}_c$ がわかっていれば，式 (8.42) から V の分布が求まり，電界分布が定まる．式 (8.42) は直流の定常状態を考えるときは，電荷の蓄積を考える必要がなく，また印加起電力も存在しないとすると，つまり $\boldsymbol{E} = \boldsymbol{E}'$ ($\boldsymbol{E}_c = 0$) のときは

$$\nabla^2 V = 0 \quad [\mathrm{V/m^2}]$$

となり，ラプラスの方程式が満足されている．電界は

$$\boldsymbol{E} = -\operatorname{grad} V \quad [\mathrm{V/m}]$$

で与えられる．これが導体中において，印加起電力のない導電率一定の場所における電界分布を与える式であり，これは静電界とまったく同じ関係にある．

8.9 電流の境界条件

導伝率の異なる導体境界における境界条件

(1) 電界の接線成分は界面の両側で相等しい．
(2) 電流密度の垂直成分は界面の両側で相等しい．
(3) 流線の屈折に関しては，次の関係が成立する．

$$\boxed{\frac{\tan \theta_1}{\tan \theta_2} = \frac{\kappa_1}{\kappa_2}}$$

前節において，印加起電力のない一定の導電率の導体中の電界分布は，静電界と同じ関係式を満足していることがわかった．この場合の静電界と電流の場で成立する関係を比較すると表 8.4 のようになる．

したがって，二つの異なった導伝率 κ_1, κ_2 の導体の境界面で成立すべき境界条件は，静電界の境界条件を参照して $\boldsymbol{D} \to \boldsymbol{i}$, $\varepsilon \to \kappa$ の対応関係のもとに，上述のように求められる．

表 8.4

静電界 (電荷なし)	電流場 (印加起電力なし)
$\text{div}\,\boldsymbol{D} = 0$	$\text{div}\,\boldsymbol{i} = 0$
$\boldsymbol{D} = \varepsilon \boldsymbol{E}$	$\boldsymbol{i} = \kappa \boldsymbol{E}$
$\nabla^2 V = 0$	$\nabla^2 V = 0$
$\boldsymbol{E} = -\,\text{grad}\,V$	$\boldsymbol{E} = -\,\text{grad}\,V$

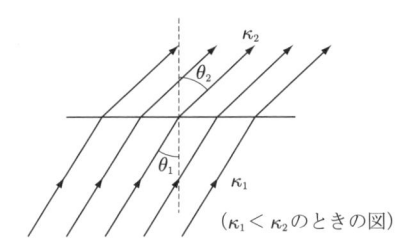

図 8.16　導電率の異なった境界面での流線の屈折

第 8 章の練習問題

1. 半径 a, b [m] で長さ l [m] の同心円筒導体間に抵抗率 ρ の抵抗体を入れたとき，両導体間の抵抗を求めよ．

2. 長さ l，厚さ t で一方の端 A の幅が a，他端 B が b [m] の幅の台形の導体板がある．AB 端間の抵抗を求めよ．

3. ドーナツ状導体円板を中心から 45°C の角度で切断した扇形の導体を考え，その厚さを d [m] とする．また，この内側の弧 AB の半径を r_1，外側の弧 CD の半径を r_2 とし，導電率を σ とするとき，円弧端の AB，CD 間の抵抗を求めよ．

4. 0 °C のときの抵抗を R_0，温度係数を α_0 とするとき，t_1 [°C] のときの温度係数を求めよ．

5. 起電力 E，内部抵抗 r_0 の電池を直列に N 個接続し，抵抗 R の導線で，抵抗 r の電球を n 個並列に点燈するとき，電球全体で消費される電力はいくらか．

6. 誘電率 ε，電気伝導率 σ，抵抗率 ρ の媒質が充填されている静電容量 C の平行板コンデンサの両極間に電流が流れるとき，合成抵抗 R は，$R = \dfrac{\varepsilon}{\sigma C} = \dfrac{\varepsilon \rho}{C}$ と表されることを示せ．

第 9 章

真空中の磁界

前章までは電界，つまり電荷に支配される場の電気現象について学んできた．本章以降では，**磁界**，つまり**電流に支配される場の磁気現象**について学ぶ[1]．電流が流れていれば，その周囲に磁界が発生している．この章では，主に電流が流れている場合の磁界の求め方，磁位，二つの電流の間に作用する力，磁界と電流との間に働く力などについて学ぶ．

9.1 磁 界

磁界とは

磁気的な力が作用する場を**磁界**という．磁界はベクトル量で，大きさと向きを有する．磁界の大きさ（強さ）は，電流の大きさに比例して定まり，方向は，磁針が示す S 極（南極）から N 極（北極）の向きをもって定める．

磁石が鉄片を引きつけたり，磁針が南北を指し示すなど地磁気の環境の中で生活しているわれわれにとって，磁気現象は実感としてとらえることができ，電界に比べより親しみやすい．

表 9.1 電界と磁界の対比

電気現象	磁気現象
電界に関するクーロンの法則	磁界に関するクーロンの法則
電 荷	磁荷（磁極）
電 界	磁 界
電 位	磁 位
電気双極子	磁気双極子
電束密度	磁束密度
電気二重層	磁気二重層

磁界 (magnetic field) も電界と同様，磁気的な力が作用する場として定義される．したがって，電気的な現象と磁気的現象は，表 9.1 に示すように，ほぼ対比できる関

---

[1] 電気磁気学の記述法には，電荷に対して磁荷を定め，電界を定義したのと同様に磁界や磁位を定義していく立場がある．本書では，磁界を生じる根源が電流にあるという立場から磁界を論じていく．

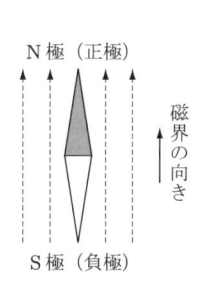

図 9.1 磁針

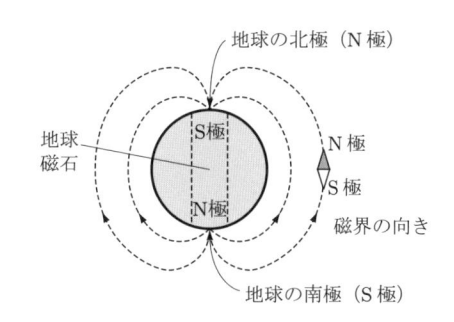

図 9.2 地球磁石

係が成立している.

磁界を具体的に説明するために，図 9.1 に示すような自由に動くことができる磁針 (magnetic needle) を取り上げてみる．磁針には，地球のもつ磁気力により力が作用し常に一定の位置で静止する．この磁気的な力の場を**磁界**という．また，磁針の北を向いている端を**北極** (north pole)，南の方を向く端を**南極** (south pole) とよび，略してそれぞれ **N 極**，**S 極**と名づけている．このような磁針に対し，S 極から N 極の向きをもって通常磁界の向きと定めている．すなわち，地球の磁界は南極から北極へ向かう向きである．

さて，このように磁針と磁界が定義されると，地球を磁石と見立てたときの N 極，S 極は，図 9.2 に示すように，実際の地球の北極，南極と反対方向の関係にある．これは，磁界が磁石の N 極から S 極へ向かうことから明らかである．このように，磁界は電界と同様，大きさ (強さ) と方向をもち，一般にベクトルで表される．

また，**電界**の発生源が**電荷**であったのに対し，**磁界**の発生源は**電流**であるとして説明できる (前頁の脚注参照)．この場合，電流として定常電流を考えれば，発生する磁界は**静磁界**である．磁界の定量的な値は，後節 9.3 で電流値と関連して示すことにし，ここでは**磁界の存在**を定義するにとどめる．

なお，電界の存在に対して電気力線が定義されたように，磁界の存在に対して**磁力線** (magnetic line of force) が定義される．すなわち，磁力線とは，その線上の接線が**常に磁界の向きと一致する**ように描いた線と定義される．

9.2 電流と磁界の関係を理解するための基本事項

9.2.1 アンペアの右ねじの法則

物体の磁気的な性質の根源は電荷の移動，つまり**電流**である．いま，図 9.3 (a) のように直線導体に電流が流れているとき，その周囲には**磁力線** (line of magnetic force) が発生し，導線近くに置かれている磁針は図のような極性で静止する．

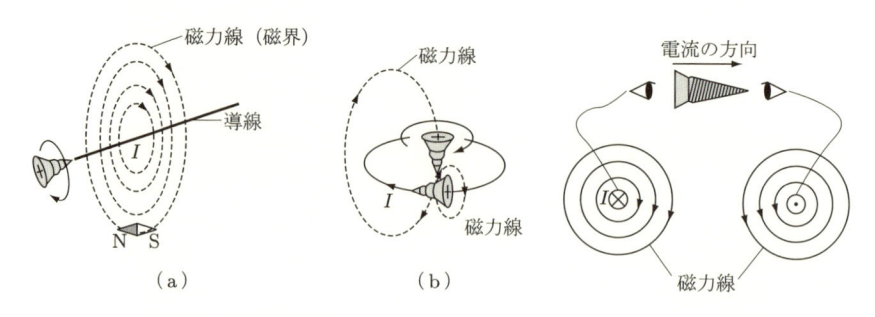

図 9.3 電流の向きと磁界の向きの関係（アンペアの右ねじの法則）

図 9.4 電流と磁界の表記法

(a) 電流と磁力線 (磁界) の向きの関係は，**1 本の右ねじを考えて，磁界の向きに回転させたとき，ねじの進む方向が電流の向きになる**．これを**アンペアの右ねじの法則** (Ampére's right-handed screw rule) という．
(b) また同図 (b) のようにループ電流が流れている導体では，**右ねじを同図のように電流方向に回すと，磁力線はねじの進む向きに発生する**．

二つの図から明らかなように (a) の法則で，電流と磁界を入れ替えたものが (b) である．要するに，ねじの回転方向を電流，磁界のどちらにとってもよいわけである．

なお，電流と磁界は，同一平面上に存在していない．このため両者の向きを簡単に表すために，図 9.4 のように導体の断面図を描き，電流が紙面の表から裏へ流れる場合を ⊗ 印，紙面の裏から表へ流れるときには ⊙ 印で示すと便利である．

9.2.2 微小ループ電流による磁界分布

いま，図 9.5 (a) に示すようなリード線部が近接した微小なループ状の導線を考えてみよう．この導線に電流 I を流してみると，同図 (b) のような磁力線が発生する．このときリード線部では図 (b') に示すような磁力線 (磁界) が発生し，これらは互いに打ち消し合って零となる．結局この理由から，微小ループに電流を流すときの磁力線分布は，リード線なしの図 (c) で表してよいことになる．さらに，このループ電流による磁力線分布は，同図 (d) の磁気双極子の磁力線分布，および同図 (e) の電気双極子による電界分布にほぼ等しい．ここで，図 (d)，図 (e) の分布が図 (b) にほぼ等しいという意味は，図 (d) では両磁極間，図 (e) では両電荷間の近傍を除いた部分が等しいということである．

なお，図 (d)，図 (e) の両者に関してみると，磁力線が N 極から出て S 極へ，電気力線が正電荷から負電荷へ向かうため，この両者では磁界，電界の分布は磁極間，電荷間を含めて完全に一致していることが同図からも明らかであろう．後の磁気現象を理解するためにも，これらの関係をはっきり理解しておく必要がある．

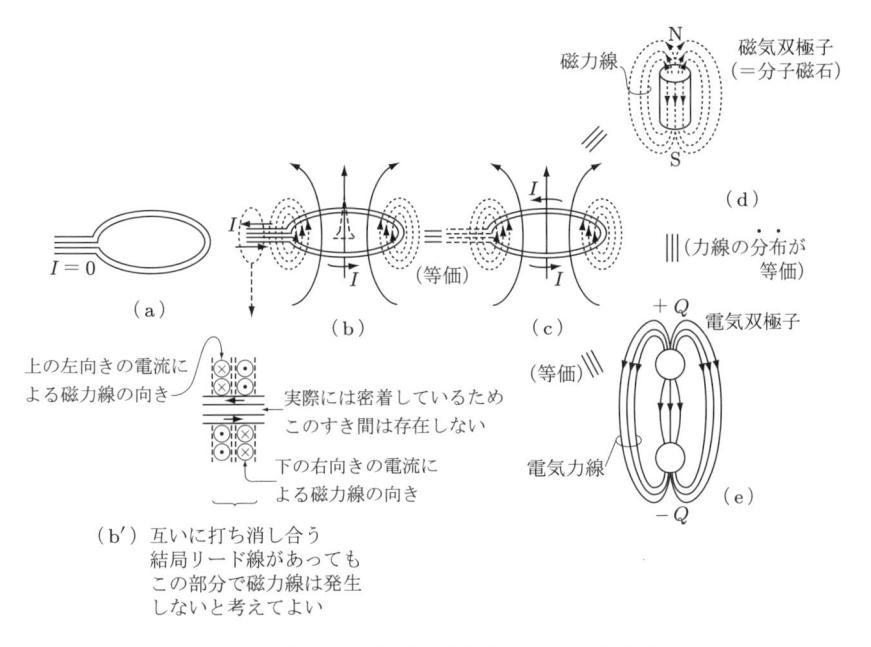

図 9.5 微小ループ電流による磁界分布の相互関係

9.2.3 通常の電流ループによる磁界分布

通常の電流分布とは，前項の微小ループに対して比較的大きな電流ループという意味である．

まず，図 9.6 に示すような導線の閉回路に電流 I が流れている場合を考えてみよう．いま同図 (a) を図 (b) のように，PQ 間で結線して閉回路を二分割して，それぞれの回路に電流 I が流れているとすると，PQ 部分はそれぞれ逆向きの電流が流れることになり，互いに打ち消し合ってしまう．結局 (b) の場合も，(a) のループ電流と同一の関係にある．さらに，(c) のように多く分割した微小ループ電流を考えた場合も同じ理由により，(a) のループ電流の場合とまったく変わらぬ関係が保たれている．

ところで，前項で述べたようにこの微小ループ電流のつくる磁界分布は，それぞれ微小磁石 (磁気双極子) による磁界分布および電気双極子による電界分布にほぼ等しい．したがって，(c) (結局は図 (a)) の磁界分布は，磁気双極子の集合である (d) の磁気二重層 (等価板磁石) と電気双極子の集合である (e) の電気二重層の場合と磁極間，双極子間を除いて等しい関係にある．

さらに，(d)，(e) は磁界分布，電界分布が**分布**に関しては磁極間，電荷間を含めてまったく等しい関係にある．以後の磁界に関する説明では適宜，これら電気二重層，磁気二重層 (等価板磁石) を巧みに使って磁気現象を可視化して説明していく．これらは説明の手段としての意義がある．電気二重層は，その周縁が固定されていれば，

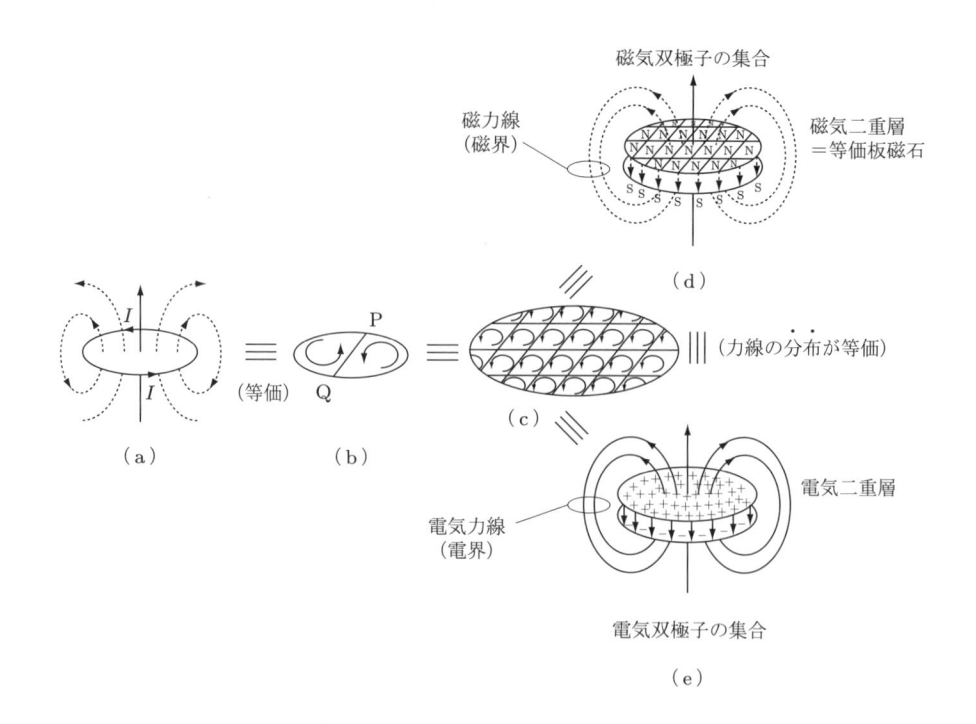

図 9.6 電流ループと等価な磁界分布の相互関係

二重層の面の形状をどのように変形しても考察点 P の電位は立体角に依存するため同一であった．これと同様，等価板磁石は，その周縁さえ固定されていれば，磁石面をどのような形状にも湾曲させることができ (本書では**湾曲性**という)，任意の点の磁界分布を簡単に考察できるという性質を備えている．なお等価板磁石の**等価**とは，電流ループによる磁力線と磁極間を除いて等しい磁界分布となるという意味である．

9.2.4 鎖交

任意の閉曲線 C_1 を，他の閉曲線 C_2 が通り抜けて，ちょうど鎖と同じように結ばれることを**鎖交** (interlinkage) しているという．たとえば，後述するアンペアの周回積分に見られるように，積分路 C と電流 I は鎖交している．

図 9.7 (a) では，二つの閉曲線 C_1, C_2 は，一方の閉曲線を他が通り抜けておらず，鎖交していない．また，同図 (b) は，正に 1 回鎖交する例で，(c) は，負に 1 回鎖交する例である．ここで正に鎖交するとは，右ねじの関係が成立する場合を正と定めている．同図 (d) からもわかるように，正に k 回，負に l 回鎖交するときの全鎖交回数は

$$全鎖交回数 = k - l \tag{9.1}$$

と表される．

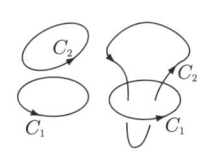

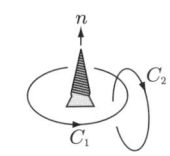

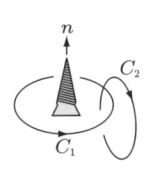

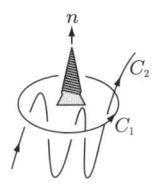

(a) 鎖交しない例　(b) 正に1回鎖交　(b) 負に1回鎖交　(b) 正に1回鎖交

図 9.7　二つの曲線の鎖交例

9.3　アンペアの周回積分の法則

アンペアの周回積分の法則

任意の閉曲線 C に沿う磁界 $\boldsymbol{H}$ の周回積分は，C と鎖交する電流 I_i の代数和に等しい．

$$\oint_C \boldsymbol{H} \cdot d\boldsymbol{l} = \sum_{i=1}^{n} I_i \quad [\text{A}]$$

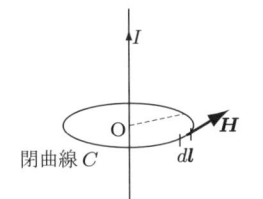

これを**アンペアの周回積分の法則** (Ampére's circuital law) という．

アンペアは図 9.8 に示すように，無限に長い直線状導体を流れる電流による磁界について実験的に調べ，次のような性質があるという結論を得た．

(1) 磁界の大きさは電流の強さに比例する．

(2) 磁界の大きさは直線からの距離に反比例する．これは r を一定とすると I が一定のとき，磁界は一定となることを意味している $\left(結局，(1)，(2) から H \propto \dfrac{I}{r}\right)$．

(3) ある考察点における磁界の方向は，その点と導線とでつくる平面に直角である．このことは，図 9.8 (b) に示すように半径 r の円周上の磁界を考えると磁界が円の

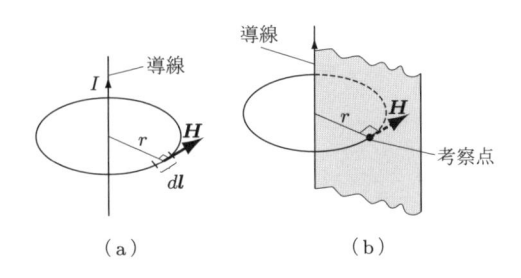

図 9.8　アンペア周回積分の法則の説明

接線方向を向いていることを意味する．

(4) 電流の流れている方向を反対にすれば，磁界の方向も反対になる．

以上の直線電流に対する磁界の性質を念頭において，次の周回積分を考えてみよう．

$$\oint_C \boldsymbol{H}(r) \cdot d\boldsymbol{l} = \underbrace{\oint_C |\boldsymbol{H}(r)||d\boldsymbol{l}|\cos\theta}_{(3) \text{の性質から}} \quad (\theta = 0 \text{ (3) より)}$$

$$= \underbrace{\oint_C H(r)\, dl}_{(2) \text{の性質から}} = H(r) r \oint_C d\theta = \underbrace{2\pi r H(r)}_{(1) \text{の性質から}} = \underbrace{2\pi r KI} \quad (\because H(r) \propto I)$$

$(\because dl = r d\theta \text{ で } r \text{ 一定なら } H(r)r = \text{const.})$

ここで，H の単位を適当に選んで，比例定数 K が $K = \dfrac{1}{2\pi r}$ となるようにすると

$$\boxed{\oint_C \boldsymbol{H} \cdot d\boldsymbol{l} = I \quad [\text{A}]} \tag{9.2}$$

の関係が得られる．これは，直線状電流を考え，積分路が磁力線に沿う特殊な場合であるが，これを一般に拡張して，任意の閉曲線 C に沿う磁界 $\boldsymbol{H}$ の線積分は，その閉曲線に鎖交している電流の強さの代数和に等しいという法則が得られる．つまり

$$\oint_C \boldsymbol{H} \cdot d\boldsymbol{l} = \sum_{i=1}^{n} I_i \quad [\text{A}] \tag{9.3}$$

ただし，I_i は正負の符号を有し，アンペアの右ねじの法則に従っている．これを，**アンペアの周回積分の法則**という．

〈磁界の単位〉

磁界の単位は，式 (9.2) から明らかなように，アンペア/メートル [A/m] である．

【例題 9.1】 半径 a [m] の直線導体に電流 I [A] が一様に分布し流れているとき，導体内外の磁界を計算せよ．

【解】（ⅰ）導体外 $r > a$ の場合

直線導体の問題であるから，アンペアの周回積分の法則が使える．この場合半径 r の積分路と鎖交する電流は I [A] であるから，

$$\oint_C \boldsymbol{H} \cdot d\boldsymbol{l} = H \int_C dl = 2\pi r H = I$$

$$\therefore \quad H = \dfrac{I}{2\pi r} \quad [\text{A/m}]$$

（ⅱ）導体内 $0 < r < a$ の場合

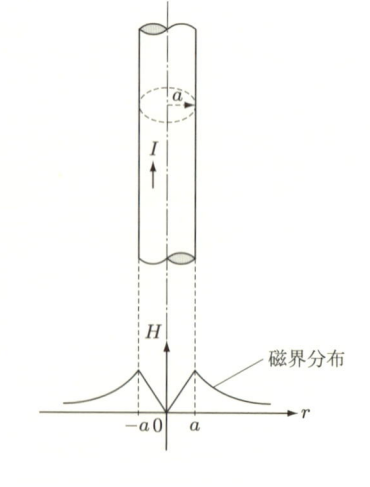

導体内で静電界は零であったが，磁界は零とはならないことに注意して，導体中心から r の半径内を流れる電流を面積で比例配分して求める．この半径 r の内側の電流つまり，積分路 C と鎖交する電流分 I_r は，

$$I_r = \frac{\pi r^2}{\pi a^2} I = \frac{r^2}{a^2} I \quad [\text{A}]$$

$$\oint_C \boldsymbol{H} \cdot d\boldsymbol{l} = H \oint_C r\, d\theta = 2\pi r H = \frac{r^2}{a^2} I$$

$$\therefore \quad H = \frac{Ir}{2\pi a^2} \quad [\text{A/m}]$$

【例題 9.2】 図示したような同軸ケーブルがある．内外導体を電流 I が往復しているとき，次の (1) から (4) の各場合の磁界を求めよ．

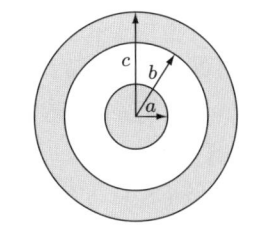

(1) 内部導体内の磁界

(2) 内外導体間の磁界

(3) 外部導体内の磁界

(4) 外部空間の磁界

【解】 (1) 内部導体内部 $r < a$ の場合
前問と同様に中心から r の半径の内側を流れている電流 I_r は，

$$I_r = \frac{\pi r^2}{\pi a^2} I = \frac{r^2}{a^2} I$$

$$\therefore \quad \oint_C \boldsymbol{H} \cdot d\boldsymbol{l} = H \oint_C r\, d\theta = 2\pi r H = \frac{r^2}{a^2} I$$

$$\therefore \quad H = \frac{Ir}{2\pi a^2} \quad [\text{A/m}]$$

(2) 内外導体間 $a < r < b$ の場合
中心から r の半径の円内には I だけが鎖交しているから

$$2\pi r H = I$$

$$\therefore \quad H = \frac{I}{2\pi r} \quad [\text{A/m}]$$

(3) 外導体内 $b < r < c$ の場合
この場合は，外導体内側と中心から外導体内に伸びる半径 r の円とがつくる領域の電流を求める必要がある．これも面積で外導体電流 $-I$ を比例配分して求められる．すなわち

$$I_r = -\frac{\pi r^2 - \pi b^2}{\pi c^2 - \pi b^2} I = -\frac{r^2 - b^2}{c^2 - b^2} I$$

積分路 C に相当するこの半径 r の円内に鎖交している電流は，内導体電流と上記のものであるから，この代数和がアンペアの周回積分の右辺となる．

$$\therefore \quad 2\pi r H = I - \frac{r^2 - b^2}{c^2 - b^2} I$$

$$\therefore \quad H = \frac{I}{2\pi r} \cdot \frac{c^2 - r^2}{c^2 - b^2} \quad [\text{A/m}]$$

(4) 外部空間 $r > c$ の場合

半径 r の円がつくる積分路 C 内には，等量異符号の電流が流れているから，次式より $H = 0$ となる．すなわち

$$2\pi r H = I - I = 0$$

$$\therefore \quad H = 0$$

【例題 9.3】 単位長あたりの巻回数 n で電流 I [A] の無限に長いソレノイドがある．ソレノイドの内外の磁界を求めよ．

【解】 無限長直線状の導体に電流が流れている場合は，アンペアの周回積分の法則が磁界解析に有効であった．ここでは，必ずしもこの状態でない場合にアンペアの周回積分の法則を用いる例として無限長ソレノイドを例にあげた．

無限長のソレノイドでは，その構造から磁界は軸方向のみを向いている．図に示すように，いま，軸に沿う辺が l [m] の長さでコイルの一部を含む長方形積分路 ABCD を考えてみる．

いま，AB の磁界を H_1，CD の磁界を H_2 とすると，BC，DA 方向には磁界は存在しないから

$$\oint_{\text{ABCDA}} H \, dl = \int_{\text{AB}} H \, dl + \int_{\text{CD}} H \, dl = -H_1 l + H_2 l$$
$$= nlI \quad [\text{A}]$$

次に，コイルを含まない外側に積分路 EFGHE を考える．この場合も HE，FG 方向に磁界は存在せず，EF の磁界を H_3，GH の磁界を H_4 とすると，この積分路に電流は鎖交しないから，

$$\oint_{\text{EFGHE}} H \, dl = \int_{\text{EF}} H \, dl + \int_{\text{GH}} H \, dl = -H_3 l + H_4 l$$
$$= 0$$

$$\therefore \quad H_3 = H_4$$

ここで，EH = FG は，いくらでも大きくとれるから ∞ にしてみると H_4 は明らかに零となる．ゆえに

$$H_3 = 0$$

この結果から明らかなように，一般に無限長ソレノイドの外部では磁界は零となる．

この結果，上式の関係から，$H_1 = 0$

$$\therefore \quad H = H_2 = nI \quad [\text{A/m}]$$

ここで注意すべきは，n が単位長あたりの巻数であること，無限長ソレノイド内の磁界は上式で表され，ソレノイド内部のいたるところで均一な磁界を生じていることである．

9.4 磁 位

9.4.1 電位と磁位

磁位差

磁界中で積分路が電流と**鎖交しない**ような領域を考えるとき，この領域内に限り磁位差 U_{BA} は次式で与えられる．

$$U_{\text{BA}} = -\int_A^B \boldsymbol{H} \cdot d\boldsymbol{l} \quad [\text{A}]$$

ここで通常 A としては，この領域が必ずしも無限点に及んでいるとは限らないから，任意の 1 点を基準にとり，磁位差 U を考える．

電界内では，電界 $\boldsymbol{E}$ と電位 V が次式 (a) の関係を満たすとき，式 (b) が成立し，これは，電界 $\boldsymbol{E}$ が "保存的" であることを意味していた．この電界を特徴づける式 (a), (b) の関係が，磁界に関しても成立すれば，磁位 U_m (magnetic potential) が定義できる．

〈電 界〉　　　　　　　　〈磁 界〉

$$\begin{cases} \boldsymbol{E} = -\text{grad } V & (a) \\ \oint_C \boldsymbol{E} \cdot d\boldsymbol{l} = 0 & (b) \end{cases} \quad \overset{(類推)}{\Rightarrow} \quad \begin{cases} \boldsymbol{H} = -\text{grad } U_m & (c) \\ \oint_C \boldsymbol{H} \cdot d\boldsymbol{l} = 0 & (d) \end{cases}$$

ところで，式 (d) は，すでに学んだアンペアの周回積分の左辺であるから，積分路と鎖交する電流があれば，右辺は零とならず，式 (d) の関係は成立しない．

しかし考えている領域に，電流がなければ (磁界は存在するが)，式 (d) は成立する．

また，電流が存在しても，電流が積分路と鎖交しない領域を考える限り，式 (d) は成立する．

このことを等価板磁石を導入し，その**湾曲性**を利用して考えてみる[2]．

---

[2] 電気二重層があるときの点 P の電位 V_P は，$V_P = \dfrac{M}{4\pi\varepsilon_0}\omega$ のように立体角 ω で表された．立体角 ω は考察対象の周縁が変わらなければ，その内部が変化しても値は不変である．磁位も後述するように，等価板磁石を用いて，立体角 ω で表される．したがって，等価板磁石の周縁を固定して，内部を変化できる性質のことを筆者は**湾曲性**とよんでいる．

図 9.9 (a) は，ループ電流と積分路が鎖交していない場合を示している．このモデルは，同図 (b) のように，等価板磁石で置き換えられる．結局，**電流ループと積分路が鎖交しない**という条件は**等価板磁石を積分路が貫かない**ということであり，この条件下で，磁位 U_m を求めることができる．この等価板磁石を導入すると，たとえば，同図中の点 P の磁位 U_m を求めるときは，等価板磁石を "**湾曲**" させて，点線の位置に板磁石を移せばよい．

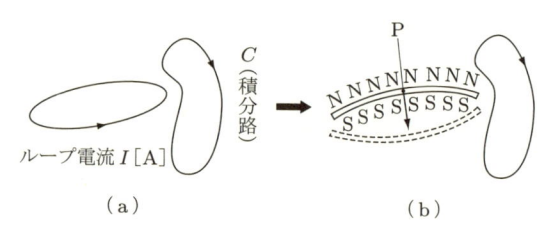

図 9.9 電流分布と積分路の関係

このように，電流と積分路が鎖交しない領域だけに対し，磁位を考えることができ，この領域中の 2 点間の磁位差は，電位差と同様に，

$$U_{BA} = -\int_A^B H \cdot dl \quad [A]^{3)} \tag{9.4}$$

の形で表すことができる．

この場合，上述のように積分領域が限定されるから，必ずしも無限遠点を含んでいない．したがって，通常 A は領域内の任意の 1 点を基準にとり，その点に対する磁位差をもって，磁位 U_m を定義している．磁位の単位は式 (9.4) から明らかなように [A] である．

磁位 U_m が定まれば，次式から磁界 H が求められる．

$$H = -\mathrm{grad}\, U_m \quad [A/m] \tag{9.5}$$

9.4.2 電流による磁界の磁位

ループ電流と磁位

電流 I が流れている閉回路に対する任意点 P における磁位 U_P は，次式で与えられる．

$$U_P = \frac{\omega}{4\pi} I \quad [A] \quad \omega：立体角$$

---
3) 電荷に対応する**磁荷**を用いて磁界を説明する立場からは，式 (9.4) は「単位磁荷を点 A から点 B まで運ぶに要する仕事」を意味している．

図 9.10 に示すように，閉回路に電流 I が流れている場合の点 P の磁位について，再び等価板磁石の助けをかりて考えてみよう．この場合，もちろん積分路はこの板磁石と交わることはできない．

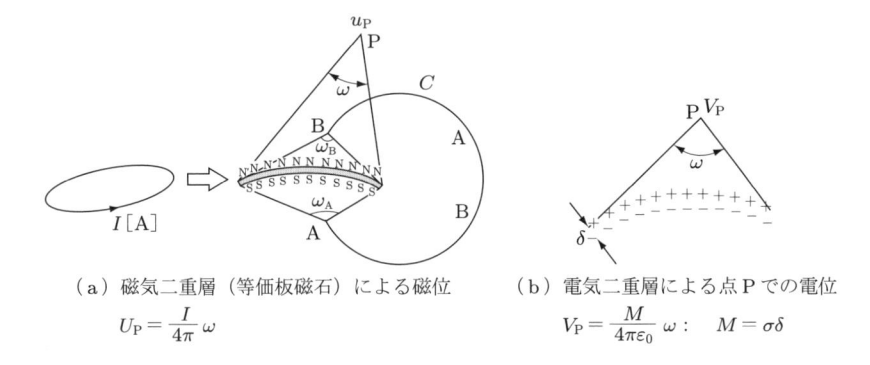

(a) 磁気二重層（等価板磁石）による磁位
$$U_P = \frac{I}{4\pi}\omega$$

(b) 電気二重層による点 P での電位
$$V_P = \frac{M}{4\pi\varepsilon_0}\omega : \quad M = \sigma\delta$$

図 9.10 ループ電流と磁位

さて，電気二重層における電位 V_P との類推から[4])，磁位 U_P は，点 P から回路 (板磁石) を見た立体角 ω に比例していると考えられ，また磁界は電流 I に比例しているから，

$$U_P = kI\omega \tag{9.6}$$

と表される．

ここに，k は比例定数である．

いま，等価板磁石の両側の表面近傍に点 A，B をとる．この A，B 間の磁位差は，前式 (9.4) の定義より，

$$\underbrace{U_{BA} = -\int_A^B \boldsymbol{H} \cdot d\boldsymbol{l}}_{\text{(定義から)}} = \int_B^A \boldsymbol{H} \cdot d\boldsymbol{l} = U_B - U_A$$

$$= \underbrace{kI\{\omega_B - (-\omega_A)\} = kI(\omega_B + \omega_A)}_{\text{(電気二重層の類推から)}} \tag{9.7}$$

上式で積分路は $\overline{BA}$ に変更される．ここで等価板磁石がきわめて薄いとし，両点 B，A を近接させた場合を考えてみる[5])．この極限的な考えの下では，積分 $\int_B^A$ は，周回

---

[4]) このように電気二重層の場合から類推できるのは，図 9.6 に示したように，等価板磁石と電気二重層の界分布が形の上で一致することによっている．図 9.6 (d), (e) の等価性の意義は，このような考え方ができる点にある．

[5]) ここで考えている電流と等価な板磁石は，実際に磁極が存在するわけでないから，AB 間を狭めても問題はない．

積分 $\oint_C$ とみてよく,アンペアの周回積分則に従い $\int_B^A \boldsymbol{H} \cdot d\boldsymbol{l} \fallingdotseq \oint_C \boldsymbol{H} \cdot d\boldsymbol{l} = I$ と表すことができる[6].

また,$\omega_A + \omega_B = 4\pi$(全立体角) であるから,結局式 (9.7) は,

$$I = 4\pi k I \quad \therefore \quad \frac{1}{4\pi} \tag{9.8}$$

この k の値を式 (9.6) へ代入し,

$$\boxed{U_P = \frac{I}{4\pi}\omega \quad [\text{A}]} \tag{9.9}$$

を得る.

9.4.3 微小ループ電流による磁位

図 9.11 のような微小ループに電流 I [A] が流れている場合の点 P の磁位を求めてみる.

円形ループの中心を O とし,微小面積を ΔS,点 O における法線ベクトルを $\boldsymbol{n}$ とする.点 O から点 P へのベクトルを $\boldsymbol{r}$ とし,$\boldsymbol{n}$ と $\boldsymbol{r}$ のなす角を θ とする.

まず,点 P から ΔS を見込む立体角 $\Delta\omega$ は,

$$\Delta\omega = \frac{\Delta S'}{r^2} = \frac{\Delta S \cos\theta}{r^2} = \frac{\Delta S(\boldsymbol{n} \cdot \boldsymbol{r})}{r^3}$$

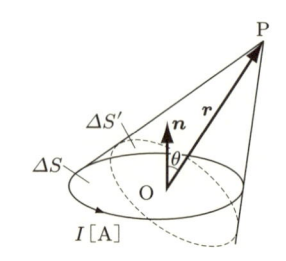

図 9.11 微小ループ電流による磁位

前式から,点 P の磁位 U_P は,

$$U_P = \frac{I}{4\pi}\Delta\omega = \frac{I\Delta S \cos\theta}{4\pi r^2} \tag{9.10}$$

$I\Delta S = M$ とおき

$$\boxed{U_P = \frac{M\cos\theta}{4\pi r^2} = \frac{M(\boldsymbol{n} \cdot \boldsymbol{r})}{4\pi r^3} \quad [\text{A}]} \tag{9.11}$$

M を**電流ループの磁気モーメント** (以下,磁気モーメントとよぶ) とよび,一般にはベクトル $\boldsymbol{M} = \boldsymbol{n}M$ で表され,単位は [Am^2] となる.

9.5 ビオ・サバールの法則

ビオ・サバールの法則

長さ dl の微小長を流れる電流が,1 点 P に生じる**磁界の大きさ** dH は次式で与えられ,**方向**は P と dl を含む面に垂直でその向きは,右ねじの法則に従う.

---

[6] 極限を考えているから,板磁石と積分路は依然鎖交しない.

9.5 ビオ・サバールの法則

$$dH = \frac{I\sin\theta}{4\pi r^2} dl \quad [\text{A/m}]$$

$$d\boldsymbol{H} = \frac{I d\boldsymbol{l} \times \boldsymbol{r}}{4\pi r^3} \quad [\text{A/m}] \quad (\text{ベクトル表示部})$$

曲線状または有限長電流 → 磁界

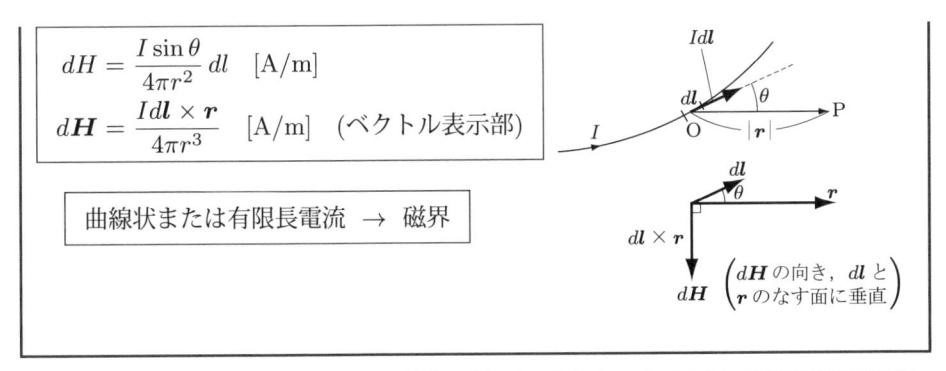

$\left(\begin{array}{l}d\boldsymbol{H}\text{ の向き},\ d\boldsymbol{l}\ \text{と}\\ \boldsymbol{r}\ \text{のなす面に垂直}\end{array}\right)$

前節 9.3 で学んだアンペアの周回積分の法則は主として**無限長の直線状電流**が流れている場合の磁界を求めるのに有効な法則であった．これに対してここで述べる**ビオ・サバールの法則**は，電流が**曲線状**あるいは**有限長**の導体に流れている場合の磁界に対して有効な法則といえる．

いま，図 9.12 のような任意の曲線状閉路 C を考え，これに沿って電流 I が流れているとき，有限長 l の部分により点 P に生じる磁界を求めてみる．

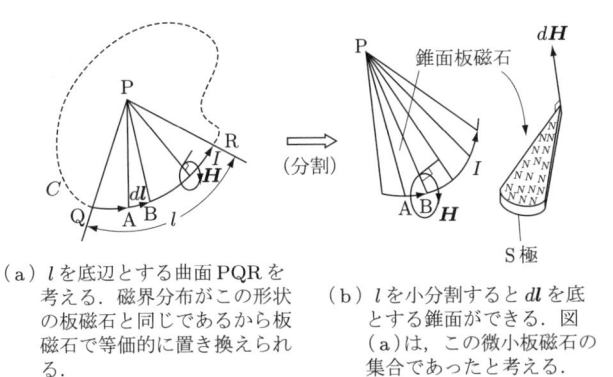

（a）l を底辺とする曲面 PQR を考える．磁界分布がこの形状の板磁石と同じであるから板磁石で等価的に置き換えられる．

（b）l を小分割すると dl を底とする錐面ができる．図（a）は，この微小板磁石の集合であったと考える．

図 9.12 ビオ・サバールの法則

(1) まず，同図 (a) で，C の長さ l を底辺とする曲面 PQR を考える．電流 I による磁界はこの曲面で垂直に交わるから，この曲面 PQR に関する磁界分布は，等価板磁石で表現できる．

(2) そこで，同図 (b) のように，区間 l を微小分割し線素 dl で表すと，PAB は微小板磁石となる．dl に対する微小板磁石は平面と考えてよい．

(3) いま図 9.13 に示すように，P を中心とし，AB の中点を通る円弧と PA, PB の交点を A′, B′ とすると，PAB による磁界は，$\overline{\text{AB}}$ および $\overline{\text{A}'\text{B}'}$ がきわめて短いから，PA′B′ による磁界と考えてさしつかえない．

(4) ところで，半径 r の円形コイルの中心磁界は，$H_0 = I/2r$ である（練習問題 8

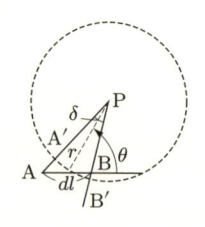

図 9.13 ビオ・サバールの法則

参照).これは,いまの場合の半径 r の円形板磁石の中心磁界を与えると考えてよい.PA′B′ は,この円形板磁石の一部であるから,点 P の磁界 dH は,角度に比例するとして次のように求められる.

$$dH : H_0 = \delta : 2\pi$$

ゆえに,

$$dH = \frac{H_0 \delta}{2\pi} = \frac{I\delta}{4\pi r} \tag{9.12}$$

ここで,

$$\delta = \frac{A'B'}{r} = \frac{AB \sin\theta}{r} = \frac{\sin\theta \, dl}{r} \tag{9.13}$$

ゆえに式 (9.12) は,

$$\boxed{dH = \frac{I \sin\theta}{4\pi r^2} dl \quad [\text{A/m}]}$$

これが,dl の部分を流れる電流による点 P の磁界の大きさを与える式である.磁界の方向は点 P と dl を含む面に垂直となり,向きは電流に対して右ねじの法則に従う.これが,ビオ・サバールの法則 (Biot-Savart's law) である.

なお,ベクトル表示をすれば,

$$\boxed{d\boldsymbol{H} = \frac{I}{4\pi} \frac{d\boldsymbol{l} \times \boldsymbol{r}}{r^3} \quad [\text{A/m}]} \tag{9.14}$$

あるいは,線素 dl の代わりに電流をベクトルで表すと,

$$\boxed{d\boldsymbol{H} = \frac{dl}{4\pi} \frac{\boldsymbol{l} \times \boldsymbol{r}}{r^3} \quad [\text{A/m}]} \tag{9.15}$$

【例題 9.4】 半径 a [m] の円形導線に電流 I [A] が流れているとき,中心 O を通りこの円面に垂直な軸上点 P の磁界の強さ H_P を計算せよ.

9.5 ビオ・サバールの法則

【解】 このように曲線上や有限長の導線に電流が流れているときは，これらを分割して各要素磁界を求めてその総和をとるという計算が必要となる．このためビオ・サバールの法則が有効となる．

ビオ・サバールの法則
$$dH = \frac{I\,dl\sin\theta}{4\pi r^2}$$

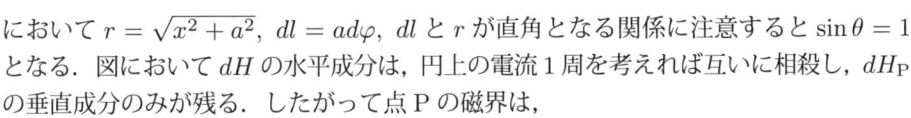

において $r=\sqrt{x^2+a^2}$, $dl = a\,d\varphi$, dl と r が直角となる関係に注意すると $\sin\theta = 1$ となる．図において dH の水平成分は，円上の電流1周を考えれば互いに相殺し，$dH_{\rm P}$ の垂直成分のみが残る．したがって点 P の磁界は，

$$H_{\rm P} = \int dH\sin\alpha = \frac{I}{4\pi r^2}\sin\alpha \int dl = \frac{I}{4\pi r^2}\cdot\frac{a}{r}\int_0^{2\pi} a\,d\varphi$$
$$= \frac{Ia^2}{2r^3} = \frac{Ia^2}{2(x^2+a^2)^{3/2}}\quad [{\rm A/m}]$$

【例題 9.5】 図に示すように，長さ l の直線状導体に電流 I が流れているとき，任意の点 P に生じる磁界を求めよ．

【解】 有限長の導線の問題であり，これも分割して考える必要があり，ビオ・サバールの法則が有効である．

いま，PO ⊥ AB の垂線を考える．AB 上に dx をとり O からの距離を x とする．この dx の電流による点 P の磁界は，

$$dH = \frac{I\sin\theta}{4\pi r^2}\,dx$$

ここで，$x = -a\cot\theta$ ∴ $dx = a\,{\rm cosec}^2\theta\,d\theta$, $r^2 = a^2\,{\rm cosec}^2\theta$ の関係があり上式は

$$dH = \frac{I\sin\theta\,a\,{\rm cosec}^2\theta}{4\pi a^2\,{\rm cosec}^2\theta}\,d\theta = \frac{I}{4\pi a}\sin\theta\,d\theta$$

この dH を θ_1 から θ_2 まで ($x=0\sim l$ に対応) 積分すれば，点 P の総合磁界が求まる．

$$H = \int dH = \frac{I}{4\pi a}\int_{\theta_1}^{\theta_2}\sin\theta\,d\theta$$
$$= \frac{I}{4\pi a}(\cos\theta_1 - \cos\theta_2)\quad [{\rm A/m}]$$

なお，直線が無限長のときは，$\theta_1 = 0$, $\theta_2 = \pi$ であるから，

$$H = \frac{I}{2\pi a}\quad [{\rm A/m}]$$

となり，アンペアの周回積分の法則から求めた結果と一致している．

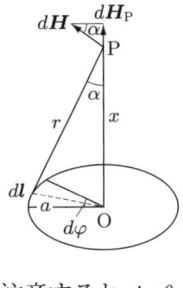

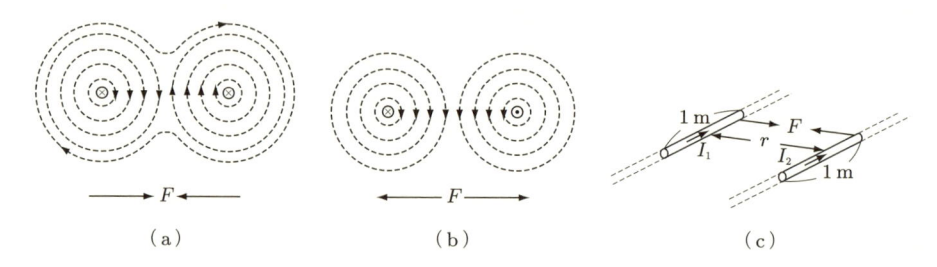

9.6 二つの電流間に働く力

二つの電流間に働く力

二つの導体に電流 I_1, I_2 が流れている場合，電流の向きが互いに同方向のときは吸引力が，逆方向のときは反発力が働く．

この力の大きさは，両導体間の距離を r [m]，真空の透磁率を μ_0 とすると，導体単位長あたり，

$$F = \frac{\mu_0 I_1 I_2}{2\pi r} \quad [\text{N/m}]$$

ここに，$\mu_0 = 4\pi \times 10^{-7} \fallingdotseq 1.257 \times 10^{-6}$ [H/m]

9.6.1 実験に基づく証明

二つの導体に電流が流れているとき，両導体間には，それぞれの電流による磁界の相互作用で力学的な力が発生する．

いま，図 9.14 のように無限に長い 2 本の導体に電流 I_1, I_2 を流した場合を考える．

図 9.14 二つの電流間に働く力

(1) 二つの電流が同方向の場合 … 吸引力が働く

(2) 二つの電流が逆方向の場合 … 互いに反発する力が働く

このことは同図 (a), (b) に示す磁力線分布を見ても直感的に理解されよう．すなわち，この二つが電流の同方向の場合は磁力線が二つの導線を包むように取り巻き，異方向の場合は，両導体間の磁力線が導体を互いに分離するように生じている．

アンペアによれば，**単位長**の導線に働く力の大きさ F は，I_1 と I_2 の積に比例し，距離に反比例する．式で表せば

$$F \propto \frac{I_1 I_2}{r} \tag{9.16}$$

あるいは，

$$F = k \frac{I_1 I_2}{r} \tag{9.17}$$

力 F [N] を実験より測定すると，真空中で $k = 2 \times 10^{-7}$ となる．

ゆえに

$$F = 2 \times 10^{-7} \frac{I_1 I_2}{r} \quad [\text{N/m}] \tag{9.18}$$

9.6.2 等価板磁石による理論的説明

この問題をもう少し詳しく調べてみる．

この理論的な説明には再び前節で述べた，電気二重層，等価板磁石，電流ループの三者関係を利用していく．すなわち，まず電気二重層に働く力を求め，この静電界の場合との類推から，二つの電流間に働く力の問題に等価板磁石の概念を仲介させて求めるという手順を踏む．

（1） 電気二重層に働く力

第 3 章 3.10.1 項で，電気二重層を無限遠点から，空間のある任意点まで真空中を運ぶのに要する仕事 W を求めた．それによると W は

$$W = -M\Phi \tag{3.76 再掲}$$

ここで，M は電気二重層の強さ，Φ は電気二重層を $-$ 側から $+$ 側に通り抜ける電気力線数である．

ここで，二重層が Δx だけ x 方向に変位したとき，W が $W + \Delta W$ になったとする．このとき，二重層に働いている力の x 成分を F_x とすれば，エネルギー保存則から $\Delta W + F_x \Delta x = 0$

$$\therefore \quad F_x = -\frac{\partial W}{\partial x} \quad [\text{N}] \tag{9.19}$$

69 ページの式 (3.76) から

$$F_x = M \frac{\partial \Phi}{\partial x} \quad [\text{N}] \tag{9.20}$$

この静電界における二重層に働く力 F_x の関係を，以下の電流と磁界の問題に適用してゆく．

（2） 二電流間に働く力

前節の図 9.14 と同じ場合について考える．

この二つの電流 I_1, I_2 による力の関係は，図 9.14 (a)，(b) の I_1, I_2 の断面図で，一方の導体の電流（たとえば I_1）を他の電流（I_2）による磁界中に置いたものとして考えてよい．

この関係は，さらに図 9.15 に示すように，一方の電流（I_1）に対応する半無限平面の等価板磁石を電流（I_2）による磁界中に置くことに相当する．このような問題の仮定の下に，電気二重層との類推で導体に働く力を求めてゆく．いま，等価板磁石を S 側

(a) 等価板磁石を仮想

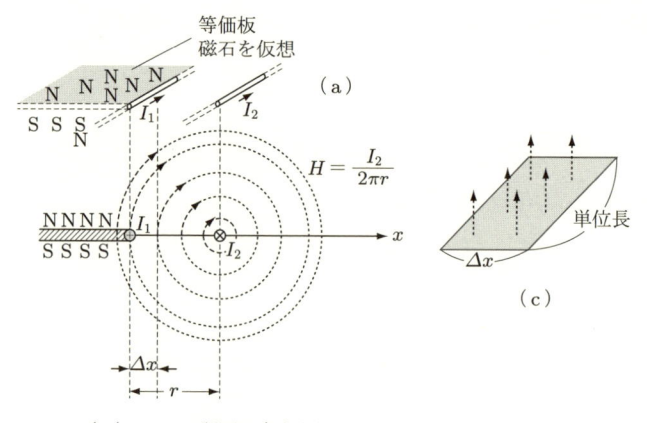

(b) I_1, I_2 の断面で考えた図

(c) 単位長

図 9.15 二電極間に働く力の等価板磁石による説明

からN側へ通り抜ける磁力線数を Φ とする．すなわち I_2 による磁力線が I_1 を辺とする半無限平面の板磁石を通り抜けるものとする．

さて，I_1 が，同図 (b) に示すように，Δx だけ x 方向へ動くと，導体単位長に対する板磁石を通り抜ける磁力線は[7]

$$(磁界) \times (面積) = (その面を通り抜ける磁力線)$$

の関係により $\dfrac{I_2}{2\pi r}\Delta x$

$$\therefore \quad \Delta\Phi = \frac{I_2}{2\pi r}\Delta x \tag{9.21}$$

ゆえに，前式 (9.20) との類推から導体単位長さあたりに働く力 F_x は

$$F_x = M'\frac{\Delta\Phi}{\Delta x} = \frac{M'I_2}{2\pi r} \quad [\text{N}] \tag{9.22}$$

ここで，M' は電気二重層の強さに対応するもので，I_1 による等価板磁石の強さである．これは，I_1 に比例すると考えられるから，比例定数を μ_0 とすると，

$$M' = \mu_0 I_1$$

すると上式 (9.22) は

$$\boxed{F_x = \frac{\mu_0 I_1 I_2}{2\pi r} \quad [\text{N}]} \tag{9.23}$$

このように，導体に働く力は，I_1, I_2 に比例して，r に反比例する力が働くことが明

---

[7] 磁力線も電気力線同様に「単位面積を通り抜ける磁力線の数と磁界の強さを等しくなる」ように定義している．$H = \dfrac{\Delta N}{\Delta S}$

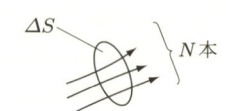

らかとなった．ここで，前式 (9.18) と式 (9.23) を比較すると
$$\frac{\mu_0}{2\pi} = 2 \times 10^{-7}$$
ゆえに，
$$\boxed{\mu_0 = 4\pi \times 10^{-7} = 1.257 \times 10^{-6} \quad [\text{H/m}]} \tag{9.24}$$
である．この μ_0 を**真空の透磁率**という．

9.6.3 電流の単位について

これまで第 2 章 2.2 節でクーロンの法則から電荷量を定義し，この電荷を用いて，第 8 章 8.1 節で電流を定義してきた．しかしこれは，電気磁気学の記述の順に制約された便宜上の定義であって，SI 単位系の正しい定義法は，電流を先に定め，電荷量を定義するという手順をとる．

この場合の電流の定義は式 (9.16)〜(9.18) による．つまり，式 (9.17) において k が 2×10^{-7} となるような電流を 1 A と定める．このように電流を定義した後，1 C の電荷量は，1 A が 1 秒間に運ぶ電気量として定義される．

9.7 磁界中の電流に働く力

9.7.1 一般式

磁界中の電流に働く力 … フレミングの左手の法則

磁界中の電流に働く力 $\boldsymbol{F}$ は，電流 $\boldsymbol{I}$ と磁束密度 $\boldsymbol{B}$ $(= \mu_0 H)$[8] の両者を含む面に垂直であって，図 9.16 に示したように，力 $\boldsymbol{F}$ は，$\boldsymbol{B}$ と $\boldsymbol{I}$ ベクトル積として与えられる．

左手の親指，人差指，中指を互いに直角にして，この関係を図 9.17 のように表したものを**フレミングの左手の法則** (Fleming's lefthand rule) という．

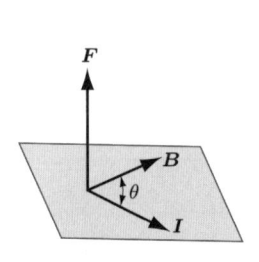

図 9.16 磁界中の電流に働く力 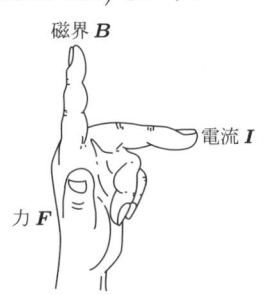   図 9.17 フレミングの左手の法則

---
[8] 磁束密度 B は次章で詳述する．

磁界中の電流に働く力を一般的に考えてみる．

手順としては，(ⅰ) 図 9.18 のように，真空中の磁界中におかれた一つの電流ループ C を考え，まずこれが Δr だけ変位した場合の鎖交する磁力線数の変化量 $\Delta \Phi$ を求める．(ⅱ) 次に

$$F_r = M \frac{\Delta \Phi}{\Delta r} \quad [\text{N}] \quad (\text{ただし } M = \mu_0 I) \tag{9.25}$$

から電流に働く力が求められる．

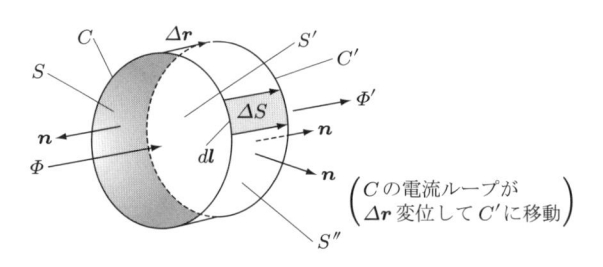

図 9.18 鎖交する磁力線数の変化

さて，図 9.18 において，この円柱状閉曲面への磁力線の出入の総和は零でなければならない．これは後章で述べるように，磁力線は連続しているからである．たとえば，いま手前の面 S から入る磁力線 Φ（法線ベクトル $\boldsymbol{n}$ と逆向き）と向こう側の面 S' から出てゆく磁力線 Φ'（$\boldsymbol{n}$ と同方向）の差を考えてみる．

$$\Phi' (\text{出る磁力線の数}) - \Phi (\text{入る磁力線の数}) = \Delta \Phi \tag{9.26}$$

$\Delta \Phi > 0$ であれば，**出る磁力線**が多いことになる．しかし，磁力線は連続しており，閉曲面内に出入する磁力線は相等しく差し引き零とならなければならない．このためには，上式の $\Delta \Phi$ 分の磁力線が閉曲面に入っている必要があるが，これは側面 S'' 部分から入っていると考えればよい．この $\Delta \Phi$ は，電流路 C が C' へ変位したことによる磁力線の C' に対する鎖交数の増加分と考えることもできる．

S'' に入る $\Delta \Phi$ の関係を式で示すと，

$$\Delta \Phi = \int_{S''} (-\boldsymbol{H}) \cdot \boldsymbol{n} \, dS = - \int_{S''} \boldsymbol{H} \cdot (\boldsymbol{n} \, dS) \tag{9.27}$$

ここで，側面 S'' は，斜線を施した微小面素 ΔS の集合である．したがって，式 (9.27) の $\boldsymbol{H} \cdot (\boldsymbol{n} dS)$ は，$\boldsymbol{H} \cdot (\boldsymbol{n} \Delta S)$ と考えて，この総和とみなしてよい．

ここで，$(\boldsymbol{n} \Delta S) = \Delta \boldsymbol{l} \times \Delta \boldsymbol{r}$ であるから，スカラ三重積の公式を用いて，

$$\boldsymbol{H} \cdot (\boldsymbol{n} \Delta S) = \boldsymbol{H} \cdot (\Delta \boldsymbol{l} \times \Delta \boldsymbol{r}) = -\Delta \boldsymbol{r} \cdot (\Delta \boldsymbol{l} \times \boldsymbol{H})$$

ゆえに，式 (9.27) の積分は，

$$\Delta \Phi = - \int_{S''} \boldsymbol{H} \cdot (\boldsymbol{n} \, dS) = \oint_C \Delta \boldsymbol{r} \cdot (d\boldsymbol{l} \times \boldsymbol{H}) \tag{9.28}$$

と右辺は C に関する線積分となる.

さて, $\Delta\Phi$ が求まったので, 次に r 方向の力について求める.

この場合簡単のため, 電流路 C は, r 方向に C 上のすべての点に対して一定の距離 Δr だけ平行移動したものとする. すなわち, Δr を一定として考えてみる. 前式 (9.25) より,

$$F_r = M\frac{\Delta\Phi}{\Delta r} = M\left(\frac{\Delta\boldsymbol{r}}{\Delta r}\cdot\oint_C d\boldsymbol{l}\times\boldsymbol{H}\right)\quad[\text{N}] \tag{9.29}$$

ここで, $\frac{\Delta\boldsymbol{r}}{\Delta r}$ は大きさ 1 の $\boldsymbol{r}$ 方向単位ベクトルであり, これを $\boldsymbol{r}_0$ で表す. この $\boldsymbol{r}_0$ と $\oint_C d\boldsymbol{l}\times\boldsymbol{H}$ のスカラ積は $\oint_C d\boldsymbol{l}\times\boldsymbol{H}$ の $\boldsymbol{r}$ 方向成分を表している. したがって, このスカラ積をとる以前のベクトル $M\oint_C d\boldsymbol{l}\times\boldsymbol{H}$ は, ベクトル量の力を意味している. 電流に働く力を一般にベクトル $\boldsymbol{F}$ で表して, $M = \mu_0 I$ の関係を用いると,

$$\boldsymbol{F} = M\oint_C d\boldsymbol{l}\times\boldsymbol{H} = \mu_0 I\oint_C d\boldsymbol{l}\times\boldsymbol{H}\quad[\text{N}] \tag{9.30}$$

を得る. さらに, $\boldsymbol{B} = \mu_0\boldsymbol{H}$ の関係を用いると電流に働く力は,

$$\boxed{\boldsymbol{F} = \oint_C (I\,d\boldsymbol{l})\times\boldsymbol{B}\quad[\text{N}]} \tag{9.31}$$

とも表すことができる.

9.7.2 電流単位長に働く力

上式 (9.31) は, 電流全体に働く力であった. この式から微小線素 dl 部分に働く力 $\Delta\boldsymbol{F}$ は,

$$\Delta\boldsymbol{F} = (I\,d\boldsymbol{l})\times\boldsymbol{B} = \boldsymbol{I}\times\boldsymbol{B}\,dl \tag{9.32}$$

である. 上式では線素 $d\boldsymbol{l}$ の向きと同方向に電流が流れるから, 電流に向きを与えベクトル化し, dl をスカラ量に変更している.

したがって, 真空の磁界中で単位長あたりに作用する力は,

$$\boxed{\boldsymbol{F}_0 = \boldsymbol{I}\times\boldsymbol{B}\quad[\text{N/m}]} \tag{9.33}$$

または,

$$\boxed{F_0 = |\boldsymbol{F}_0| = \mu_0 IH\sin\theta\quad[\text{N/m}]} \tag{9.34}$$

上式は, 単位長あたりの電流に作用する力であるから, 長さが l であれば,

$$\boxed{F = lIB\sin\theta = lI\mu_0 H\sin\theta\quad[\text{N}]} \tag{9.35}$$

さらに，電流と磁界が直交しているときは

$$\boxed{F = lIB = lI\mu_0 H \quad [\text{N}]} \tag{9.36}$$

となる．

式 (9.36) の関係，つまり電流と磁界との間に働く力の向きは，電流，磁界いずれに対しても垂直であることを左手を使って表現したものが，**フレミングの左手の法則**である．

9.8　磁界中の運動電子に作用する力

この力は導体中に限らず，真空中の電子やイオンの流れに対しても働く．いま，これらの電荷 q が速度 $\boldsymbol{v}$ で磁界中を運動しているとき，この電荷 q は

$$\boldsymbol{F} = q(\boldsymbol{v} \times \boldsymbol{B}) \quad [\text{N}] \tag{9.37}$$

の力を受ける．また，磁界と電界 $\boldsymbol{E}$ が共存している場では，

$$\boxed{\boldsymbol{F} = q(\boldsymbol{E} + \boldsymbol{v} \times \boldsymbol{B}) \quad [\text{N}]} \tag{9.38}$$

の力が働く．ブラウン管内やマグネトロン内の電子の運動を考える際に，この関係を用いている．この力を**ローレンツの力** (Lorentz force) とよんでいる．

9.9　分布電流の場合の磁界

円筒導体を流れる電流のように，電流が分布して流れている場合も，アンペアの周回積分の法則は適用できる．この場合は，積分路と鎖交する電流を電流密度で考え，積分路 C を周辺とする全電流を考えればよい．

いま，電流密度を $i\,[\text{A/m}^2]$ とすると，

$$\oint_C \boldsymbol{H} \cdot d\boldsymbol{l} = \int_S i_n\, dS \tag{9.39}$$

ここで，ストークスの定理 $\int_S (\text{rot}\,\boldsymbol{A})_n\, dS = \int_C \boldsymbol{A} \cdot d\boldsymbol{l}$ を用いて，

$$\oint_C \boldsymbol{H} \cdot d\boldsymbol{l} = \int_S (\text{rot}\,\boldsymbol{H})_n\, dS \tag{9.40}$$

これら両式から

$$\int_S (\text{rot}\,\boldsymbol{H})_n\, dS = \int_S i_n\, dS \tag{9.41}$$

この式が S 面の形状に関係なく成立するためには，

$$\boxed{\text{rot}\,\boldsymbol{H} = \boldsymbol{i}} \tag{9.42}$$

であることが必要である.

これは，アンペアの周回積分の微分形表現であり，磁界と電流密度の関係を与える式である．$i=0$ であれば，

$$\mathrm{rot}\,\boldsymbol{H} = 0 \tag{9.43}$$

となり，これは，$\oint_C \boldsymbol{H}\cdot d\boldsymbol{l} = 0$ に対応しており，後述するように，磁界の保存性を示す．また，このときに限り，前述した電位に対応する磁位が定義される．

第 9 章の練習問題

1. 無限に長い 2 本の平行導線の間隔を d [m] とし，電流 I [A] が互いに同方向に流れているとき，任意の点の磁界の強さを求めよ．
2. 前問 1 で，電流が互いに反対方向に流れているときの任意点での磁界の大きさを求めよ．
3. 一様な電流 I_0 が流れている中空円筒導体がある．中空部，導体部，外部空間での磁界の大きさを求めよ．ただし，中空円筒の内半径を R_1，外半径を R_2 とする．
4. 1 辺の長さ l [m] の正三角形回路に電流 I [A] が流れているとき，その重心における磁界の強さを求めよ．
5. 1 辺の長さが $2a$ [m] の正方形の導線に電流 I [A] が流れている．この正方形の中心から正方形の垂直線上 x [m] の距離の点 P の磁界を求めよ．
6. 1 辺が $2a$ [m] の正方形コイルに電流 I [A] が流れているとき，コイル間内の任意の点の磁界を求めよ．
7. 半径 a [m] の半円とその両端から伸びる 2 本の半直線からなる導線に電流 I [A] を流すとき，この半円の中心 O の磁界を求めよ．
8. 176 ページの例題 9.4 の点 P の磁界を磁位を用いて求めよ．
9. 空気中で，磁束密度が 1.5 [T] の一様な磁界の中に長さ 20 cm の導線を磁界と直角において，3 A を流すとき導体に働く力はいくらか．

第 10 章

磁 性 体

前章では，真空中に**電流**が存在し，それが原因で発生する磁界について考察した．
この章では，真空中に磁界が存在し，その中へ**物体**をもってきた場合，その結果として生じる**真空中の磁界の変化**と**物体内部の磁界変化**の現象について考えてみる．

10.1 磁 化

いま，真空中で均一磁界 H_0 が発生している中へ物体を持ち込むと，はじめから存在していた均一磁界はその分布が乱されることがある．これは，**物体自身**が磁界を発生する性質をもつようになったためである．結局全体の磁界としては H_0 のほかに，**物体のつくる磁界 H** が加わることになる．

このように物体が，磁界をつくる性質をもつようになったとき，物体は**磁化** (magnetization) されたといい，物体が磁化される現象を**磁気誘導** (magnetic induction) という．

物体が磁化された結果，新たに生じた磁界の向きは，図 10.1 (a)，(b) に示すように二つの場合がある．すなわち，図 (a) の場合は，外部磁界と反対方向の磁界を発

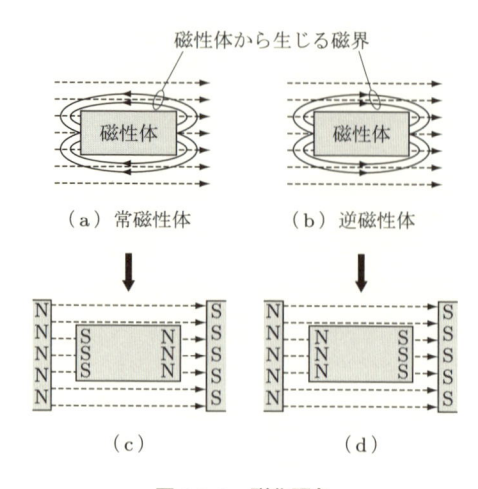

図 10.1 磁化現象

生する場合であり，これを**常磁性体** (paramagnetic substance) という．また，同図 (b) に示すように，外部磁界と同方向の磁界が発生する場合を**逆磁性体** (diamagnetic substance) とよんでいる．この定義の**常**，**逆**の意味は，図 10.1 (a), (b) において上側の磁力線を見ているかぎりあべこべのように思われるが，同図 (c), (d) に示すような**磁極の関係** (磁化のされ方) を**常**，**逆**とよんでいると考えれば納得できるであろう．とくに強い磁化現象を現す物体を**強磁性体** (ferromagnetic substance) といい，鉄，ニッケル，コバルト，フェライトなどがある．

10.1.1 磁化現象の微視的な考察

磁界が発生する原因は電流 (すなわち電荷の移動) にあることを，これまでくり返し強調してきた．では，永久磁石に電流が存在しているであろうか．この問題は，次のように考えられる．

一般に物質は各種の原子からなっており，各原子は，核と電子から構成されている．いま，この電子に着目すると，電子は核の周りを回転する軌道運動と自転運動を行っている．電子の軌道運動は，これと反対の向きに電流が流れていることと等価である．したがって，図 10.2 に示すように軌道運動，自転運動に対して，それぞれ図示した向きの微小電流ループを想定することができる．この微小ループ電流は，前章で述べたように，微小な電子磁石と等価である．つまり，磁性の根源はこれらの微小ループ電流であるといえる．

いま，磁石を構成する最小の**単位磁石**ともいえるこの微小な**電子磁石**を記号↑で表すことにすると，磁化現象は図 10.3 から，そのイメージを把握できるであろう．

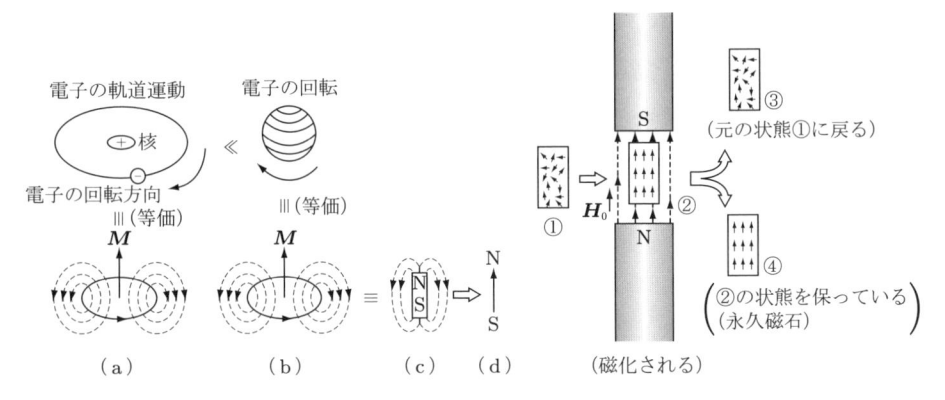

図 10.2　微小な電子磁石の形成
通常フェライトのような強磁性体では電子の軌道運動より電子の自転が磁化に大きく寄与することから，以降電子の自転を主に考えてゆく．

図 10.3　磁化の様子

図10.3 ①は，磁性体中で微小磁石がランダムに配列されている常磁性体の場合を示している．これに②のように，静磁界 H_0 を加えると，物質により③，④それぞれの状態をとるものに分かれる．③は，磁界 H_0 を除いた結果①の状態に戻ってしまう場合であり，④は，②の磁化された状態を維持し続ける場合である．

後者がいわゆる永久磁石である．なお，②の状態において，通常微小磁石の向き (↑) は，完全に一方向を向かないのが普通である．この場合，各微小磁石のベクトル的な総和として，極性 N，S が決まることに注意すべきである．

10.2 微小ループ電流による磁界

10.2.1 微小ループ電流のみが物体内につくる磁界

前節で述べたように，物体の磁化現象を支配する根源は，電子の軌道運動や自転に基づく**微小なループ電流**であると考えてよい．この微小なループ電流により物体内に生じる磁界は次のようにまとめられる．

微小ループ電流による磁界

物体内の微小ループ電流により発生する磁界 H_J は，

$$\boxed{H_J = \frac{\Delta M}{\Delta v} \quad [\text{A/m}]}$$

と表される．

ここに，ΔM：電流ループの磁気モーメント (174 ページ，式 (9.11) 参照)，Δv: 物体中の微小な体積

考え方 いま，図 10.4 (a) に示すように物体内の微小な体積素 Δv を考え，簡単のため直角座標で表しその各辺を，$\Delta x, \Delta y, \Delta z$ とする．

この中に 174 ページの 9.4.3 項で定義した**電流ループの磁気モーメント** ΔM を1個考える．この ΔM を各成分のモーメントに分解し，同図 (b) に示すようにそれぞれの成分が各ループ電流により構成されていると考える．

次に，物体がこのような体積素の集合であると考えて，物体内の ΔM_x 成分だけに着目すると，これは図 (c) 示したような微小ループ電流の配列として表すことができる．この電流による磁界は**無限長ソレノイド**の内部磁界に等価とみなしてよい．すなわち，170 ページの例題 9.3 から，

$$H_{Jx} = nI_x \quad [\text{A/m}] \tag{10.1}$$

ここに，n：単位長あたりのコイル巻数．

一方，電流ループの磁気モーメントは，174 ページの式 (9.11) に関連し，$M = I\Delta S$ で表されるから，

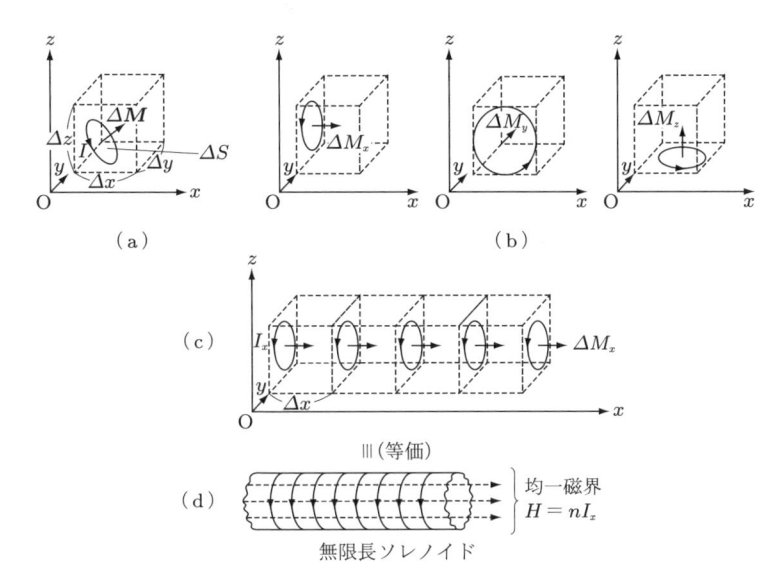

図 10.4　微小ループ電流による磁界
　図 (a) は，電流ループのモーメント ΔM が 1 個存在する微小体積素を表す．図 (b) は，図 (a) の ΔM を x, y, z 成分で表したもの．図 (c) は，ΔM_x の大きさが等しい電流ループの配列を描いたもので，これは図 (d) の無限長ソレノイドと等価となる．

$$I_x = \frac{\Delta M_x}{\Delta S} \quad [\text{A}] \tag{10.2}$$

　区間 Δx 内には，1 巻きの電流ループのみが存在していると考えているから，単位長あたりの電流ループ数 (コイル巻数に相当) n は

$$n = \frac{1}{\Delta x} \tag{10.3}$$

ゆえに，このとき生じる x 方向磁界を H_{Jx} とすると，式 (10.2), (10.3) を式 (10.1) へ代入し[1]

$$H_{Jx} = nI_x = \frac{\Delta M_x}{\Delta x \Delta y \Delta z} \tag{10.4}$$

y, z 成分も同様に考え，各成分のベクトル的な和を求めれば，

$$\boxed{\begin{aligned}\boldsymbol{H}_J &= \frac{\boldsymbol{i}\Delta M_x + \boldsymbol{j}\Delta M_y + \boldsymbol{k}\Delta M_z}{\Delta x \Delta y \Delta z} \\ &= \frac{\Delta \boldsymbol{M}}{\Delta x \Delta y \Delta z} \quad [\text{A/m}]\end{aligned}} \tag{10.5}$$

これが，物体内の微小ループ電流により発生している磁界である．

---

[1] ΔS は微小であるから $\Delta S \fallingdotseq \Delta y \Delta z$ を仮定している．

10.3 磁束密度

磁束密度は，若干の説明と後節で定義する透磁率 μ を理解してはじめて記述できるが，とりあえずまとめておく．

> **磁束密度**
>
> 磁束密度 B は磁界を H，透磁率を μ とすると，$B = \mu H$ と表される．ここに $\mu = \mu_0 \mu_s$ である．ただし，μ_s は，後述する比透磁率である．
>
> $$B = \mu_0 H \quad [\text{T}] \quad 真空中$$
> $$B = \mu H \quad [\text{T}] \quad 磁性体中$$
>
> B の指力線を**磁束**という．この定義からは，磁束の発生している点で，磁束と直角な単位面積を通る磁束数がその点の磁束密度である．

10.3.1 磁性体内部の磁界と磁束密度

ここでは，**磁性体内部**に存在する磁界のみについて考えてみる．磁性体内部に存在する**全磁界**は，図 10.5 に示すように，磁性体内の**微小ループ電流による磁界** H_J とその他の何らかの原因でできる磁界，つまり，微小ループ電流以外の**通常の電流や他の磁化された磁性体のつくる磁界** H が重畳されていると考えられる．すなわち，

$$H + H_J$$

が，この場合の**磁性体内部の全磁界**である．

(磁性体内の全磁界の内容) = (通常の電流や他の磁化された磁性体の作る磁界 H) + 微少ループの電流による磁界 H_J)
 = $H + H_J$

(磁性体外部の全磁界) = (磁化された磁性体や，導体やコイルに流れる電流による磁界)
 = H

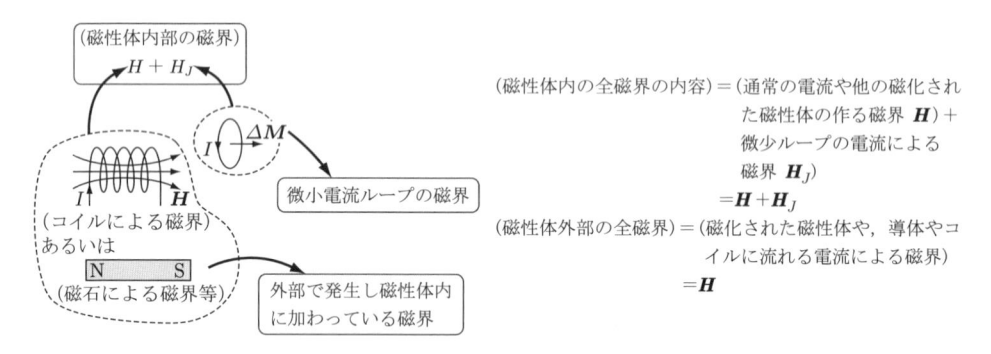

図 10.5 磁性体内外の磁界の説明

しかし，この現象を細かくみれば，磁性体に H を加えることは，磁性体内の磁化に寄与する磁界を与えたことであり，その結果として磁化を生じ，それが新たに磁界 H_J を発生することを意味している．すなわち，H は磁化を起こさせるための磁界としての役割を，H_J はその結果生じた磁界と考えるべきものである．

いま，$H + H_J$ を μ_0 倍し，H_J の μ_0 倍を J と表し，これを

$$B = \mu_0 H + \mu_0 H_J = \mu_0 H + J \quad [\text{T}] \tag{10.6}$$

と書くとき，B を**磁束密度**，J を**磁化**とよんでいる．ここに J は，前式 (10.5) より，

$$J = \mu_0 H_J = \mu_0 \frac{\Delta M}{\Delta x \Delta y \Delta z} \quad [\text{T}] \tag{10.7}$$

と表され，電流ループの磁気モーメントの体積密度で与えられる．B の指力線を**磁束** (magnetic flux)，J の指力線を**磁化線** (line of magnetization) という．[2]

10.3.2　磁性体外部の磁界と磁束密度

次に磁性体外部では，**磁化された磁性体や導体やコイルに流れる電流に基づく磁界**が発生している．その発生原因は何であれ，これらの全外部磁界が前項 10.3.1 の H であった．したがって，磁性体外部の磁束密度 B は，式 (10.6) と同様この H を μ_0 倍して，

$$B = \mu_0 H \quad [\text{T}] \tag{10.8}$$

で与えられる．

10.3.3　磁束，磁束密度，磁化の単位

磁束の単位は，従来，ウェーバ (Weber) と名づけていた．したがって，磁束密度 B は磁界の面積密度であるから $[\text{Wb/m}^2]$ の単位であったが，SI 単位では，これを 1 テスラと称し 1 $[\text{T}]$ と表す．すなわち，1 $[\text{Wb/m}^2]$ = 1 $[\text{T}]$ であり，これから 1 $[\text{Wb}]$ = 1 $[\text{Tm}^2]$ の関係がある．なお，磁化 J の単位も同じく $[\text{T}]$ である．

10.4　透磁率と磁化率

10.4.1　定　義

透磁率は次のように定義されている．

透磁率の定義

透磁率は，真空の透磁率 μ_0 と磁化率 χ の和として定義される．

$$\text{透磁率：} \mu = \mu_0 + \chi$$
$$= \mu_0 \mu_s \text{ (次式から)} \quad [\text{H/m}]$$

---

[2] ここでは，単位体積あたりの磁気モーメントとして定義される「磁化の強さ」が $\dfrac{J}{\mu_0} \left[\dfrac{\text{A}}{\text{m}}\right]$ で定義されていることに注意されたい (式 (10.7))．これは，磁気モーメント $M = I\Delta S$ の単位が $[\text{Am}^2]$ であることに関係している．つまり，本書では磁荷 m $[\text{Wb}]$ を仮定せず，磁荷に相当する単位を $[\text{Am}]$ としていることによる．

この透磁率 μ と真空の透磁率 μ_0 との比をとったものを**比透磁率**という．

$$\text{比透磁率：} \mu_s = \frac{\mu}{\mu_0} = 1 + \frac{\chi}{\mu_0}$$

また，χ/μ_0 を**比磁化率**という．

$$\text{比磁化率：} \chi_s = \frac{\chi}{\mu_0}$$

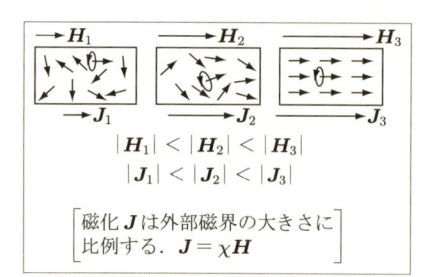

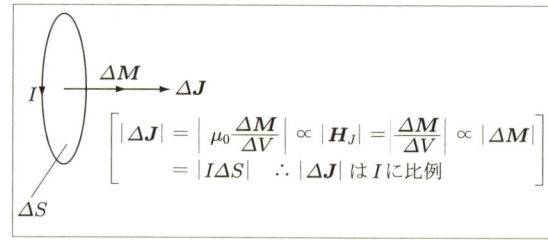

(a) 常磁性体の磁化の様子

$|H_1| < |H_2| < |H_3|$
$|J_1| < |J_2| < |J_3|$

磁化 J は外部磁界の大きさに比例する．$J = \chi H$

(b) ΔJ と ΔM の関係

$$|\Delta J| = \left|\mu_0 \frac{\Delta M}{\Delta V}\right| \propto |H_J| = \left|\frac{\Delta M}{\Delta V}\right| \propto |\Delta M|$$
$$= |I\Delta S| \quad \therefore |\Delta J| は I に比例$$

図 10.6

この透磁率は次のように考えたものである．すなわち，前述したように，J は磁性体の磁化を起こさせるための磁界 H の強さに比例すると考えられるので，

$$\boldsymbol{J} = \chi \boldsymbol{H} \quad [\text{T}] \tag{10.9}$$

と表される（図 10.6 参照）．この新たな比例定数を**磁化率** (magmetic susceptibility) という．前節の式 (10.6) へ式 (10.9) を代入し，

$$\boldsymbol{B} = \mu_0 \boldsymbol{H} + \chi \boldsymbol{H} = (\mu_0 + \chi)\boldsymbol{H} \quad [\text{T}] \tag{10.10}$$

ここで $\mu = \mu_0 + \chi$ とおくと，

$$\boldsymbol{B} = \mu \boldsymbol{H} \quad [\text{T}] \tag{10.11}$$

この μ を**透磁率** (permeability) という．

真空中では，磁化作用は考えられないから $\chi = 0$，したがって，$\mu = \mu_0$ となり，真空の透磁率と一致する．

さらに，μ と μ_0 の比 μ_s で表し，

$$\mu_s = \frac{\mu}{\mu_0} = 1 + \frac{\chi}{\mu_0} \tag{10.12}$$

この μ_s を**比透磁率** (relative permeability)，χ/μ_0 を χ_s で表し，これを**比磁化率** (relative susceptibility) という．真空では，$\mu_s = 1$ である．

このように透磁率が定義されると，前節 10.3.1 および 10.3.2 で分けて取り扱った**磁性体内部の磁束密度**と磁性体外部，つまり**真空中の磁束密度**は，式 (10.11) で示した

ように次式で統一される．

$$\boldsymbol{B} = \mu \boldsymbol{H} \quad [\text{T}]$$
$$\text{ただし，} \quad \mu = \mu_0 \mu_s \quad [\text{H/m}] \quad \quad (10.11\,\text{再掲})$$
$$\mu_0 = 4\pi \times 10^{-7} \quad [\text{H/m}]$$

10.4.2 磁化率について

　磁性体の磁化率 χ の値 ($\chi = \mu_0(\mu_s - 1)$) は，通常正，負の値をとり得る．ⅰ) $\chi > 0$ ($\mu_s > 1$) のときは，常磁性体，ⅱ) $\chi < 0$ ($\mu_s < 1$) のときは，逆磁性体である．このことは，$\chi > 0$ のときは，$\boldsymbol{J} = \chi \boldsymbol{H}$ から $\boldsymbol{H}$ と $\boldsymbol{J}$ は同方向，$\chi < 0$ のときは，$\boldsymbol{J}$ と $\boldsymbol{H}$ は互いに逆方向となることからも明らかであろう．常磁性体，逆磁性体の磁界中での磁極は図 10.7 のようになる．表 10.1 に常磁性体，逆磁性体のそれぞれの比磁化率を示してある．同表から，比磁化率の値は，普通の常磁性体ならびに逆磁性体において，1 に比べ非常に小さいことがわかる．この場合，

表 10.1　主な常磁性体，逆磁性体の比磁化率

物　質	比磁化率
白金	2.93×10^{-4}
銀	-0.2×10^{-5} *
銅	-0.94×10^{-5}
アルミニウム	2.14×10^{-4}
ビスマス	-1.67×10^{-4}
水	-0.83×10^{-5}
空　気	3.65×10^{-7}

＊ 負の値は比磁化率の定義から逆磁性体である．

$$\mu_s = 1 + \frac{\chi}{\mu_0} \fallingdotseq 1$$

ゆえに，

$$\mu = \mu_0 \mu_s \fallingdotseq \mu_0 \quad [\text{H/m}]$$

となり，これらは**非磁性体**とみなせる．

　一方，強磁性体では，比磁化率 χ/μ_0 は，非常に大きな値をとり，数百から数十万

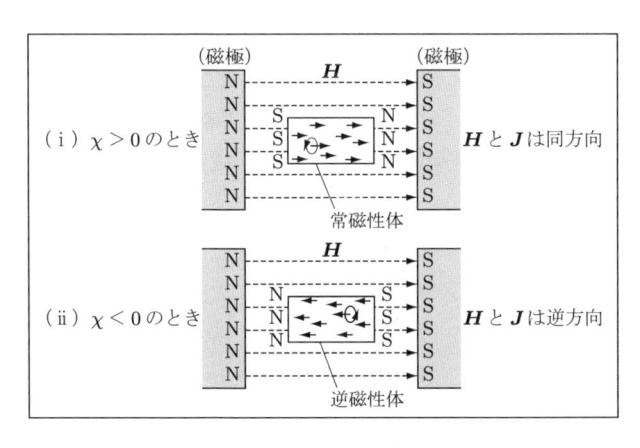

図 10.7　常磁性体と逆磁性体

に及ぶものがある．したがって，磁性体といえば，一般に**強磁性体**だけを考えればよい．この強磁性体の特性については，後章で改めて述べることにする．

10.5 磁性体の境界条件

磁束密度の境界条件

磁束密度の法線成分 B_n は，磁性体境界面において連続である．

$$B_{1n} = B_{2n} \quad [\text{T}]$$

ここに，B_{1n}, B_{2n} は各媒質における磁束密度の法線成分．

磁界の境界条件

磁界の強さの面に平行な成分 (接線成分) は，磁性体境界面で相等しい．

$$H_{1t} = H_{2t} \quad [\text{A/m}]$$

ここに，H_{1t}, H_{2t} は各媒質における磁界の強さの境界面に対する接線成分．

磁力線の屈折

磁束あるいは磁力線は，透磁率の大きい磁性体に入ると屈折角 θ が増加する．

$$\frac{\tan\theta_1}{\tan\theta_2} = \frac{\mu_1}{\mu_2}$$

ここに，θ は境界面の法線を基準として測った角である．

透磁率と磁束密度の関係

磁束は，透磁率の大きい磁性体の方へ集まろうとする性質をもつ．

10.5.1 境界条件の求め方

図 10.8 のように，異なった二種の透磁率 μ_1, μ_2 をもつ磁性体が，互いに接している境界を考える．この場合の境界条件は，誘電体の境界条件を求めたのとまったく同様に導くことができる．それは，電束密度の境界条件を境界面に真電荷がないと仮定して，ガウスの定理 $\int_S \boldsymbol{D}\cdot\boldsymbol{n}\,dS = 0$ から求めたが，これはいまの場合の，$\int_S \boldsymbol{B}\cdot\boldsymbol{n}\,dS = 0$ に対応しているからである．また，電界の保存性を表す式 $\oint_C \boldsymbol{E}\cdot d\boldsymbol{l} = 0$ に対して，境界面に電流が流れないという仮定のもとに $\oint_C \boldsymbol{H}\cdot d\boldsymbol{l} = 0$ が対応している．これから磁界の条件を，誘電体の各条件を求めたのとまったく同様に導くことができる．結局，磁性体の場合の境界条件は，誘電体の場合の $\boldsymbol{D} \to \boldsymbol{B}$ に $\boldsymbol{E} \to \boldsymbol{H}$ に対応させて考えてよい．

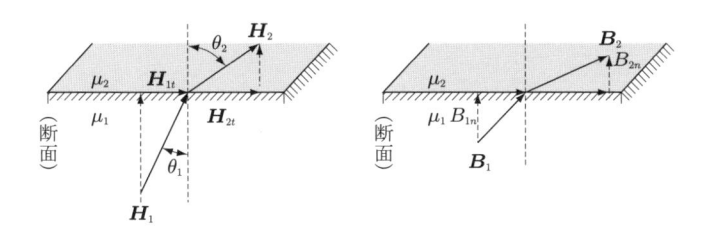

図 10.8 磁界 H,磁束密度 B の境界条件

10.6 磁 極

磁極

磁化の強さを J とすると,J の指力線である磁化線の起点,終点に現れる磁気量を**磁極** (magnetic pole) といい,単位は [Wb] で表される.

磁化線の起点に負磁極 (S 極) が,終点に正磁極 (N 極) が現れる.

10.6.1 考え方

磁化された磁性体は一端に N 極,他端に S 極が現れることはすでに学んだ.

ここでは,磁石の両端に現れる**磁極** (magnetic pole) について,誘電体端面に現れる分極電荷 (密度) に対応づけて考えてみる.

まず,**真電荷の存在しない** $\rho = 0$ の場所[3],つまり,div $D = 0$ が成立する場を考える.このとき,96 ページの式 (5.22) から,

$$\text{div}\, \boldsymbol{E} = -\frac{1}{\varepsilon_0}\text{div}\, \boldsymbol{P} = \frac{\rho'}{\varepsilon_0} = \frac{1}{\varepsilon_0}\,(\text{分極電荷密度})\quad [\text{V/m}^2] \tag{10.13}$$

この式で,$-\text{div}\, \boldsymbol{P}$ は**分極電荷密度**に相当し,これが電気力線の起点,終点になっていて,電界の発生源であった.

さて,磁束の場合も同様に,div $\boldsymbol{B} = 0$,および $\boldsymbol{B} = \mu_0 \boldsymbol{H} + \boldsymbol{J}$ の関係から,ただちに,

$$\boxed{\text{div}\, \boldsymbol{H} = -\frac{1}{\mu_0}\text{div}\, \boldsymbol{J}\ [\text{A/m}^2]} \tag{10.14}$$

を得る.

この式の意味するところは,磁界の発生源が $-\text{div}\, \boldsymbol{J}$ で,これが磁力線の起点,終点になるということである.これは分極電荷密度 $-\text{div}\, \boldsymbol{P}$ に対応している.$-\text{div}\, \boldsymbol{J}$ は**磁極密度**を意味している[4].$\boldsymbol{J}$ の単位が $[\text{Wb/m}^2]$ であるから,この磁極密度は

---

[3] 真電荷が存在しているときは,div $\boldsymbol{E} = \dfrac{\rho}{\varepsilon_0}$ の関係で電気力線が発生していた.

[4] 磁荷の存在から磁気現象を説明する立場では,この**磁極**のことを**磁荷**とよんでいる.

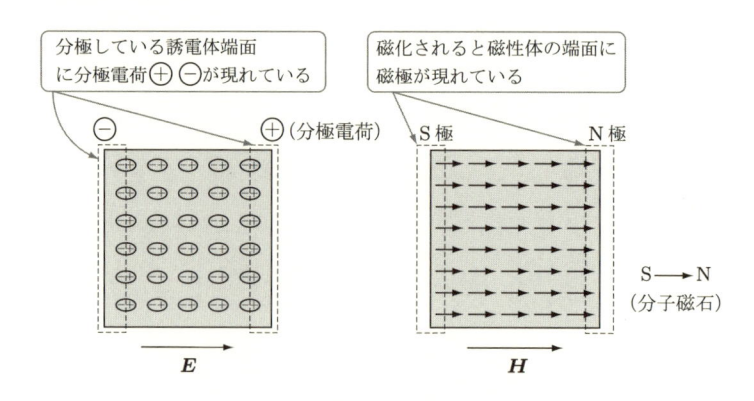

図 10.9 分極電荷と磁極の類似性

[Wb/m^3] であり[5], したがって, 磁極の単位は [Wb] となる. このように, 磁極は, 静電界における分極電気量 (電荷) に対応する磁気量であるといえる. 分極電荷は, 真電荷と異なり自由に取り出すことができなかった. これと同様に, 磁極も任意に取り出すことはできない. この両者の類似性を図 10.9 に示す.

(1) 磁極だけで構成される磁界

いま, 電流はまったく存在せず, 永久磁石のような磁化された磁極だけによる場 (磁界) を考えてみる. このとき, $i = 0$ であり, 184 ページの式 (9.42) から,

$$\operatorname{rot} \boldsymbol{H} = 0 \qquad (9.43\ \text{再掲})$$

一方, 前式 (10.14) から,

$$\operatorname{div} \boldsymbol{H} = \frac{1}{\mu_0}(-\operatorname{div} \boldsymbol{J}) \qquad (10.14\ \text{再掲})$$

上式 (9.43) は, 磁界の保存性 $\left(\oint_C \boldsymbol{H} \cdot d\boldsymbol{l} = 0\right)$ を表し, また, 式 (10.14) の $-\operatorname{div} \boldsymbol{J}$ が磁極密度を表していることからも, これらは, 静電界で成立する式とまったく同一で双対関係にある. このことから, 磁極だけで構成される磁界中では, 真空中の静電界で成立する諸法則が対応するであろうことがわかる. 実際 $\operatorname{rot} \boldsymbol{H} = 0$ が成立するときは, 静電界とまったく同じ取り扱いが可能となる.

一例として, 二つの磁極間に働くクーロン力は,

$$F = \frac{m_1 m_2}{4\pi\mu_0 r^2} \quad [\mathrm{N}] \qquad (10.15)$$

---

[5] $\operatorname{div} \boldsymbol{J} = \lim_{\Delta V \to 0} \dfrac{\int_S \boldsymbol{J} \cdot \boldsymbol{n}\, dS}{\Delta V}$ の分子の次元は [Wb] であることから明らかである.

と表される.ここに,m_1, m_2 は磁極の強さ,r は磁極間の距離である.この関係を**磁極に関するクーロンの法則**という.

10.7 減磁力

10.7.1 自己減磁力

前節までは,外部磁界という言葉は用いたが,これは磁化現象を説明するものであった.ここでは真空中に一様な磁界 $\boldsymbol{H}_0$ が存在し,図 10.10 に示すように,この中に常磁性体 ($\mu_s > 1$) を置いた場合の磁性体内部の磁界について考えてみる.

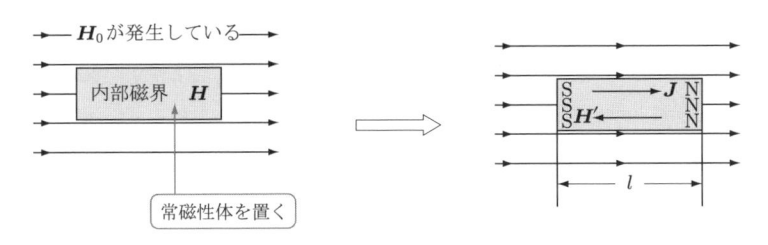

図 10.10 自己減磁力

さて,この場合,外部磁界が $\boldsymbol{H}_0$ であれば,磁性体内部の磁束密度は $\boldsymbol{B} = \mu \boldsymbol{H}_0$ とならないことに注意する必要がある.一般に,磁性体内の磁界の強さ H は,加えた外部磁界 H_0 より小さくなっている.

すなわち,

$$H < H_0$$

この差

$$H_0 - H = H' \quad [\text{A/m}] \tag{10.16}$$

の H' を**自己減磁力** (self demagnetizing force) とよんでいる.

この理由は,磁性体が磁化され磁性体の両端に N, S の磁極が発生し,その結果,外部磁界 H_0 と逆向きの磁界 H' が発生することから理解できよう.

つまり,H' は磁性体端面に現れる磁極が,磁性体内部に H_0 と逆向きの磁界を発生させることに起因している.したがって,細い棒状の磁性体を考えたとき,磁極間隔 l が短かければ,両端面の磁極が強く作用し,内部磁界 H' は強く,l が長ければ両端面の磁極による内部磁界が弱くなることが直感的にも想像されるであろう.

10.7.2 減磁率

自己減磁力 H' は,磁性体の端面に現れる磁極に支配されることを前節で述べた.この磁極生成に関与しているものは,磁化の強さ J であるから,H' は J に比例すると

考えられる．そこで

$$H' = \frac{N}{\mu_0} J \text{ [A/m]} \tag{10.17}$$

とおき，この N を**減磁率** (demagnetization factor) という．

10.8 磁力線，磁化線，磁束線

10.8.1 磁力線

電界の様子を可視化するために電気力線を仮想したのと同様に，磁界中でも，磁界の分布の様子を視覚的に理解しやすくするために**磁力線**を定義する．

紙の上に置いた磁石がつくる鉄粉や砂鉄の模様を見てきた経験から磁力線を仮想することは電気力線よりはるかに理解しやすいであろう．

磁力線とは，磁界中に仮想した線で，その上の接線が常に**磁界の方向と一致するように描かれた線**のことである．磁力線の向きと大きさの表現は次のように定義されている．

(1)　磁力線の向きの表現…磁界の方向と一致させる．

(2)　磁力線の大きさ (強さ) の表現…「単位面積を通り抜ける磁力線の本数」と「磁界の大きさ」が等しくなるように描く．

10.8.2 磁化線

誘電体のところで考えた誘電分極 $\boldsymbol{P}$ に対応するものが磁化 $\boldsymbol{J}$ [T] である．分極 $\boldsymbol{P}$ において，分極指力線を考えたと同様に，磁化の指力線である**磁化線** (line of magnetization) を考えることができる．電気力線，磁力線と同様に定義されている．磁化線とは，その上の接線が常に**磁化の方向と一致するように描かれた線**のことである．

(1)　磁化線の向きの表現…磁化の方向と一致させる．

(2)　磁化線の強さの表現…「単位面積を通り抜ける磁化線の本数」と「磁化の強さ」が等しくなるように描く．

磁化線は図から明らかなように S 極に発し，N 極に終端している．

10.8.3 磁束線

誘電体のところで**電気力線**と**分極指力線**と合わせて**電束密度の指力線**を考えたと同じように，**磁力線**と**磁化線**を合わせて**磁束線** (line of magnetic induction) が定義される．磁束線の面積密度が磁束密度であった．ところで，後節 10.10 で述べるように磁束密度の発散 div $\boldsymbol{B}$ は零である．このことは，磁束線は常に閉曲線をつくることを意味している．つまり，これは電界と異なり真電荷 (div $\boldsymbol{D} = \rho$) に相当する真磁荷が磁

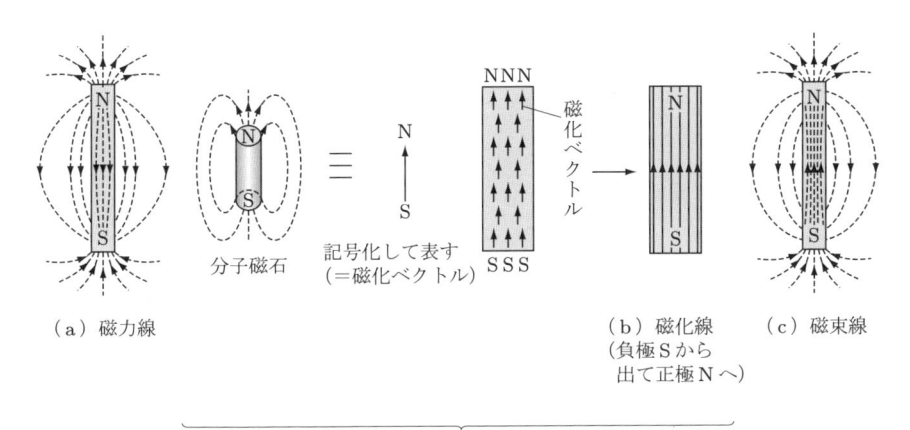

(a) 磁力線　　分子磁石　記号化して表す　(b) 磁化線　　(c) 磁束線
（＝磁化ベクトル）　（負極Sから
　　　　　　　　　　　　　　　　　　出て正極Nへ）

磁化線の説明

図 10.11　磁力線，磁化線，磁束線

界では存在しないことに原因しており，磁束線が涌き出る真電荷に相当するような源泉がないためである．

以上の磁力線，磁化線，磁束線を棒磁石を例にとって示すと図 10.11 のようになる．

10.9　磁気シールド

10.9.1　考え方

静電界は，導体を用いて外部電界の影響を受けぬよう理論上完全に遮へいすることができる．しかし，磁界に対しては，導体と同じように完全な遮へいをすることはできない．

それは，磁界の遮へいが図 10.12 に示すように，透磁率の大きな材料に磁界が集中するという原理に基づいているからである．このため磁気シールドでは，外部磁界を完全に遮へいすることはできず，外部磁界の影響をできるだけ小さくすることを目標としている．この透磁率の大きい材料として通常，鉄やパーマロイなどが用いられている．いま，H_0 なる一様な磁界中に中空鉄球をおいて，この内部磁界 H_2 が H_0 に比べどれだけ小さくなるか考えてみよう．内部磁界 H_2 は影像を用いて計算することができる．

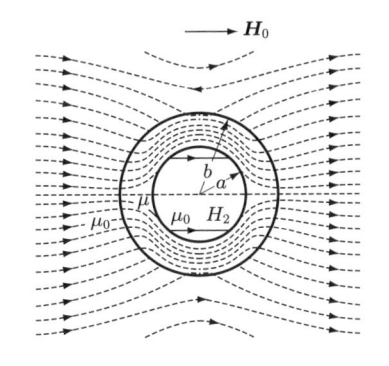

図 10.12　磁気遮へいの原理

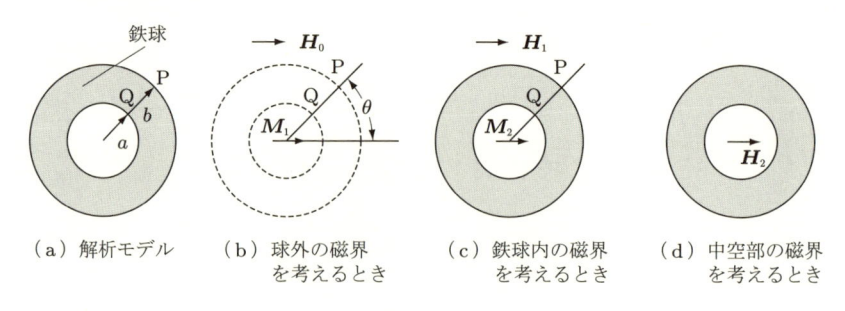

(a) 解析モデル　(b) 球外の磁界を考えるとき　(c) 鉄球内の磁界を考えるとき　(d) 中空部の磁界を考えるとき

図 10.13

まず，図 10.13 (b) に示すように球外部の磁界は**一様な外部磁界** H_0 と磁気モーメント M_1 なる**双極子による磁界** H_1 の重なったものとして考える．鉄球部分では，同図 (c) のように一様磁界 H_1 と双極子 M_2 による磁界の重なったものを，また鉄球内の空洞部では，同図 (d) のように一様磁界 H_2 を考える．この考え方で境界条件を満たすように，未知数 M_1, M_2, H_1, H_2 を定めて，H_2 と H_0 の関係式が得られる．

■**磁性体球外表面**

磁性体の透磁率を μ，外部の透磁率を μ_0 とする．外表面任意点 P における内外の磁界の接線成分 (θ 方向成分) と磁束密度の法線成分が連続であるという境界条件を適用して[6]

$$-H_0 \sin\theta + \frac{M_1 \sin\theta}{4\pi\mu_0 b^3} = -H_1 \sin\theta + \frac{M_2 \sin\theta}{4\pi\mu b^3} \quad [\text{A/m}] \quad \text{(点 P における磁界の接線成分の連続)} \quad (10.18)$$

$$\mu_0 \left\{ H_0 \cos\theta + \frac{2M_1 \cos\theta}{4\pi\mu_0 b^3} \right\} = \mu \left\{ H_1 \cos\theta + \frac{2M_2 \cos\theta}{4\pi\mu b^3} \right\} \quad [\text{T}] \quad \text{(点 P における磁束密度の法線成分の連続)} \quad (10.19)$$

■**磁性体球内表面**

磁性体の内表面点 Q で境界条件を適用すると，

---

[6] 微小磁石を双極子とみなし，そのモーメントを M とすると，電気双極子の場合と同様に考えて，任意点 P の磁位は

$$u = \frac{\boldsymbol{M}\cdot\boldsymbol{r}}{4\pi\mu_0 r^3}\left(=\frac{M\cos\theta}{4\pi\mu_0 r^2}\right), \quad |\boldsymbol{M}| = ml \quad m: 磁極の強さ$$

と表される．電気双極子と同様に，極座標 (r, θ) の磁界成分は

$$\boldsymbol{H} = -\operatorname{grad} u \text{ から求められる．}$$

$$\boldsymbol{H} = -\frac{\partial u}{\partial r}\boldsymbol{i}_r - \frac{1}{r}\frac{\partial u}{\partial \theta}\boldsymbol{i}_\theta = \frac{M}{2\pi\mu_0 r^3}\cos\theta\,\boldsymbol{i}_r + \frac{M}{4\pi\mu_0 r^3}\sin\theta\,\boldsymbol{i}_\theta$$

$$\therefore \quad H_r = \frac{M}{2\pi\mu_0 r^3}\cos\theta, \quad H_\theta = \frac{M}{4\pi\mu_0 r^3}\sin\theta \quad [\text{A/m}]$$

電気双極子では，r の起点を双極子の中心としたが，一般に $l \ll r$ であるから近似の意味で，r の起点を極子の一端にとっている．

$$-H_1 \sin\theta + \frac{M_2 \sin\theta}{4\pi\mu a^3} = -H_2 \sin\theta \quad [\text{A/m}] \quad \text{(点Qにおける磁界の接線成分の連続)} \tag{10.20}$$

$$\mu\left\{H_1 \cos\theta + \frac{2M_2 \cos\theta}{4\pi\mu a^3}\right\} = \mu_0 H_2 \cos\theta \quad [\text{T}] \quad \text{(点Qにおける磁束密度の法線成分の連続)} \tag{10.21}$$

上式 (10.18)〜(10.21) は，未知数 H_1, H_2, M_1, M_2 の連立1次方程式である．これを H_2 について解くと，

$$H_2 = \frac{9\mu_s}{9\mu_s + 2(\mu_s-1)^2\left(1-\dfrac{a^3}{b^3}\right)} H_0$$

$$\fallingdotseq \frac{H_0}{1+\dfrac{2}{9}\mu_s\left(1-\dfrac{a^3}{b^3}\right)} \quad (\mu_s \gg 1) \quad [\text{A/m}] \tag{10.22}$$

つまり，式 (10.22) から μ_s が大きいほど，また，a/b が小さいほど H_2 が小さくなり，遮へい効果がよいことがわかる．

10.10 ベクトルポテンシャル

ベクトルポテンシャルの定義

磁束密度 $\boldsymbol{B}$ に対し，

$$\boxed{\boldsymbol{B} = \operatorname{rot} \boldsymbol{A} \quad [\text{T}]}$$

と表した $\boldsymbol{A}$ を磁束密度 $\boldsymbol{B}$ の**ベクトルポテンシャル** (vector potential) という．

これまで，磁界を求める方法として**アンペアの周回積分の法則**，**ビオサバールの法則**などを学んだ．ここでは新たに**ベクトルポテンシャル**なる量を導入して磁界を算出する方法について考えてみる．

ベクトルポテンシャルは，すでに学んでいる電位 V や磁位 U_m に代表される**スカラーポテンシャル** (scalar potential) に対応するものであるが，磁界を求めるのにベクトルポテンシャルの考え方が導入されるのは，次のように静電界と磁界の本質的違いによっている．すなわち，表 10.2 に示すように，静電界 $\boldsymbol{E}$ は $\operatorname{rot} \boldsymbol{E} = 0$ で**回転をもたないベクトル界**として，また，磁界の $\boldsymbol{B}$ は $\operatorname{div} \boldsymbol{B} = 0$ で**源泉をもたないベクトル界**の特性を有している[7]．

一般に静電界のように，回転をもたないベクトル界はスカラーポテンシャルを有し，その負の勾配として表すことができる．つまり，静電界 $\boldsymbol{E}$ に対しては，$\boldsymbol{E} = -\operatorname{grad} V$ の関係が成立し，電位 V がスカラーポテンシャルであった．

[7) 電界の保存性を表す $\oint_C \boldsymbol{E} \cdot d\boldsymbol{l} = 0$ の微分形が $\operatorname{rot} \boldsymbol{E} = 0$ である．

表 10.2　電界磁界の相違点

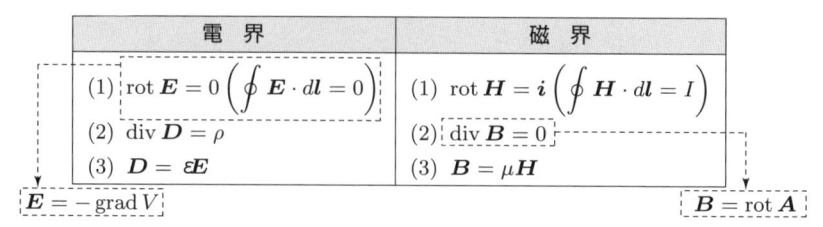

電　界	磁　界
(1) $\text{rot}\,\boldsymbol{E}=0\;\left(\oint\boldsymbol{E}\cdot d\boldsymbol{l}=0\right)$	(1) $\text{rot}\,\boldsymbol{H}=\boldsymbol{i}\;\left(\oint\boldsymbol{H}\cdot d\boldsymbol{l}=I\right)$
(2) $\text{div}\,\boldsymbol{D}=\rho$	(2) $\text{div}\,\boldsymbol{B}=0$
(3) $\boldsymbol{D}=\varepsilon\boldsymbol{E}$	(3) $\boldsymbol{B}=\mu\boldsymbol{H}$
$\boldsymbol{E}=-\text{grad}\,V$	$\boldsymbol{B}=\text{rot}\,\boldsymbol{A}$

　他方，$\text{div}\,\boldsymbol{B}=0$ のように源泉をもたないベクトル界は，他のベクトル量の回転として界を表すことができる．磁界の場合では，$\boldsymbol{B}=\text{rot}\,\boldsymbol{A}$ と表すことができ，$\boldsymbol{A}$ をベクトルポテンシャルという．これらについて，もう少し詳しく検討してみよう．

10.10.1　スカラーポテンシャル

（1）静電界の場合

　周回積分 $\oint_C \boldsymbol{E}\cdot d\boldsymbol{l}=0$ の微分形は，

$$\text{rot}\,\boldsymbol{E}=0 \tag{10.23}$$

と表すことができる．この積分は，静電界中の任意の閉路を一周して電界の $\boldsymbol{E}$ の線積分を求めると，それが零となること，すなわち，この関係が成立することが，**電界の保存性**を示し，静電界を特徴づける重要な性質であった．

　さて，この関係が成立するとき，

$$\boldsymbol{E}=-\text{grad}\,V \quad [\text{W/m}] \tag{3.34 再掲}$$

のように，電位 V を定義すると，ベクトル公式

$$\text{rot}\,\text{grad}\,\phi=0 \quad (\phi \text{ はスカラ量}) \tag{10.24}$$

の関係により，式 (3.34 再掲) は式 (10.23) を常に満たしている．したがって，これは回転が $\text{rot}\,\boldsymbol{E}=0$ であるとき，$\boldsymbol{E}=-\text{grad}\,V$ で定義されるスカラーポテンシャル V がわかれば，電界 $\boldsymbol{E}$ を決定できることを意味している．

（2）静磁界の場合

　電流が密度 $\boldsymbol{i}$ で空間に分布していないときは，

$$\text{rot}\,\boldsymbol{H}=0 \quad [\text{A/m}^2] \tag{10.25}$$

が成立する．このときも

$$\boldsymbol{H}=-\text{grad}\,U_m \quad [\text{A/m}] \tag{10.26}$$

で定義されるスカラーポテンシャル U_m がわかれば，式 (10.26) から磁界を求めることができる．この U_m が電位 V に対応する**磁位**である．式 (10.25) の積分形は

$\oint_C \boldsymbol{H} \cdot d\boldsymbol{l} = 0$ で表されるが，アンペアの周回積分則では，通常右辺は積分路に鎖交する電流 I となる．したがって，式 (10.25) の成立条件は，どのような経路を考えても電流と決して鎖交しない領域に限定されている．この場合についてのみ磁位 U_m の考えが成立することを意味している．つまり，このときに限って，静電界と形式的に同一の手段で磁界を求めることができるのである．

しかし，磁界では一般に

$$\mathrm{rot}\,\boldsymbol{H} = \boldsymbol{i} \quad [\mathrm{A/m^2}]$$

が成立するから，磁位 U_m の考え方では，電流密度 $\boldsymbol{i}$ を含む領域の磁界を求めることができない．

他方，磁界は

$$\mathrm{div}\,\boldsymbol{B} = 0 \quad [\mathrm{Wb/m^3}] \tag{10.27}$$

という特徴を有しているから，この性質に基づいて，磁界を算出するための新しいポテンシャルを定めることができる．これがベクトルポテンシャルである．

10.10.2　ベクトルポテンシャル

上述したように，電流を含む領域の磁界は

$$\mathrm{rot}\,\boldsymbol{H} = \boldsymbol{i} \tag{10.28}$$

で表され，スカラーポテンシャルを定めることができない．しかし，磁界の発生源が電流であっても磁石であっても，一般に成立する磁界の関係は

$$\mathrm{div}\,\boldsymbol{B} = 0 \quad [\mathrm{Wb/m^3}] \tag{10.29}$$

である．

いま，

$$\boxed{\boldsymbol{B} = \mathrm{rot}\,\boldsymbol{A} \quad [\mathrm{T}]} \tag{10.30}$$

なる関係のベクトル量 $\boldsymbol{A}$ を定義し，この式の両辺に対して div を考える．ベクトル公式[8]により，

$$\mathrm{div}\,\mathrm{rot}\,\boldsymbol{A} = 0 \quad [\mathrm{T}] \tag{10.31}$$

が常に成立する．したがって，このように定めた式 (10.30) は，磁界が満たすべき式 (10.29) の関係を満たしている．式 (10.30) から $\boldsymbol{A}$ がわかれば，$\boldsymbol{B}$ つまり磁界 $\boldsymbol{H}$ を決定できる．このように定義されたベクトル量 $\boldsymbol{A}$ を**ベクトルポテンシャル** (vector potential) という．

---

[8] ベクトル $\boldsymbol{P}$ に対して $\mathrm{div}\,\mathrm{rot}\,\boldsymbol{P} = 0$ が常に成立する．

(a) ベクトルポテンシャルの具体的な表式…電流分布とベクトルポテンシャルの関係

空間に電流が分布して流れている場合を考える．$\boldsymbol{B} = \mu_0 \boldsymbol{H}$ の関係と前式 (10.30) から

$$H = \frac{1}{\mu_0} \operatorname{rot} \boldsymbol{A} \tag{10.32}$$

これを前式 (10.28) へ代入し

$$\operatorname{rot} \operatorname{rot} \boldsymbol{A} = \mu_0 \boldsymbol{i} \quad [\mathrm{Wb/m^3}] \tag{10.33}$$

ベクトル公式

$$\operatorname{rot} \operatorname{rot} \boldsymbol{A} = \operatorname{grad} \operatorname{div} \boldsymbol{A} - \nabla^2 \boldsymbol{A} \quad [\mathrm{Wb/m^3}]$$

を式 (10.33) へ適用し

$$\operatorname{grad} \operatorname{rot} \boldsymbol{A} - \nabla^2 \boldsymbol{A} = \mu_0 \boldsymbol{i} \quad [\mathrm{Wb/m^3}] \tag{10.34}$$

を得る．ところで，静電界では，V が電界 $\boldsymbol{E}$ の電位であるとき，$V' = V + C$ (C は任意の付加定数) もまた同じ電界の電位となり，一義的に定まらなかった．このため，無限遠点で V が零になるようにこの定数を定めていた．これと同様にベクトル–ポテンシャル $\boldsymbol{A}$ も任意性がある．いま，φ を場所についての任意のスカラ関数とし，

$$\boldsymbol{A}' = \boldsymbol{A} + \operatorname{grad} \varphi \quad [\mathrm{Wb/m}] \tag{10.35}$$

のように新たなベクトル $\boldsymbol{A}'$ を構成して，両辺の rot をとり $\boldsymbol{B}$ を求めると，

$$\boldsymbol{B} = \operatorname{rot} \boldsymbol{A}' = \operatorname{rot} \boldsymbol{A} + \operatorname{rot} \operatorname{grad} \varphi \tag{10.36}$$

ところが，ベクトル公式により $\operatorname{rot} \operatorname{grad} \varphi = 0$ であるから式 (10.35) は

$$\boldsymbol{B} = \operatorname{rot} \boldsymbol{A} = \operatorname{rot} \boldsymbol{A}' \tag{10.37}$$

が成立し $\boldsymbol{A}$ も $\boldsymbol{A}'$ も同じ $\boldsymbol{B}$ を与える．一般に φ は任意にとれるから，一つの $\boldsymbol{B}$ を与えるベクトルポテンシャルは一義的に定まらない．そこで，ベクトルポテンシャルが一義的に定まるようにするために，次のような制限 (条件) を付加してみる．

$$\operatorname{div} \boldsymbol{A} = \operatorname{div} \boldsymbol{A}' = 0 \quad [\mathrm{T}] \tag{10.38}$$

式 (10.35) の div をとり，上式の関係を代入すると

$$\operatorname{div} \boldsymbol{A}' = \operatorname{div} \boldsymbol{A} + \operatorname{div} \operatorname{grad} \varphi = 0 \tag{10.39}$$

ベクトル公式より $\operatorname{div} \operatorname{grad} \varphi = \nabla^2 \varphi$ であるから

$$\nabla^2 \varphi = 0 \tag{10.40}$$

を得る．したがって，これを解いて φ を定めれば，ベクトルポテンシャルは一義的に定まることになる．結局，ベクトルポテンシャルが一般に式 (10.38) の条件を満たし，源泉をもたないベクトル量であるとすれば，その値は一義的に定められるわけである．

さて，式 (10.38) の条件のもとに，式 (10.34) は

$$\boxed{\nabla^2 \boldsymbol{A} = -\mu_0 \boldsymbol{i} \quad [\text{Wb/m}^3]} \tag{10.41}$$

これは，静電界におけるポアソンの式に対応している．式 (10.41) を x, y, z の各成分で表示すると，

$$\left.\begin{array}{l} \nabla^2 A_x = -\mu_0 i_x \\ \nabla^2 A_y = -\mu_0 i_y \\ \nabla^2 A_z = -\mu_0 i_z \end{array}\right\} \quad [\text{Wb/m}^3] \tag{10.42}$$

これは，静電界におけるポアソンの方程式

$$\nabla^2 V = -\frac{\rho}{\varepsilon_0} \quad [\text{V/m}^2] \tag{10.43}$$

と形式的に一致し，この電位の解は，

$$V = \frac{1}{4\pi\varepsilon_0} \int_v \frac{\rho}{r} dv \quad [\text{V}] \tag{10.44}$$

であったことを参照して

$$\left.\begin{array}{l} A_x = \dfrac{\mu_0}{4\pi} \displaystyle\int_v \dfrac{i_x}{r} dv \\[6pt] A_y = \dfrac{\mu_0}{4\pi} \displaystyle\int_v \dfrac{i_y}{r} dv \\[6pt] A_z = \dfrac{\mu_0}{4\pi} \displaystyle\int_v \dfrac{i_z}{r} dv \end{array}\right\} \quad [\text{Wb/m}] \tag{10.45}$$

この成分解から，式 (10.41) のベクトル解は

$$\boxed{\boldsymbol{A} = \frac{\mu_0}{4\pi} \int_v \frac{\boldsymbol{i}}{r} dv \quad [\text{Wb/m}]} \tag{10.46}$$

と構成される．ここで，r は dv から $\boldsymbol{A}$ の値を求めている考察点に至る距離である．単位はウェーバ/メートル [Wb/m] となる．

結局，$\boldsymbol{i}$ が場所の関数として与えられると，式 (10.46) から $\boldsymbol{A}$ が定まり式 (10.37) から $\boldsymbol{B}$ が求められ磁界 $\boldsymbol{H}$ が求められるわけである．なお，ここでは電流は定常電流であるとして考察してきたが，ベクトルポテンシャルは時間的に変化する電流による磁界，つまり，アンテナ解析などにも適用できることに注意されたい．

(b) **線状電流に対するベクトルポテンシャル**

電流が空間に広く分布しているのではなく，図 10.14 のような断面積 dS の長さ dl の微小区間の導線に，電流 I が流れている場合のベクトルポテンシャルを求めてみる．

$$\boldsymbol{i} \, dv = \boldsymbol{i} \, d\boldsymbol{l} \cdot d\boldsymbol{S} = \boldsymbol{i} \, dl dS \tag{10.47}$$

ここで，電流の方向と $d l$ の方向は同一であるから，$i\,dl = i\,d\boldsymbol{l}$ とし，また $i\,dS = I$ であるから，式 (10.47) は結局

$$\boldsymbol{i}\,dv = \boldsymbol{i}\,dl\,dS = I\,d\boldsymbol{l}$$

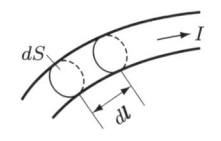

と変形される．したがって，式 (10.46) で

$$\int_v \frac{\boldsymbol{i}}{r}\,dv = \int_l \frac{I}{r}\,d\boldsymbol{l} \qquad (10.48)$$

図 10.14　電流に対するベクトルポテンシャル

と表されるから，長さ l の導線の場合は，この導線全体に対するベクトルポテンシャルは

$$\boxed{\boldsymbol{A} = \frac{\mu_0}{4\pi}\int_l \frac{I}{r}\,d\boldsymbol{l} \quad [\mathrm{Wb/m}]} \qquad (10.49)$$

で求められる．なお，ベクトルポテンシャルの単位は，一つの閉曲線 C と鎖交する磁束数 Φ が，$\Phi = \oint_C \boldsymbol{A} \cdot d\boldsymbol{l}$ の関係があることからも，容易に [Wb/m] となることがわかる．

10.11　磁界のエネルギー

磁界のエネルギー

磁界内に保有されている単位体積あたりのエネルギー W は，

$$w = \frac{1}{2}\boldsymbol{H} \cdot \boldsymbol{B} \quad [\mathrm{J/m^3}]$$

である．

静電界には単位体積あたり $\frac{1}{2}\boldsymbol{E} \cdot \boldsymbol{D}$ [J/m³] のエネルギーが蓄えられていた．静電界では，電界を生じる根源が真電荷であったため，まず，エネルギーは電荷を運ぶ仕事として計算し，これをファラデー管の概念に基づき，電界そのものに敷衍していくという考え方をした．

一方，磁界の根源は電流であるから，電流を流して磁界を発生させるのに要する仕事を求めればよいはずである．この説明の詳細は後章に譲り，ここでは磁界内に蓄えられるエネルギーが静電界と同一形式で表されることを述べるにとどめる．すなわち，磁界の単位体積あたりのエネルギー，つまりエネルギー密度は，

$$\boxed{w = \frac{1}{2}\boldsymbol{H} \cdot \boldsymbol{B} \quad [\mathrm{J/m^3}]} \qquad (10.50)$$

$\boldsymbol{B} = \mu \boldsymbol{H}$ より，

$$w = \frac{\boldsymbol{B}\cdot\boldsymbol{B}}{2\mu} = \frac{1}{2\mu}\boldsymbol{B}^2 \quad [\mathrm{J/m^3}] \tag{10.51}$$

$\boldsymbol{B}$ または $\boldsymbol{H}$ が，それぞれ $\Delta\boldsymbol{H}$，$\Delta\boldsymbol{B}$ だけの微小変化したときのエネルギー変化 Δw は，μ を一定として

$$\Delta w = \boldsymbol{B}\cdot d\boldsymbol{H} = \boldsymbol{H}\cdot d\boldsymbol{B} \; ^{9)} \tag{10.52}$$

と表される．

10.12 強磁性体の磁化

10.12.1 B-H 曲線

これまで取り扱ってきた磁性体では，磁化 $\boldsymbol{J}$ や磁束密度 $\boldsymbol{B}$ が磁界 $\boldsymbol{H}$ と比例するものと考えてきた．すなわち，$\boldsymbol{B}=\mu\boldsymbol{H}$，$\boldsymbol{J}=\chi\boldsymbol{H}$ のように，μ や χ は定数として扱われてきた．しかし，現実に多く使われている磁性体は強磁性体であり，鉄のような強磁性体では，もはやこの比例関係は成立しなくなる．つまり，μ や χ は定数ではなくなることに注意する必要がある．

いま，磁性体中にほぼ一様の磁界を発生することができるモデルとして，図 10.15 のような強磁性体の無限長ソレノイドを考えてみる．強磁性体は，まったく磁化されていないとし，コイルに電流を流すと磁界 $\boldsymbol{H}$ が生じ，この $\boldsymbol{H}$ の増加とともに $\boldsymbol{J}$ が徐々に増加する．しかし，図 10.16 に示すように，ある程度 $\boldsymbol{H}$ が大きくなると $\boldsymbol{J}$ はそれ以上増加しなくなる．これを磁束密度 $\boldsymbol{B}$ について見ると，$\boldsymbol{B}=\mu_0\boldsymbol{H}+\boldsymbol{J}$ の関係があるが，μ_0 の値はきわめて小さいから $\boldsymbol{B}$ は $\boldsymbol{J}$ とほぼ同じ変化をする．このような

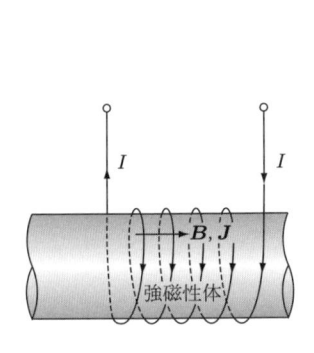

図 10.15 B-H 曲線を考えるための無限長ソレノイド

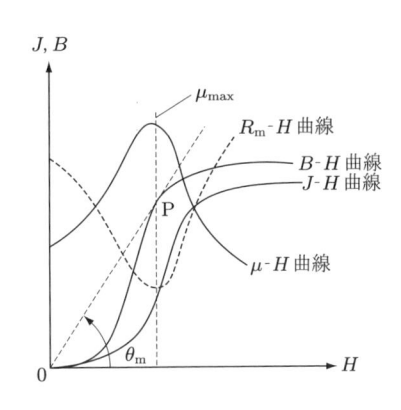

図 10.16 磁界 H に対する各種特性曲線の例

---

9) これは，式 (10.51) で $\boldsymbol{B}$ または $\boldsymbol{H}$ をスカラ表示し，$\dfrac{dw}{dB}$ または $\dfrac{dw}{dH}$ を考えればよい．

曲線のことを**磁化曲線**というが，実用上は，B と H の関係に着目し，これを B-H 曲線とよんでいる．また，J, B ともに H の増加に対して，飽和現象を示すから，磁化曲線のことを**飽和磁化**ともいう．

10.12.2 μ-H 曲線

さて，いまの場合，磁性体の透磁率 μ は

$$\mu = \frac{B}{H}$$

で表される．これは図 10.16 に示すように原点 O から B-H 曲線に接線を引き，この直線の傾きを意味している．したがって，μ の最大値は

$$\mu_{\max} = \tan\theta_m$$

で表され，図示のような特性曲線が描ける．

10.12.3 R_m-H 曲線

次に，磁気抵抗 R_m と H との関係を調べてみる．磁気抵抗は，

$$R_m = \frac{l}{\mu S}$$

であるから，μ に反比例の関係にある．したがって，その概形は図示のようになる．

10.12.4 強磁性体のヒステリシス環線

> **ヒステリシス**
>
> 強磁性体の磁化現象は，外部から加わる磁界 H だけで定まらず，それ以前に受けた磁化の経歴に関係している．これを**ヒステリシス** (hysteresis) という．

今度は，前図 10.16 の B-H 曲線において，加える磁界を正，負に変化させてみる．つまり，交流磁界を念頭においてみる．

① **初期曲線**　はじめ磁化されていない強磁性体を磁化すると，まず，図 10.17 において O → P$_1$ に沿って B の値が変化し，P$_1$ に至る．これが初期曲線である．

② **残留磁気**　次に，H を減少させていくと，O → P$_1$ 曲線をたどって戻らず，点 P$_2$ に至る．点 P$_2$ は，H を零としたときの B の値である．このように，H をとり去った後も磁気は残り，この $\overline{\text{OP}_2}$ を B_r で表し，これを**残留磁気** (residual magnetism) という．

③ **保磁力**　次に，さらに H を減じて負にする．すなわち，これまでと反対方向に磁化すると，P$_2$ → P$_3$ 曲線を描き，B は減少し，P$_3$ に至り磁束は零となる．$\overline{\text{OP}_3}$ の値を H_c で表し，これを**保磁力** (coercive force) という．

④ さらに，磁界を負の方向に大きくしていくと，P$_3$ → P$_4$ 曲線をたどり，P$_4$ で飽和する．

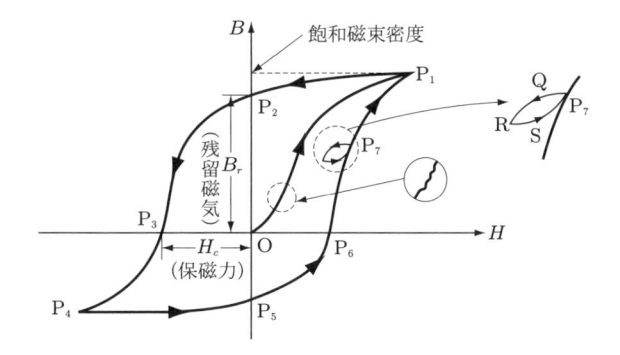

図 10.17 ヒステリシスループ

⑤ 次に，H を再び正の磁界に戻すと，$P_4 \to P_5 \to P_6$ 曲線をたどり，はじめの点 P_1 に戻る．このように H の正負の変化に対し，$P_1 \to P_2 \to P_3 \cdots P_6 \to P_1$ のように一循してループを描く．これを**ヒステリシス環** (histeresis loop) という．

⑥ **小ヒステリシス環** なお，H を正方向に大きくしていく過程の P_7 の点で，H をわずかに減少させると，$P_7 \to Q \to R \to S$ の小さなループを描く．これを，**小ヒステリシス環** (minor histeresis loop) という．

10.12.5 バルクハウゼン効果

ヒステリシス環をなめらかな連続曲線で描いたが，厳密に見ると図 10.17 の拡大図のように段階的に変化していることがわかる．これは，鉄などの強磁性体中の磁区の磁化変化が連続でなく，ある瞬間に急に磁界の方向に向くような変化の仕方をすることに原因している．この現象を**バルクハウゼン効果** (Barkhausen effect) という．この段数の変化から，磁区の様子がわかるが，これから通常の鉄の磁区の大きさは，10 μm 程度といわれている．

このように，実際にはヒステリシスループは，段階的な変化をしているが，物性論的な詳細な議論をするとき以外，ヒステリシスループはなめらかな曲線として扱って問題はない．

10.13　ヒステリシス損

次に，ヒステリシスループから，強磁性体を磁化するのに必要な仕事 (エネルギー) を求めてみる．

ヒステリシス損

強磁性体において，1秒間に f 回のヒステリシスループを描くように磁界 H が変化しているとき，発生する電力 P は

$$P = f w_h \quad [\text{W/m}^3]$$

ただし，$w_h = \oint H dB \quad [\text{J/m}^3]$

この電力 P が熱になり，エネルギー損失となる．この損失をヒステリシス損 (hysteresis loss) という．

スタインメッツ (Steinmetz) の実験式

スタインメッツは，ヒステリシス損失を次のように実験的に求めている．ヒステリシスループを1回描くように，磁界を加えた場合，単位時間に生じるヒステリシス損 w_h は

$$w_h = \eta B_m^{1.6} \quad [\text{J/m}^3]$$

ここに，η：ヒステリシス定数 (表 10.3 参照)

B_m：最大磁束密度

10.13.1 考え方

いま，磁化に際して，磁束が ΔB だけ増したとすると，単位体積あたりのエネルギーは，前節の式 (10.52) より

$$\Delta w = H \Delta B \quad [\text{J/m}^3] \quad (10.53)$$

である．これは，図 10.18 (a) に濃く示した部分の面積である．これについてヒステリシスループの初期曲線の状態から考えて，もう少し詳しく調べてみる．

表 10.3 主なヒステリシス定数

材料名	$\eta \ [\text{J}/(\text{Wb/m}^2)^{1.6}\text{m}^3]$
ニッケル	$33 \sim 95 \times 10^2$
コバルト	30×10^2
鋳 鉄	$28 \sim 40 \times 10^2$
鋳 鋼	6.5×10^2
けい素鋼	$2.5 \sim 1.5 \times 10^2$

いま，磁界を零から点 P_1 に対応する点 H_1 まで増加，つまり，B を B_0 から B_1 まで増加させたときの，**磁化に必要な仕事 (エネルギー)** は，

$$w_1 = \int_{B_0}^{B_1} H \, dB \quad [\text{J/m}^3] \quad (10.54)$$

となり，これは，同図 (b) の濃く示した部分の面積に相当する．

次に，磁界 H を H_1 から零 (原点) まで減少させるときに，放出されるエネルギーは，同図 (b) の面積 $P_1 B_1 P_2$ に相当する．したがって，同図 (c) の濃く示した部分の

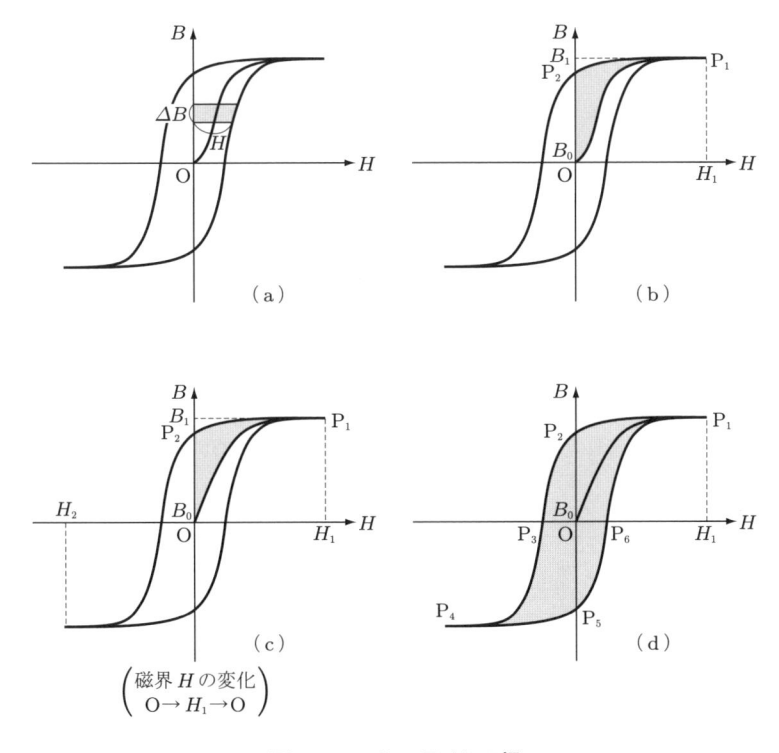

図 10.18 ヒステリシス損

面積 P_1P_2O に相当するエネルギーが $O \to H_1$, $H_1 \to O$ の磁界変化で、磁性体の単位体積あたりに残ることがわかる.

同様に考えて、ヒステリシスループを一循するように H が正、負の方向に変化したとき、磁性体の単位体積あたりに残るエネルギー密度は、図 10.18 (d) に示すように $P_1 \to P_2 \to P_3 \cdots P_6 \to P_1$ の面積に相当するものである. これを式で表すには、ヒステリシスループを一循した面積を求めればよいから,

$$w_h = \oint H dB \quad [\mathrm{J/m^3}] \tag{10.55}$$

と表される.

これは、ヒステリシスループを一循するように H を加えて強磁性体を磁化させるには、磁性体の単位体積あたりにこの面積分のエネルギーが加えられることを意味している. ヒステリシスループを一循した後は、磁化状態は元に戻っており、このエネルギーは、何らかの形で放出されていなければならない. これは熱の形で放出される. したがって、毎秒 f 回のヒステリシスループを描くように H が変化するとき、発生する電力 P は

$$P = fw_h \quad [\text{W/m}^3] \tag{10.56}$$

この電力 P が熱になりエネルギー損失となる．このエネルギー損失を**ヒステリシス損** (hysteresis loss) という．

スタイメッツは実験的にエネルギー損失 w_h を次式のように求めている．すなわち，ヒステリシスループを一循させたときのエネルギー損失は，

$$w_h = \eta B_m^{1.6} \quad [\text{J/m}^3] \tag{10.57}$$

ここに，B_m は最大磁束密度，η は各磁性体固有の定数で**ヒステリシス定数**といい，また，指数 1.6 を**スタインメッツ定数**とよんでいる．ヒステリシス損失は，後述するうず電流損とならぶ磁気損失の一つで，式 (10.56) から明らかなように，周波数に比例する関係にある．

10.14 磁気回路

これまで，図 10.19 (a) に示すようにもっぱら電流だけが存在し，磁性体が存在しない媒質について**磁界**を求めてきた．これらの方法には**アンペアの周回積分の法則，ビオ・サバールの法則，磁位から求める方法**などがあった．これに対して同図 (b) のように，磁性体が存在している場合の磁性体内部および外部媒質における磁界 (磁束) を求める一つの方法として，**磁気回路**の考え方がある．これは，磁性体内部の磁束分布を電気回路における電流分布と同じように見立てて，磁束が貫いている通路を**磁気回路**，または**磁路**と称するものである．電気回路におけるオームの法則と類似の関係が成立している．

10.14.1 磁気回路と電流回路の対応関係

いま，図 10.20 のような磁性体を心材とする N 回巻きの環状ソレノイドに電流 I [A] を流した場合の磁束 φ を考えてみる．

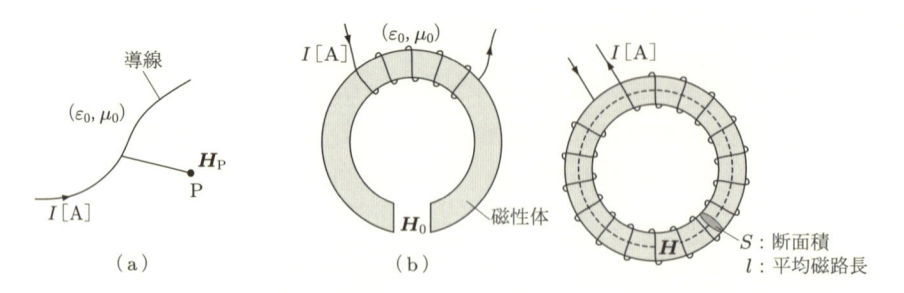

図 10.19 磁界の求め方の相違　　図 10.20 環状ソレノイド

この場合の巻線内部の磁界 H は**アンペアの周回積分の法則**を適用して求められる．つまり，

$$H = \frac{N}{l} I \quad [\text{A/m}] \quad l : \text{平均磁路長}$$

このとき

$$B = \mu H$$

したがって，磁性体の断面積を S [m²] とすると磁束 φ は，

$$\boxed{\varphi = BS = \mu H S = \frac{NI}{l/\mu S}} \quad [\text{Wb}] \tag{10.58}$$

ここで，式 (10.58) をよくみると，磁束は電流の存在のもとに発生するから，分子 NI はこの磁性体内に磁束を発生させる発生源を意味している．また，分母 $l/\mu S$ は電気回路の抵抗 $R = \frac{l}{\kappa S}$ [Ω] (κ 導電率) の関係に類似している．このことから，NI を起電力に対応させ**起磁力**，$l/\mu S$ を**磁気抵抗** (または**リラクタンス**) と名づけ，それぞれ，

$$\boxed{\mathscr{F} = NI \quad [\text{A}]} \quad \cdots \text{(起磁力)} \tag{10.59}$$

$$\boxed{R_m = \frac{l}{\mu S}} \quad [\text{A/Wb}] \text{ (または [1/H])} \cdots \text{(磁気抵抗)} \tag{10.60}$$

と表す．この関係を用いると，式 (10.58) は次式で表され，電気回路との対応関係が明白になる．

$$\boxed{\mathscr{F} = \varphi R_m} \quad \cdots \text{磁気回路} \quad (10.61)$$

$$\boxed{V = IR} \quad \cdots \text{電気回路} \quad (10.62)$$

表 10.4 電気回路 - 磁気回路

電気回路	磁気回路
起電力，電圧 V [V]	起磁力 $\mathscr{F}$ [A]
電流 I [A]	磁束 φ [Wb]
抵抗 R [Ω]	磁気抵抗 R_m [A/Wb]
導電率 κ [S/m]	透磁率 μ [H/m]

これらの電気回路，磁気回路の対応関係を表 10.4 に示す．

10.14.2 等価回路の考え方

磁気回路では磁性体の磁束の関係を**等価回路**で表し，電気回路と同じように取り扱う方法がとられている．この等価回路の表し方は，式 (10.60) の磁気抵抗

$$R_m = \frac{l}{\mu S} \quad [\text{A/Wb}] \tag{10.60 再掲}$$

を考えることが基本である．

まず，図 10.21 (a) のような，わずかな空隙部があって，空隙部での磁束が広がらないような環状ソレノイドを考えてみよう．この等価回路は同図 (b) のようになり，こ

(a)

(b)

(c)

(d)

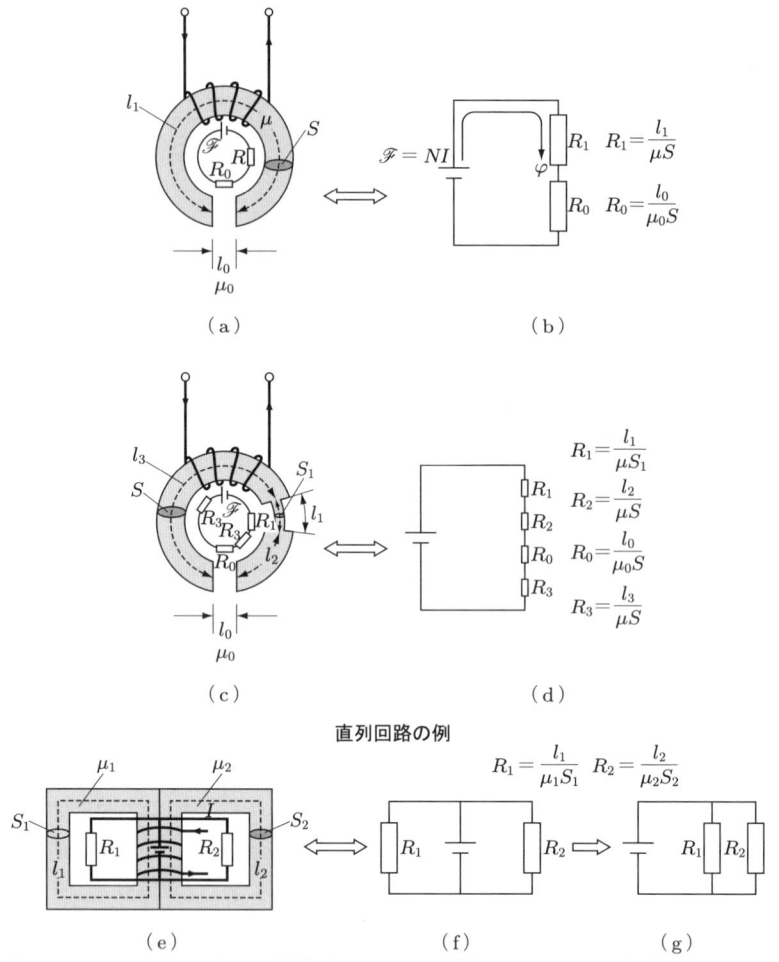

直列回路の例

(e)

(f)

(g)

($l_1 = l_2 = l$, $S_1 = S_2 = S$ として材質だけが μ_1, μ_2 と異なっていることを想定して描いた図)

並列回路の例

図 10.21 等価回路の描き方

れを得るためには起磁力 $\mathscr{F}$ と磁気抵抗 R_0, R_1 が描かれればよい．起磁力はコイルがあればこれを $\mathscr{F}$ として描けばよく，問題は磁気抵抗の表し方である．しかし，上式 (10.60) をみればわかるように，考察している磁性体において，**透磁率** μ, **断面積** S, **磁路長** l, いずれかが変化していれば，その部分の磁気抵抗を，そこの定数を代入した R **で表示すればよい**．つまり，図 10.21 (a) の場合は，磁性体部分の μ, S, l_1 の変化はないから，この部分を一つの磁気抵抗 R_1 で表す．空隙部は透磁率 μ_0, 磁路長 l_0 の変化があるからこの部分を R_0 で表す．同様にして，図 10.21 (c) の場合も同図 (d) の

ように，また，磁気抵抗が並列の場合を同図 (e)～(g) に示す．

【例題 10.1】 断面積 S [m^2]，平均磁路長 l [m]，比透磁率 μ_s の環状鉄心に l_0 のきわめて狭い空隙を設け，巻数 N のソレノイドに電流 I を流すとき，空隙部の磁界の強さおよび磁束密度を求めよ．

【解】 この磁気回路の等価回路は上の図 10.21 (b) のように表される．まず，起磁力は，
$$\mathscr{F} = NI$$
磁気抵抗は，
$$R_m = \frac{l}{\mu_0 \mu_s S} + \frac{l_0}{\mu_0 S}$$
$$= \frac{1}{\mu_0 S}\left(\frac{l}{\mu_s} + l_0\right)$$
磁束は，
$$\varphi = \frac{\mathscr{F}}{R_m} = NI \Big/ \frac{1}{\mu_0 S}\left(\frac{l}{\mu_s} + l_0\right)$$
$$= \mu_0 S NI \Big/ \left(\frac{l}{\mu_s} + l_0\right) = \frac{\mu_0 \mu_s S NI}{l + \mu_s l_0}$$
空隙部の磁界は，
$$H_0 = \frac{\varphi}{\mu_0 S} = \frac{\mu_s NI}{l + \mu_s l_0} \quad [\text{A/m}]$$
したがって，磁束密度は，
$$B_0 = \frac{\varphi}{S} = \frac{\mu_0 \mu_s NI}{l + \mu_s l_0} = \frac{\mu NI}{l + \mu_s l_0} \quad [\text{T}]$$

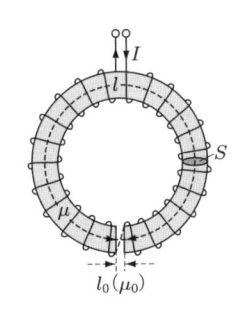

10.14.3 磁気回路適用上の注意

前項の磁気回路をみてもわかるとおり，電気回路の L や C に対応する磁気回路素子は存在しない．磁気回路は磁束や磁界を求めるのに簡便な方法ではあるが，適用にあたって次のような点の注意が必要である．

（1）漏洩磁束の問題

前項の図 10.21 (a)，(c) では空隙部はきわめて狭く，漏洩磁束はないものと仮定してきた．また，磁性体そのものからも漏洩磁束はないものと考えてきた．しかし，実際にはわずかな空隙であっても磁束は相当漏れており，また，磁性体からも漏洩している場合が多いことも忘れてはならない．この点が電流が回路内に閉じ込められているのと大きな違いである．

(2) ヒステリシス特性の考慮

強磁性体では，ヒステリシス特性からも明らかなように，起磁力(磁界の強さ)と磁束との間に直線的な比例関係は成立しない．したがって，電気回路のオームの法則に相当する磁気回路の $\mathscr{F} = R_m \varphi$ の比例関係は，この非直線を生じる領域の起磁力に対しては成立しない．したがって，磁気回路を考えて $\mathscr{F} = R_m \varphi$ の関係を適用できるのは，起磁力と磁束の間に直線関係が成立する場合に限られることに注意する必要がある[10]．

(3) 損失の問題

電気回路では，抵抗 R [Ω] に電流 I [A] が流れるといわゆるジュール損失 $I^2 R$ [W] が発生するが，磁気回路内では，磁束と磁気抵抗によってこれに相当する損失は発生しない．しかし，前節で述べたように交番磁束によりヒステリシス損失が発生するが，これに対応する電気回路における損失は存在しない．

第10章の練習問題

1. 一様な強さ J で磁化されている無限に広い磁性体がある．この内部に法線が磁化方向と θ の角をなす方向に平行な空隙を設けるとき，空隙内の磁界を求めよ．ただし，磁性体内の磁界は J に平行で，その大きさを H とする．

2. ベクトルポテンシャルの各成分が次式で与えられる場合，磁束分布を計算せよ．ただし，a, b は定数とする．
$$A_x = -axyz^2, \quad A_y = bx^2, \quad A_z = 0$$

3. 長さ $2l$ の直線導体に電流 I が流れている．導線の中央の点から h の距離のベクトルポテンシャルを求めよ．

4. 図のような三脚磁気回路で空隙をとおる磁束を計算せよ．ただし，鉄の比透磁率を μ_s, 中央部の断面積は $2S$ [m^2], その他の断面積は S [m^2] とする．

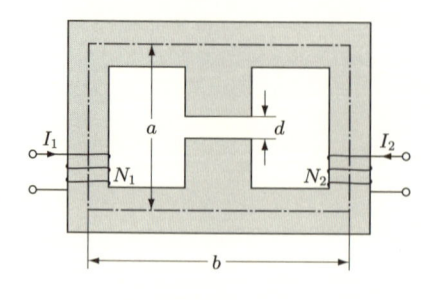

問図 10.1

---

[10] ヒステリシス現象があって飽和する場合の磁束の計算法は，後節で述べる．

5. 図のような馬蹄形磁石がある．鉄心および鉄片の透磁率をそれぞれ μ_1 および μ_2 とし，起磁力 NI を与えたときの鉄心内の磁束密度を求めよ．

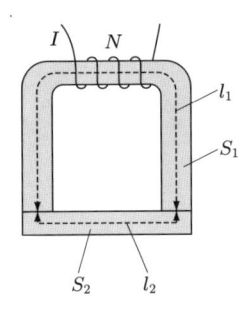

問図 10.2

第11章 インダクタンス

インダクタンスは，抵抗や静電容量とならび，回路を構成する主要な定数である．しかし，インダクタンスはこれら抵抗や静電容量と比べ，付随する定義も計算法もかなり複雑である．磁気エネルギーから説明する立場もあるが，これはやや複雑な議論となる．本章では，これまでの磁界に関する基本的な知識から，インダクタンスを定義してみる．

11.1 磁束鎖交数

定義

コイルの巻数 N とこれと鎖交している磁束 φ の積を**磁束鎖交数**という．

(磁束鎖交数 Φ) = (コイルの巻数 N) × (コイルを貫いている磁束 φ)

たとえば，図 11.1 (a) に示すように，φ_1 が N_1 回のコイルと鎖交し，φ_2 が N_2 回のコイルを，φ_3 が N_3 回のコイルと鎖交している場合，磁束鎖交数 Φ は

$$\Phi = N_1\varphi_1 + N_2\varphi_2 + N_3\varphi_3 + \cdots + N_n\varphi_n \quad [\text{Wb}] \tag{11.1}$$

となる．

また，同図 (b) に示すように，コイル 1 に流れる電流 I_1 によって生じる磁束 φ_1 のうち，φ_{21} が N_2 回巻きのコイル 2 と鎖交する場合を考えてみる．このとき，

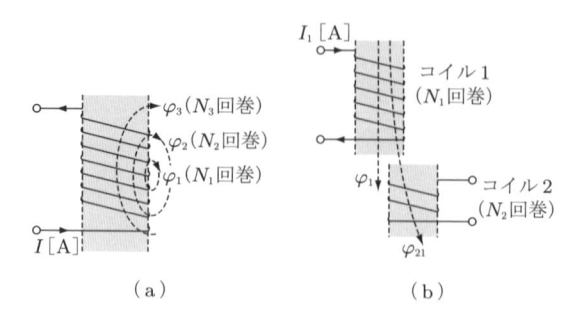

図 11.1 磁束鎖交数

$$\Phi_{21} = N_2 \varphi_{21} \quad [\text{Wb}]$$

をコイル1の磁束 φ_{21} によって生じるコイル2の磁束鎖交数という．

11.2 インダクタンス

> **インダクタンスの定義**
>
> **1. 自己インダクタンス**
>
> 単一のコイルに，電流 I が流れているとき，この電流によってできる磁束鎖交数 Φ は，電流 I に比例する．つまり，
>
> $$\Phi = LI \quad [\text{Wb}]$$
>
> この場合の比例定数 L をコイルの**自己インダクタンス** (self-inductance)，または，**自己誘導係数** (self-induction coefficient) という．単位は，ヘンリー [H] である．
>
> **2. 相互インダクタンス**
>
> 一つのコイルに電流 I_1 が流れており，この磁束が他のコイルに鎖交しているとき，この磁束鎖交数を Φ_{21} とし，Φ_{21} が電流 I_1 に比例するものとすれば，
>
> $$\Phi_{21} = M_{21} I_1 \quad [\text{Wb}]$$
>
> この比例定数 M_{21} を**相互インダクタンス** (mutual-inductance)，または，**相互誘導係数** (mutual-induction coefficient) という．単位は，自己インダクタンスと同様，ヘンリー [H] である．

11.2.1 考え方

電流の流れている直線導体から半径 r の位置の磁界が $H = \dfrac{I}{2\pi r}$ であったように，磁界 H は一般に電流の強さに比例する．また，磁束密度 B は透磁率 μ を一定とすると磁界に比例する．さらに，磁束鎖交数 Φ は磁束 $\varphi (= BS : S$ は面積$)$ に比例する．この結果，結局，磁束鎖交数 Φ は電流 I に比例することになる．この比例定数 k のことを**インダクタンス**という．

$$
\begin{array}{llll}
\text{磁束鎖交数 } \Phi \propto & \text{磁束 } \varphi \propto & \text{磁束密度 } B \propto & \text{磁界 } H \propto \text{電流 } I \\
\Phi = N\varphi = N\mu HS & \varphi = BS = \mu HS & B = \mu H & H \propto I \\
(N: \text{コイルの巻数}) & (S: \text{面積}) & (\mu: \text{透磁率}) &
\end{array}
$$

$$\therefore \Phi = kI \quad (k: 比例定数\cdots インダクタンス)$$

さて，図 11.2 (a) では，単一のコイルに電流 I が流れており，磁束 φ が発生している．この場合，電流 I が増加すれば磁束鎖交数も増加する．このように，自らの電流 I だけで磁束鎖交数 Φ が増減する場合の比例定数 k を L で表すと

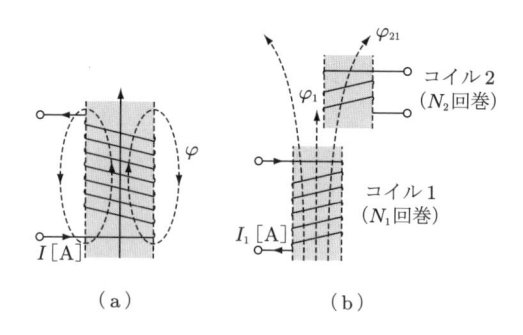

図 11.2　自己インダクタンス，相互インダクタンス

$$\Phi = LI \quad [\text{Wb}] \tag{11.2}$$

この場合の L を**自己インダクタンス** (self-inductance) または，**自己誘導係数** (self-induction coefficient) という．

次に，図 11.2 (b) のように，コイル 1 電流 I_1 によってできる磁束が他のコイル 2 に鎖交する場合，コイル 2 の磁束鎖交数は，コイル 1 電流 I_1 に比例する．このときの比例定数を M_{21} で表すと，

$$\Phi_{21} = M_{21} I_1 \quad [\text{Wb}] \tag{11.3}$$

この場合の M_{21} をコイル 1 (回路) とコイル 2 (回路) の**相互インダクタンス** (mutual-inductance) あるいは，**相互誘導係数** (mutual-induction coefficient) という．

このように，インダクタンスは，回路の寸法，相互位置の幾何学的な配置と構成媒質によって定まる定数である．なお，相互インダクタンスは相反性が成立する．すなわち，上述と逆にコイル 2 の電流 I_2 による磁束がコイル 1 を貫く磁束鎖交数 Φ_{12} から相互インダクタンス M_{12} を求めても同じ値となる．つまり，

$$M_{21} = M_{12} = M \quad [\text{H}] \text{ (相互インダクタンスの相反性)} \tag{11.4}$$

この相反性については，ノイマンの公式を用いて次節で説明する．

以上のインダクタンスの定義は，**単位電流**を導入すると次のように表現することもできる．

インダクタンスの定義

○一つの回路の自己インダクタンスとは，その回路に単位電流を流したときの磁束鎖交数である．
○二つの回路間の相互インダクタンスは，第 1 の回路に単位電流が流れたときの第 2 の回路の磁束鎖交数である．

11.2.2 インダクタンスの単位

電流をアンペア，磁束をウェーバで測ったときのインダクタンスの単位 [Wb/A] を自己誘導現象を発見したヘンリーにちなんで，ヘンリー [H] で表す．すなわち，インダクタンスの単位はヘンリーである．

【例題 11.1】 巻回数 N，長さ l [m]，半径 r [m] のソレノイドの自己インダクタンス L を求めよ．ただし，$r \ll l$ とし，コイルは均等に巻かれている．

【解】 インダクタンスの問題は，磁束鎖交数を求めることを考えた後，定義を適用すればよい．この問題は，有限長ソレノイドであるが，ソレノイド内の磁界は，条件 $r \ll l$ から無限長ソレノイドの内部磁界で近似して解いてよい (170 ページ，例題 9.3 参照)．つまり，

$$H = \frac{NI}{l} \quad [\text{A/m}]$$

磁束 φ は，

$$\varphi = \pi r^2 B = \pi r^2 \mu_0 H = \frac{\mu_0 \pi r^2 NI}{l}$$

磁束鎖交数 Φ は，

$$\Phi = N\varphi = \frac{\mu_0 \pi r^2 N^2 I}{l}$$

$$\therefore L = \frac{\Phi}{I} = \frac{\mu_0 \pi r^2 N^2}{l} \quad [\text{H}]$$

【例題 11.2】 図に示すような環状コイルで断面積 S [m^2]，平均の磁路の長さ l [m]，1 次コイルの巻数 N_1，2 次コイルの巻数 N_2 とするときの 1 次コイルの自己インダクタンスおよび相互インダクタンスを求めよ．ただし，鉄心の比透磁率を μ_s とする．

【解】 まず，磁界を求める必要があるが，平均磁路長 l が与えられているから周回積分 $\oint_0^l \boldsymbol{H}_1 \cdot dl = N_1 I$ から 1 次コイルによる磁界を求めるか，または，1 次コイルに 1 A を流し，起磁力 N_1 からも求められる．後者の考えにより，

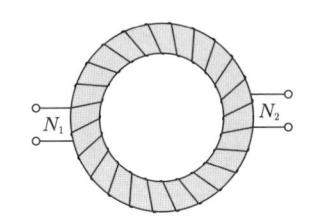

$$H_1 = \frac{N_1}{l}$$

1 次コイルによる磁束 φ_1 は

$$\varphi_1 = BS = \mu_0 \mu_s HS = \frac{\mu_0 \mu_s S N_1}{l}$$

ゆえに，自己インダクタンスは，磁束鎖交数 $\Phi = N_1 \varphi$ を 1 A で割ったものとして，

$$L = N_1 \varphi_1 = \frac{\mu_0 \mu_s S N_1^2}{l} \quad [\mathrm{H}]$$

次に，相互インダクタンスは，漏洩磁束がないと仮定し，φ_1 が N_2 にも鎖交しているとして，この磁束鎖交数を求め 1 A で割って求まる．

$$M = N_2 \varphi_1 = \frac{\mu_0 \mu_s S N_1 N_2}{l} \quad [\mathrm{H}]$$

【例題 11.3】 無限長ソレノイド内に N_2 回巻のきわめて小さいコイルが中心軸に対して θ の角をなして置かれているときの相互インダクタンスを求めよ．

【解】 無限長ソレノイドに電流 I が流れていると，内部磁界は (170 ページ，例題 9.3 参照)，

$$H = nI \quad (n：単位長あたりの巻数)$$

微小コイル 2 の半径を b とすると，このコイルへの磁束鎖交数 Φ は，

$$\Phi_{12} = N_2 BS \cos\theta = N_2 \mu_0 H \pi b^2 \cos\theta$$

$$= \mu_0 \pi b^2 n N_2 I \cos\theta$$

$$\therefore \quad M_{12} = \mu_0 \pi b^2 n N_2 \cos\theta \quad [\mathrm{H}]$$

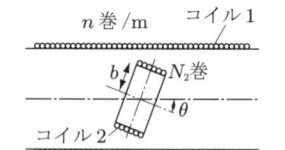

11.2.3 ノイマンの公式

> **ノイマンの公式**
>
> 二つの閉回路 C_1, C_2 において，C_1 に単位電流が流れているとき，C_1 から距離 r の C_2 の回路に対する相互インダクタンスは，次式で表される．
>
> $$M = \frac{\mu}{4\pi} \oint_{C_1} \oint_{C_2} \frac{d\boldsymbol{l}_1 \cdot d\boldsymbol{l}_2}{r}$$
>
> $$\quad = \frac{\mu}{4\pi} \oint_{C_1} \oint_{C_2} \frac{\cos\theta_1 dl_1 dl_2}{r} \quad [\mathrm{H}]$$
>
> ここに，dl_1, dl_2 は，それぞれ C_1, C_2 上の線素である．これを**ノイマンの公式** (Neumann's formula) という．二つの回路の相互インダクタンスを求めるための公式である．

（1）導出法

ノイマンの公式とは，二つの回路間の相互インダクタンスを表す式のことである．いま，図 11.3 のように，透磁率が一様な媒質中に電流 I_1, I_2 による回路 C_1, C_2 を考え，この場合の相互インダクタンスをベクトルポテンシャルを用いて導いてみる．

C_1 の回路を流れる電流 I_1 により発生する磁束のうち，C_2 の回路と鎖交する磁束鎖交数を Φ_{21} とする．このとき，C_2 を周辺とする任意の曲面 S_2 における磁束密度を $\boldsymbol{B}_{21}$ とすると

$$\Phi_{21} = \int_{S_2} \boldsymbol{B}_{21} \cdot d\boldsymbol{S}_2 \quad [\text{Wb}] \tag{11.5}$$

$d\boldsymbol{S}_2 : S_2$ 上の面積素

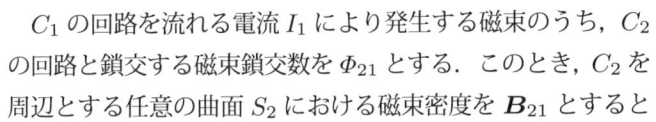

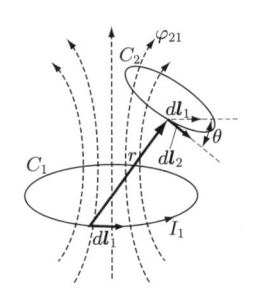

図 11.3 ノイマンの公式

次に，回路 C_1 の電流 I_1 による $d\boldsymbol{S}_2$ 上の点のベクトルポテンシャル $\boldsymbol{A}_{21}$ は $\boldsymbol{B}_{21}$ と $\boldsymbol{B}_{21} = \text{rot}\, \boldsymbol{A}_{21}$ の関係があるから，式 (11.4) へ代入して，

$$\begin{aligned}\Phi_{21} &= \int_{S_2} \text{rot}\, \boldsymbol{A}_{21} \cdot d\boldsymbol{S}_2 \\ &= \oint_{C_2} \boldsymbol{A}_{21} \cdot d\boldsymbol{l}_2 \quad [\text{Wb}]\end{aligned} \tag{11.6}$$

$$\left(\text{ストークスの定理}\ \oint_C \boldsymbol{A} \cdot d\boldsymbol{l} = \int_S \text{rot}\, \boldsymbol{A} \cdot d\boldsymbol{S}\ \text{を用いた}\right)$$

ここで，媒質の透磁率を μ，$d\boldsymbol{l}_1$ と $d\boldsymbol{l}_2$ 間の距離を r とすると，C_1 の電流 I_1 による $d\boldsymbol{l}_2$ 上ベクトルポテンシャル $\boldsymbol{A}_{21}$ は前章の式 (10.49) から，

$$\boldsymbol{A}_{21} = \frac{\mu}{4\pi} \oint_{C_1} \frac{I_1}{r} d\boldsymbol{l}_1 \quad [\text{Wb/m}] \tag{11.7}$$

これを式 (11.5) へ代入して，磁束鎖交数 Φ_{21} は

$$\Phi_{21} = \oint_{C_2} \boldsymbol{A}_{21} \cdot d\boldsymbol{l}_2 = \frac{\mu}{4\pi} \oint_{C_1} \oint_{C_2} \frac{I_1}{r} d\boldsymbol{l}_1 \cdot d\boldsymbol{l}_2$$

ここで，相互インダクタンス $M_{21} = \dfrac{\Phi_{21}}{I_1}$ であるから，

$$\boxed{M_{21} = \frac{\Phi_{21}}{I_1} = \frac{\mu}{4\pi} \oint_{C_1} \oint_{C_2} \frac{d\boldsymbol{l}_1 \cdot d\boldsymbol{l}_2}{r} \quad [\text{H}]} \tag{11.8}$$

$d\boldsymbol{l}_1$ と $d\boldsymbol{l}_2$ のなす角を θ とすると，

$$\boxed{M_{21} = \frac{\mu}{4\pi} \oint_{C_1} \oint_{C_2} \frac{\cos\theta\, dl_1 dl_2}{r} \quad [\text{H}]} \tag{11.9}$$

この式 (11.7) (11.8) を**ノイマンの公式** (Neumann's formula) という．

（2） 相互インダクタンスの相反性

ノイマンの公式

$$M_{21} = \frac{\mu}{4\pi} \oint_{C_1} \oint_{C_2} \frac{d\boldsymbol{l}_1 \cdot d\boldsymbol{l}_2}{r} \quad [\mathrm{H}] \tag{11.7 再掲}$$

は媒質定数 μ と二つの回路間の距離および線素 $d\boldsymbol{l}_1$, $d\boldsymbol{l}_2$ によって定まる．I_1 や I_2 に無関係である．したがって，前述と逆に回路 C_2 の電流 I_2 による回路 C_1 の磁束鎖交数 Φ_{12} を考えて相互インダクタンス M_{12} を求めても，上式の $d\boldsymbol{l}_1$ と $d\boldsymbol{l}_2$ の順序が入れ替わるだけで，スカラ積では交換則が成立するから式 (11.7) の値に変わりはない．つまり，**相互インダクタンスの相反性** (reciprocity of mutual-inductance)

$$\boxed{M_{21} = M_{12} = M \quad [\mathrm{H}]} \tag{11.10}$$

が成立する．

11.3　2本の平行導線間の相互インダクタンス

11.3.1　考え方

2本の線間隔が d の平行導線に電流が流れている場合，長さ l あたりの相互インダクタンスを求めてみよう[1]．xy 座標系を考え，図 11.4 のように原点を定める．導線上の x 座標の x_1, x_2 の点における線素を dx_1, dx_2 とする．まず，電流が2本の導線で同方向に流れている場合を考える．

ノイマンの公式において，$\mu = \mu_0$, $dl_1 = dx_1$, $dl_2 = dx_2$, $r = \sqrt{(X_1 - X_2)^2 + d^2}$, $\theta = 0$

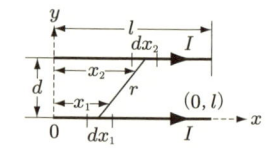

図 11.4　平行二線間の相互インダクタンス

ゆえに，

$$M = \frac{\mu_0}{4\pi} \int_{x_2=0}^{x_2=l_2} dx_2 \int_{x_1=0}^{x_1=l} \frac{dx_1}{\sqrt{(x_1 - x_2)^2 + d^2}} \tag{11.11}$$

ここで，第2項の積分は公式

$$\int \frac{dx}{\sqrt{(x-a)^2 + b^2}} = \log(x - a + \sqrt{(x-a)^2 + b^2})$$

を用いて，

---

[1] ノイマンの公式は，二つの閉回路に対して成立するものであった．しかし，ここでは有限長の長さの問題を取り扱っている．電流が存在する限り回路は閉じているわけであるから，ここで考えている相互インダクタンスは，大きな閉回路のうち，長さ l の部分による相互インダクタンスを調べていると考えればよい．

$$\int_{x_1=0}^{x_1=l} \frac{dx_1}{\sqrt{(x_2-x_1)^2+d^2}} = \log\left\{(x_1-x_2)+\sqrt{(x_1-x_2)^2+d^2}\right\}\Big|_{x_1=0}^{x_2=l}$$

$$= \log\left(l-x_2+\sqrt{(l-x_2)^2+d^2}\right) - \log\left(\sqrt{x_2^2+d^2}-x_2\right)$$

$$\therefore\ M = \frac{\mu_0}{4\pi}\Big[\int_{x_2=0}^{x_2=l} \log\left(l-x_2+\sqrt{(l-x_2)^2+d^2}\right)dx_2$$

$$- \int_{x_2=0}^{x_2=l} \log\left(\sqrt{x_2^2+d^2}-x_2\right)dx_2\Big] \tag{11.12}$$

さらに，上式に積分公式 $\int \log x\,dx = x(\log x - 1)$ を適用し，変数変換処理をして，計算を進めると，

$$M = \frac{\mu_0}{2\pi}\left(l\log\frac{l+\sqrt{l^2+d^2}}{d} - \sqrt{l^2+d^2}+d\right)$$

$$= \frac{\mu_0 l}{2\pi}\left(\log\frac{l+\sqrt{l^2+d^2}}{d} - \sqrt{1+\left(\frac{d}{l}\right)^2}+\frac{d}{l}\right) \tag{11.13}$$

とくに，$l \gg d$ のとき

$$M \fallingdotseq \frac{\mu_0 l}{2\pi}\left(\log\frac{2l}{d} - 1\right)\ \ [\mathrm{H}] \tag{11.14}$$

もし，電流の方向が反対であれば，図 11.3 の $d\boldsymbol{l}_1, d\boldsymbol{l}_2$ のなす角 $\theta = \pi$ となり，M の値に負号が必要となる (練習問題 5. 参照).

11.4　インダクタンスの接続

インダクタンスの接続

○相互誘導作用が無視できる場合

1. 直列接続

インダクタンス $L_1, L_2, L_3, \cdots,$ が直列に接続された場合の合成インダクタンス L は，

$$\boxed{L = L_1 + L_2 + \cdots + L_n\ \ [\mathrm{H}]}$$

2. 並列接続

n 個のインダクタンス $L_1, L_2, L_3, \cdots,$ が並列に接続された場合の合成インダクタンス L は，

$$\boxed{\frac{1}{L} = \frac{1}{L_1} + \frac{1}{L_2} + \cdots + \frac{1}{L_n}}$$

○相互誘導作用が無視できない場合の直列接続

1. 和動結合

二つのコイルによって発生する磁束が，両コイル間で同方向（相加わる）となる場合，それぞれの自己インダクタンスを L_1, L_2，相互インダクタンスを M とするとき，合成インダクタンス L は，

$$L = L_1 + L_2 + 2M \quad [\text{H}]$$

2. 差動結合

二つのコイルによる磁束が両コイル間で互いに逆方向となる場合の合成インダクタンス L は，

$$L = L_1 + L_2 - 2M \quad [\text{H}]$$

と表され，上記和動結合に対して，$2M$ の前の符号が負となる．

11.4.1 インダクタンスの直列接続

（1）相互誘導作用を無視し得る場合

インダクタンスがいくつか直列に接続されていて，相互誘導作用を無視し得る場合は，個々のインダクタンスの和として，合成インダクタンスが求められる．

いま，図 11.5 に示すように，各自己インダクタンス L_1, L_2, L_3 を流れる電流を I [A] とし，その電流変化によって生じる電圧の総和 $(V_1 + V_2 + V_3)$ が，一つのインダクタンス L [H] の電圧 V に等しいとおいてみる．回路理論によれば，インダクタンス L と電圧 V の間には，$V = -L\dfrac{dI}{dt}$ の関係があるから，

$$-L\frac{dI}{dt} = \left(-L_1\frac{dI}{dt}\right) + \left(-L_2\frac{dI}{dt}\right) + \left(-L_3\frac{dI}{dt}\right)$$

ゆえに，

$$L = L_1 + L_2 + L_3 \quad [\text{H}] \tag{11.15}$$

$(L = L_1 + L_2 + L_3)$

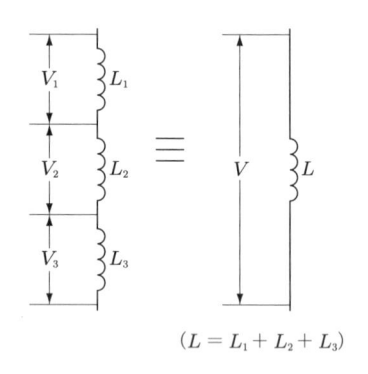

図 11.5 インダクタンスの直列接続

このように，相互誘導作用を考慮しなくてよい場合，n 個のインダクタンスが直列に接続されたときの合成インダクタンスは，個々のインダクタンスの和をとるだけでよく，合成抵抗の場合と同じである．

（2） 相互誘導作用がある場合

相互誘導作用の考慮が必要な場合は，二つのコイルに流れる電流の方向によって，**和動**および**差動結合**とよばれる状態がある．直列合成インダクタンス値はこの二つの場合で異なってくる．

（a） 和動結合の場合

図 11.6 (a) に示すように，電流 I によりコイル A に φ_1 なる磁束が発生し，その一部 φ_{11} はコイル A のみと鎖交し，ほかに磁束 φ_{21} が A，B 両コイルと鎖交しているものとする．同様に，コイル B に流れる同じ電流 I より φ_2 なる磁束が発生し，このうち φ_{22} がコイル B のみと鎖交し，ほかの磁束 φ_{12} が B，A 両コイルと鎖交するものとする．この場合，A，B 両コイルに鎖交する磁束 φ_{21}，φ_{12} について着目すると，これら二つの磁束の方向が同じで，相加わるように作用している．この場合を**和動結合**とよんでいる．

（a）和動結合 　　　　（b）差動結合

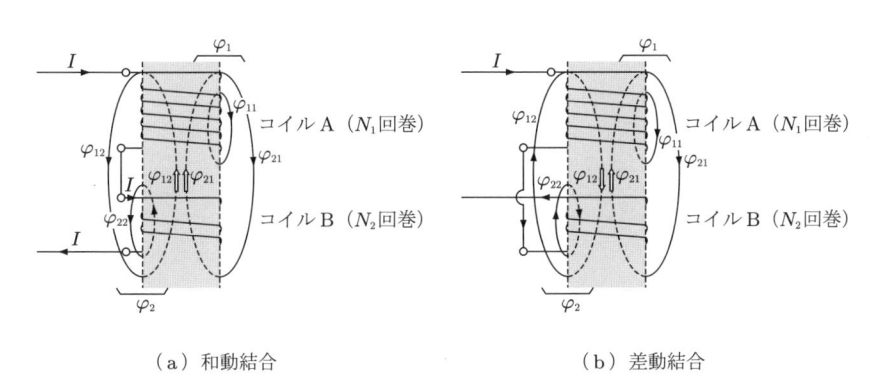

図 11.6 インダクタンスの直列接続 (相互誘導がある場合)

さて，Φ_1，Φ_2 をそれぞれコイル A，B の磁束鎖交数とすると，図より A コイルには φ_1 と φ_{12} が，B コイルには φ_2 と φ_{21} が鎖交しているから，

$$\Phi_1 = N_1(\varphi_1 + \varphi_{12}), \quad \Phi_2 = N_2(\varphi_2 + \varphi_{21})$$

全体の磁束鎖交は，

$$\Phi = \Phi_1 + \Phi_2 = N_1\varphi_1 + N_2\varphi_2 + N_1\varphi_{12} + N_2\varphi_{21}$$

インダクタンスの定義により，

$$L = \frac{\Phi}{I} = \frac{N\varphi}{I}$$

いまの場合の合成インダクタンスは，

$$L = \frac{\Phi}{I} = \frac{N_1\varphi_1}{I} + \frac{N_2\varphi_2}{I} + \frac{N_1\varphi_{12}}{I} + \frac{N_2\varphi_{21}}{I} \tag{11.16}$$

$$= \boxed{L = L_1 + L_2 + 2M}$$

ただし，

$$L_1 = \frac{N_1 \varphi_1}{I}, \quad L_2 = \frac{N_2 \varphi_2}{I} \quad : コイル A，B の自己インダクタンス$$

$$M = M_{12} = M_{21} = \frac{N_1 \varphi_{12}}{I} = \frac{N_2 \varphi_{21}}{I} \quad : 相互インダクタンス$$

(b) **差動結合の場合**

今度は，図 11.6 (b) に示すように片方のコイル端子をつなぎ変えて，図示したように電流を流してみる．この結果，両コイルを鎖交する磁束 φ_{21} と φ_{12} は互いに逆方向となる．この場合を**差動結合**とよんでいる．

合成インダクタンスは，Φ_1，Φ_2 をそれぞれコイル A，B の磁束鎖交数とすると，

$$\Phi_1 = N_1(\varphi_1 - \varphi_{12}), \quad \Phi_2 = N_2(\varphi_2 - \varphi_{21})$$

全体として，

$$\Phi = \Phi_1 + \Phi_2 = N_1 \varphi_1 + N_2 \varphi_2 - N_1 \varphi_{12} - N_2 \varphi_{21}$$

$$L = \frac{\Phi}{I} = \frac{N_1 \varphi_1}{I} + \frac{N_2 \varphi_2}{I} - \frac{N_1 \varphi_{12}}{I} - \frac{N_2 \varphi_{21}}{I} \tag{11.17}$$

$$= \boxed{L_1 + L_2 - 2M}$$

(3) **結合係数**

前図 11.6 (a) で，コイル A に電流が流れ，全体として φ_1 となる磁束を発生していて，このうち φ_{21} がコイル B と鎖交するとすると，

$$L_1 = \frac{N_1 \varphi_1}{I}, \quad M_{21} = \frac{N_2 \varphi_{21}}{I}$$

次に，同様にコイル B に I を流したとき発生する全磁束を φ_2 とし，このうち φ_{12} がコイル A と鎖交しているとすると，

$$L_2 = \frac{N_2 \varphi_2}{I}, \quad M_{12} = \frac{N_1 \varphi_{12}}{I}$$

ここで，$M_{21} = M_{12} = M$ と表して，L_1，L_2 および M_{12}，M_{21} の積をとると，

$$L_1 L_2 = \frac{N_1 N_2 \varphi_1 \varphi_2}{I^2} \tag{11.18}$$

$$M^2 = \frac{N_1 N_2 \varphi_{21} \varphi_{12}}{I^2} \tag{11.19}$$

式 (11.18)，(11.19) の関係から次式のように，$\frac{N_1 N_2}{I^2}$ を消去して磁束だけで表される関係をつくりこれを k で表す．

$$k = \frac{M}{\sqrt{L_1 L_2}} = \sqrt{\frac{\varphi_{21} \varphi_{12}}{\varphi_1 \varphi_2}} \quad (\varphi_{21} < \varphi_1, \ \varphi_{12} < \varphi_2) \tag{11.20}$$

A，Bコイルが密に結合しているほどkは1に近づくことがわかる．

このようにkは二つのコイルの磁気的な結合の程度を示すことができることから**結合係数** (coupling factor) といわれている．

11.4.2 インダクタンスの並列接続

いくつかのインダクタンスが並列に接続され，相互誘導作用がない場合を考えてみる．

図 11.7 に示すように，二つの自己インダクタンス L_1，L_2 [H] をもつコイルが並列に接続され，各コイルに電流 I_1，I_2 [A] が流れており，それぞれの電流変化に応じ，電圧 V_1，V_2 が生じているとする．この場合，

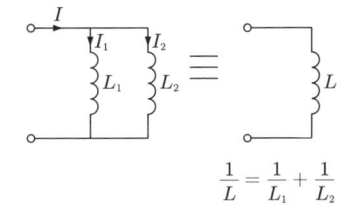

図 11.7 インダクタンスのの並列接続

$$V_1 = -L_1 \frac{dI_1}{dt} \quad [V] \tag{11.21}$$

$$V_2 = -L_2 \frac{dI_2}{dt} \quad [V] \tag{11.22}$$

また，二つのコイルに流れている電流の和を I [A] とすると，

$$I = I_1 + I_2 \quad [A] \tag{11.23}$$

これを時間 t で微分して，式 (11.21)，(11.22) を代入すると，

$$\frac{dI}{dt} = \frac{dl_1}{dt} + \frac{dI_2}{dt} = -\left(\frac{1}{L_1} + \frac{1}{L_2}\right) V \tag{11.24}$$

ただし，ここで，両コイルが並列接続であるから，両コイルの電圧は等しく，両者を

$$V = V_1 = V_2 \tag{11.25}$$

とおいている．

一方，この回路の合成インダクタンスは，

$$V = -L \frac{dI}{dt} \quad [V] \tag{11.26}$$

である．これと式 (11.24) の V を求め比較すると，

$$\boxed{\frac{1}{L} = \frac{1}{L_1} + \frac{1}{L_2}} \tag{11.27}$$

の関係を得る．これは，電気回路における並列抵抗の場合と形式的に同じである．

11.5 電流の有する磁気的エネルギー

磁気的エネルギー

電流が保有する磁気的エネルギー W は，**電流** I と**磁束** φ により次のように表される．

$$W = \frac{\varphi NI}{2} \quad [\text{J}] \quad N：コイルの巻数$$

つまり，

$$W = (電流) \times (電流と鎖交する全鎖交磁束)$$

または，

$$W = (磁束) \times (磁束と鎖交する全電流)$$

さらに，**電流とベクトルポテンシャル** $\boldsymbol{A}$ を用いて，

(i) 電流 I の流れる径が細い場合

$$W = \frac{1}{2} \oint_C I(\boldsymbol{A} \cdot d\boldsymbol{l}) \quad I：全電流 [\text{A}] \quad d\boldsymbol{l}：線素$$

(ii) 電流の流れる径が太い場合

$$W = \frac{1}{2} \int \boldsymbol{A} \cdot \boldsymbol{i}\, dv \quad \boldsymbol{i}：電流密度 \quad dv：体積素$$

と表される．

11.5.1 考え方

静電界では，帯電体に蓄えられているエネルギー W が[2]，実は，その周囲の誘電体 (真空を含む) の媒質中，すなわち，**電界**中に蓄えられているエネルギーであるとみなすことができた．この類推から，前章 10.11 節で磁界の場合も，磁界中に単位体積あたり w のエネルギーが蓄えられていると考えてきた．

この磁界中に蓄えられるエネルギーは，電流を流して磁界をつくるに要した仕事 (エネルギー) に相当していなければならない．したがって，単位体積あたりのエネルギー w を全空間にわたって加え合わせたものは，電流が流れることによってできる磁界のエネルギーになる．これは，電流の保有する磁気的エネルギーともいえる[3]．このエネルギーを W とすると，206 ページの式 (10.50) を用いて

---

[2] 帯電した導体系などに蓄えられているエネルギーのこと．
[3] これは逆に，静電界に蓄えられているエネルギーを帯電体が保有するエネルギーと考えることと同じである．

$$W = \int w\,dv = \int \frac{\bm{H} \cdot \bm{B}}{2}\,dv \quad [\text{J}] \tag{11.28}$$

この式から出発して，電流の有する磁気的エネルギー W が**電流**と**鎖交する磁束**および**電流**と**ベクトルポテンシャル**の関係で表されることについて述べる．

いま，図 11.8 (a) のように，N 回巻きの回路 C を流れる電流 I によってつくられる磁界内に微小磁束 $\Delta\varphi$ によってできる管を想定し，まず，この管に蓄えられる磁気エネルギーを考えてみよう．

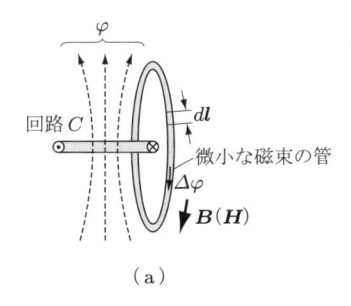

図 11.8 電流の有する磁気的エネルギー

(a)

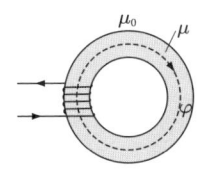

(b) $\mu > \mu_0$ で磁束 φ はコアに閉じこめられているものと考えている．図 (a) の磁束の管の部分は，このコアを取り除いた状態と考えればよい．

磁界に沿う線素を dl，管の断面積を dS とする．これは同図 11.8 (b) に示すように，環状磁性コアにコイルを巻いたものを考え，この磁性コア媒質を一般の媒質に拡張したものと考えるとわかりやすい．

さて，式 (11.28) の $\bm{H}\cdot\bm{B}\,dv$ は $\bm{B}$ と $d\bm{l}$ が同方向であるから

$$\bm{H}\cdot\bm{B}\,dv = \bm{H}\cdot(\bm{B}\,dv) = \bm{H}\cdot(B\,dS\,d\bm{l}) \tag{11.29}$$

と変形できる．$B\,dS$ は微小磁束 $\Delta\varphi$ となり，上式はさらに，

$$\bm{H}\cdot\bm{B}\,dv = \Delta\varphi(\bm{H}\cdot d\bm{l}) \tag{11.30}$$

この結果，微小な管に蓄えられるエネルギー ΔW は，式 (11.28) を参照して，

$$dW = \frac{\Delta\varphi}{2}\oint \bm{H}\cdot d\bm{l} \quad [\text{J}] \tag{11.31}$$

この積分 $\oint \bm{H}\cdot d\bm{l}$ は，アンペアの周回積分則から $\Delta\varphi$ に鎖交する電流と等置することができる．

$$dW = \frac{\Delta\varphi}{2}\oint \bm{H}\cdot d\bm{l} = \frac{\Delta\varphi}{2}NI \tag{11.32}$$

ここで，$\Delta\varphi$ で表される微小な管の制約を取り除き，回路 C と鎖交する全磁束を φ とすると，上式はこの磁界全体に含まれる全磁気エネルギー W で表すことができる．ゆえに，

$$W = \frac{\varphi NI}{2} \quad [\text{J}] \tag{11.33}$$

式 (11.33) は，NI と見るか，φN と見るかによって次のように要約できる．

$$W = 1/2\,(\varphi：磁束) \times (NI：磁束と鎖交する全電流) \tag{11.34}$$

$$W = 1/2\,(\varphi N：電流と鎖交する全鎖交磁束) \times (I：電流) \tag{11.35}$$

次に，ベクトルポテンシャル $\boldsymbol{A}$ との関係について調べてみる．

さて，一つの閉曲線 (閉回路) と鎖交する磁束数は

$$\varPhi = \oint \boldsymbol{A} \cdot d\boldsymbol{l} \quad [\text{Wb}] \tag{11.36}$$

で表されることが知られている．したがって，以下では式 (11.33) で磁束と鎖交する電流は I だけとして (回路 C の巻数 $N = 1$ として) 考える．式 (11.36) を式 (11.35) へ代入すると，

$$W = \frac{1}{2} \oint_C I(\boldsymbol{A} \cdot d\boldsymbol{l}) \quad [\text{J}] \tag{11.37}$$

ここで，回路 C は I の通路と一致している．

この場合，電流がある大きさを有する断面を分布して流れているならば，式 (11.37) の I に対して微小電流 $\Delta i = i\,dS$ (i は電流密度 [A/m^2]) を導入して

$$\Delta i(\boldsymbol{A} \cdot d\boldsymbol{l}) = \boldsymbol{A} \cdot (i\,dS d\boldsymbol{l}) = \boldsymbol{A} \cdot \boldsymbol{i}\,dv \tag{11.38}$$

ゆえに，これを全空間に対して積分し，

$$W = \frac{1}{2} \int \boldsymbol{A} \cdot \boldsymbol{i}\,dv \quad [\text{J}] \tag{11.39}$$

を得る．

11.5.2 磁気エネルギーのインダクタンス表示

> **磁気エネルギーのインダクタンス表示**
>
> いくつかの線状電流 $I_1, I_2, I_3, \cdots$，からなる電流系の有する磁気エネルギー W のインダクタンス表示式は，
>
> $$\begin{aligned} W = \frac{1}{2}\{ & L_1 I_1{}^2 + L_2 I_2{}^2 + L_3 I_3{}^2 + \cdots \\ & + 2M_{12} I_1 I_2 + 2M_{13} I_1 I_3 + \cdots \\ & + 2M_{23} I_2 I_3 + \cdots \} \quad [\text{J}] \end{aligned}$$
>
> で表される．ただし，L は自己インダクタンス，M は相互インダクタンス

いくつかの線状電流 $I_1, I_2, I_3, \cdots,$ が流れている電流系 (電流回路) を考える。この場合の電流系が有する磁気的エネルギーを前式 (11.35) からインダクタンスを用いて表してみる。

まず，電流 I_1 に着目する。この場合，I_1 に鎖交する磁束は自己の電流により生じるものの他，他の I_2, I_3 による磁束も含めて考える必要がある。

まず，I_1 と鎖交するすべての磁束鎖交数について整理すると，インダクタンスの定義から，

$$I_1 と \begin{cases} I_1 による磁束との鎖交数 = L_1 I_1 \\ I_2 による磁束との鎖交数 = M_{12} I_2 \\ I_3 による磁束との鎖交数 = M_{13} I_3 \\ \cdots \end{cases}$$

と表される。

次に，I_2 と鎖交する磁束に関しても，同様に，

$$I_2 と \begin{cases} I_2 による磁束との鎖交数 = L_2 I_2 \\ I_1 による磁束との鎖交数 = M_{21} I_1 \\ I_3 による磁束との鎖交数 = M_{23} I_3 \\ \cdots \end{cases}$$

と表される。以下同様に $I_3, I_4, \cdots,$ と鎖交する磁束を考えることができる。

さて，電流に付随する磁気エネルギーの定義式 (11.35) に基づき，上記の各関係にそれぞれ $I_1, I_2, \cdots,$ を乗じ，これらのすべての総和を求めれば，**磁気エネルギーの総和**は次式のように表せる。

$$\boxed{\begin{aligned} W = \frac{1}{2} \{ & L_1 I_1^2 + L_2 I_2^2 + L_3 I_3^2 + \cdots \\ & + 2 M_{12} I_1 I_2 + 2 M_{13} I_1 I_3 + \cdots \\ & + 2 M_{23} I_2 I_3 + \cdots \} \quad [\text{J}] \\ & (\text{磁気エネルギーのインダクタンス表示式}) \end{aligned}} \quad (11.40)$$

この磁気エネルギーの式からインダクタンスを定義する立場もある。

第 11 章の練習問題

1. 細長い空心ソレノイドの長さを 50 cm, 断面の半径を 1 cm とするとき，このコイルの自己インダクタンスを 20 mH にするには，全巻数をいくらにすればよいか．

2. コイルの巻数を 100 回,自己インダクタンスを 0.01 H とするとき,電流 3 A を流すとすれば磁束鎖交数はいくらか.また,このときの磁束はいくらとなるか.

3. 直径 4 cm,長さ 100 cm のソレノイド内に同軸に置いた長さ 5 cm,直径 1 cm の小コイルがある.これらのソレノイド間の相互インダクタンスを求めよ.ただし,外側のソレノイドの巻数を 1000 回,内側の巻数を 50 回とする.

4. 断面積 S [m^2],磁路の平均長 l [m],透磁率 μ の環状鉄心の周囲に均一に導線を巻いたところ,自己インダクタンスが L [H] となった.この磁路の一部に長さ a [m] の直角の小空隙を設けたとき,同一自己インダクタンスにするには,コイルの巻数を何倍にすればよいか.

5. 224 ページ 11.3.1 項の線間距離 d [m],長さ l [m] の細い平行導線間の相互インダクタンスを導出せよ.

6. 半径 a,巻数 N_1 の円形コイルの中心軸上で中心から d の距離に,半径 b,巻数 N_2 の小円形コイルをコイル面が互いに平行になるように正対させるとき,両コイル間の相互インダクタンスを求めよ.

第 12 章

電磁誘導

前章までに，**電流**が流れていればその周囲に必ず**磁界が発生**していることを学んだ．

この章では**磁界**の作用により，導体や周囲媒質に**電流が誘起**されることについて学ぶ．電磁誘導則は，一方では**電気技術文明**を，他方では**無線通信技術文明**の基礎となる**電磁波発見**を促すという意味で，技術文明の視点からも重要な発見である．

```
電磁誘導現象の発見 ─→ 電気技術文明の発展
                  ─→ 通信技術文明の発展
```

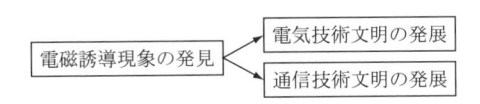

図 12.1 電磁誘導現象発見の意義

12.1 電磁誘導現象

ファラデー (Faraday) は，実験により，「回路に鎖交する磁束の変化によって起電力が誘起される」ことを発見した．この現象を**電磁誘導法則** (electromagnetic induction) という．ファラデーは，図 12.2 に示すような鉄心に 1 次，2 次コイルを巻いたものを用いてこの法則を確認している．

電磁誘導法則は「回路に鎖交する磁束が**変化**さえすれば起電力が発生する」というものであるから，図 12.3 に示すように**時間的に変動する磁界**のみならず，**静磁界**であってもその中を**回路が移動**すれば，起電力が誘起されるという現象も含んでいる．

この電磁誘導法則は，多くの電気機器に応用されている．たとえば，鉄心に巻いた 1 次，2 次コイルの 1 次側に交番電流を流せば，両コイルの巻数比に比例した電圧比で，2 次側コイルの電圧を高めたり，低めたりする変圧器が構成できる．また，一定の磁

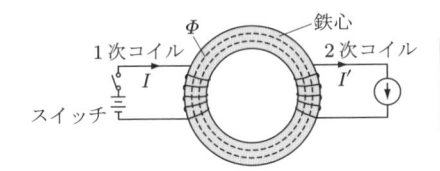

[1次側のコイルに電流の変化，つまり磁束の変化があれば，鉄心を介して，2次側コイルの磁束も変化する．このとき，2次側コイルに起電力が生じ，電流 I' が流れる]

図 12.2 ファラデーが行った実験の原理図

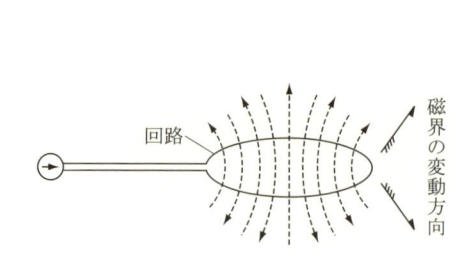

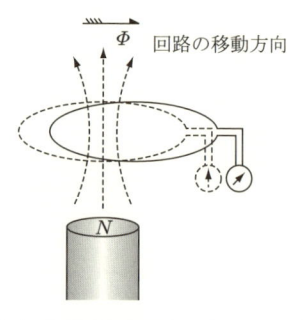

(a) 回路が静止し，磁界が変動している場合　(b) 静磁界中を回路が移動する場合

(a), (b) どちらの場合も起電力が発生し，電流が流れる

図 12.3　磁束の変化と起電力の発生

界中でコイルを回転させれば，誘導電流が生じ，これが発電機の原理であった．さらに，電磁誘導則に基づいて発生する**うず電流**は，一方では磁気的な損失の原因となるが，他方では，これは積極的に**誘導加熱**等へ応用されている．電磁誘導は，電気工学上の応用はもちろん，次章で述べるマクスウェルの方程式にも関係し，電磁波論の立場からも重要な意味をもつ現象である．

12.2　電磁誘導法則

電磁誘導法則

○**起電力の方向**…レンツの法則
　電磁誘導によって生じる起電力は，磁束変化を妨げる電流を生じるような向きに発生する．

○**起電力の大きさ**…ノイマンの法則
　磁束が一つの回路と鎖交し変化しつつあるとき，鎖交磁束数の減少する割合に等しい大きさの起電力を生じる．

○**起電力 U の表式**
　以上の法則を式で表すと，一つの回路と鎖交する全磁束数を Φ [Wb] とすれば，鎖交磁束数の減少する割合が $-\dfrac{d\Phi}{dt}$ であるから，

$$U = -\frac{d\Phi}{dt} \quad [\text{V}]$$

12.2.1 考え方

電磁誘導における起電力に関しては，力学における**慣性の作用**と類似していると考えると理解しやすい．すなわち，静止状態あるいは運動状態にある物体に力を加え，その状態を変化させようとすると，最初の状態を維持し続けようとし，この変化に抗するような力，つまり**慣性**が作用する．

電磁誘導則においては，図 12.4 (a) に示すように，磁石の磁極 N を回路に近づけると，鎖交磁束が増加するが，この磁束の増加を妨げるような方向の電流が誘導され，元の磁束の状態を維持し続けようとする．これと反対に，磁極を遠ざけ，回路へ鎖交する磁束が減少しはじめると，今度はこの減少を妨げる (補う) ような磁束を生じる向きの電流が誘導される．この新しく誘導された電流を**誘導電流** (induced current) という．このように誘導電流が流れるのは，回路に鎖交する磁界が変化するときに，一種の**起電力**が発生するためであるとして，これを**誘導起電力** (induced electromotiv-force, 略して emf) とよんでいる[1]．

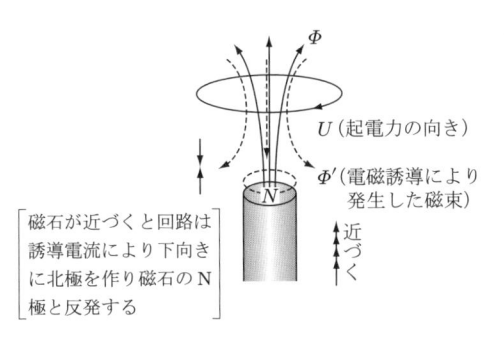

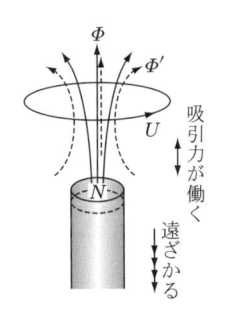

起電力の向き：
起電力 U と磁束 Φ の間に右ねじの関係が成立するときを正とすると，図 (a) では Φ の増加に対し U は負の方向に誘導され U は負，図 (b) のように Φ が減少するとき Φ の方向に対して，U は正の向きをとる．

図 12.4　電磁誘導現象

ところで，ファラデーは実験により電磁誘導現象を発見したが，その後，この現象をより具体的な法則まで発展させたのが前述したレンツとノイマンであった．つまり，**レンツの法則** (Lenz's law) は，**誘導起電力の向き**に関するもので，「電磁誘導により生じる起電力は，**磁束変化を妨げる電流を生じるような向きに発生する**」というものである．

---

[1] 起電力には，このほか電池にみられるように電気化学的な電気力に基づくものがある．

また，**ノイマンの法則** (Neumann's law) は，誘導起電力の大きさに関するもので，「一つの回路と鎖交している磁束数が変化しているとき，**鎖交磁束数の減少する割合に等しい起電力を生じる**」というものである．これを式で表現すると，一つの回路と鎖交する全磁束数を Φ [Wb] とすると，鎖交磁束数の減少割合は $-\dfrac{d\Phi}{dt}$ である．したがって，発生する起電力は，1 巻きのループ回路では，

$$U = -\frac{d\Phi}{dt} \quad [\mathrm{V}] \tag{12.1}$$

となる．この式から，鎖交磁束が 1 秒間に 1 Wb の割合で変化するときに，1 V の起電力が生じることがわかる．なお，起電力と称しているが単位は [V] に注意されたい．

12.3　誘導起電力について

誘導起電力について述べる前に，起電力について復習しておく．

起電力とは，「回路内の単位電荷 (電子) に働く電気力 ($\boldsymbol{F}/q$) を**回路全体の長さについて積分したものである**」．

この場合，電荷に作用し，これを移動させる力，つまり，電気力は**ローレンツ力** (Lorentz force) がすべてであり，これは次式で与えられる．

$$\boldsymbol{F} = q(\boldsymbol{E} + \boldsymbol{v} \times \boldsymbol{B}) \quad [\mathrm{N}] \tag{9.38 再掲}$$

回路として導体回路を考える場合，導体内では**静電界**はもちろん零で，いたるところで等電位であり電流は流れない．しかし，変動場では電界 E は導体内で零とならず，電流を生じることに注意する必要がある．

さて，電磁誘導則によれば，誘導起電力は「回路と鎖交する磁束が変化しさえすれば**いつでも起電力が誘起される**」というものであった．この場合，鎖交磁束の変化の仕方としては，(ⅰ) 定常磁界中で回路が移動する場合，(ⅱ) 回路は静止していて，磁束が時間的に変化する場合，(ⅲ) この両者が複合した場合，に分類され，いずれの場合も誘導起電力が生じる．しかし，(ⅰ) と (ⅱ) の場合では，起電力の発生機構が相違していることに注意する必要がある．

はじめに，(ⅰ) の場合について調べてみる．

図 12.5 (a) は，定常磁界中に置かれている一巻きの矩形状コイル ABCD で，その 1 辺 $\overline{\mathrm{AB}}$ ($= l$) は左右に動くようにつくられている．さて，この可動棒 $\overline{\mathrm{AB}}$ を右方へ速度 $\boldsymbol{v}$ で移動させると，$\overline{\mathrm{AB}}$ に磁束の変化による起電力 U が発生する．この場合，第 9 章 9.8 節で述べたローレンツ力として，導体内の電荷 (電子) が単位電荷あたり $\boldsymbol{F}/q = \boldsymbol{v} \times \boldsymbol{B}$ の力を受ける．したがって，前述の起電力の定義より，

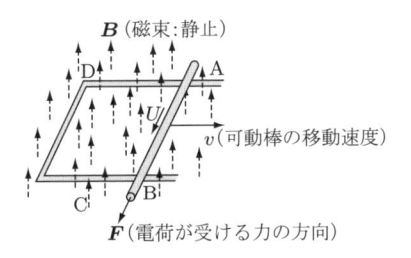

(a) 定常磁界中で回路が移動する場合

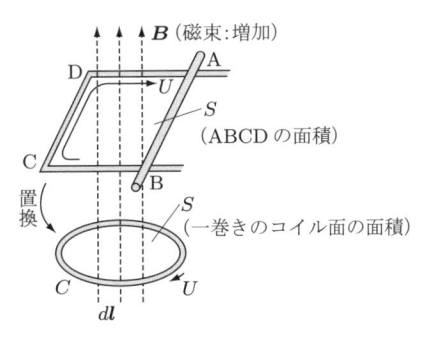

(b) 回路が静止し磁界が変動する場合
（矩形上コイルを便宜上，磁束鎖交面積 S を一定にして，円形コイルに変換している）

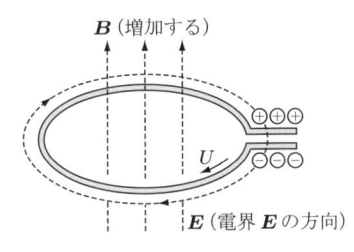

(c) 電界 E，起電力 U の向き

図 12.5 鎖交磁束数の変化と起電力

$$U = \int_A^B \frac{\boldsymbol{F} \cdot d\boldsymbol{l}}{q} = \int_A^B (\boldsymbol{v} \times \boldsymbol{B}) \cdot d\boldsymbol{l}$$
$$= vBl \left(= -\frac{d\Phi}{dt} \right) \; [\text{V}] \tag{12.2}$$

の起電力が生じる．後述するように，これは磁束の時間的変化 $-\dfrac{d\Phi}{dt}$ に等しい．起電力の向きは，A から B 方向である．また，起電力は $\overline{\text{AB}}$ のみが速度 $\boldsymbol{v}$ で移動したのであるから，$\overline{\text{AB}}$ の可動棒部分だけに発生する．

次に，（ⅱ）の場合について考えてみる．図 12.5 (b) のように矩形状コイルを固定し，今度は，変動磁界として交番磁界がコイルに鎖交している場合を考えてみよう．この時も鎖交磁束数が変化するから，やはり起電力が発生する．しかし，この場合，導体回路内の電荷 (電子) を動かす力はもはや $q(\boldsymbol{v} \times \boldsymbol{B})$ ではない．$\boldsymbol{v}$ は上述のように電荷 (電子) 自身の移動速度であり，磁束の変化にかかわるものではない．

では，このように **導体回路が静止していて磁束が変化する場合**，導体内の電荷 (電子) も移動させ電流を流そうとする電気力は何であろうか．ローレンツの式から，第 2 項の $q(\boldsymbol{v} \times \boldsymbol{B})$ 以外で電荷に電気力を及ぼすのは，第 1 項の電界 $\boldsymbol{E}$ である．このことからも推論されるように[2]，ファラデーの電磁誘導則から導かれた一つの結論は，**時間的に変化する磁界により "電界" が発生する** ということである．この結論によれば，

---

[2] この厳密な説明は，相対論の立場からなされている．

いまの場合，交番磁界により電界が発生し，これが静止した導体回路内で静止している電荷に電気力を及ぼし電流を発生すると理解できる．

図 12.5 (b) において，説明の便宜上，矩形回路で磁束が鎖交している面積 S を同一に保ったまま，円形状導体の一巻のコイルで置き換える (発生する起電力は同じとなる)．この円形コイルに発生する起電力は上述の定義により，導体コイル内の単位電荷に働く接線力 (電気力) をコイル一周 l について積分すればよい．すなわち，

$$U = \oint_C \frac{\boldsymbol{F} \cdot d\boldsymbol{l}}{q} = \oint_C \boldsymbol{E} \cdot d\boldsymbol{l} = El \left(= -\frac{d\Phi}{dt} \right) \quad [\text{V}] \tag{12.3}$$

もちろん，この起電力は $-\dfrac{d\Phi}{dt}$ に等しい．この起電力は，図 12.4 で述べた右ねじの法則によれば，磁束の増加に対して起電力 U が負の向きとなり，電界の向きと一致している．図 12.5 (c) に示すようにコイルの両端が開放されているときは，電界と逆方向に負の電荷 (自由電子) が移動し，一方の端子に負の電荷が集まる．このため他の端子には電子が不足し，正に充電され，この両端子間に電位差が生じる．これが起電力である．このコイル端を閉じれば電流が流れる．

以上の考察から明らかなように，電磁誘導により生じる起電力は，ローレンツ力の磁界項に依存したり，電界項に依存して発生している．

12.4 電磁誘導法則の拡張

電磁誘導則

電磁誘導則は，導線回路だけでなく，真空媒質や誘電体媒質でも成立し，次のように**積分形**と**微分形**で表すことができる．

〈積分形〉

$$U = \oint_C \boldsymbol{E} \cdot d\boldsymbol{l} = -\frac{d}{dt} \int_S \boldsymbol{B} \cdot \boldsymbol{n}\, dS \left(= -\frac{d\Phi}{dt} \right) \quad [\text{V}]$$

〈微分形〉

$$\text{rot}\, \boldsymbol{E} = -\frac{\partial \boldsymbol{B}}{\partial t} \quad [\text{V/m}^2]$$

ここに，$\boldsymbol{E}$：電磁誘導により誘起された電界，$\boldsymbol{B}$：磁束密度，$d\boldsymbol{l}$：閉路 C 上に考えた線素，dS：C を周辺とする任意の曲面上の面積素，$\boldsymbol{n}$：単位法線ベクトル．

前 12.2 節で，一巻の回路に鎖交する磁束 Φ が時間的に変化する場合の起電力は

$$U = -\frac{d\Phi}{dt} \quad [\text{V}] \tag{12.1 再掲}$$

で与えられることについて述べた．磁束の変化の仕方は，回路が移動したり，交番磁

束であったり様々であるが，この式で起電力を考えるときは**磁束の変化の仕方**まで区別する必要はない．

しかし，磁束の変化の仕方を区別することは，次の点で重要である．

まず，回路が移動する場合の起電力，つまり，電気力としてローレンツの式の $q(\boldsymbol{v} \times \boldsymbol{B})$ が関係する場合は，具体的な**導体回路**(自由電子が存在している)**が実在し**，これが $\boldsymbol{v}$ の速度で移動することによって起電力が発生する．

一方，回路が固定していて磁束が変化する場合のように，ローレンツの式の電界 $\boldsymbol{E}$ の項に依存する起電力は，$\boldsymbol{E}$ が導体中でも[3]，自由空間や誘電体中にも存在し得ることから，導体以外の媒質でも考えられるようになる．このような空間媒質中に回路を仮想するときは，回路としてはもはや導体回路と限定せず，これに代わり一般的に数学的な閉曲線を考え，$\boldsymbol{E}$ の線積分が起電力であると定義される[4]．ファラデーの電磁誘導則発見の大きな意義の一つがここにあり，電磁誘導現象が任意の媒質に拡張されたわけである．ここでは，この後者の電磁誘導現象について定式化を試みるが，これは**積分形**と**微分形**の表し方がある．

さて，以上の考え方に従い，図 12.6 に示すように磁束 Φ と鎖交している閉曲線 C を周辺とする任意の曲面 S を考える．同図に示すように半球状の曲面上に微小面積 dS をとり，磁束密度を $\boldsymbol{B}$，単位法線ベクトルを $\boldsymbol{n}$ とする．このとき面 S と鎖交する全磁束は，

$$\Phi = \int_S \boldsymbol{B} \cdot \boldsymbol{n}\, dS \quad [\text{Wb}] \tag{12.4}$$

ここで，磁束が時間的に変化していれば，閉曲線 C 部 (回路 C と考えられる) に誘起される起電力は，

$$U = -\frac{d}{dt}\int_S \boldsymbol{B} \cdot \boldsymbol{n}\, dS \quad [\text{V}] \tag{12.5}$$

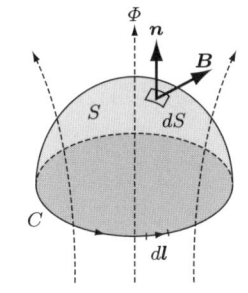

図 12.6 閉曲線 C と鎖交する磁束

一方，この回路 C に相当する閉曲線に起電力が誘起されるのは，前述のように閉曲線 C に沿って，電界が生じるためと考えられる．

この C 上の任意の点に誘起される電界を $\boldsymbol{E}$ とし[5]，この向きを起電力と同方向にとれば，

$$U = \oint_C \boldsymbol{E} \cdot d\boldsymbol{l} \quad [\text{V}] \tag{12.6}$$

---

[3] 変動場では，導体中にも電界 $\boldsymbol{E}$ が存在し，電流を生じる．

[4] この立場からは導体回路は，むしろ特殊な場合であると考えられる．

[5] 静電界では $\text{rot}\, \boldsymbol{E} = 0$ であり，$\oint \boldsymbol{E} \cdot d\boldsymbol{l} = 0$ となることがもっとも重要な条件であった．一般に $\boldsymbol{E}$ が時間とともに変化している場合は，$\oint \boldsymbol{E} \cdot d\boldsymbol{l} \neq 0$ であることに注意されたい．

ここに，$\boldsymbol{n}$ の方向に進む右ねじが回転する方向を C の正方向にとり，$d\boldsymbol{l}$ はその線素である．式 (12.5)，(12.6) を等置して，

$$\boxed{U = \oint_C \boldsymbol{E} \cdot d\boldsymbol{l} = -\frac{d}{dt}\int_S \boldsymbol{B} \cdot \boldsymbol{n}\, dS \quad [\text{V}]} \qquad (12.7)$$

が得られる．

これが，一般的に表した**電磁誘導法則の積分形**といわれるものである．

これまで電磁誘導法則は，導線の閉回路を考え式 (12.1) から起電力を求めてきた．これに対し，式 (12.7) は任意の閉曲線 C に沿う $\boldsymbol{E}$ の線積分が，C に鎖交する磁束の減少割合に等しいことを意味し，閉回路は必ずしも導線である必要はない．したがって，式 (12.7) の積分路 C は，その一部が導体内に，他が誘電体内にあってもよく，一般の媒質に拡張されたわけである[6]．

次に，電磁誘導法則の微分形を求めるために，式 (12.7) にストークスの定理を適用してみる．すなわち，

$$\oint_C \boldsymbol{E} \cdot d\boldsymbol{l} = \int_S (\operatorname{rot} \boldsymbol{E}) \cdot \boldsymbol{n}\, dS \quad [\text{V}]$$

であるから，式 (12.7) は，

$$\int_S (\operatorname{rot} \boldsymbol{E})_n\, dS = -\frac{d}{dt}\int_S B_n\, dS \qquad (12.8)$$

つまり，

$$\int_S \left(\operatorname{rot} \boldsymbol{E} + \frac{\partial \boldsymbol{B}}{\partial t}\right)_n dS = 0$$

この式で，与えられた C に対し，S は任意に選ぶことができ常に成立すべきであるから，

$$\boxed{\operatorname{rot} \boldsymbol{E} = -\frac{\partial \boldsymbol{B}}{\partial t} \quad [\text{V/m}^2]} \qquad (12.9)$$

これが，**電磁誘導法則の微分形**であり，導体およびその周囲の誘電体が静止しているときに空間内の一点で成立する式である．

これは，次章で述べるマクスウェルの電磁方程式の一つに相当し，磁束の時間的変化があるところには，右辺に示された電界が誘起され，そこに導体があれば誘導電流が生じることを意味している．

---

[6] これは，たとえばコンデンサを含む放電回路のようなものを考えれば，積分の一部は導線に沿い，一部は電極板間の誘電体内にあることになる．このような回路に対しても式 (12.7) は成立することを意味している．

12.5 種々の場合の誘導起電力

前述したように，電磁誘導現象は，(ⅰ) 回路が静止していて鎖交磁束 Φ が時間的に変化する場合，(ⅱ) 回路が定常磁界中を移動することにより Φ が変化する場合 (回路が変形する場合も含む) と，(ⅲ) これら (ⅰ)，(ⅱ) が同時に起こっている場合とに分類できる．しかし，これらの状態は，回路から見れば磁束が時間的に変化するという点で変わりはなく，電磁誘導現象は何ら変更されるものではない．ただ微視的に見れば，前節 12.3 で述べたように起電力の発生機構に違いがあるといえる．前節の電磁誘導則の一般式も用いて，これら (ⅰ)，(ⅱ)，(ⅲ) の各場合について，ここで整理してみる．

12.5.1 回路は静止，磁束が時間的に変動する場合

これは，静止している回路に対して，磁石を動かしたり，電流を変化させ，磁束の方が変化している場合である．式 (12.7) で回路が静止していれば，面積分をなすべき面の速度は零であり，直角座標系 (x, y, z) を例にとると，

$$\frac{dx}{dt} = \frac{dy}{dt} = \frac{dz}{dt} = 0$$

したがって，

$$\frac{dB_n}{dt} = \frac{\partial B_n}{\partial x}\frac{dx}{dt} + \frac{\partial B_n}{\partial y}\frac{dy}{dt} + \frac{\partial B_n}{\partial z}\frac{dz}{dt} + \frac{\partial B_n}{\partial t}\frac{dt}{dt}$$
$$= \frac{\partial B_n}{\partial t}$$

となり

$$\frac{d}{dt}\int_S B_n\, dS = \int_S \frac{dB_n}{dt}\, dS = \int_S \frac{\partial B_n}{\partial t}\, dS$$

と表すことができる．結局，式 (12.7) は，

$$\boxed{U = \oint_C \boldsymbol{E}\cdot d\boldsymbol{l} = -\int_S \frac{\partial \boldsymbol{B}}{\partial t}\cdot \boldsymbol{n}\, dS \quad [\text{V}]} \qquad (12.10)$$

この結果，前節の式 (12.7) は回路が運動に関係しないため，右辺が単に時間微分 $\dfrac{\partial B_n}{\partial t}$ だけで表されている．なお，この式は，前節 12.3 の図 12.5 (b) の場合に対応する関係である．

12.5.2 磁界が静止，回路が移動する場合

次に，今度は回路が定常磁界中を移動する場合の起電力を考えてみる．いま，図 12.7 に示すように，一定の磁界中を回路 C が C' に移動する状態を仮定してみる．回路 C は速度 $\boldsymbol{v}$ で微小時間 dt の間に C' に移動したとすると，回路の変位は $\boldsymbol{v}\, dt$ である．この変位の間に回路 C と鎖交する磁束の増加量 $d\Phi$ は，C と C' でできる薄い円筒の側面から入り込む磁束に等しい．この側面の面積は $|\boldsymbol{v}\, dt \times d\boldsymbol{l}|$ であるから，$d\Phi$ は，

第12章 電磁誘導

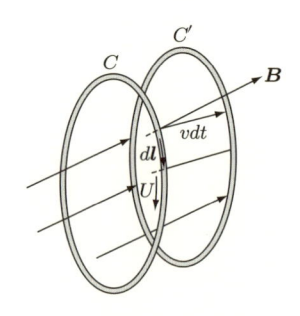

図 12.7 磁界中での閉回路の移動

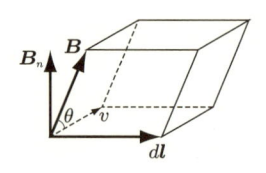

図 12.8 dl が毎秒切る磁束

$$d\Phi = \int_C \boldsymbol{B} \cdot (\boldsymbol{v}\,dt \times d\boldsymbol{l})$$

いま，dt は $d\boldsymbol{l}$ と無関係な量であるから，

$$\frac{d\Phi}{dt} = \int_C \boldsymbol{B} \cdot (\boldsymbol{v} \times d\boldsymbol{l}) \tag{12.11}$$

ここで，

$$\boldsymbol{B} \cdot (\boldsymbol{v} \times d\boldsymbol{l}) = (\boldsymbol{B} \times \boldsymbol{v}) \cdot d\boldsymbol{l} = -(\boldsymbol{v} \times \boldsymbol{B}) \cdot d\boldsymbol{l}$$

の関係から，

$$\boxed{U = -\frac{d\Phi}{dt} = \int_C (\boldsymbol{v} \times \boldsymbol{B}) \cdot d\boldsymbol{l} \quad [\mathrm{V}]} \tag{12.12}$$

これは結局，前節 12.3 における図 12.5 の (a) の場合に対応する関係である．この式で表される電磁誘導現象は，**運動電磁誘導** (motional electromagnetic induction) ともよばれている．

次に，この場合の電磁誘導則から，フレミングの右手の法則が導かれることについて触れておく．

式 (12.11) の $\boldsymbol{B} \cdot (\boldsymbol{v} \times d\boldsymbol{l})$ は，$d\boldsymbol{l}$ に沿う微小長部分に生じる起電力を表している (式 (12.2) 参照)．他方，$|\boldsymbol{v} \times d\boldsymbol{l}|$ は，図 12.8 に示す関係から，$d\boldsymbol{l}$ が速度 $\boldsymbol{v}$ で動くとき毎秒描く面積に相当し，$\boldsymbol{B} \cdot (\boldsymbol{v} \times d\boldsymbol{l})$ は $d\boldsymbol{l}$ が毎秒横切る**磁束数**に等しい．結局，この関係から，定常磁界内で回路もしくはその一部が動くとき，それに誘導される起電力は，回路が毎秒切断する磁束数に等しいといえる．

とくに，単位長の導体部に関しては，式 (12.12) から $\boldsymbol{v} \times \boldsymbol{B}$ だけの起電力が生じることになる．この結果，導体長が l であれば，$|\boldsymbol{v} \times \boldsymbol{B}| = vB\sin\theta$ であるから，この場合の起電力の大きさは，

$$U = vBl\sin\theta \quad [\mathrm{V}] \tag{12.13}$$

ここで，θ は $\boldsymbol{v}$ と $\boldsymbol{B}$ とのなす角である．いま θ が直角であれば，

$$U = vBl \quad [\text{V}] \qquad (12.14)$$

このように，U, v, B が直交する場合，図 12.9 に示すように，導体の移動方向が右手親指，磁束の向きが人差指，起電力の向きが中指に対応する関係がある．これを**フレミングの右手の法則** (Fleming's right hand rule) という．

なお，ここにおける電磁誘導の応用例としては，発電機が代表例であり，その他磁束計などがある．後者の磁束計は，図 12.10 に示すように，磁束の中でコイルを回転させ，これに生じる電圧を計り，磁束 B を知るもので，大きなコイル断面を用いたものは，従来地磁気の測定などに使われてきた．

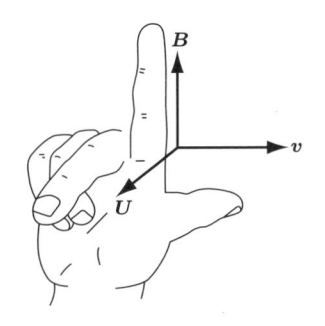

図 12.9 フレミングの右手の法則

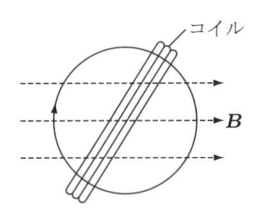

図 12.10 磁界中のコイル

12.5.3 回路の移動と磁束の時間的変化がある場合

この場合は，前項 12.5.1 と 12.5.2 の現象が同時に起こっているのであるから，回路に誘起される起動力は式 (12.10) と (12.12) の和を考えればよい．したがって，

$$U = \oint_C (\boldsymbol{v} \times \boldsymbol{B}) \cdot d\boldsymbol{l} - \int_S \frac{\partial \boldsymbol{B}}{\partial t} \cdot \boldsymbol{n} \, dS \quad [\text{V}] \qquad (12.15)$$

この式で，第 1 項は運動による起電力 (motional electromotive force)，第 2 項は磁界変化による起電力という意味で vibrational e.m.f [7] とよぶことがある．

この具体例として，図 12.11 のように，磁束密度の大きさが $B = B_m \cos \omega t$ で変化している磁界中で，矩形回路 ABCD の 1 辺 CD が一定速度 v で辺 AD, BC 上を移動しているとき，この回路に誘導される起電力を求めてみよう．

いま，辺 AD, BC の長さが a となったときの起電力を考えると，式 (12.15) から，

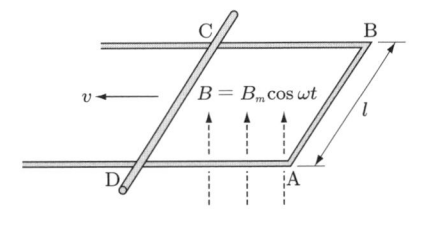

図 12.11 変化する磁界中の導体の運動

---

[7] electromotive force の略

$$\int_C (\boldsymbol{v} \times \boldsymbol{B}) \cdot d\boldsymbol{l} = -vlB_m \cos\omega t \quad [\text{V}]$$

$$-\int_S \frac{\partial B_n}{\partial t} dS = \omega alB_m \sin\omega t \quad [\text{V}]$$

求める起電力は，これらの和で表され，

$$U = -vlB_m \cos\omega t + \omega alB_m \sin\omega t$$

$$= B_m l \sqrt{v^2 + (\omega a)^2} \sin(\omega t - \varphi)$$

ただし，$\varphi = \tan^{-1}\left(\dfrac{v}{\omega a}\right)$ である．

12.6 自己誘導作用および相互誘導作用

自己誘導作用

単独の回路であっても，これに流れる電流が変化すれば，鎖交する磁束が変化し，この回路自身に電磁誘導による起電力が誘起される．この現象を**自己誘導作用** (self-induction) という．

相互誘導作用

二つ(以上)の回路があって，一方の回路 I の電流が変化すると，それによって磁束が変化し，片方の回路 II の磁束鎖交数が変化する．その結果として II に誘導起電力を生じる．この現象を**相互誘導作用**という．

図 12.12 (a) に示したように，単独の回路に流れる電流が変化すれば，鎖交する磁束が変化し，この結果，回路自身に電磁誘導による起電力が誘起される．このように，自己の電流による磁束の変化で，新たな起電力が誘起され電流が流れる現象を**自己誘導作用** (self-induction) という．

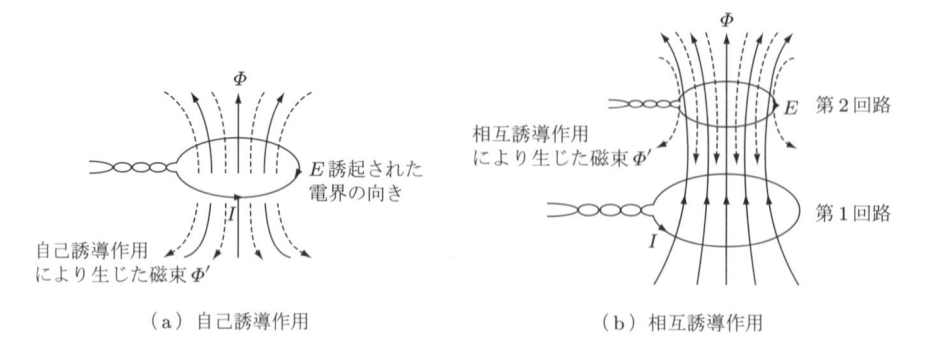

(a) 自己誘導作用

(b) 相互誘導作用

図 12.12

また，同図 (b) に示したように，二つ (以上) の回路があって，第 1 の回路に流れる電流の変化による磁束の変化で，第 2 (他の) 回路の磁束鎖交数が変化する．この結果第 2 の回路に誘導起電力が生じる．この現象を**相互誘導作用** (mutual-induction) という．

この場合，起電力の向きは，図 12.12 (a)，(b) に示したように，磁束変化を防げる電流を生じるような向きに発生する．

一般に，n 個の導線回路を考えて，それぞれの電流を $I_1, I_2, I_3, \cdots, I_n$ とすれば，第 1 の回路と鎖交する磁束 Φ_1 は，

$$\Phi_1 = L_1 I_1 + M_{12} I_2 + M_{13} I_3 + \cdots + M_{1n} I_n \quad [\text{Wb}] \tag{12.16}$$

誘起される起電力 U_1 は式 (12.1) より，

$$U_1 = \underbrace{-L_1 \frac{dI_1}{dt}}_{\substack{\text{自己誘導作用}\\\text{による起電力}}} \underbrace{-M_{12} \frac{dI_2}{dt} - M_{13} \frac{dI_3}{dt} - \cdots - M_{1n} \frac{dI_n}{dt}}_{\text{相互誘導作用による起電力}} \quad [\text{V}] \tag{12.17}$$

上式で，第 1 項 $-L_1 \frac{dI_1}{dt}$ が自己誘導作用による誘導起電力を表し，第 2 項以下が相互誘導作用によって生じる起電力を意味している．

前章でインダクタンスの定義を $\Phi = LI$，つまり，単位電流に対する磁束鎖交数で与えた．電磁誘導の立場からは，インダクタンスは起電力と電流変化の割合の関係を表す上式 (12.17) の比例定数とみることができる．すなわち，自己インダクタンスは，$U_1 = -L \frac{dI_1}{dt}$ の関係から明らかなように，「一つの回路の電流変化が 1 A/s であるとき，**自己の回路に生じる起電力の大きさである**」．

また，相互インダクタンスは，たとえば $U_1 = -M_{12} \frac{dI_2}{dt}$ の項から明らかなように，「一つの回路の電流変化割合が 1 A/s であるとき (いまの場合，第 2 の回路の電流変化割合)，他の回路 (第 1 の回路) に**生じる起電力の大きさで与えられる**」．

前述したように，これら自己，相互両インダクタンスの単位は，ともに [H] で表したが，さらに，$L_1 \frac{dI_1}{dt}$ の単位は [V] となり，$\frac{dI_1}{dt}$ の単位は [A/s] であるから，

$$1\,\text{H} = 1\,\frac{\text{V}}{\text{A}}\text{s} = 1\,\Omega \cdot \text{s}$$

の関係がある．

12.7 磁界のエネルギーと電磁誘導

前 11 章 11.5.2 項で述べたように，回路に流れる電流によって生じる磁界内には，次式で示される**磁界のエネルギー**

248　第12章　電磁誘導

$$W = \frac{1}{2}\{L_1 I_1^2 + L_2 I_2^2 + L_3 I_3^2 + \cdots + 2M_{12}I_1 I_2 + 2M_{13}I_1 I_3 \\ + 2M_{23}I_2 I_3 + \cdots\} \quad [\text{J}] \tag{11.40 再掲}$$

が蓄えられる．

ところで，この式の導出は，前10章10.11節で述べたように，静電界に蓄えられる「電界のエネルギー密度 $w_e = \frac{1}{2}\boldsymbol{E}\cdot\boldsymbol{D}$」との類推から，磁気エネルギー密度 w_m が $\frac{1}{2}(\boldsymbol{H}\cdot\boldsymbol{B})$ で与えられるという仮定に立ったものであった．

以下では，電磁誘導現象とこの磁気エネルギーの関係を調べることにより，$w_m = \frac{1}{2}(\boldsymbol{H}\cdot\boldsymbol{B})$ の仮定が正しかったことを示す．

まず，回路に流れる電流が変化すると，上式の W も変化する．したがって，その変化割合は，相互インダクタンスの相反性 $M_{mn} = M_{nm}$ を用い，各電流について整理すると式 (11.39) は，

$$\frac{dW}{dt} = \left(L_1 \frac{dI_1}{dt} + M_{12}\frac{dI_2}{dt} + M_{13}\frac{dI_3}{dt} + \cdots\right)I_1 \\ + \left(M_{12}\frac{dI_1}{dt} + L_2\frac{dI_2}{dt} + M_{23}\frac{dI_3}{dt} + \cdots\right)I_2 + \cdots \quad [\text{J/s}] \tag{12.18}$$

ここで，インダクタンスの定義から，第1，第2，$\cdots$，の回路と鎖交する磁束数をそれぞれ $\Phi_1, \Phi_2, \cdots$，とすると，

$$\Phi_1 = LI_1 + M_{12}I_2 + M_{13}I_3 + \cdots + M_{1n}I_n \\ \Phi_2 = M_{12}I_1 + L_2 I_2 + \cdots + M_{2n}I_n \\ \vdots \\ \Phi_n = M_{1n}I_{1n} + M_{2n}I_2 + \cdots + L_n I_n$$

両辺を微分して，

$$\left.\begin{array}{l}\dfrac{d\Phi_1}{dt} = L_1\dfrac{dI_1}{dt} + M_{12}\dfrac{dI_2}{dt} + M_{13}\dfrac{dI_3}{dt} + \cdots \\[6pt] \dfrac{d\Phi_2}{dt} = M_{21}\dfrac{dI_1}{dt} + L_2\dfrac{dI_2}{dt} + M_{23}\dfrac{dI_3}{dt} + \cdots \\[6pt] \cdots\end{array}\right\} \tag{12.19}$$

これらの関係を式 (12.18) へ代入し，電磁誘導則の式 (12.1) と比較するため，両辺を負で表し，

$$-\frac{dW}{dt} = -\frac{d\Phi_1}{dt}I_1 - \frac{d\Phi_2}{dt}I_2 - \frac{d\Phi_3}{dt}I_3 - \cdots \quad [\text{J/s}] \text{ (または [W])} \tag{12.20}$$

を得る．

ここで，上式左辺の負の微係数は，磁気的なエネルギーの減少する割合を意味し，これはまた，単位時間に放出されるエネルギーである．このエネルギーの減少分は電流回路に与えられ，電流がこれに応じた仕事をすることができるものと考えられる．

このように考えるとき，右辺第1項は，第1回路に与えられるエネルギーを表し，したがって，$-\dfrac{d\Phi_1}{dt}$ は第1回路の起電力としての意味をもっている．これを，$U_1 = -\dfrac{d\Phi_1}{df}$ と表せば，これは電磁誘導による起電力そのものである．

このように，電磁誘導則を知ったいま，$w_m = \dfrac{1}{2}(\boldsymbol{H} \cdot \boldsymbol{B})$ の仮定のもとに導いた233ページの式(11.40)は定性的にも矛盾がなく，この仮定が正しかったといえる．

12.8 電流の流れている回路に働く力

12.8.1 一般式

n 個の複数の回路系を考え，これらの回路が移動したり変形する場合で，しかも各回路の電流も時間的に変化するという，きわめて一般的な状態で，任意の回路に働く力を電磁エネルギーとの関連で求めてみる．

いま，起電力 U_k の外部電源をもつ k 番目の回路で，電磁誘導則を適用すると次式が成立する．

$$I_k R_k - U_k = -\dfrac{d\psi_k}{dt} \quad [\text{V}] \tag{12.21}$$

ここに，I_k，R_k，ψ_k は k 番目の回路の電流，抵抗および磁束鎖交数である．いまの場合，ψ_k は電流が変動しても回路が移動しても変化するが，これらすべての変動結果を含んでいると考えている．

この式の両辺に $-I_k$ を乗じ，k について総和したものを P_t とすると，

$$P_t = \sum_{k=1}^{n}(U_k I_k - I_k^2 R_k) = \sum_{k=1}^{n} I_k \dfrac{d\psi_k}{dt} \quad [\text{W}] \tag{12.22}$$

この P_t は，各回路に含まれる電源電力の総和 $\left(\sum_{k=1}^{n} U_k I_k\right)$，つまり，回路系の全電力から抵抗損に起因するジュール熱の総和 $\left(\sum_{k=1}^{n} I_k^2 R_k\right)$ を差し引いたものを意味している．また，これが電磁誘導により生じるエネルギー $\left(\sum_{k=1}^{n} I_k \dfrac{d\psi_k}{dt}\right)$ に等しい．要するに P_t は，この回路系に保存されている総エネルギーである．

さて，回路が移動する場合は，P_t の一部が機械的なエネルギーとして使われ，その残りは回路系の磁気的エネルギーの増加となっている[8]．

---

[8] このことは，この回路系がフレミングの右手則，左手則の両法則が考えられる系であると考えれば理解しやすい．

まず，前者の機械的エネルギーは，回路 k が受ける力を F_k とすれば，F_k の方向に $d\zeta_k$ だけ移動するときの仕事(エネルギー)は $F_k d\zeta_k$ である．これから，回路系全体の機械的エネルギーは単位時間あたり，

$$P_m = \sum_{k=1}^{n} F_k \frac{d\zeta_k}{dt} \quad [\text{W}] \tag{12.23}$$

次に，後者の回路系に保有される磁気的エネルギーは，前節式 (11.33) を参照して，

$$W = \frac{1}{2} \sum_{k=1}^{n} I_k \psi_k \quad [\text{J}] \tag{12.24}$$

で表され，その毎秒の増加は，$\dfrac{dW}{dt}$ であるから，次のエネルギー収支の関係が成立しなければならない．

$$P_t = \sum_{k=1}^{n} (U_k I_k - I_k^2 R_k) = \frac{dW}{dt} + P_m \quad [\text{W}] \tag{12.25}$$

いま，一般的な場合を考え，個々の回路の位置および電流がともに変化する状態を考えているから，W, ψ_k は電流 ($I_1, I_2, \cdots, I_n$) および位置 ($\zeta_1, \zeta_2, \cdots, \zeta_n$) の関数となっている．したがって，

$$\frac{dW}{dt} = \sum_{k=1}^{n} \frac{\partial W}{\partial I_k} \frac{dI_k}{dt} + \sum_{k=1}^{n} \frac{\partial W}{\partial \zeta_k} \frac{d\zeta_k}{dt} \quad [\text{W}] \tag{12.26}$$

さらに，$\dfrac{\partial W}{\partial I_k} = \psi_k$[9] の関係を用いて上式は，

$$\frac{dW}{dt} = \sum_{k=1}^{n} \psi_k \frac{dI_k}{dt} + \sum_{k=1}^{n} \frac{\partial W}{\partial \zeta_k} \frac{d\zeta_k}{dt} \quad [\text{W}] \tag{12.27}$$

ここで，磁気エネルギーを表す式 (12.24) から次式を得る．

$$2\frac{dW}{dt} = \sum_{k=1}^{n} \psi_k \frac{dI_k}{dt} + \sum_{k=1}^{n} I_k \frac{d\psi_k}{dt} \tag{12.28}$$

式 (12.28) から式 (12.27) を差し引き

$$\frac{dW}{dt} = \sum_{k=1}^{n} I_k \frac{d\psi_k}{dt} - \sum_{k=1}^{n} \frac{dW}{d\zeta_k} \frac{d\zeta_k}{dt} \quad [\text{W}] \tag{12.29}$$

式 (12.29) と (12.22) を式 (12.25) に代入して，P_m に関する次式が得られる．

$$P_m = P_t - \frac{dW}{dt} = \sum_{k=1}^{n} \frac{\partial W}{\partial \zeta_k} \frac{d\zeta_k}{dt} \quad [\text{W}] \tag{12.30}$$

---

[9] これは，電流 I_k が変化する場合(回路は静止している)の磁気エネルギー鎖交磁束回数との関係を表すものである．すなわち，電流回路系の全磁気エネルギーを任意の回路の電流について偏微分したものが，その回路の鎖交磁束数に等しいことを意味している．

この式と前式 (12.23) を比較すれば，

$$F_k = \frac{\partial W}{\partial \zeta_k} \quad [\text{N}] \tag{12.31}$$

これが k 番目の回路の受ける力を表す式である．

12.8.2 二つの回路の相互位置だけが変化する場合

いま，簡単のため回路が二つあり，回路自身の形状は不変で，相互位置だけが変化する場合を例として考えてみる．

この場合，回路系の磁気エネルギーを表す式は，

$$W = \frac{1}{2}L_1 I_1^2 + \frac{1}{2}L_2 I_2^2 + M_{12} I_1 I_2 \quad [\text{J}] \tag{12.32}$$

である．各回路の電流を一定と仮定すれば，自己インダクタンスの変化はなく，ζ に対して変化するのは，相互インダクタンス M_{12} だけである．

式 (12.31) の関係から，この回路の受ける力は，

$$F_k = \frac{\partial W}{\partial \zeta} = I_1 I_2 \frac{\partial M_{12}}{\partial \zeta} \quad [\text{N}] \tag{12.33}$$

すなわち，一方の回路に働く力は相互インダクタンスが増す方向に作用することがわかる．

次に，この場合の機械的エネルギーと電気的エネルギーの関係について調べてみる．
まず，第 1 の回路が ζ 方向に速度 $\boldsymbol{v}$ で移動しているとすると，単位時間に機械エネルギーとして放出されるエネルギーは，

$$P_m = v F_k = v \left(I_1 I_2 \frac{\partial M_{12}}{\partial \zeta} \right) \quad [\text{W}] \tag{12.34}$$

次に，磁気的エネルギーの変化割合，つまり，単位時間に電気エネルギー P_e として電流に与えられるエネルギーは，たとえば第 1 の回路では，

$$\begin{aligned} P_e &= -\frac{\partial M_{12}}{\partial t} I_1 I_2 = -\frac{\partial M_{12}}{\partial \zeta} \frac{\partial \zeta}{\partial t} I_1 I_2 \\ &= -v \frac{\partial M_{12}}{\partial \zeta} I_1 I_2 \quad [\text{W}] \end{aligned} \tag{12.35}$$

これらの式 (12.34), (12.35) から，

$$P_m = -P_e \quad [\text{W}] \tag{12.36}$$

この式の意味するところは，P_m なる機械的エネルギーが系に供給されると，P_e なる電気的エネルギーを取り出すことができるというものである．したがって，機械的エネルギーを電気エネルギーに変換し，またこの逆の場合も考えられる．これが，電

動機が発電機として利用できる理論的な背景である．ただし，実際には，電気的あるいは機械的な損失をともない，上記の関係は，あくまで理想的な状態を考えた場合である[10]．

12.9 導体における表皮効果

電流による表皮効果

一般に，導体に交流が流れている場合，電流密度が導体の表面に近い所で密で，内部で疎となり表面に電流が集中する現象を**電流の表皮効果**という．

磁束の表皮効果

鉄材のような，強磁性材を交流磁界中に置くと，磁束密度がこの磁性材料の中心部では疎となり，表面近くに密に分布するようになる．これを**磁束の表皮効果**という．

電磁誘導が導体に作用する現象の一つに**表皮効果** (skin effect) がある．これには導体に交流[11]が流れ，導体表面に電流が集中し中心部にはほとんど流れなくなる場合と，鉄材にコイルを巻いて，交流磁界を印加した場合，鉄心の中心部で交流磁束が疎となり，表面に磁束が密に分布する場合がある．前者が**電流の表皮効果**，後者が**磁束の表皮効果**であり，とくに磁気工学上どちらも重要である．まず，電流の場合について述べる．

12.9.1 電流の表皮効果

いま，図 12.13 に示すように，円形導体に交流電流が流れている場合について考えてみる．交流 J が図示した向きに流れているとき，右ねじ法則に従って円形導体内外に磁界 (磁束) が発生する．この場合の導体内に発生した磁束により，電磁誘導則に基づき起電力が発生し，これにより同図 (b) のような電流が誘起される．この電流は，導体中心部ではあらかじめ流れている交流 J と逆向きの関係がある．また，導体周縁部では J と同方向に流れている．この結果，導体内部では電流が互いに相殺し，周縁部では相加わることになり，導体表面近くに集中するように流れることがわかる．

---

[10] ここでいう，エネルギーの供給，放出とは，単に代数的に考えた仮定にすぎない．つまり，$\frac{\partial M_{12}}{\partial t} > 0$ で $I_1 I_2 > 0$ なら $P_m > 0$，$P_e < 0$ で電気的エネルギーを吸収して機械的エネルギーに変換していると考え，これは電動機に相当している．

[11] 交流といっているのは解析上の近似の問題からで，現象としては高周波，つまり，マイクロ波領域へも拡張される．

12.9 導体における表皮効果   253

(a)

(b)

[導体中心部の $\overline{\mathrm{CD}}$, $\overline{\mathrm{FE}}$ では，交流 J と逆向きの電流 J' が電磁誘導則により誘起される．また，周縁部 $\overline{\mathrm{AB}}$, $\overline{\mathrm{HG}}$ では，J と同方向の J' が流れる．]

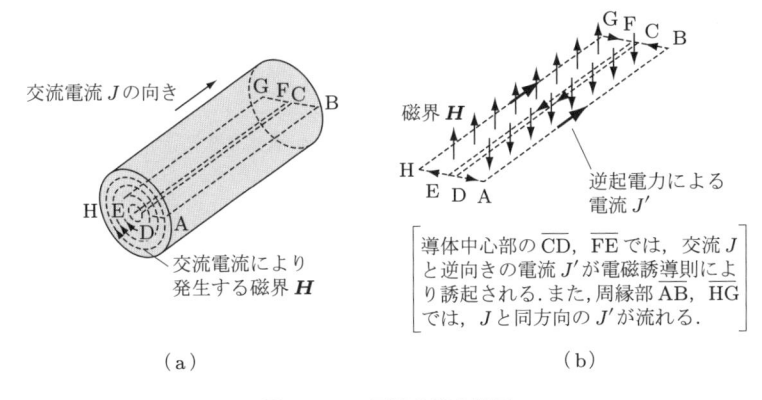

図 12.13　電流の表皮効果

12.9.2　磁束の表皮効果

図 12.14 のように，鉄の円筒形導体にコイルを巻いて交流を流し，この電流による磁束 B が図示した方向に発生しているとする．この場合，この磁束によりうず電流 (次節参照) が鉄心に同心円状に発生し，さらにこのうず電流により，同図 (b) に示すような向きに磁束が発生する．この結果，鉄心の中心部では，コイル電流により発生する本来の磁束とこの磁束が相殺し，鉄心周縁部では相加わることになる．

(a)

(b)

[うず電流により発生した磁束密度 B' は，鉄心の中心部ではコイル電流による磁束 B と逆方向になる．鉄心の表面近くでは，同方向である．]

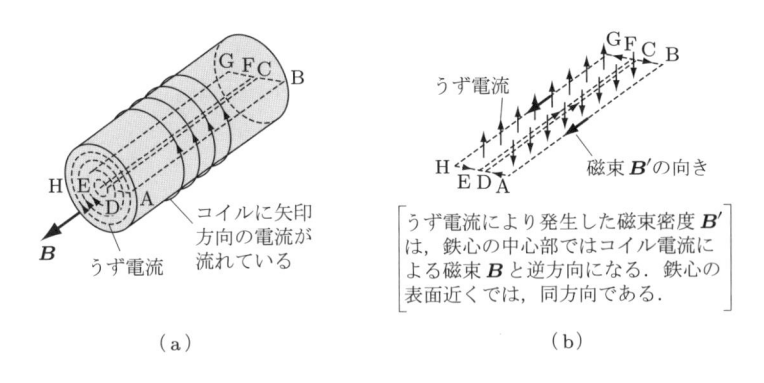

図 12.14　磁束の表皮効果

この結果，磁束は鉄心表面部分に集中するようになる．これらが **磁束の表皮効果** である．

12.9.3　導体内部の電流

表皮効果に関連して，導体内部の電流について，電磁誘導法則を微分形で表した次式 (i) と電磁界と電流の関係を示す次式から調べてみる．

$$\mathrm{rot}\,\boldsymbol{E} = -\frac{\partial \boldsymbol{B}}{\partial t} \quad [\mathrm{V/m^2}] \quad (\mathrm{i}) \qquad \mathrm{rot}\,\boldsymbol{H} = \boldsymbol{i} \quad [\mathrm{A/m^2}] \quad (\mathrm{ii})$$

$$\boldsymbol{B} = \mu \boldsymbol{H} \quad [\mathrm{Wb/m^2}] \quad (\mathrm{iii}) \qquad \boldsymbol{i} = \kappa \boldsymbol{E} \quad [\mathrm{A/m^2}] \quad (\mathrm{iv})$$

ここでは，時間的に変動する場を考えており，本来式(ii)(後述するマクスウェルの式)の変位電流項を無視することはできない．

しかし，ここで交流と称しているように，比較的低周波に限定した場合は，変位電流項を無視しても現象を考察することができる．このように，時間的に変化している場であっても各瞬間では，電流と磁界の間に**定常電流**とまったく同じ関係が成立すると考え，変位電流を無視し得る状態を**準定常状態** (quasistationary state) という．

さて，導体中を流れる定常電流が満たすべき必要十分条件は $\mathrm{div}\,\boldsymbol{i} = 0$ であった．準定常状態の仮定の下では，導体中の電流に対してこの，$\mathrm{div}\,\boldsymbol{i} = 0$ の条件を用いる．

いま，κ，μ は時間的にも場所的にも定数であるとし，式(iii)，(iv)を式(i)へ代入し，電流に対する微分方程式を導く．

$$\frac{1}{\kappa}\mathrm{rot}\,\boldsymbol{i} = -\mu \frac{\partial \boldsymbol{H}}{\partial t} \tag{12.37}$$

式(ii)の両辺に μ を乗じ，t について微分し，さらに上式(12.37)の関係を用い，

$$\mu \frac{\partial \boldsymbol{i}}{\partial t} = \mu \frac{\partial}{\partial t}\mathrm{rot}\,\boldsymbol{H} = -\frac{1}{\kappa}\mathrm{rot}\,\mathrm{rot}\,\boldsymbol{i}$$
$$= -\frac{1}{\kappa}(\mathrm{grad}\,\mathrm{div}\,\boldsymbol{i} - \nabla^2 \boldsymbol{i}) \tag{12.38}$$

ここで，準定常状態の導体中では，$\mathrm{div}\,\boldsymbol{i} = 0$ として，上式は，

$$\nabla^2 \boldsymbol{i} = \kappa \mu \frac{\partial \boldsymbol{i}}{\partial t} \quad [\mathrm{A/m^4}] \tag{12.39}$$

これが，導体内部の電流に対する微分方程式である．

なお，磁束についても同様に

$$\nabla^2 \boldsymbol{B} = \kappa \mu \frac{\partial \boldsymbol{B}}{\partial t} \quad [\mathrm{Wb/m^4}] \tag{12.40}$$

を導くことができる．

式(12.39)，(12.40)をそれぞれ $\boldsymbol{i}$，$\boldsymbol{B}$ につき解けば，導体内の電流密度，磁束密度の様子がわかる．

ここでは簡単のため，電流密度が $\boldsymbol{i} = \boldsymbol{i}_0 e^{j\omega t}$ の交流が導体内を x 軸方向に流れている場合を例にとる．すなわち，直角座標軸において $\boldsymbol{i}_0$ は成分 i_{0x} のみで，$i_{0y} = i_{0z} = 0$ である．

また，電流の強さは x，y 軸方向に一様で，z 軸方向だけに変化するものとすると，

$$\frac{\partial i_{0x}}{\partial x} = \frac{\partial i_{0x}}{\partial y} = 0 \tag{12.41}$$

結局，式(12.39)は，

$$\frac{d^2 i_{0x}}{dz^2} = j\omega\kappa\mu i_{0x} \tag{12.42}$$

この一般解は

$$i_{ox} = A_1 e^{\sqrt{j\omega\kappa\mu}z} + A_2 e^{-\sqrt{j\omega\kappa\mu}z} \tag{12.43}$$

さらに

$$\sqrt{j} = \frac{1}{\sqrt{2}} + j\frac{1}{\sqrt{2}}$$

の関係から,

$$i_{0x} = A_1 e^{\alpha z} e^{j\alpha z} + A_2 e^{-\alpha z} e^{-j\alpha z} \tag{12.44}$$

ここに,$\alpha = \sqrt{\dfrac{\omega\kappa\mu}{2}}$ である.

この式で $\alpha \to \infty$ となると右辺の第 1 項は無限大となり,物理的に無意味である.したがって,$A_1 = 0$ でなければならない.また,$z = 0$ における i_{0x} の値を i_m とすると,$A_2 = i_m$.

ゆえに,

$$i_{0x} = i_m e^{-\alpha z} e^{-j\alpha z} \quad [\text{A/m}^2] \tag{12.45}$$

いまの場合の電流分布は上式で与えられる.この式で,$\omega\kappa\mu \to \infty$,すなわち,$\alpha \to \infty$ のとき $i_{0x} = 0$ となる.

導体の場合 $\omega\kappa\mu$ がこのように大きな値をとるのは,

$$\begin{cases} \kappa \text{ がきわめて大きい場合}, \\ \omega, \text{ つまり周波数が高い場合}, \end{cases}$$

のいずれかである.つまりこの場合には,導体内部に電流は存在しなくなる.なお,電流が表面に集中することに関する厳密な説明は,円筒座標による解析を参照されたい.

12.10 うず電流

うず電流

導体内部で任意の閉曲線を考え,時間的に変化する磁束がこれを貫けば,電磁誘導法則により起電力が発生し,うず状に電流が流れる.これを**うず電流**という.

前述したように,電磁誘導則は単に導線回路だけでなく導体媒質中でも考えることができる.

図 12.15 (a) に示すような円筒状鉄心にコイルを巻き,これに交番磁束を加えると導体中に電界が発生し,起電力を生じ,うず状に電流が流れる.これを**うず電流** (eddy

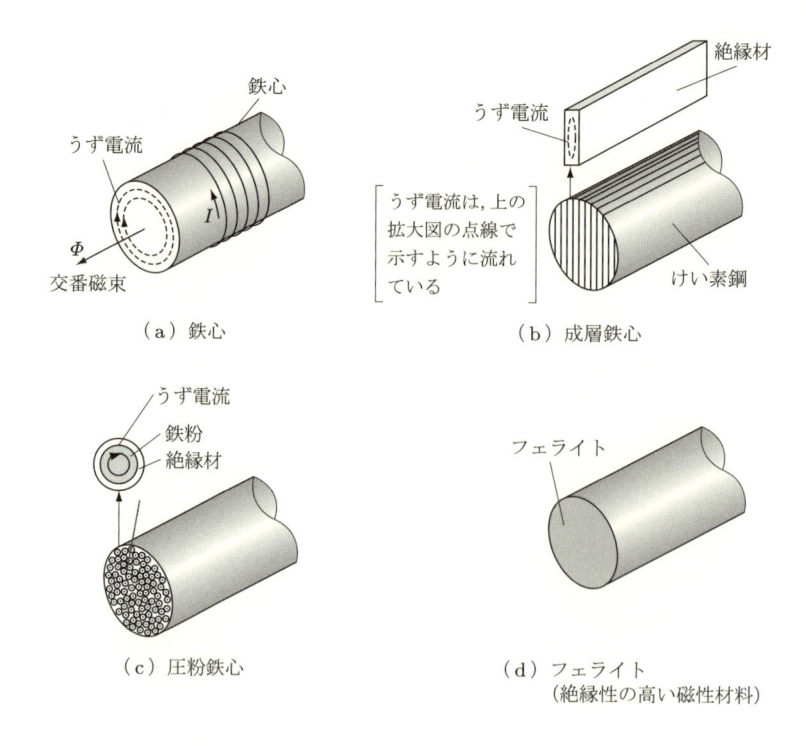

(a) 鉄心 — うず電流, 鉄心, I, Φ, 交番磁束

(b) 成層鉄心 — 絶縁材, うず電流, [うず電流は, 上の拡大図の点線で示すように流れている], けい素鋼

(c) 圧粉鉄心 — うず電流, 鉄粉, 絶縁材

(d) フェライト (絶縁性の高い磁性材料)

(a)→(b)→(c)→(d) の順にうず電流は小さな値をとる.

図 12.15　コア材とうず電流

current) という．電流がうず状に流れる理由は次のことからも明らかである．すなわち，電磁誘導則の微分形

$$\mathrm{rot}\,\boldsymbol{E} = -\frac{\partial \boldsymbol{B}}{\partial t}$$

および，電流密度と電界 (電磁誘導によって生じた，うず電流を流すための電界) の関係を表す式 (式 (8.38) 参照)

$$\boldsymbol{i} = \kappa \boldsymbol{E}$$

から，

$$\mathrm{rot}\,\boldsymbol{i} = -\kappa \frac{\partial \boldsymbol{B}}{\partial t} \tag{12.46}$$

を得る．この式は「導体内部で磁束が時間的に変化する所で，**電流の回転がある**」ことを意味している．回転の定義によれば，電流の流線は閉曲線を形成している．つまり，**うず状**に流れていることがわかる．

さて，導体中をうず電流が流れると導体の抵抗によるジュール熱が発生し，導体が加熱されることもあり，エネルギー損失の原因となる．

周波数 f があまり高くない場合の導体単位体積あたりのうず電流損は，

$$P_{ed} \propto \kappa f^2 B_m^2 \quad [W] \tag{12.47}$$

ここに，B_m は交番磁束の最大値である．

この比例定数は導体の形に関連して定まり，形の小さいものほど小さな値をとる．

変圧器や発電機のように磁束の変化を利用した電気機械では，いかにこのうず電流損を最小にするかが設計上の課題となり，これに対する基本的な対策として次のような方法が考えられている．

たとえば，図 12.15 (b) に示すように，磁束方向と平行な平面を有する薄い鉄板を積層し，層間を絶縁した**成層鉄心** (laminated core) が用いられる．これを用いるとうず電流は細かく分割されているため回路抵抗が増し流れにくくなる．また，材料として κ の小さいケイ素鋼板などが用いられている．うず電流を抑制するという考えをさらに発展させ，図 12.15(c) に示すようにセンダストなどの磁性材を微粉末化し，これを絶縁材料に混合し，加圧成形した**圧粉鉄心** (dust core) がある．また，κ がきわめて小さい (抵抗率の大きい) 値でありながら高透磁率をもつ材料として**フェライト** (ferrite) がある．フェライトは鉄や金属の酸化物磁性材料で，現在では磁性材料の主流となっている．

なお，うず電流損は，ヒステリシス損と合わせて**鉄損** (iron loss) とよばれ，電気機械に対して効率の低下をもたらす．しかし，一方では，積算電力計の原理に見られるように，制動力を得るのにこのうず電流が積極的に応用されている．

12.10.1 うず電流の導体板に対する作用

うず電流の発生は，電磁誘導則に従っており，導体を貫く磁束が変化するときに現れる現象であった．したがって，一定の磁界中であっても，導体が移動するときにもうず電流が発生する．

いま，図 12.16 (a) のように，導体板が磁極間の磁束を切りながら，速度 v で移動している場合を考える．まず，磁束 B に対して速度 v で導体板が移動するときの起電力 U は，フレミングの右手則により図示したように導体板移動方向と直交するような向きに発生する．この結果，導体板に U と同方向のうず電流 I_e が発生する．

さらに，このうず電流 I_e が磁束 B の中で流れることにより，フレミングの左手則により，導体板の移動方向と反対方向に力 F が作用する．この結果移動する導体板に対して**制動力**が作用する．

次に，今度は導体板が静止していて，図 12.16 (b) に示す向きに磁石が移動する場合を考えてみよう．磁石が移動することは，導体板中に点線で仮想した導線で考えると，この導線が磁石移動方向と反対方向に磁束を切って移動することと見かけ上等価である．したがって，この導線の移動方向に対してフレミングの右手則により，図示

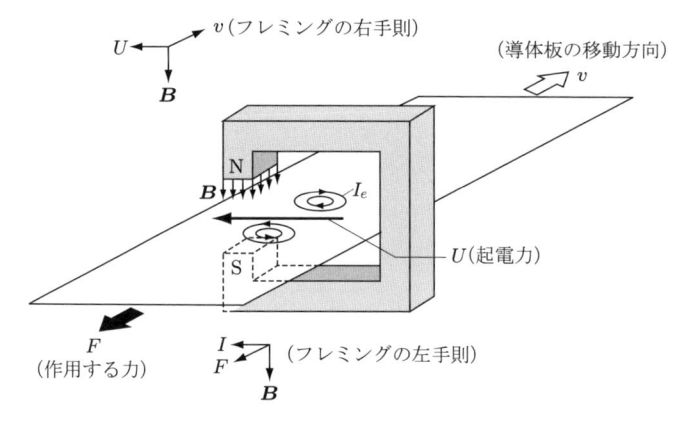

(a) 導体板が移動する場合

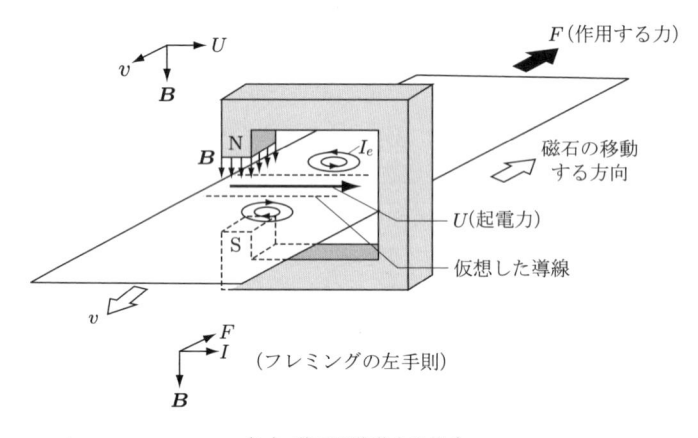

(b) 磁石が移動する場合

図 12.16 うず電流の導体板への作用

した向きの起電力 U が発生する．このときの電流 I_e に対してフレミングの左手則から，磁石の移動方向と同じ向きの力が導体に作用する．結局，導体板に対して磁石を移動すると，この場合は磁石と同方向に導体板が移動することになる．

第12章の練習問題

1. 自己インダクタンス 0.1 H の回路において，ある方向に流れている電流が毎秒 500 A の割合で増加するとき，その方向に対する自己誘導起電力はいくらか．
2. 相互インダクタンスが 0.3 H の回路において，1 次交流が $I_1 = 0.5\cos 50\pi t$ [A] であるときの 2 次コイルの電圧を求めよ．

3. 一様な磁界が
$$H = H_m \sin(\omega t + \theta)$$
で表されるとき，この磁界中で面積 S のコイルが角速度 ω で回転している．このコイルに発生する起電力を求めよ．

4. 一様な磁界 $B = B_m \cos(\omega t + \theta)$ と直交するように置かれた幅 l のコの字形導体がある．この上を長さ l の直線導体が $x = a + b\cos(\omega t + \phi)$ で表されるように動く場合，この導体によってつくられる閉回路にはどのような起電力が発生するか．

5. 断面積 $5\,\text{cm} \times 3\,\text{cm}$ の鉄心に $50\,\text{Hz}$ の交番磁界が通っている．磁束密度の最大値を $1.6\,\text{T}$ とするとき，この鉄心にコイルを巻いて最大値 $1570\,\text{V}$ の起電力を得るには，巻数を約何回巻きにすればよいか．

第 13 章

電磁波

この章では，**時間的に変動する電磁界**，つまり**電磁波**の基礎的な問題について学ぶ．

まず，電磁波の基本となる**マクスウェルの方程式**を導出し，平面波の伝搬，電磁波の境界条件および反射の問題や電磁波のエネルギー (ポインティングベクトル) などについて学ぶ．

13.1 変位電流

13.1.1 考え方

> **変位電流**
>
> 電束密度 D，つまり，電界が時間的に変化しているときに存在すると仮想した電流を**変位電流** (displacement current) といい，その密度は次式で表される．
>
> $$i_d = \frac{\partial D}{\partial t} \quad [\text{A/m}^2]$$

これまで導体中を流れる電流は**電荷の移動**によるものと考え，これを伝導電流とよんできた．さらに，電流を詳細に分類すると，表 13.1 に示すような種類が挙げられる．同表に示すように，マクスウェルは**変位電流** (displacement current) の概念を導入し，誘電体または真空媒質中でも電界 (電束密度) が時間的に変化してさえいれば，そこには電流が流れていると仮想し，これを変位電流と名づけた．もし真空媒質中を電流が流れると仮想すると，その周囲に磁界が発生し (アンペアの法則)，磁界の変化が再び電界を発生し得ることから (ファラデーの電磁誘導則)，この変位電流の概念は，やがて電磁波存在の予言へと発展してゆく．

さて，この変位電流を理解するために，平板状コンデンサが接続されている図 13.1(a) の回路について考えてみよう．コンデンサの上側電極の電荷を Q，これを囲む任意の閉曲面を S とし，閉曲面 S の外向き法線を n とする．いま，スイッチを入れてコンデンサが充電される過渡的な状態を考える．この場合は，電荷の保存を表す 159 ペー

13.1 変位電流

表 13.1 各種の電流

電流の種類	発生原理
(i) 伝導電流	電界により，導体中を電荷(電子)が移動するときの電流
(ii) 変位電流 *1)	電束密度が時間的に変化するときに存在を仮定した電流
(iii) 分極電流	誘電体が分極する際，電荷の移動が生じる．この場合の分極の時間的変化割合を分極電流と定義する．
(iv) 対流電流 *2)	電荷を有する物質がある速度で動いているとき，これが原因で生じる電流
(v) レントゲン電流	電磁界内で誘電体が運動している場合に起こる電流

*1) 誘電体内の変位電流は真空内の変位電流と誘電体内の分極電流との和に等しい関係にある．
*2) 伝導電流と対流電流はオームの法則に従うか否かで区別しているが厳密にはこの区別が困難で区別できない場合もある．

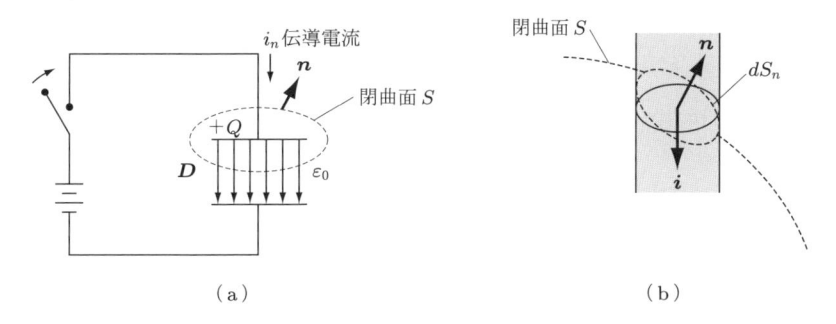

図 13.1 変位電流の考え方

ジの式 (8.36) の $\mathrm{div}\, \boldsymbol{i}$ は，もはや零ではなくなることに注意を要する[1]．

すなわち，スイッチを投入した場合，伝導電流が導体から電極板へ流入する．しかし，この電流は電極板で終わった形をとり不連続となっている．

いま図 13.1(b) に示すように，導線部分を流れる伝導電流の電流密度を $\boldsymbol{i}\,[\mathrm{A/m^2}]$，$\boldsymbol{i}$ の $\boldsymbol{n}$ 方向成分を i_n とすると，閉曲面 S を通して dt 秒間に S 内へ流入する電流，つまり，dt 秒間に S 内へ流入する電荷量は $\left(電流の強さが\ I = \int_S \boldsymbol{i}\cdot d\boldsymbol{S} = -\int_S i_n\, dS\ であるから \right)$,

---

[1] 電荷の保存を表す式が $\mathrm{div}\, \boldsymbol{i} = 0$ となるのは，直流のような定常電流が流れている場合で，しかもこの場合 $\boldsymbol{i}$ の分布を示す流線は必ず閉曲線をなしている．いまの回路では，電流は過渡電流であり，しかも導体による回路は閉じていないことから $\mathrm{div}\, \boldsymbol{i} \neq 0$ と考える必要がある．

$$-dt \int_S i_n \, dS \tag{13.1}{}^{2)}$$

さらに，S 内上側の電極板部の電荷量は Q であったから，これが時間とともに増加する割合は，式 (13.1) から，

$$\frac{dQ}{dt} = -\int_S i_n \, dS \tag{13.2}$$

S 内の電荷を体積密度で表し，$\rho\,[\mathrm{C/m^3}]$ とすると $Q = \int_v \rho \, dv$，これを式 (13.2) へ代入し，

$$\int_S i_n \, dS = -\int_v \frac{\partial \rho}{\partial t} \, dv \tag{13.3}$$

を得る．ここで，ガウスの線束定理 $\int_S \boldsymbol{A} \cdot d\boldsymbol{S} = \int_S A_n \, dS = \int_v \mathrm{div}\,\boldsymbol{A}\, dv$ を用いて式 (13.3) を書き換えると，

$$\int_S i_n \, dS = -\int_v \frac{\partial \rho}{\partial t} \, dv = \int_v \mathrm{div}\,\boldsymbol{i}\, dv \tag{13.4}$$

ゆえに，

$$\int_v \left(\frac{\partial \rho}{\partial t} + \mathrm{div}\,\boldsymbol{i} \right) dv = 0 \tag{13.5}$$

式 (13.5) は S の形状 (つまり V) に無関係に成立するから，

$$\frac{\partial \rho}{\partial t} = -\mathrm{div}\,\boldsymbol{i} \tag{13.6}$$

の関係を得る．

式 (13.2) とそれを変形した式 (13.6) の左辺は，流入する電流により上側電極板部において，電荷が増加する時間的な割合を示している．ところで，第5章で学んだように，電束は単位電荷について1本ずつ出ているから，電荷の増加は電極から発散する電束の増加を意味している．このことは $\mathrm{div}\,D = \rho$ の関係から明らかである．いまの場合，この電束の増加する割合は，ρ が体積密度 $[\mathrm{C/m^3}]$ であったから，単位体積あたり $\dfrac{\partial \rho}{\partial t}$ の割合であり，これが式 (13.6) の左辺の意味である．

結局，この回路では流入した伝導電流は，電極板部において電荷の蓄積を残して消滅するが，その消滅した分だけ電荷が極板部に増加し，この結果，誘電体部に電束が増加していることがわかる．つまり，導体部の伝導電流は，電極部における電荷の蓄積となり，それを源泉とする電束で表される仮想的な電流に変換されたと考えるこ

---

[2]) 電流密度 $\boldsymbol{i}$ は，単位時間に流れる正電荷量を導体内の任意点において，流線に直角な微小面積 ds_n で割ったものと定義されている．式 (13.1) で負号がつくのは $\boldsymbol{i}$ が S の内方と $\boldsymbol{n}$ が S の外方を向いているからである．

ができよう．いま，電束密度を D で表すと，この電束の増加割合は，$\frac{\partial \rho}{\partial t}$ に対応して $\frac{\partial D}{\partial t}$ で表される．したがって，電極表面の電荷の増加分だけ，$\frac{\partial D}{\partial t}$ の仮想的な電流が流れていると考えられる．

以上の考え方に立つと，導体内の伝導電流とこの仮想的な電流により，この回路には途切れることなく連続して電流が流れることになる．ここで仮想した $\frac{\partial D}{\partial t}$ を密度とする電流

$$\boxed{ \bm{i}_d = \frac{\partial \bm{D}}{\partial t} \quad [\text{A/m}^2] } \tag{13.7}$$

を**変位電流**という[3]．

伝導電流と変位電流の和を**全電流** (total current) と称し，

$$\boxed{ \bm{i} = \bm{i}_c + \bm{i}_d = \kappa \bm{E} + \frac{\partial \bm{D}}{\partial t} \quad [\text{A/m}^2] } \tag{13.8}$$

として表される．ここで一般に，$\bm{D} = \varepsilon_0 \bm{E} + \bm{P}$ であるから，変位電流部分は，

$$\boxed{ \frac{\partial \bm{D}}{\partial t} = \varepsilon_0 \frac{\partial \bm{E}}{\partial t} + \frac{\partial \bm{P}}{\partial t} } \tag{13.9}$$

となる．

この第 2 項 $\frac{\partial \bm{P}}{\partial t}$ は分極 $\bm{P}$ によるものであるからこれを**分極電流**という．分極は，電荷がある面を通して変位することであるから電荷移動をともなっており，これを分極電流と称するのは理解できる．しかし，式 (13.9) 第 1 項は真空内の電流を意味しているが，このように電荷の移動をともなわない点に変位電流の大きな特徴がある．

---

[3] 実際，図 13.2 に示す交流 (高周波) 回路で考えると，この変位電流は一層はっきりする．角周波数を ω，コンデンサ両端の電圧を V とし，いま，コンデンサ部分に流入する伝導電流 I_d を求めてみる．

$$I_d = j\omega C V \quad [\text{A}] \tag{N.1}$$

また静電容量 C は，

$$C = \varepsilon_0 \frac{A}{d} \quad [\text{F}] \tag{N.2}$$

コンデンサ内部の電界 E は

$$E = \frac{V}{d} \quad [\text{V/m}] \tag{N.3}$$

式 (N.2)，(N.3) を式 (N.1) へ代入して

$$I_d = j\omega \varepsilon_0 A E \tag{N.4}$$

ここで式 (N.4) で電流密度 i_d を求めるとこれは式 (13.7) と一致している．

$$i_d = \frac{I_d}{A} = j\omega \varepsilon_0 E = \frac{\partial D}{\partial t} \quad [\text{A/m}^2]$$

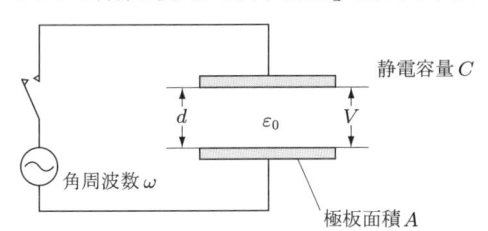

図 13.2 コンデンサをもつ高周波回路

13.2 マクスウェルの方程式

マクスウェルの方程式

マクスウェルの方程式は，下表のように，それぞれ微分形，積分形で表され，通常，電界および磁界に関するガウスの法則と組み合わせた計四つの方程式をもってマクスウェルの方程式 (**Maxwell's equation**) とよんでいる．

微分形		積分形
一般的時間表示式	正弦波表示式	
$\mathrm{rot}\,\boldsymbol{H} = \boldsymbol{i}_c + \varepsilon \dfrac{\partial \boldsymbol{E}}{\partial t}$ （I）	$\mathrm{rot}\,\boldsymbol{H} = (\kappa + j\omega\varepsilon)\boldsymbol{E}$	$\oint_C \boldsymbol{H} \cdot d\boldsymbol{l} = I$ （i） （アンペアの法則）
$\mathrm{rot}\,\boldsymbol{E} = -\mu \dfrac{\partial \boldsymbol{H}}{\partial t}$ （II）	$\mathrm{rot}\,\boldsymbol{E} = -j\omega\mu \boldsymbol{H}$	$\oint_C \boldsymbol{E} \cdot d\boldsymbol{l} = -\dfrac{\partial \Phi}{\partial t}$ （ii） （ファラデーの法則）
$\mathrm{div}\,\boldsymbol{E} = \dfrac{\rho}{\varepsilon}$ （III）	$\mathrm{div}\,\boldsymbol{E} = \dfrac{\rho}{\varepsilon}$	$\displaystyle\int_S \boldsymbol{D} \cdot d\boldsymbol{S} = \sum_{i=1}^n Q_i$ （iii） （ガウスの法則・電界）
$\mathrm{div}\,\boldsymbol{H} = 0$ （IV）	$\mathrm{div}\,\boldsymbol{H} = 0$	$\displaystyle\int_S \boldsymbol{B} \cdot d\boldsymbol{S} = 0$ （iv） （ガウスの法則・磁界）

マクスウェルは，これまで別々に考えられていた電界と磁界に関する現象を整理統合して電磁界なる概念のもとに統一し，電磁現象を一般的に説明し得る理論体系を築いた．その基本となる式が，マクスウェルの電磁方程式とよばれるものである．これは導波管や光ファイバの伝送特性，アンテナからの放射電磁界，電波伝搬や散乱，回折など，これらすべての電波現象の解析の基礎となるきわめて重要な式である．マクスウェルの方程式は，**アンペアの周回積分の法則とファラデーの電磁誘導則**を基礎として第1電磁方程式，第2電磁方程式なるものが導かれている．通常，これらにさらに電界，磁界に関するガウスの法則を加え，計四つの方程式をもってマクスウェルの方程式とよぶことが多い．また，電荷に対応して磁荷の存在を仮定すると，磁荷の運動，つまり磁流が考えられる．この磁流密度を $\boldsymbol{i}_m$ [V/m^2] と表し，（II）式右辺に $-\boldsymbol{i}_m$ を加えると，より一般的なマクスウェルの式表現となる．この式は，実際アンテナ解析などに利用されている．

13.2.1 マクスウェルの方程式の導出

（1） 第1電磁方程式

まず，アンペアの周回積分則の考えに従う第1電磁方程式について考えてみよう．
いま，図13.3に示すように yz 平面上に微小な矩形 ABCD を考え，この矩形回路

を x 軸方向に向かうように電流が鎖交しているとする．アンペアの周回積分則

$$\oint_C \boldsymbol{H} \cdot d\boldsymbol{l} = I \qquad (9.2 \text{再掲})$$

を適用するにあたり，まず各辺に沿う磁界を求めてみる．点 $P(x,y,z)$ の電界，磁界および電流密度をそれぞれ，

電界：$\boldsymbol{E}(E_x, E_y, E_z)$

磁界：$\boldsymbol{H}(H_x, H_y, H_z)$

電流密度：$\boldsymbol{i}(i_x, i_y, i_z)$

と表す．

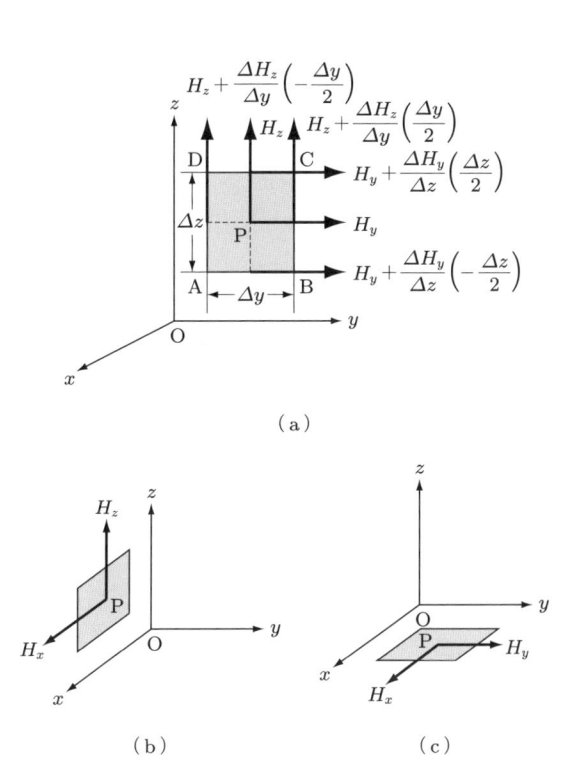

図 13.3　yz 面上の矩形 ABCD に関するアンペアの周回積分の法則の適用例 (a)

まず，AB および DC の辺 (積分路に相当) は，点 P から z 方向へそれぞれ $\pm\dfrac{\Delta z}{2}$ だけ離れている．このため磁界 $H_{y\mathrm{AB}}$, $H_{y\mathrm{DC}}$ は，点 P で考えている磁界 H_y に対してわずかではあるが変化していると考えられる．いま，区間 Δz の磁界の変化量を ΔH_y とすると，Δz 間における変化の割合は $\dfrac{\Delta H_y}{\Delta z}$ であるから，$\pm\dfrac{\Delta z}{2}$ 上下に移動した点の磁界 $H_{y\mathrm{AB}}$, $H_{y\mathrm{DC}}$ は，

$$\boxed{H_{y\mathrm{AB}},\ H_{y\mathrm{DC}} = \text{点 P における磁界 } H_y + \text{移動による磁界の変化量}}$$

で表される．したがって，

$$H_{y\mathrm{AB}} = H_y + \left\{ \frac{\Delta H_y}{\Delta z}\left(-\frac{\Delta z}{2}\right)\right\} \tag{13.10}$$

$$H_{y\mathrm{DC}} = H_y + \left\{ \frac{\Delta H_y}{\Delta z}\left(\frac{\Delta z}{2}\right)\right\} \tag{13.11}$$

同様にして辺 BC, AD に沿う磁界も

$$H_{z\mathrm{BC}} = H_z + \left\{ \frac{\Delta H_z}{\Delta y}\left(\frac{\Delta y}{2}\right)\right\} \tag{13.12}$$

$$H_{z\mathrm{AD}} = H_z + \left\{ \frac{\Delta H_z}{\Delta y}\left(-\frac{\Delta y}{2}\right)\right\} \tag{13.13}$$

次に，式 (9.2) の右辺に相等する電流について考えてみる．

いま，図 13.4 に示すように微小面積 $\Delta y \Delta z$ 内を x 方向に流れる全電流を Δi_x とすると，電流密度が i_x のとき，

$$\Delta i_x = i_x(\Delta y \Delta z) \tag{13.14}$$

である．これらの関係を用いて式 (9.2) を表現するには，矩形回路に沿う磁界に，その辺の長さを乗じたものを考えればよい（アンペアの周回積分則）．したがって，

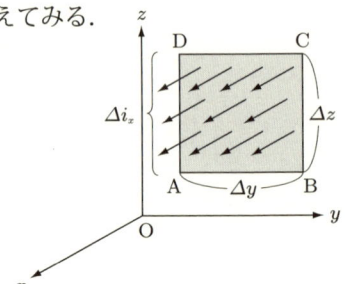

図 13.4 矩形 ABCD と鎖交する電流

$$H_{y\mathrm{AB}}\Delta y - H_{y\mathrm{DC}}\Delta y + H_{z\mathrm{BC}}\Delta z - H_{z\mathrm{AD}}\Delta z = i_x(\Delta y \Delta z) \tag{13.15}$$

式 (13.15) の左辺へ式 (13.10)〜(13.13) を代入し，

$$\left(\frac{\Delta H_z}{\Delta y} - \frac{\Delta H_y}{\Delta z}\right)\Delta y \Delta z = i_x(\Delta y \Delta z) \tag{13.16}$$

ここで，i_x として伝導電流と変位電流の和である全電流密度を i_x とすると，

$$i_x = \kappa E_x + j\omega\varepsilon E_x \quad [\text{A/m}^2] \tag{13.17}$$

式 (13.17) を式 (13.16) へ代入し，Δx, Δy, Δz を零に近づける極限を考える．この結果，数学的には $\Delta \to \partial$ と表せるから

$$\frac{\partial H_z}{\partial y} - \frac{\partial H_y}{\partial z} = \kappa E_x + j\omega\varepsilon E_x \tag{13.18}$$

まったく同様に xy, zx 面について考えて次式が得られる．

$$\frac{\partial H_x}{\partial z} - \frac{\partial H_z}{\partial x} = \kappa E_y + j\omega\varepsilon E_y \tag{13.19}$$

$$\frac{\partial H_y}{\partial x} - \frac{\partial H_x}{\partial y} = \kappa E_z + j\omega\varepsilon E_z \tag{13.20}$$

これらスカラ表示をベクトル表示にして

$$\mathrm{rot}\,\boldsymbol{H} = \kappa\boldsymbol{E} + j\omega\varepsilon\boldsymbol{E}\left(=\boldsymbol{i} + \frac{\partial \boldsymbol{D}}{\partial t}\right) \quad [\mathrm{A/m^2}] \tag{13.21}$$

を得る．

（2） 第 2 電磁方程式

次に，ファラデーの電磁誘導則に基礎をおくマクスウェルの第 2 電磁方程式を求めてみよう．ファラデーの電磁誘導則の積分表現は，

$$\oint_C \boldsymbol{E}\cdot d\boldsymbol{l} = -\frac{d\varPhi}{dt} \tag{12.7 再掲}$$

であった．前節と同様，図 13.5 に示すように yz 面に微小な矩形回路 ABCD を考え，今度は点 P の電界を E_y, E_z で表す．式 (12.7) の左辺をこの回路 ABCD で考えると，各辺に沿う**電界成分**と**辺の長さ**を掛けたものを考えればよい．この和がこの矩形回路を貫く全磁束の時間的変化に等しいというのが式 (12.7) の意味である．

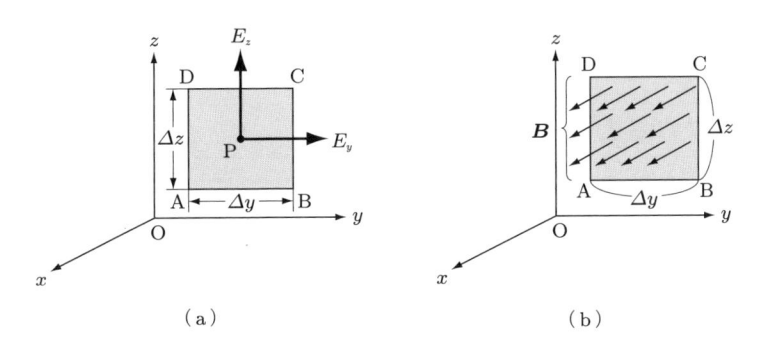

図 13.5 矩形 ABCD 回路に対するファラデーの電磁誘導法則

まず，前節と同様に電界の E_y, E_z 成分から，各辺に沿う電界 $E_{y\mathrm{AB}}$, $E_{y\mathrm{DC}}$, $E_{z\mathrm{BC}}$, $E_{z\mathrm{AD}}$ を求めこれらと辺の積をとり，誘起電圧を計算すると，

$$\left(\frac{\Delta E_z}{\Delta y} - \frac{\Delta E_y}{\Delta z}\right)\Delta y \Delta z \tag{13.22}$$

また，右辺のこの矩形回路に鎖交する全磁束は磁束密度の x 成分を B_x とすると，$B_x(\Delta y \Delta z) = \mu H_x(\Delta y \Delta z)$ である．これが角周波数 ω で時間的に $e^{j\omega t}$ のように変化していると，全磁束の時間的変化割合は，

$$\frac{\partial}{\partial t}\mu H_x(\Delta y \Delta z) = j\omega\mu H_x(\Delta y \Delta z) \tag{13.23}$$

ここで，電磁誘導則の向きを規定するレンツの法則によると，式 (13.22) と式 (13.23) を等置するためには，式 (13.23) を負とする必要がある．すなわち，

$$\frac{\Delta E_z}{\Delta y} - \frac{\Delta E_y}{\Delta z} = -j\omega\mu H_x \tag{13.24}$$

矩形回路 ABCD を無限小へ極限移行すると前節と同様 $\Delta \to \partial$ と表され,

$$\frac{\partial E_z}{\partial y} - \frac{\partial E_y}{\partial z} = -j\omega\mu H_x \tag{13.25}$$

を得る．同様に zx, xy 面についてもそれぞれ,

$$\frac{\partial E_x}{\partial z} - \frac{\partial E_z}{\partial x} = -j\omega\mu H_y \tag{13.26}$$

$$\frac{\partial E_y}{\partial x} - \frac{\partial E_x}{\partial y} = -j\omega\mu H_z \tag{13.27}$$

これらのスカラ表示式をベクトル表示で統一すると

$$\boxed{\operatorname{rot} \boldsymbol{E} = -j\omega\mu \boldsymbol{H} \ \left(= -\mu\frac{\partial \boldsymbol{H}}{\partial t}\right) \ [\mathrm{V/m^2}]} \tag{13.28}$$

を得る．式 (13.28) をマクスウェルの第 2 電磁方程式とよんでいる．これら第 1, 第 2 電磁方程式は，マクスウェルの電磁方程式を微分形で表現したもので，空間の任意の点で成立する関係を表している．

13.3 波動方程式

波動方程式

ここでいう波動方程式とは，マクスウェルの方程式から導かれる電磁波動に関する微分方程式のことで，電界 $\boldsymbol{E}$, 磁界 $\boldsymbol{H}$ に関してそれぞれ次式で表される．

$$\boxed{\begin{aligned}\nabla^2 \boldsymbol{E} &= \mu\kappa\frac{\partial \boldsymbol{E}}{\partial t} + \mu\varepsilon\frac{\partial^2 \boldsymbol{E}}{\partial t^2} \\ \nabla^2 \boldsymbol{H} &= \mu\kappa\frac{\partial \boldsymbol{H}}{\partial t} + \mu\varepsilon\frac{\partial^2 \boldsymbol{H}}{\partial t^2}\end{aligned}}$$

これは，誘電率 ε, 透磁率 μ, 導電率 κ からなる媒質の波動方程式であり，この解を境界条件を用いて求めることによって，電磁波動のふるまいがわかる．

媒質の誘電率 ε, 透磁率 μ, 導電率 κ がいずれも零でない均質等方性媒質，つまり，いたるところでこれら媒質定数が一定な媒質を考え，この場合の波動方程式をマクスウェルの方程式から導き伝搬特性について検討してみる．

13.3.1 波動方程式の導出

まず，マクスウェルの電磁方程式 (13.28) の両辺の rot をとって,

$$\operatorname{rot}\operatorname{rot} \boldsymbol{E} = -\mu\frac{\partial(\operatorname{rot} \boldsymbol{H})}{\partial t} \tag{13.29}$$

公式, rot rot $\boldsymbol{A}$ = grad div $\boldsymbol{A} - \nabla^2 \boldsymbol{A}$ を上式に適用し,

$$\text{rot rot } \boldsymbol{E} = -\nabla^2 \boldsymbol{E} \tag{13.30}$$

となる. ただし, ここでは媒質中に真電荷が存在しない (**自由空間**[4]) $\rho = 0$ の媒質を考えて, div $\boldsymbol{E} = 0$ の関係を代入している. 一方, 式 (13.21) から,

$$\text{rot } \boldsymbol{H} = \boldsymbol{i} + \frac{\partial \boldsymbol{D}}{\partial t} = \kappa \boldsymbol{E} + \varepsilon \frac{\partial \boldsymbol{E}}{\partial t} \quad [\text{A/m}^2] \tag{13.31}$$

これを式 (13.29) の右辺に代入し,

$$-\mu \frac{\partial (\text{rot } \boldsymbol{H})}{\partial t} = -\left(\mu \kappa \frac{\partial \boldsymbol{E}}{\partial t} + \mu \varepsilon \frac{\partial^2 \boldsymbol{E}}{\partial t^2}\right) \tag{13.32}$$

ここで式 (13.32) を (13.29) に代入し, 式 (13.30) の関係を用い,

$$\boxed{\nabla^2 \boldsymbol{E} = \mu \kappa \frac{\partial \boldsymbol{E}}{\partial t} + \mu \varepsilon \frac{\partial^2 \boldsymbol{E}}{\partial t^2} \quad [\text{V/m}^3]} \tag{13.33}$$

を得る. これが電界 E に関する波動方程式である. 同様の手順で, 磁界 H に関する波動方程式も次式のように導かれる.

$$\boxed{\nabla^2 \boldsymbol{H} = \mu \kappa \frac{\partial \boldsymbol{H}}{\partial t} + \mu \varepsilon \frac{\partial^2 \boldsymbol{H}}{\partial t^2} \quad [\text{A/m}^3]} \tag{13.34}$$

式 (13.33) または (13.34) の波動方程式を解いて, 電磁波動のふるまいを調べることができる.

13.4 平面波と伝搬特性

13.4.1 一般的媒質中の伝搬

平面波とは位相が一定の面, つまり等位相面が平面である波のことである.

さて, ここでは電波進行方向を z 方向, 電界が x 方向成分 E_x だけの場合を考えることにする. さらに E_x は x, y に無関係とし, $\frac{\partial}{\partial x}$, $\frac{\partial}{\partial y}$ はすべて零とすると, 波動方程式 (13.33) は,

$$\frac{\partial^2 E_x}{\partial z^2} = \mu \kappa \frac{\partial E_x}{\partial t} + \mu \varepsilon \frac{\partial^2 E_x}{\partial t^2} \quad [\text{V/m}^3] \tag{13.35}$$

また, E_x はその振幅が z だけの関数で角周波数 $\omega = 2\pi f$ の交番電磁界であるとする[5]. すなわち,

$$E_x = E_0(z) e^{j\omega t} \tag{13.36}$$

---

[4] 媒質定数 ε, μ, (κ) がいたるところで常に一定で, しかも電荷を含まない ($\rho = 0$) の空間を自由空間という.

[5] $E_0(z) = E_0 e^{\gamma z}$ のように与えられるものを意味している.

と表すと，式 (13.35) へ代入して

$$\frac{\partial^2 E_0(z)}{\partial z^2} = j\omega\mu\kappa E_0(z) - \omega^2\mu\varepsilon E_0(z)$$
$$= j\omega\mu(\kappa + j\omega\varepsilon)E_0(z) \tag{13.37}$$

となる．ここで，

$$\boxed{\gamma = \{j\omega\mu(\kappa + j\omega\varepsilon)\}^{1/2} = \alpha + j\beta \quad [1/\text{m}]^{6)}} \tag{13.38}$$

とおく．γ を**伝搬定数** (propagation constant) とよび，α を**減衰定数** (attenuation constant)，β を**位相定数** (phase constant) という．この γ を用いて式 (13.37) は，

$$\frac{\partial^2 E_0(z)}{\partial z^2} = \gamma^2 E_0(z) \quad [\text{V/m}^3] \tag{13.39}$$

上式の解として指数関数を採用し，A, B を定数とすると，

$$E_0(z) = Ae^{-\gamma z} + Be^{\gamma z}$$
$$= Ae^{-(\alpha + j\beta)z} + Be^{(\alpha + j\beta)z} \tag{13.40}$$

結局，式 (13.36) は，

$$E_x = E_0(z)e^{j\omega t}$$
$$= Ae^{-\alpha z} \cdot e^{-j\beta\left(z - \frac{\omega}{\beta}t\right)} + Be^{\alpha z} \cdot e^{j\beta\left(z + \frac{\omega}{\beta}t\right)} \tag{13.41}$$

ここで，上式の各項がもつ意味を考えてみよう．$e^{\pm\alpha z}$ は振幅を表す．たとえば，$e^{-\alpha z}$ は z 方向に進むにつれ，振幅が減衰していく波を表している．$\beta\left(z \pm \frac{\omega}{\beta}t\right)$ は位相の変化を表している．また，$\frac{\omega}{\beta}$ は**位相速度** (phase velocity) とよばれるが，距離 z と $\frac{\omega}{\beta}t$ が同じ次元であることからも $\frac{\omega}{\beta}$ が速度の次元をもっていることが理解されよう．また，α, β と媒質定数の関係はその媒質中の伝搬特性を知るさい重要である．これは，式 (13.38) の両辺を 2 乗して，それぞれの実部，虚部を等値することにより求められる．すなわち，

$$\alpha^2 - \beta^2 = -\omega^2\varepsilon\mu, \quad 2\alpha\beta = \omega\kappa\mu$$

この 2 式から

---

[6]　γ の単位が $\left[\frac{1}{\text{m}}\right]$ となることを示す．[H] の単位は $\left[\frac{\text{Wb}}{\text{m}}\right]$ であるから，

$$[\omega\mu\kappa] = \left[\frac{1}{\text{s}}\frac{\text{H}}{\text{m}}\frac{\text{S}}{\text{m}}\right]^{1/2} = \left[\frac{1}{\text{s}}\frac{\text{Wb}}{\text{Am}}\frac{\text{A}}{\text{Vm}}\right]^{1/2} = \left[\frac{1}{\text{s}}\frac{\text{Vs}}{\text{Am}}\frac{\text{A}}{\text{Vm}}\right]^{1/2} = \left[\frac{1}{\text{m}}\right]$$

したがって，α, β の単位は [1/m] が基本であるが，通常 β は [rad/m]，α は [Np/m または dB/m] で表す．ただし，[m] 以外は無名数であることに注意されたい．

$$\text{減衰定数：} \alpha = \omega \left\{ \frac{\varepsilon\mu}{2} \left(\sqrt{1 + \frac{\kappa^2}{\omega^2\varepsilon^2}} - 1 \right) \right\}^{1/2} \quad [\text{Np/m}]^{\,6)} \qquad (13.42)$$

$$\text{位相定数：} \beta = \omega \left\{ \frac{\varepsilon\mu}{2} \left(\sqrt{1 + \frac{\kappa^2}{\omega^2\varepsilon^2}} + 1 \right) \right\}^{1/2} \quad [\text{rad/m}]^{\,6)} \qquad (13.43)$$

を得る．この結果位相速度は，

$$\text{位相速度：} V_p = \frac{\omega}{\beta} = \frac{c}{\left[\dfrac{\varepsilon_s\mu_s}{2} \left(\sqrt{1 + \dfrac{\kappa^2}{\omega^2\varepsilon^2}} + 1 \right) \right]^{1/2}} \quad [\text{m/s}] \qquad (13.44)$$

ここで，c は真空中の位相速度で，式 (13.43) の ε, μ を真空の値 ε_0, μ_0 とし，$\kappa = 0$ と置いて得られる V_p の値であり，これは光速に等しい．すなわち，

$$V_p = c = \omega/\beta = 1/\sqrt{\varepsilon_0\mu_0} \quad (\text{真空}) \quad [\text{m/s}] \qquad (13.45)$$

次に，媒質のもつ固有のインピーダンスを求めてみる．**固有インピーダンス** (または，**特性インピーダンス**) は電界と磁界の比として定義されている．そこで，まず E_x に対応する磁界を求める必要がある．まず，式 (13.41) の第 1 項，つまり進行波だけを考えて，これを E_{1x} で表すと，

$$E_{1x} = A_1 e^{-\alpha z} \cdot e^{-j\beta(z-\frac{\omega}{\beta}t)} = A_1 e^{-\gamma z} \cdot e^{j\omega t} \qquad (13.46)$$

これに対する磁界は，マクスウェルの方程式から，$\dfrac{\partial E_x}{\partial x} = \dfrac{\partial E_x}{\partial y} = 0$，また，仮定から $E_y = 0$，$E_z = 0$ の関係に注意して，

$$-\mu \frac{\partial H_x}{\partial t} = 0 \quad [\text{V/m}^2] \qquad (13.47)$$

$$\frac{\partial E_x}{\partial z} = -\mu \frac{\partial H_y}{\partial t} \quad [\text{V/m}^2] \qquad (13.48)$$

$$-\mu \frac{\partial H_z}{\partial t} = 0 \quad [\text{V/m}^2] \qquad (13.49)$$

式 (13.47), (13.49) を H_x, H_z について解くと，(積分して) 右辺が零であるから定数となる．これは静磁界を意味し波動の性質を有してない．したがって，x, z 方向の磁界は存在しない．そこで磁界として存在する H_y を式 (13.36) と同様，

$$H_{1y} = H_1(z)e^{j\omega t} = A_1' e^{-\gamma z} \cdot e^{j\omega t} \qquad (13.50)$$

と表す．ただし，添字 1 は E_{1x} に対応するものであることを意味している．式 (13.48) より

$$\frac{\partial E_x}{\partial z} = -\mu \frac{\partial H_{1y}}{\partial t} = -j\omega\mu H_{1y} \quad [\text{V/m}^2] \qquad (13.51)$$

この式の E_x に式 (13.46) E_{1x} の右辺を代入すると

$$\gamma E_{1x} = j\omega\mu H_{1y}$$

ゆえに，
$$H_{1y} = \frac{\gamma}{j\omega\mu} E_{1x} \tag{13.52}$$

この結果は，電界 E_x の仮定に対して，y 軸方向の磁界成分が存在することを示している．結局，求める媒質の固有インピーダンスは

$$\boxed{\begin{aligned}\eta_1 &= \frac{E_{1x}}{H_{1y}} = \frac{j\omega\mu}{\gamma} = \frac{j\omega\mu}{\sqrt{j\omega\mu(\kappa + j\omega\varepsilon)}} \\ &= \sqrt{\frac{\mu}{\varepsilon\left(1 + \dfrac{\kappa}{j\omega\varepsilon}\right)}} \quad [\Omega]\end{aligned}} \tag{13.53}$$

次に，同様に式 (13.41) の第 2 項，つまり z 軸の負方向へ伝搬する波を E_{2x} と表し，これにともなう磁界 H_{2y} を求め，固有インピーダンスを求めると

$$\boxed{\eta_2 = \frac{E_{2x}}{H_{2y}} = -\sqrt{\frac{\mu}{\varepsilon\left(1 + \dfrac{\kappa}{j\omega\varepsilon}\right)}} \quad [\Omega]} \tag{13.54}$$

となり

$$\boxed{\eta_1 = -\eta_2 \quad [\Omega]} \tag{13.55}$$

の関係がある．なお，ここでは電界の x 成分 E_x を考えた結果，これと直交する H_y が定まったが，電界を y 成分 E_y とすれば，これにともなう磁界は H_x となり，常に直交する関係にある．正弦波的な波動を考え z 方向に進む波のこれらの関係を図 13.6 に示す．以上，媒質を一般的に取り扱い，誘電率 ε，透磁率 μ，導伝率 κ を有する媒質について考えてきた．

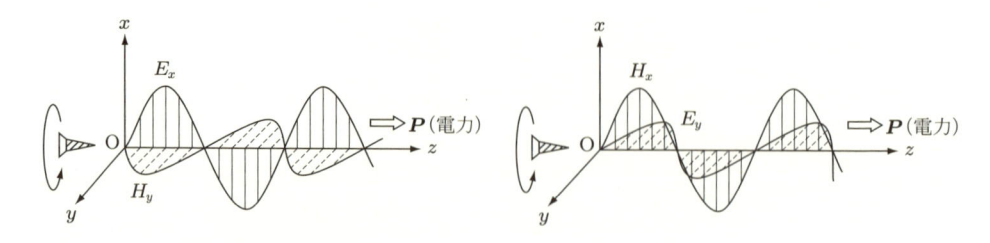

図 13.6　平面波の電磁波分布

後述するポインティングベクトル $\boldsymbol{P}$ の定義によれば，$\boldsymbol{E}$ から $\boldsymbol{H}$ の方向に右ねじを廻し，ねじの進む向きを電力 $\boldsymbol{P}$ の向きと定めているが，この $\boldsymbol{P}$ の向きがエネルギーの進行方向，つまり，電波伝搬方向である．

次に，誘電体や導体媒質中の平面波について，これら減衰定数 α，位相定数 β，位相速度 V，固有インピーダンス η について整理しておく．

13.4.2 誘電体中を平面波が伝搬する場合

導電率 κ が零の誘電体媒質 (ε, μ) を考える．$\kappa = 0$ を式 (13.42)～(13.44) および式 (13.53)，(13.54) の各式へ代入して次式を得る．

$$減衰定数：\alpha = 0 \quad [\text{Np/m}] \tag{13.56}$$

$$位相定数：\beta = \omega\sqrt{\varepsilon\mu} \quad [\text{rad/m}] \tag{13.57}$$

$$位相速度：V = \frac{1}{\sqrt{\varepsilon\mu}} \quad [\text{m/s}] \tag{13.58}$$

$$固有インピーダンス：\eta_1 = \frac{E_{1x}}{H_{1y}} = \sqrt{\frac{\mu}{\varepsilon}} = -\eta_2 \tag{13.59}$$

$$\eta_1 = \sqrt{\frac{\mu_0}{\varepsilon_0}} = 120\pi \fallingdotseq 377 \ [\Omega] \quad (真空中) \tag{13.60}$$

13.4.3 導体中を平面波が伝搬する場合

たとえば，銅の導電率 κ は 5.80×10^7 [s/m]．銀は 6.14×10^7 [s/m]，また，導体の誘電率 $\varepsilon_s \fallingdotseq 1$ であるから，$\varepsilon = \varepsilon_s\varepsilon_0 \fallingdotseq \varepsilon_0 = 8.85 \times 10^{-12}$ [F/m] で，κ，ε は，それぞれこの程度の大きさをもっている．したがって，媒質が金属のような導体では，通常 $\kappa \gg \omega\varepsilon_0$ と考えられ[7]，$\dfrac{\kappa}{\omega\varepsilon_0} \gg 1$ が成立する．この条件を式 (13.42)～(13.44)，(13.53) の各式に適用し次式を得る．

$$減衰定数：\alpha \fallingdotseq \sqrt{\frac{\omega\kappa\mu}{2}} \quad [\text{Np/m}] \tag{13.61}$$

$$位相定数：\beta \fallingdotseq \sqrt{\frac{\omega\kappa\mu}{2}} \quad [\text{rad/m}] \tag{13.62}$$

$$位相速度：V \fallingdotseq \sqrt{\frac{2\omega}{\mu\kappa}} \quad [\text{m/s}] \tag{13.63}$$

$$固有インピーダンス：\eta_1 = \sqrt{\frac{j\omega\mu}{\kappa}}$$

$$= \sqrt{\frac{\omega\mu}{2\kappa}}(1+j) \quad [\Omega]$$

減衰定数 α の式 (13.61) から，導体中では導電率 κ が大きいほど，また ω，つまり周波数が高いほど電波が急激に減衰するようになることがわかる．式 (13.41) から電

---

[7] この評価は，$\omega = 2\pi f$，つまり周波数 f によっているが，実用周波数では，$\kappa \gg \omega\varepsilon_0$ としてさしつかえない．

界の振幅項は $Ae^{-\alpha z}$ で表されるが，電波が導体表面からその振幅が $e^{-1}(\fallingdotseq 0.368)$ になるまでの伝搬距離 z のことを**浸透の深さ** (depth of penetration) という．通常この深さを δ で表し，$\alpha z = 1$ から，

$$z = \delta = \sqrt{\frac{2}{\omega\mu\kappa}} = \sqrt{\frac{\rho}{\pi f\mu}} \quad [\text{m}] \tag{13.64}$$

である．なお，この関係は，磁界に関しても同様に求められる．

13.5 電磁波の境界条件

境界条件に関しては，これまで静電界，静磁界，電流について述べてきた．ここでは，**電磁波の境界条件**について述べる．

以下，電界，磁界，電束密度，磁束密度の順で境界条件をそれぞれ個別に検討するが，電磁波の場合の境界条件は，マクスウェルの方程式からもわかるように，これらは独立したものでなく，電界，磁界の相互の関係で理解する必要がある．

13.5.1 電界の境界条件

電界の境界条件

（ⅰ）境界面両側が誘電率，透磁率の媒質からなる場合

電界の接線成分は，両媒質の境界面で等しい $(E_{1t} = E_{2t})$．

$$\boldsymbol{n} \times (\boldsymbol{E}_1 - \boldsymbol{E}_2) = 0 \quad [\text{V/m}] \quad (一般的表現)$$

（ⅱ）二つの媒質の一方が完全導体の場合

完全導体の表面では，電界の接線成分は零である $(E_{1t} = E_{2t} = 0)$．

$$\boldsymbol{n} \times \boldsymbol{E}_1 = 0 \quad [\text{V/m}] \quad (媒質Ⅱが完全導体)$$

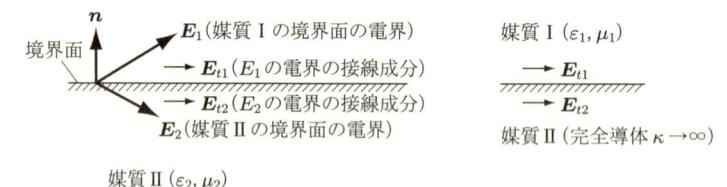

（1）両媒質が異なった誘電率，透磁率からなる場合

図 13.7 に示すような二種の異なった媒質の境界面において，電界が満たすべき条件を求めてみる．ここでは，（ⅰ）両媒質がそれぞれ誘電率，透磁率からなる場合と，（ⅱ）二媒質の一方が完全導体の場合について考える．

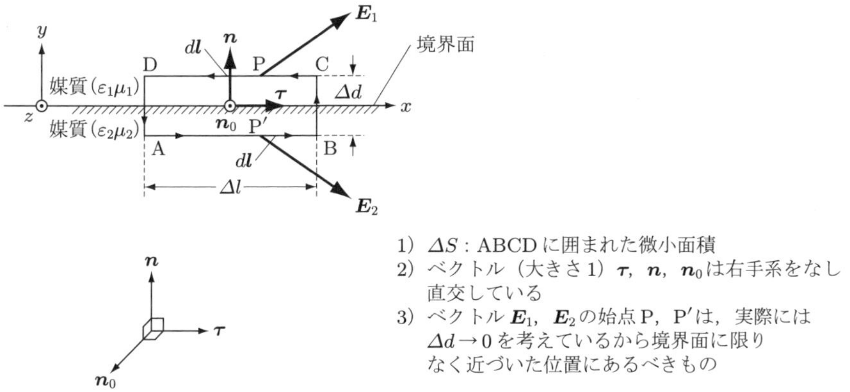

13.5 電磁波の境界条件

1) ΔS：ABCD に囲まれた微小面積
2) ベクトル（大きさ 1）$\boldsymbol{\tau}$, $\boldsymbol{n}$, $\boldsymbol{n}_0$ は右手系をなし直交している
3) ベクトル $\boldsymbol{E}_1$, $\boldsymbol{E}_2$ の始点 P, P' は，実際には $\Delta d \to 0$ を考えているから境界面に限りなく近づいた位置にあるべきもの

図 13.7 電界の境界条件

さて，まず (i) の場合の境界条件を求めてみる．

いま，境界面を含みこの面に垂直な長方形の微小な積分路 ABCD を考え，これに囲まれる面積を ΔS とする．境界条件を求めるために，次式の積分形で表したマクスウェルの方程式をこの微小な積分路に適用することを考える．

$$\oint_{\mathrm{ABCD}} \boldsymbol{E} \cdot d\boldsymbol{l} = -\frac{\partial \boldsymbol{\Phi}}{\partial t} = -\frac{\partial}{\partial t} \int_S \boldsymbol{B} \cdot \boldsymbol{n}_0 \, dS \quad [\mathrm{V}] \tag{13.65}$$

ここに，$\boldsymbol{n}_0$ は面 ABCD に垂直な単位法線ベクトルである．積分路 ABCD において，

$$\text{式 (13.65) の左辺} = \oint_{\mathrm{ABCD}} \boldsymbol{E} \cdot d\boldsymbol{l}$$
$$= \int_{\mathrm{A}}^{\mathrm{B}} \boldsymbol{E} \cdot d\boldsymbol{l} + \int_{\mathrm{B}}^{\mathrm{C}} \boldsymbol{E} \cdot d\boldsymbol{l} + \int_{\mathrm{C}}^{\mathrm{D}} \boldsymbol{E} \cdot d\boldsymbol{l} + \int_{\mathrm{D}}^{\mathrm{A}} \boldsymbol{E} \cdot d\boldsymbol{l} \tag{13.66}$$

ここでは，$\Delta d \to 0$ の極限を考えるから，上式で $\overline{\mathrm{BC}}$, $\overline{\mathrm{DA}}$ に関する積分は消失する．つまり，

$$\int_{\mathrm{B}}^{\mathrm{C}} \boldsymbol{E} \cdot d\boldsymbol{l} = \int_{\mathrm{D}}^{\mathrm{A}} \boldsymbol{E} \cdot d\boldsymbol{l} \to 0$$

結局，

$$\oint_{\mathrm{ABCD}} \boldsymbol{E} \cdot d\boldsymbol{l} = \int_{\mathrm{A}}^{\mathrm{B}} \boldsymbol{E} \cdot d\boldsymbol{l} + \int_{\mathrm{C}}^{\mathrm{D}} \boldsymbol{E} \cdot d\boldsymbol{l}$$
$$= \boldsymbol{E}_2 \cdot (\boldsymbol{\tau} \Delta l) + \boldsymbol{E}_1 (-\boldsymbol{\tau} \Delta l) = E_{2t} \Delta l - E_{1t} \Delta l \quad [\mathrm{V}] \tag{13.67}$$

電界 $\boldsymbol{E}_1$, $\boldsymbol{E}_2$ は，一般に任意の方向を向いていてよいが，ここでは簡単のため，xy 面（つまり紙面上）にある場合を想定している．$\boldsymbol{\tau}$ は x 軸方向の単位ベクトル，E_{1t}, E_{2t} は $\boldsymbol{E}_1$, $\boldsymbol{E}_2$ の $\boldsymbol{\tau}$ 方向成分である．

次に，式 (13.65) の右辺は，ΔS ($= \Delta d \Delta l$) が微小であるから，

式 (13.65) の右辺 $= -\dfrac{\partial}{\partial t}\displaystyle\int_S \boldsymbol{B}\cdot\boldsymbol{n_0}dS = -\dfrac{\partial}{\partial t}\boldsymbol{B}\cdot\boldsymbol{n_0}\Delta d\Delta l$ \hfill (13.68)

ここで，$\Delta d \to 0$ とすると積分路 ABCD を通過する磁束は零となるから，式 (13.68) は零である．ゆえに，式 (13.67)，(13.68) から

$$\lim_{\Delta d \to 0}\oint_{\mathrm{ABCD}}\boldsymbol{E}\cdot d\boldsymbol{l} = (E_{2t}-E_{1t})\Delta l = 0 \qquad (13.69)$$

式 (13.69) が常に成立するためには，

$$\boxed{E_{1t} = E_{2t}\quad [\mathrm{V/m}]} \qquad (13.70)$$

このようにして，「電界の接線成分は**両媒質の境界面で等しい**」という条件が得られる．

次に，この境界条件を一般的に表すために，境界面に垂直な単位ベクトル，すなわち，法線ベクトル $\boldsymbol{n}$ を導入すると次式の関係が成り立つ．

$$\boldsymbol{\tau} = \boldsymbol{n}\times\boldsymbol{n_0}$$

これを式 (13.67) へ代入して，

$$\boldsymbol{E_2}\cdot(\boldsymbol{n}\times\boldsymbol{n_0})\Delta l - \boldsymbol{E_1}\cdot(\boldsymbol{n}\times\boldsymbol{n_0})\Delta l$$

スカラ三重積の公式

$$\boldsymbol{A}\cdot(\boldsymbol{B}\times\boldsymbol{C}) = \boldsymbol{B}\cdot(\boldsymbol{C}\times\boldsymbol{A}) = \boldsymbol{C}\cdot(\boldsymbol{A}\times\boldsymbol{B})$$

を用いて，上式を変形すると，

$$\boldsymbol{n_0}\cdot(\boldsymbol{E_2}\times\boldsymbol{n})\Delta l - \boldsymbol{n_0}\cdot(\boldsymbol{E_1}\times\boldsymbol{n})\Delta l$$
$$= \boldsymbol{n_0}\cdot\{\boldsymbol{n}\times(\boldsymbol{E_1}-\boldsymbol{E_2})\}\Delta l$$

式 (13.67)，(13.69) から明らかなように，この式の右辺は零であり，ABCD の面積 ΔS のとり方は境界面で任意にとれるから，$\boldsymbol{n_0}$ の方向も任意である．したがって，

$$\boldsymbol{n_0}\cdot\{\boldsymbol{n}\times(\boldsymbol{E_1}-\boldsymbol{E_2})\}\Delta l = 0$$

が，$\boldsymbol{n_0}$ のいかんにかかわらず成立するためには

$$\boxed{\boldsymbol{n}\times(\boldsymbol{E_1}-\boldsymbol{E_2}) = 0\quad [\mathrm{V/m}]} \qquad (13.71)$$

これが式 (13.70) を一般的に表現したものである．

式 (13.69) の導出にあたって，電界を図示したように xy 面内と仮定し，その境界面への接線成分を E_{1t}，E_{2t} とした．しかし，一般には，電界は境界面で任意方向をとるから，特定の接線成分で考えずに，接線ベクトル $\boldsymbol{\tau}$ を $\boldsymbol{\tau} = \boldsymbol{n}\times\boldsymbol{n_0}$ と表して，法線ベクトル $\boldsymbol{n}$ と関連づけて，境界面における任意方向の電界に対応できるよう，式 (13.70) の境界条件を一般的に表したものが，式 (13.71) の意味するところである．

（2） 二媒質の一方が完全導体の場合

完全導体とは，抵抗が零，つまり導電率 κ が無限大となる理想的な導体のことである．電磁波解析では，簡単のため導体を $\kappa \to \infty$ とし，この完全導体で置き換えて扱うことがしばしばある．ここでは，図 13.8 に示すように，二媒質の一方がこの完全導体である場合の境界条件について考えてみよう．

さて，一般に導体に電磁波が入射するとき，電磁界がどの位の深さまで浸透するかを表すのに，**浸透の深さ** (表皮の深さ：skin depth ともいう) なる量があり，これは，次のように表された．

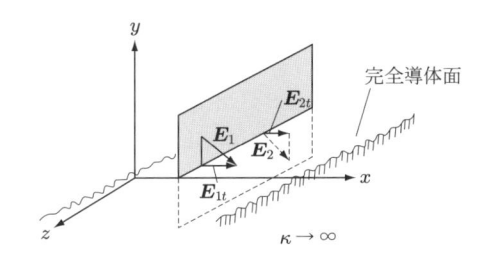

図 13.8 一方の媒質が完全導体のときの境界条件

$$\delta = \sqrt{\frac{2}{\omega\mu\kappa}} \qquad (13.64\,\text{再掲})$$

ここに，ω, μ, κ はそれぞれ角周波数，透磁率，導電率で，δ が浸透の深さを表す．

この式から導電率 κ が無限大に近づくにつれ δ は零に近づき，電磁界は表面近くにしか存在し得ないことになり，$\kappa \to \infty$ では導体内部に電磁界が完全に存在しなくなる．結論として，静電界と同様，電界は完全導体中で零となり，境界面の接線成分 E_{2t} も零となる．この結果前式 (13.71) から，

$$\boxed{E_{1t} = E_{2t} = 0 \quad [\text{V/m}]} \qquad (13.72)$$

つまり，**完全導体表面では電界接線成分は零である**．また，完全導体表面に電界があれば，それは垂直成分だけが存在し，接線成分は零となる．したがって，**完全導体表面の電界は表面に垂直となる**．

13.5.2 磁界の条件

磁界の境界条件

（ⅰ） 境界面両側が誘電率，透磁率の媒質からなる場合
　　　磁界の接線成分は，境界面で相等しい（$H_{1t} = H_{2t}$）．

$$\boxed{\bm{n} \times (\bm{H}_1 - \bm{H}_2) = 0 \quad [\text{A/m}] \quad (一般的表現)}$$

（ⅱ） 二つの媒質の一方が完全導体の場合
　　　完全導体の外部表面で，磁界の接線成分のみが存在し，その大きさは，表面電流の線密度に等しい．

$$\boxed{\begin{array}{l}\bm{n} \times \bm{H}_1 = \bm{K}_s \quad [\text{A/m}] \quad (媒質 II が完全導体)\\ \bm{K}_s：線電流密度\end{array}}$$

(iii) 一方の媒質が完全導体薄膜と考えられる場合

境界面両側の磁界の接線成分の不連続は表面電流の線密度に等しい．

$$\boxed{\bm{n} \times (\bm{H}_1 - \bm{H}_2) = \bm{K}_s \quad [\text{A/m}]}$$

次に，磁界の満たすべき境界条件を考えてみる．磁界の境界条件は，上述の各場合にまとめられる．

（1） 両媒質が異なった誘電率，透磁率からなる場合

まず，媒質 I，II の誘電率，透磁率がそれぞれ (ε_1, μ_1)，(ε_2, μ_2) の磁界に対する境界条件を求めてみる．電界の場合と同じように，図 13.9 に示す積分路 ABCD の面積を ΔS とし，マクスウェルの方程式を面積積分で表す．

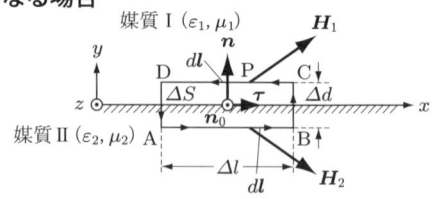

図 13.9 磁界の境界条件

$$\int_S \text{rot}\bm{H} \cdot \bm{n}_0 \, dS = \int_S \frac{\partial \bm{D}}{\partial t} \cdot \bm{n}_0 \, dS \tag{13.73}$$

ここに，$\bm{n}_0$ は ABCD 面における単位法線ベクトルである．

ストークスの定理より，

$$式 (13.73) の左辺 = \int_S \text{rot}\bm{H} \cdot \bm{n}_0 \, dS = \oint_{\text{ABCD}} \bm{H} \cdot d\bm{l}$$
$$= \int_A^B \bm{H} \cdot d\bm{l} + \int_B^C \bm{H} \cdot d\bm{l} + \int_C^D \bm{H} \cdot d\bm{l} + \int_D^A \bm{H} \cdot d\bm{l} \tag{13.74}$$

ここで，境界面上を考え $\Delta d \to 0$ とすると，積分の一部は

$$\int_B^C \bm{H} \cdot d\bm{l} = \int_D^A \bm{H} \cdot d\bm{l} = 0$$

となり消失する．ゆえに，式 (13.73) の左辺は，

$$\oint_{\text{ABCD}} \bm{H} \cdot d\bm{l} = \int_A^B \bm{H} \cdot d\bm{l} + \int_C^D \bm{H} \cdot d\bm{l}$$
$$= \bm{H}_2 \cdot (\bm{\tau} \Delta l) + \bm{H}_1 \cdot (-\bm{\tau} \Delta l)$$
$$= H_{2t}\Delta l - H_{1t}\Delta l \tag{13.75}$$

次に式 (13.73) の右辺は，

$$式 (13.73) の右辺 = \int_S \frac{\partial \bm{D}}{\partial t} \cdot \bm{n}_0 \, dS = \frac{\partial \bm{D}}{\partial t} \cdot \bm{n}_0 \Delta d \Delta l \tag{13.76}$$

ここで，$\Delta d \to 0$ とすると積分路 ABCD 内を通過する全変位電流は零になる．したがって，

$$\lim_{\Delta d \to 0} \oint_{ABCD} \boldsymbol{H} \cdot d\boldsymbol{l} = (H_{2t} - H_{1t})\Delta l = 0 \tag{13.77}$$

ゆえに，

$$\boxed{H_{1t} = H_{2t}} \tag{13.78}$$

このようにして，**磁界の接線成分は，境界面で相等しい**という条件が得られる．

電界の場合と同様，法線ベクトル $\boldsymbol{n}$ を導入し，

$$\boldsymbol{\tau} = \boldsymbol{n} \times \boldsymbol{n}_0 \tag{13.79}$$

の関係を用いて，境界面で任意の方向を向く磁界に対して成立する次式を得る．

$$\boxed{\boldsymbol{n} \times (\boldsymbol{H}_1 - \boldsymbol{H}_2) = 0 \quad [\text{A/m}]} \tag{13.80}$$

これが媒質境界面に電流が流れない非導体の場合の磁界に対する境界条件である．

次に，ここで一方の媒質が金属のような**良導体**の場合の境界条件について考えてみよう．

空気中から金属板にマイクロ波が入射するような場合を想定してみる．周波数の高いマイクロ波では，浸透の深さは次式

$$\delta = \sqrt{\frac{2}{\omega\mu\kappa}} \quad [\text{m}] \tag{13.64 再掲}$$

から明らかなように，$\omega \to$ 大となるため，きわめて浅くなる．この結果，電流 $\boldsymbol{i} = \kappa \boldsymbol{E}$ は表面近くに集中して流れる．たとえば，銅の場合 10 GHz で，δ は 6.6×10^{-5} cm という薄さである．一方，式 (13.64) で $\kappa \to \infty$ にすると δ は零に近づく．したがって，マイクロ波のような高周波域では，電流の流れ方を完全導体の場合 ($\kappa = \infty$) で近似できる．また，金属のような良導体では，導電率を無限大と近似してもこれによる誤差は無視し得る程度である．

したがって，たとえば図 13.10 に示すように，空気と金属からなるような境界は，高周波に対して完全導体の薄膜がある場合と等価となる．この場合は，境界面に表面電

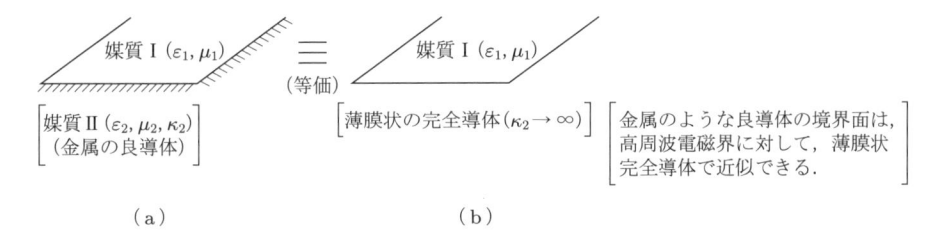

図 **13.10** 境界面の等価関係

流が流れるために境界条件は式 (13.80) と異なってくる．以下，この金属導体の場合の境界条件を完全導体で近似して求めてみる．

上述の理由から，前式 (13.73) の右辺に $\boldsymbol{i} = \kappa \boldsymbol{E}$ の電流項を付加して，前式 (13.77) と同様の関係を求めると，

$$\int_S (\boldsymbol{i} + \frac{\partial \boldsymbol{D}}{\partial t}) \cdot \boldsymbol{n}_0 \, dS = \boldsymbol{i} \cdot \boldsymbol{n}_0 \Delta d \Delta l + \frac{\partial \boldsymbol{D}}{\partial t} \cdot \boldsymbol{n}_0 \Delta d \Delta l \quad [\text{A}] \tag{13.81}$$

ここで，$\Delta d \to 0$ を考えると，積分路 ABCD を通過する全変位電流はなくなるが，いまの場合 $\kappa \to \infty$ であるから，電流 $\boldsymbol{i}$ の項は有限の値をとることに注意する．つまり，

$$\lim_{\Delta d \to 0} \boldsymbol{i} \cdot \boldsymbol{n}_0 \Delta d \Delta l + \lim_{\Delta d \to 0} \frac{\partial \boldsymbol{D}}{\partial t} \cdot \boldsymbol{n}_0 \Delta d \Delta l = K_s \Delta l \quad [\text{A}] \tag{13.82}$$

式 (13.75) と (13.82) を等置して，

$$H_{2t} \Delta l - H_{1t} \Delta l = K_s \Delta l \quad [\text{A}]$$

ゆえに，

$$\boxed{H_{2t} - H_{1t} = K_s \quad [\text{A/m}]} \tag{13.83}$$

ここに，K_s は導体表面を流れる電流で，厳密には**表面電流の線密度** (surface current density) とよんでいる．式 (13.83) は「境界面両側の磁界の接線成分の不連続は**表面電流密度に等しい**」ことを意味している．

この場合の境界条件の一般表現式は，電界の場合とまったく同様に

$$\boldsymbol{\tau} = \boldsymbol{n} \times \boldsymbol{n}_0$$

の変換を行い求めることができる．その結果次式を得る．

$$\boxed{\boldsymbol{n} \times (\boldsymbol{H}_1 - \boldsymbol{H}_2) = \boldsymbol{K}_s \quad [\text{A/m}]} \tag{13.84}$$

（2） 二つの媒質の一方が完全導体の場合

図 13.11 に示すように，媒質 II が完全導体であると，完全導体内では磁界はもちろん，電界，電流は存在せず，電流や電荷は表面だけに存在する．

いま，媒質 II が完全導体であると，$\boldsymbol{H}_2 = 0$ であるから，前式 (13.84) から容易に

$$\boxed{\boldsymbol{n} \times \boldsymbol{H}_1 = \boldsymbol{K}_s \quad [\text{A/m}]} \tag{13.85}$$

となる．式 (13.85) は「完全導体の外部表面では**磁界の接線成分が表面線電流密度に等しい**」ことを意味している．

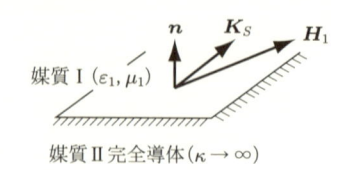

媒質 I (ε_1, μ_1)
媒質 II 完全導体 $(\kappa \to \infty)$

図 13.11 一方の媒質が完全導体の場合

13.5.3 電束密度の条件

電束密度の境界条件

(i) 境界面に電荷が分布している場合

電束密度の法線成分の不連続は，表面電荷密度に等しい．

$$\boldsymbol{n} \cdot (\boldsymbol{D}_1 - \boldsymbol{D}_2) = \rho_s \quad [\text{C/m}^2]$$

ここに，ρ_s は表面電荷密度

(ii) 境界面に電荷分布がない場合

電束密度の法線成分は相等しい．

$$\boldsymbol{n} \cdot (\boldsymbol{D}_1 - \boldsymbol{D}_2) = 0 \quad [\text{C/m}^2]$$

(iii) 一方の媒質が完全導体の場合

完全導体の外部表面で，電束密度の法線成分のみが存在し，その大きさは表面電荷密度に等しい $(D_{1n} = \rho_s)$．

$$\boldsymbol{n} \cdot \boldsymbol{D}_1 = \rho_s \quad [\text{C/m}^2]$$

次に，電束密度の境界条件を考えてみよう．

図 13.12 に示すように，境界面を含む微小な円筒を考え，その高さを Δd，上面下面の面積を ΔS，体積を ΔV とする．まず，境界面に電荷が分布している場合を考え，

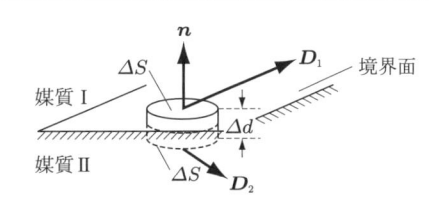

図 13.12 電束密度の境界条件

その円筒内境界面の電荷を ρ とする．これまでと同様，マクスウェルの方程式の積分形を境界面に適用していく．

$$\int_{\substack{S \\ (\text{円筒全表面})}} \boldsymbol{D} \cdot \boldsymbol{n}\, dS = \int_{\Delta V} \rho\, dv \quad [\text{C}] \tag{13.86}$$

ただし，$\boldsymbol{n}$ は II から I へ向かう単位法線ベクトル．

ここで，Δd を ΔS より早く零に近づけると側面の積分は零に限りなく近づき省略できる．すなわち，

$$\text{左辺} = \int_{\substack{S \\ (\text{上面})}} \boldsymbol{D}_1 \cdot \boldsymbol{n}\, dS + \int_{\substack{S \\ (\text{下面})}} \boldsymbol{D}_2 \cdot (-\boldsymbol{n})\, dS + (\text{側面の積分，省略})$$

$$= \boldsymbol{D}_1 \cdot \boldsymbol{n}\Delta S + \boldsymbol{D}_2 \cdot (-\boldsymbol{n})\Delta S$$

$$= \boldsymbol{n} \cdot (\boldsymbol{D}_1 - \boldsymbol{D}_2)\Delta S = D_{1n}\Delta S - D_{2n}\Delta S \quad [\mathrm{C}] \tag{13.87}$$

また，このとき，

$$\text{右辺} = \rho \Delta S \Delta d \quad [\mathrm{C}] \tag{13.88}$$

右辺は $\Delta d \to 0$ の極限では，ΔS 面上の総電荷を表している．したがって，これを Δq とすると，$\Delta d \to 0$ に対して，右辺が

$$\rho \Delta S \Delta d \to \Delta q \quad [\mathrm{C}]$$

となる必要がある．この極限値の存在は，$\Delta d \to 0$ に対して，$\rho \to \infty$ となることである．したがって，$\rho \Delta d$ の極限値を，

$$\lim_{\Delta d \to 0} \rho \Delta d = \rho_s \quad [\mathrm{C/m^2}] \quad (\text{有限値}) \tag{13.89}$$

と表すことにする．この ρ_s を**表面電荷密度**という．

結局，式 (13.88) の極限値は式 (13.89) を用いて，

$$\text{右辺} = \Delta S \lim_{\Delta d \to 0} \rho \Delta d = \Delta S \rho_s \tag{13.90}$$

式 (13.87) と式 (13.90) を等置して，

$$(\boldsymbol{D}_1 - \boldsymbol{D}_2) \cdot \boldsymbol{n} \Delta S = (D_{1n} - D_{2n})\Delta S = \Delta S \lim_{\Delta d \to 0} \rho \Delta d$$
$$= \Delta S \rho_s \quad [\mathrm{C}]$$

ゆえに，

$$\boxed{D_{1n} - D_{2n} = \rho_s \quad [\mathrm{C/m^2}]} \tag{13.91}$$

また，単位法線ベクトル $\boldsymbol{n}$ を用いて，一般に，

$$\boxed{\boldsymbol{n} \cdot (\boldsymbol{D}_1 - \boldsymbol{D}_2) = \rho_s \quad [\mathrm{C/m^2}]} \tag{13.92}$$

と表される．すなわち，これが境界面に電荷が存在するときの電束密度の境界条件で，「電束密度の法線成分の不連続は**表面電荷密度に等しい**」ことを意味している．

また，媒質 II を完全導体とすると，この媒質中では電磁界は存在しないから，$D_{2n} = 0$, ゆえに，

$$\text{あるいは，} \boxed{\begin{aligned} D_{1n} &= \rho_s \quad [\mathrm{C/m^2}] \\ \boldsymbol{n} \cdot \boldsymbol{D}_1 &= \rho_s \quad [\mathrm{C/m^2}] \end{aligned}} \tag{13.93}$$

境界面に電荷分布がない場合，つまり $\rho_s = 0$ であれば，式 (13.91) より

$$\boxed{D_{1n} = D_{2n} \quad [\mathrm{C/m^2}]} \tag{13.94}$$

が成立している．

13.5.4 磁束密度の条件

磁束密度の境界条件

(i) 一般媒質の場合
　　磁束密度の法線成分は境界面で連続である ($B_{1n} = B_{2n}$).
$$\boxed{\boldsymbol{n} \cdot (\boldsymbol{B}_1 - \boldsymbol{B}_2) = 0 \quad [\text{T}]}$$

(ii) 一方の媒質が完全導体の場合
　　完全導体の外部表面で，磁束密度の法線成分が零となる ($B_{1n} = 0$).
$$\boxed{\boldsymbol{n} \cdot \boldsymbol{B}_1 = 0 \quad [\text{T}]}$$

　磁束密度の境界条件も，次のマクスウェルの積分形から電束密度の場合と同じ要領で求めることができる．
　この場合のマクスウェルの方程式としては，

$$\int_S \boldsymbol{B} \cdot \boldsymbol{n} \, dS = 0 \quad [\text{Wb}] \qquad (13.95)$$

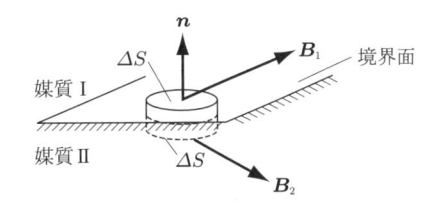

図 13.13 磁束密度の境界条件

を用いる．ただし，$\boldsymbol{n}$ は媒質IIからIへ向かう単位法線ベクトルである．
　ΔS よりも早く Δd を零に近づけると側面の積分は零に限りなく近づき省略できる．
　この極限 $\Delta d \to 0$ を考えると式 (13.95) は

$$\oint \boldsymbol{B} \cdot \boldsymbol{n} \, dS = \int_{\substack{S \\ (\text{上面})}} \boldsymbol{B}_1 \cdot \boldsymbol{n} \, dS + \int_{\substack{S \\ (\text{下面})}} \boldsymbol{B}_2 \cdot (-\boldsymbol{n}) \, dS + (\text{側面の積分，省略})$$

$$= \boldsymbol{B}_1 \cdot \boldsymbol{n} \Delta S - \boldsymbol{B}_2 \cdot \boldsymbol{n} \Delta S$$

$$= B_{1n} \Delta S - B_{2n} \Delta S = 0 \qquad (13.96)$$

ゆえに，

$$\boxed{B_{1n} = B_{2n} \quad [\text{T}]} \qquad (13.97)$$

また，ベクトル $\boldsymbol{n}$ を用いて，一般に，

$$\boxed{\boldsymbol{n} \cdot (\boldsymbol{B}_1 - \boldsymbol{B}_2) = 0 \quad [\text{T}]} \qquad (13.98)$$

と表される．すなわち，磁束密度の境界条件として**磁束密度の法線成分は連続である**が成立する．
　次に，媒質IIが完全導体の場合，完全導体中では，電磁界が零であるから，

$$\boxed{\begin{aligned} &B_{1n} = 0 \quad [\text{T}] \\ &\text{あるいは,} \\ &\bm{n} \cdot \bm{B}_1 = 0 \quad [\text{T}] \end{aligned}} \qquad (13.99)$$

13.5.5 電磁波の境界条件の適用について

これまで電磁波の境界条件について，それぞれの境界媒質の性質に応じて，電界，磁界，電束密度，磁束密度を個別に検討してきた．しかし，**電磁波**の境界条件では，たとえば，電界の接線成分が満たされれば，磁束密度の法線成分の条件は自動的に満たされている．また，磁界の接線成分の条件が満たされていれば，電束密度の法線成分の条件も満たされている点に注意する必要がある．つまり，電界，磁界の接線部分の2条件が満たされれば，残りの法線成分の2条件はすでに満たされているのである．

これはマクスウェルの方程式からも推測されるように，電磁波は電界 $\bm{E}$ と磁界 $\bm{H}$ が独立でなく，$\bm{E}$ および $\bm{H}$ の接線成分の時間的変化は，それぞれ $\bm{H}$ および $\bm{E}$ の法線成分と結びつけられているためである．

以下，電流や電荷が境界面に存在しない非導体の場合を例にとり，上述の関係を証明してみる．

いま，図 13.14 に示すように境界面の近傍で閉曲線 C をとり，

$$(\text{rot}\, \bm{H})_n = \lim_{\Delta S \to 0} \frac{1}{\Delta S} \oint_C \bm{H} \cdot d\bm{l} \quad [\text{A/m}^2] \qquad (13.100)$$

を考えてみる．この場合 $\oint_C \bm{H} \cdot d\bm{l}$ は $\bm{H}$ の境界面に平行な成分の磁界で計算されることは，rot $\bm{H}$ の定義から明らかである．結局，$(\text{rot}\, \bm{H})_n$ は，境界面に平行な $\bm{H}$ の成分，つまり接線成分だけで決まる．

一方，マクスウェルの方程式において，伝導電流項が零の場合

$$(\text{rot}\, \bm{H})_n = \frac{\partial D_n}{\partial t} \quad [\text{A/m}^2] \qquad (13.101)$$

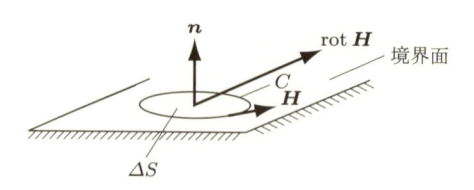

と表される．

図 13.14 境界面における $(\text{rot}\, \bm{H})_n = \lim_{\Delta S \to 0} \frac{1}{\Delta S} \oint_C \bm{H} \cdot d\bm{l}$ **の相互関係** (図示したように $\bm{H}$ は境界面に平行な成分である)

したがって，境界面の両側で磁界 $\boldsymbol{H}$ の接線成分が等しいときは，$\dfrac{\partial \boldsymbol{D}}{\partial t}$ の法線成分が両側で等しく，

$$\frac{\partial D_{1n}}{\partial t} = \frac{\partial D_{2n}}{\partial t} \tag{13.102}$$

すべての時間に無関係に式 (13.102) が成立するためには

$$\boxed{D_{1n} = D_{2n} \quad [\text{C/m}^2]} \tag{13.103}$$

である．式 (13.103) の結果は，境界面において磁界の接線成分が等しいという条件の下に導かれたものであり，このとき電束密度の法線成分が等しくなっていることを意味している．

同様に，「電界の接線成分が境界面の両側で等しければ，**磁束密度の法線成分が両側で等しい**」ことが証明される．

13.6 平面波の反射と透過

13.6.1 波動方程式

均質等方性，つまり，媒質の誘電率を ε，透磁率 μ，導電率 κ，がいたるところで一定な媒質を考えて，まずこの場合の波動方程式を求めてみる．

13.6.2 導出法

マクスウェルの方程式

$$\begin{cases} \operatorname{rot} \boldsymbol{E} = -\mu \dfrac{\partial \boldsymbol{H}}{\partial t} & (\text{I}) \qquad \operatorname{div} \boldsymbol{D} = \rho \quad (\text{III}) \\ \operatorname{rot} \boldsymbol{H} = \kappa \boldsymbol{E} + \varepsilon \dfrac{\partial \boldsymbol{E}}{\partial t} & (\text{II}) \qquad \operatorname{div} \boldsymbol{B} = 0 \quad (\text{IV}) \end{cases}$$

において，電界，磁界をそれぞれ，

$$\boldsymbol{E}(\boldsymbol{r}, t) = \boldsymbol{E}_0(\boldsymbol{r}) e^{j\omega t} \tag{13.104}$$

$$\boldsymbol{H}(\boldsymbol{r}, t) = \boldsymbol{H}_0(\boldsymbol{r}) e^{j\omega t} \tag{13.105}$$

と表す．

ただし，$\boldsymbol{r} = \boldsymbol{i}x + \boldsymbol{j}y + \boldsymbol{k}z$：動径ベクトル
$\omega = 2\pi f$ ：角周波数

$\dfrac{\partial \boldsymbol{E}}{\partial t} = j\omega \boldsymbol{E}$，$\dfrac{\partial \boldsymbol{H}}{\partial t} = j\omega \boldsymbol{H}$ であるから，この関係を用いて，式 (I)，(II) は，

$$\operatorname{rot} \boldsymbol{E} = -j\omega \mu \boldsymbol{H} \quad [\text{V/m}^2] \tag{13.106}$$

$$\operatorname{rot} \boldsymbol{H} = \kappa \boldsymbol{E} + j\omega \varepsilon \boldsymbol{E} = (\kappa + j\omega \varepsilon) \boldsymbol{E} = j\omega \left(\varepsilon - j\frac{\kappa}{\omega} \right) \boldsymbol{E} \tag{13.107}$$

式 (13.107) で $\varepsilon - j\dfrac{\kappa}{\omega}$ は**複素誘電率**を表し，$\varepsilon - j\dfrac{\kappa}{\omega} = \dot{\varepsilon}(=\varepsilon_0 \dot{\varepsilon}_s)$ とおく．複素誘電率は，κ が零でないとき，つまり，損失のある媒質のときに考慮されるべきものである．以下誘電率，透磁率を一般的に複素数で表すことにする．この場合，式 (13.107) は，

$$\mathrm{rot}\,\boldsymbol{H} = j\omega\dot{\varepsilon}\boldsymbol{E} \quad [\mathrm{A/m^2}] \tag{13.108}$$

さて，波動方程式を求めるために，式 (13.106) の両辺の回転をとり式 (13.108) を代入すると

$$\mathrm{rot}\,\mathrm{rot}\,\boldsymbol{E} = -j\omega\dot{\mu}\,\mathrm{rot}\,\boldsymbol{H} = \omega^2\dot{\varepsilon}\dot{\mu}\boldsymbol{E} \tag{13.109}$$

ここでは自由空間，つまり，媒質定数は $\dot{\varepsilon}$，$\dot{\mu}$，κ がいたるところで一定，かつ電荷 ρ を含まない空間 ($\rho = 0$) を考えることにする．この条件下で式 (13.109) に公式 $\mathrm{rot}\,\mathrm{rot}\,\boldsymbol{A} = \mathrm{grad}\,\mathrm{div}\,\boldsymbol{A} - \nabla^2\boldsymbol{A}$ を適用すると，$\nabla \cdot \boldsymbol{E} = \rho = 0$ であるから

$$\boxed{\nabla^2\boldsymbol{E} + \omega^2\dot{\varepsilon}\dot{\mu}\boldsymbol{E} = \nabla^2\boldsymbol{E} + \gamma^2\boldsymbol{E} = 0} \quad [\mathrm{V/m^3}] \tag{13.110}$$

同様に式 (13.108) において，両辺の回転をとり，式 (13.106) を代入すると，

$$\mathrm{rot}\,\mathrm{rot}\,\boldsymbol{H} = j\omega\dot{\varepsilon}\,\mathrm{rot}\,\boldsymbol{E} = \omega^2\dot{\varepsilon}\dot{\mu}\boldsymbol{H}$$

ゆえに，

$$\boxed{\nabla^2\boldsymbol{H} + \omega^2\dot{\varepsilon}\dot{\mu}\boldsymbol{H} = \nabla^2\boldsymbol{H} + \gamma^2\boldsymbol{H} = 0} \quad [\mathrm{A/m^3}] \tag{13.111}$$

ここに，

$$\gamma = \omega\sqrt{\dot{\varepsilon}\dot{\mu}}, \quad \nabla^2 = \frac{\partial^2}{\partial x^2} + \frac{\partial^2}{\partial y^2} + \frac{\partial^2}{\partial z^2}$$

$$\boldsymbol{E} = \boldsymbol{i}E_x + \boldsymbol{j}E_y + \boldsymbol{k}E_z, \quad \boldsymbol{H} = \boldsymbol{i}H_x + \boldsymbol{j}H_y + \boldsymbol{k}H_z \quad (直角座標)$$

$\boldsymbol{E}$ が $\boldsymbol{E} = \boldsymbol{i}E_x$，つまり，$E_x$ 成分だけであるとすると，たとえば，式 (13.110) はより具体的に，

$$\frac{\partial^2 E_x}{\partial x^2} + \frac{\partial^2 E_x}{\partial y^2} + \frac{\partial^2 E_x}{\partial z^2} + \gamma^2 E_x = 0 \quad [\mathrm{V/m^3}] \tag{13.112}$$

と表される．

13.6.3 境界面に垂直に入射した平面波の反射と透過

(1) 無限に広がる二媒質境界面での反射

垂直入射平面波の反射係数，透過係数

平面波が半無限に広がる二媒質境界面へ垂直入射する場合の反射および透過係数は，それぞれ，

$$\boxed{R = \frac{\eta_2 - \eta_1}{\eta_2 + \eta_1}} \quad (反射係数)$$

媒質 I ($\dot{\varepsilon}_1, \dot{\mu}_1$) 媒質 II ($\dot{\varepsilon}_2, \dot{\mu}_2$)

入射波

$$T = \frac{2\eta_2}{\eta_2 + \eta_1} \quad (透過係数)$$

ここで，$\eta_1 = \sqrt{\dot{\mu}_1/\dot{\varepsilon}_1}$，$\eta_2 = \sqrt{\dot{\mu}_2/\dot{\varepsilon}_2}$ で媒質のインピーダンスである．

媒質I，IIの透磁率と誘電率を複素表示も含めそれぞれ $(\dot{\varepsilon}_1, \dot{\mu}_1)$，$(\dot{\varepsilon}_2, \dot{\mu}_2)$ で表す．

図 13.15 に示すように，z 軸方向へ伝搬する平面波が境界面に垂直に入射した場合の，反射および透過特性について調べてみる．

ここでは，電界は入射面 (入射波の方向と境界面上の法線ベクトルを含む面．13.6.4 項 (1) 参照) に垂直な成分 E_y のみの波について考え，1次元問題，つまり x 方向，y 方向の変化はないものとし，前式 (13.112) で $\frac{\partial}{\partial x} = 0$，$\frac{\partial}{\partial y} = 0$ とする．また，媒質I，IIの伝搬定数をそれぞれ γ_1，γ_2 とする．

$$媒質\,\mathrm{I}\,:\,\frac{\partial^2 E_{y1}}{\partial z^2} + \gamma_1{}^2 E_{y1} = 0 \quad [\mathrm{V/m^3}] \tag{13.113}$$

$$H_{x1} = -j\frac{1}{\omega\dot{\mu}_1}\frac{\partial E_{y1}}{\partial z} \quad [\mathrm{A/m^3}] \tag{13.114}$$

ただし，

$$\gamma_1 = \omega\sqrt{\dot{\varepsilon}_1\dot{\mu}_1} \quad [1/\mathrm{m}]$$

この波動方程式 (13.113) の解は入射波と反射波の和として表され，

$$E_{y1}(z) = E_{iy}(z) + E_{ry}(z) = \underbrace{Ae^{-j\gamma_1 z}}_{(入射波)} + \underbrace{Be^{j\gamma_1 z}}_{(反射波)} \tag{13.115}$$

$$H_{x1}(z) = H_{ix}(z) + H_{rx}(z) = -\frac{1}{\eta_1}(\underbrace{Ae^{-j\gamma_1 z}}_{(入射波)} - \underbrace{Be^{j\gamma_1 z}}_{(反射波)}) \tag{13.116}$$

$$\eta_1 = \sqrt{\dot{\mu}_1/\dot{\varepsilon}_1} \quad [\Omega] \quad (媒質のインピーダンス)$$

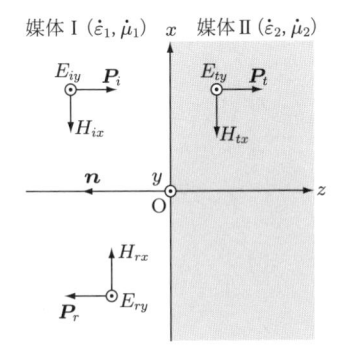

図 13.15 平面波が垂直入射する場合 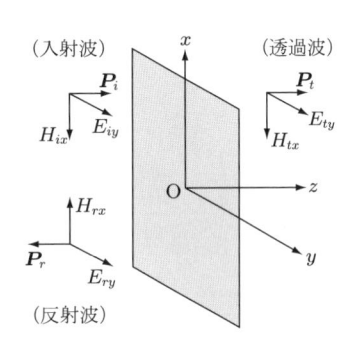　　図 13.16 平面波垂直入射時の電磁界成分

同様に，媒質IIへ透過した透過波の電磁界は次式のように表される．

$$\text{媒質II}: \frac{\partial^2 E_{y2}}{\partial z^2} + \gamma_2^2 E_{y2} = 0 \quad [\text{V/m}^3] \tag{13.117}$$

$$H_{x2} = -j\frac{1}{\omega\dot{\mu}_2}\frac{\partial E_{y2}}{\partial z} \quad [\text{A/m}] \tag{13.118}$$

式 (13.117) の解は，

$$E_{y2}(z) = \underset{(透過波)}{Ce^{-j\gamma_2 z}} + \underset{(入射波)}{De^{j\gamma_2 z}} \quad\underset{(反射波)}{[\text{V/m}]} \tag{13.119}$$

いまの場合，媒質IIは z 軸正方向に無限長であるから，反射波は考えられず，式 (13.119) で $D = 0$ とすべきである．

結局，

$$\underset{(透過波)}{E_{y2}} = E_{ty} = Ce^{-j\gamma_2 z} \quad [\text{V/m}] \tag{13.120}$$

$$\underset{(透過波)}{H_{x2}} = H_{tx} = -\frac{C}{\eta_2}e^{-j\gamma_2 z} \quad [\text{A/m}] \tag{13.121}$$

$$(z > 0)$$

ここに，$\eta_2 = \sqrt{\dfrac{\dot{\mu}_2}{\dot{\varepsilon}_2}} \quad [\Omega]$

これらの電磁界成分の様子を図 13.16 に示す．入射波，反射波，透過波の電界成分を y 軸正方向に仮定すると，入射，透過磁界は x 軸負方向，反射磁界 H_{rx} は x 軸正の方向となる．H_{rx} が反対方向をとることは，後述するポインティングベクトルを考えてみれば明らかである．

さて，式 (13.115)，(13.116)，(13.120)，(13.121) の未定係数 (振幅) を決定するために境界条件を適用する．

境界条件：$\begin{cases} 電界の接線成分が境界面両側で相等しい． \\ 磁界の接線成分が境界面両側で相等しい． \end{cases}$

つまり，

$$E_{y1}|_{z=0} = E_{y2}|_{z=0} \tag{13.122}$$

$$H_{x1}|_{z=0} = H_{x2}|_{z=0} \tag{13.123}$$

の関係を適用すればよい．

式 (13.115)，(13.120) より

$$E_{y1} = E_{iy} + E_{ry} = E_{y2} = E_{ty} \quad (z = 0) \tag{13.124}$$

式 (13.116)，(13.121) より

$$H_{x1} = H_{ix} + H_{rx} = H_{x2} = H_{tx} \quad (z = 0) \tag{13.125}$$

これらの計算結果から，

$$A + B = C \tag{13.126a}$$

$$A - B = \frac{\eta_1}{\eta_2} C \tag{13.126b}$$

この連立方程式を反射係数 $R = B/A$，透過係数 $T = C/A$ について解くと次式が求まる．

反射係数： $\boxed{R = \dfrac{B}{A} = \dfrac{\eta_2 - \eta_1}{\eta_2 + \eta_1}}$ (13.127)

透過係数： $\boxed{T = \dfrac{C}{A} = \dfrac{2\eta_2}{\eta_2 + \eta_1}}$ (13.128)

TM 波も同じ結果を得る．

13.6.4 境界面に平面波が斜入射する場合

次に，上述の境界面に平面波が斜めに入射する場合を考えよう．

両媒質の誘電率，透磁率をそれぞれ $(\dot{\varepsilon}_1, \dot{\mu}_1)$，$(\dot{\varepsilon}_2, \dot{\mu}_2)$ で表す．

斜入射平面波の反射係数，透過係数

1. TE 波の場合

   平面 TE 波が，半無限に広がる二媒質境界面へ斜入射する場合の反射および透過係数は，それぞれ，

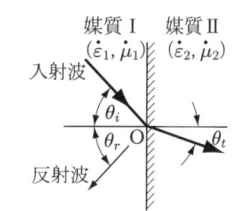

   $$R_\mathrm{E} = \frac{1 - k_\mathrm{E}}{1 + k_\mathrm{E}} \quad \text{(反射係数)}$$

   $$T_\mathrm{E} = \frac{2}{1 + k_\mathrm{E}} \quad \text{(透過係数)}$$

   ただし，

   $$k_\mathrm{E} = \frac{\eta_1 \cos\theta_t}{\eta_2 \cos\theta_i}$$

   $$\eta_1 = \sqrt{\frac{\dot{\mu}_1}{\dot{\varepsilon}_1}}, \quad \eta_2 = \sqrt{\frac{\dot{\mu}_2}{\dot{\varepsilon}_2}}$$

2. TM 波の場合

   $$R_\mathrm{M} = \frac{1 - k_\mathrm{M}}{1 + k_\mathrm{M}} \quad \text{(反射係数)}$$

   $$T_\mathrm{M} = \frac{2}{1 + k_\mathrm{M}} \quad \text{(透過係数)}$$

   ただし，

   $$k_\mathrm{M} = \frac{\eta_2 \cos\theta_t}{\eta_1 \cos\theta_i}$$

(1) TE波…電界が境界面に平行な場合

図13.17において，入射波の方向 P_i と境界面上の法線ベクトル n とのなす角 θ_i を**入射角**，n と P_r のなす角 θ_r を**反射角**という．また，P_i と n を含む面を**入射面**という．

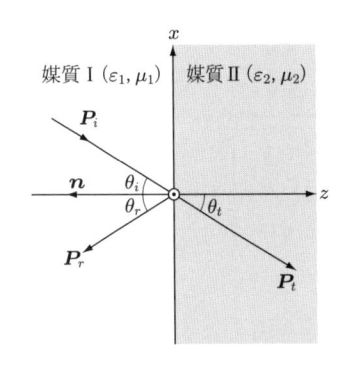

図13.17 電波が斜入射する場合

図13.18 座標軸の回転

この入射面に電界が垂直な成分のみをもつ波を **TE波** (Transverse Electric Wave)，磁界が垂直な成分のみをもつ波を **TM波** (Transverse Magnetic Wave) と称している．前節の垂直入射では，TE波，TM波は R, T ともに同じ結果を得るが，斜め入射では，TE波，TM波で異なった表式となる．

前項の式(13.115)で明らかなように，z 軸正方向へ進行する波は，

$$E_{iy} = A e^{-j\gamma_1 z} \quad [\text{V/m}] \tag{13.129}$$

で表された．しかし，図13.17では，電波進行方向が座標軸と一致していない．このような場合の取り扱いは，座標軸を回転させて考えればよい[8]．

いま，図13.18のように，角度 θ だけ x 軸を中心に回転させた新座標を $(\bar{x}, \bar{y}, \bar{z})$ で表す．この場合，

$$z = \bar{z}\cos\theta, \quad x = -\bar{z}\sin\theta$$

公式 $\cos^2\theta + \sin^2\theta = 1$ を用いて，上式を $\bar{z}$ で表すと，

$$\bar{z} = z\cos\theta - x\sin\theta \tag{13.130}$$

さて，新座標に関しては入射波は，

$$E_{iy}(\bar{z}) = A e^{-j\gamma\bar{z}} \quad [\text{V/m}] \tag{13.131}$$

となる．

したがって，式(13.131)へ式(13.130)を代入すれば，旧座標系における媒質Ⅰの入射波の電界が求まる．すなわち，

---

[8] 拙著『光・電波解析の基礎』p.23 (コロナ社刊) 参照

媒質Iの入射波：
$$E_{iy}(x,z) = Ae^{-j\gamma_1(z\cos\theta_i - x\sin\theta_i)} \quad [\text{V/m}] \tag{13.132a}$$

これが斜入射時の電界を表す式である．

一方，入射波磁界は，前節の式 (13.114) の関係，$H_x = -j\dfrac{1}{\omega\mu}\dfrac{\partial E_y}{\partial z}$ に，式 (13.132a) を代入して求めることができる．

$$\begin{aligned}H_{ix}(x,z) &= -j\frac{1}{\omega\dot{\mu}_1}\frac{\partial E_{iy}(x,z)}{\partial z} \\ &= -\frac{A\cos\theta_i}{\eta_1}e^{-j\gamma_1(z\cos\theta_i - x\sin\theta_i)} \quad [\text{A/m}]\end{aligned} \tag{13.132b}$$

ここに，$\eta_1 = \sqrt{\dfrac{\dot{\mu}_1}{\dot{\varepsilon}_1}}$ [Ω]

次に，媒質Iにおける反射波は，z の符号を反対にすればよい．

媒質Iの反射波：
$$E_{ry}(x,z) = Be^{j\gamma_1(z\cos\theta_r + x\sin\theta_r)} \quad [\text{V/m}] \tag{13.133a}$$

前と同様に
$$H_{rx}(x,z) = \frac{B\cos\theta_r}{\eta_1}e^{j\gamma_1(z\cos\theta_r + x\sin\theta_r)} \quad [\text{A/m}] \tag{13.133b}$$

また，媒質IIへの透過波は，式 (13.132) の $\gamma_1 \to \gamma_2$，$\theta_i \to \theta_t$，$A \to C$ と置き換えて，

媒質IIの透過波：
$$E_{ty}(x,z) = Ce^{-j\gamma_2(z\cos\theta_t - x\sin\theta_t)} \quad [\text{V/m}] \tag{13.134a}$$

$$\begin{aligned}H_{tx}(x,z) &= -j\frac{1}{\omega\dot{\mu}_2}\frac{\partial E_{tx}}{\partial z} \\ &= -\frac{C\cos\theta_t}{\eta_2}e^{-j\gamma_2(z\cos\theta_t - x\sin\theta_t)} \quad [\text{A/m}]\end{aligned} \tag{13.134b}$$

ここに，$\eta_2 = \sqrt{\dfrac{\dot{\mu}_2}{\dot{\varepsilon}_2}}$

以下では，未定係数 B, C に関する連立方程式の関係を得たのち，B, C を決定するために，境界条件を適用する．

境界条件は前節の垂直入射の場合と同様，

境界条件：
$$E_{iy}(x,z)|_{z=0} + E_{ry}(x,z)|_{z=0} = E_{ty}(x,z)|_{z=0}$$
（電界の接線成分が連続）

$$H_{ix}(x,z)|_{z=0} + H_{rx}(x,z)|_{z=0} = H_{tx}(x,z)|_{z=0}$$
（磁界の接線成分が連続）

これらの条件を式 (13.132), (13.133), (13.134) へ適用し,

$$Ae^{j\gamma_1 x \sin\theta_i} + Be^{j\gamma_1 x \sin\theta_r} = Ce^{j\gamma_2 x \sin\theta_t} \tag{13.135a}$$

$$\frac{A\cos\theta_i}{\eta_1}e^{j\gamma_1 x \sin\theta_i} - \frac{B\cos\theta_r}{\eta_1}e^{j\gamma_1 x \sin\theta_r} = \frac{C\cos\theta_t}{\eta_2}e^{j\gamma_2 x \sin\theta_t} \tag{13.135b}$$

ここで, A を既知数として, B, C を未定数として方程式を解いたとすると, B, C は変数 x の関数となり, 一定数として定まらない. B, C が定数として定められるのは $z=0$ の境界で x のすべての値に対して式 (13.135) の指数項が常に等しくなる必要がある. この条件を記すと,

$$\gamma_1 x \sin\theta_i = \gamma_1 x \sin\theta_r = \gamma_2 x \sin\theta_t \quad (\text{位相整合条件}) \tag{13.136}$$

これを **位相整合条件** というが, この条件からきわめて重要な次の法則が得られる.

反射の法則: $\theta_i = \theta_r \equiv \theta$ \hfill (13.137)

スネルの法則: $\gamma_1 \sin\theta_i = \gamma_2 \sin\theta_t$ \hfill (13.138)

または, $\dfrac{\sin\theta_i}{\sin\theta_t} = \dfrac{\gamma_2}{\gamma_1} \equiv n$

式 (13.137) は, **入射角と反射角が相等しい** ことを意味し, 反射の法則を表している.

式 (13.138) は, **入射角の正弦と透過角の正弦の比は, 入射角のいかんにかかわらず一定** であることを表しており, これを **スネルの法則** (Snell's law) という.

ところで, 式 (13.137), (13.138) の条件をもとに, 式 (13.135) から,

$$A + B = C \tag{13.139a}$$

$$A - B = \frac{\eta_1 \cos\theta_t}{\eta_2 \cos\theta_i}C \tag{13.139b}$$

これら両式から反射係数 B/A, 透過係数 C/A を求めると,

$$R_\mathrm{E} = \frac{B}{A} = \frac{1-\kappa_E}{1+\kappa_E} \tag{13.140a}$$

$$T_\mathrm{E} = \frac{C}{A} = \frac{2}{1+\kappa_E} \tag{13.140b}$$

ただし, $\kappa_E = \dfrac{\eta_1 \cos\theta_t}{\eta_2 \cos\theta_i} = \dfrac{\mu_1\sqrt{(\gamma_2/\gamma_1)^2 - \sin^2\theta_i}}{\mu_2 \cos\theta_i}$

式 (13.140a) は, **フレネル** (Fresnel) **の反射係数** とよばれている.

（2） TM 波…磁界が境界面に平行な場合

次に，図 13.19 に示すように，入射面に磁界が垂直な成分，つまり，磁界が境界面に平行な成分をもつ TM 波について，反射係数，透過係数を求めてみる．

平面 TM 波の波動方程式は，マクスウェルの方程式で，$\bm{H} = \bm{i}H_y$, $\dfrac{\partial}{\partial x} = 0$, $\dfrac{\partial}{\partial y} = 0$ とおき，平面 TE 波の場合と同様に求めることができる．

$$\frac{\partial^2 H_y}{\partial z^2} + \gamma^2 H_y = 0 \quad [\text{A/m}^3] \quad (13.141)$$

前述の TE 波と同じ考え方をして H_y は次式で表される．

$$H_y = A' e^{-j\gamma(z\cos\theta - x\sin\theta)} \quad [\text{A/m}] \quad (13.142)$$

E_x 成分は，マクスウェル方程式から

$$E_x = \frac{j}{\omega\varepsilon}\frac{\partial H_y}{\partial z} \quad [\text{V/m}] \quad (13.143)$$

と求められる．

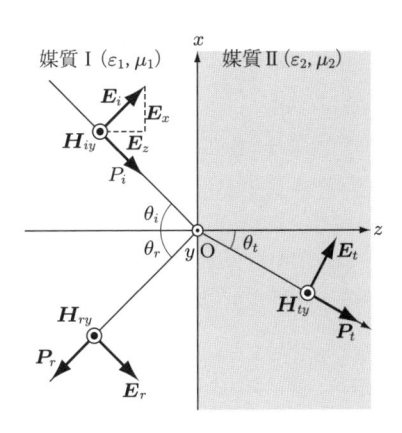

図 13.19 TM 波が斜入射する場合

媒質 I の入射波：

$$H_{iy} = A' e^{-j\gamma_1(z\cos\theta_i - x\sin\theta_i)} \quad [\text{A/m}] \quad (13.144\text{a})$$

$$E_{ix} = \eta_1 \cos\theta_i A' e^{-j\gamma_1(z\cos\theta_i - x\sin\theta_i)} \quad [\text{V/m}] \quad (13.144\text{b})$$

媒質 I の反射波：

式 (13.144) で z の符号を反対にして

$$H_{ry} = B' e^{j\gamma_1(z\cos\theta_r + x\sin\theta_r)} \quad [\text{A/m}] \quad (13.145\text{a})$$

$$E_{rx} = \eta_1 \cos\theta_r e^{j\gamma_1(z\cos\theta_r + x\sin\theta_r)} \quad [\text{V/m}] \quad (13.145\text{b})$$

媒質 II の透過波：

式 (13.144) で $\gamma_1 \to \gamma_2$, $\theta_i \to \theta_t$, $A' \to C'$ と置き換えて

$$H_{ty} = C' e^{-j\gamma_2(z\cos\theta_t - x\sin\theta_t)} \quad [\text{A/m}] \quad (13.146\text{a})$$

$$E_{tx} = \eta_2 \cos\theta_t C' e^{-j\gamma_2(z\cos\theta_t - x\sin\theta_t)} \quad [\text{V/m}] \quad (13.146\text{b})$$

境界条件：

この場合，磁界，電界の接線成分 H_y, E_x だけが境界条件に関与する．

$$H_{iy}|_{z=0} = H_{ty}|_{z=0} \quad \text{(磁界の接線成分が連続)}$$

$$E_{ix}|_{z=0} = E_{tx}|_{z=0} \quad \text{(電界の接線成分が連続)}$$

ゆえに,

$$H_{iy}(x,z)|_{z=0} + H_{ry}(x,z)|_{z=0} = H_{ty}(x,z)|_{z=0} \tag{13.147a}$$

$$E_{ix}(x,z)|_{z=0} + E_{rx}(x,z)|_{z=0} = E_{tx}(x,z)|_{z=0} \tag{13.147b}$$

式 (13.144)〜(13.146) と式 (13.147) の境界条件から,前述の TE 波と同様に A' を既知数として扱い B', C' を未知数とする連立方程式から,反射係数 R_M,透過係数 T_M が得られる.

$$\text{反射係数}: R_\mathrm{M} = \frac{B'}{A'} = \frac{1 - \kappa_M}{1 + \kappa_M} \tag{13.148}$$

$$\text{透過係数}: T_\mathrm{M} = \frac{C'}{A'} = \frac{2}{1 + \kappa_M} \tag{13.149}$$

$$\text{ここに,}\quad \kappa_\mathrm{M} = \frac{\eta_2 \cos\theta_t}{\eta_1 \cos\theta_i} = \frac{\dot{\varepsilon}_1 \sqrt{(\gamma_2/\gamma_1)^2 - \sin^2\theta_i}}{\dot{\varepsilon}_2 \cos\theta_i} \tag{13.150}$$

このように TE 波では $\dot{\mu}$,TM 波では $\dot{\varepsilon}$ の寄与だけ反射係数,透過係数の違いが出てくることに注意すべきである.

13.7 ポインティングベクトル

13.7.1 ポインティングベクトルの定義

ポインティングベクトル

ポインティングベクトル (Poynting vector) $\boldsymbol{P}$ は,単位面積を単位時間に通過する電磁波のエネルギーを表し,電界 $\boldsymbol{E}$ と磁界 $\boldsymbol{H}$ のベクトル積として定義される.

$$\boldsymbol{P} = \boldsymbol{E} \times \boldsymbol{H} \quad [\mathrm{W/m^2}]$$

複素ポインティングベクトル

電磁界が周期的に変化し,複素数で表されているときの電磁波のエネルギーは,一周期について平均したエネルギーを考える必要がある.この単位面積を通る平均エネルギーは次式で与えられる.

$$\boldsymbol{P}_\mathrm{av} = \mathrm{Re}\left[\frac{1}{2}\boldsymbol{E} \times \boldsymbol{H}^*\right] \quad [\mathrm{W/m^2}]$$

複素ポインティングベクトルとは,上式の [ ] 内で定義されるエネルギーである.

$$P_c = \frac{1}{2} \boldsymbol{E} \times \boldsymbol{H}^* \quad \text{(複素ポインティングベクトル)} \quad [\text{W/m}^2]$$

ここで，$\boldsymbol{H}^*$ は $\boldsymbol{H}$ の複素共役である．

考え方 アンテナから放射された電磁波が周囲へ伝搬していくとき，それまで電磁波が存在しなかった場所に新たな電磁界を発生し，これを繰り返し次々に伝わっていく．それまで何も存在しなかった場所に，新たな電磁界を発生させるには，そこに何らかの電磁エネルギーが供給されたことを意味し，電磁界の伝搬にともなうエネルギーの流れが想定される．導線を伝わる電気エネルギー，つまり，電力は**電圧** V と**電流** I の積 VI として表された．これに対して，一般の媒質中に存在する電磁界による電磁エネルギーの流れは，ポインティングベクトルとよばれて，**電界**と**磁界** のベクトル積 $\boldsymbol{E} \times \boldsymbol{H}$ として表されることを示そう．

前章，静電磁界のところで述べた電界，磁界によって空間に単位体積あたり貯えられるエネルギーはそれぞれ，

$$w_e = \frac{1}{2} \boldsymbol{E} \cdot \boldsymbol{D} = \frac{1}{2} \varepsilon \boldsymbol{E}^2 \quad [\text{J/m}^3]$$

$$w_m = \frac{1}{2} \boldsymbol{B} \cdot \boldsymbol{H} = \frac{1}{2} \mu \boldsymbol{H}^2 \quad [\text{J/m}^3]$$

であった[9]．したがって，ここで電界，磁界が共存する場のエネルギー，つまり，電磁界が存在する場のエネルギー量を考えて，この量を媒質中の任意の閉領域で体積積分した形で表すと，

$$W = \frac{1}{2} \int_v (\varepsilon \boldsymbol{E}^2 + \mu \boldsymbol{H}^2) \, dv = \frac{1}{2} \int_v (\boldsymbol{D} \cdot \boldsymbol{E} + \boldsymbol{B} \cdot \boldsymbol{H}) \, dv \quad [\text{J}] \qquad (13.151)$$

上式を時間で微分して

$$\begin{aligned}\frac{\partial W}{\partial t} &= \frac{\partial}{\partial t} \int_v \frac{1}{2} (\boldsymbol{D} \cdot \boldsymbol{E} + \boldsymbol{B} \cdot \boldsymbol{H}) \, dv \\ &= \int_v \left(\frac{\partial \boldsymbol{D}}{\partial t} \cdot \boldsymbol{E} + \frac{\partial \boldsymbol{B}}{\partial t} \cdot \boldsymbol{H} \right) dv \quad [\text{W}] \end{aligned} \qquad (13.152)$$

を得る[10]．ここでマクスウェルの方程式 (13.21)，(13.28) を上式へ代入し，

---

[9] これは静電磁界に限らず，一般の電磁界，つまり時間的に変化する電磁界についても成立すると考えてよい．

[10] 式 (13.152) で，たとえば

$$\frac{1}{2} \frac{\partial}{\partial t} (\boldsymbol{D} \cdot \boldsymbol{E}) = \frac{1}{2} \frac{\partial \boldsymbol{D}}{\partial t} \cdot \boldsymbol{E} + \frac{1}{2} \boldsymbol{D} \cdot \frac{\partial \boldsymbol{E}}{\partial t}$$

$\boldsymbol{D} = \varepsilon \boldsymbol{E}$ の関係を第 2 項に用いると，

$$= \frac{1}{2} \frac{\partial \boldsymbol{D}}{\partial t} \cdot \boldsymbol{E} + \frac{1}{2} \frac{\partial \boldsymbol{D}}{\partial t} \cdot \boldsymbol{E} = \frac{\partial \boldsymbol{D}}{\partial t} \cdot \boldsymbol{E}$$

$$\frac{\partial W}{\partial t} = \int_v \{(\mathrm{rot}\,\boldsymbol{H} - \boldsymbol{i})\cdot \boldsymbol{E} - \mathrm{rot}\,\boldsymbol{E}\cdot \boldsymbol{H}\}\,dv \quad [\mathrm{W}] \tag{13.153}$$

さらに，ベクトル公式

$$\mathrm{div}(\boldsymbol{A}\times \boldsymbol{B}) = \boldsymbol{B}\cdot \mathrm{rot}\,\boldsymbol{A} - \boldsymbol{A}\cdot \mathrm{rot}\,\boldsymbol{B} \tag{13.154}$$

を用い，式 (13.153) の被積分項を変形すると，

$$\frac{\partial W}{\partial t} = -\int_v \mathrm{div}(\boldsymbol{E}\times \boldsymbol{H})\,dv - \int_v \kappa \boldsymbol{E}^2\,dv \quad [\mathrm{W}] \tag{13.155}$$

ただし，$\boldsymbol{i} = \kappa \boldsymbol{E}$ の関係を用いている．

また，式 (13.155) の右辺第 1 項を，ガウスの線束定理により面積積分に変形し，

$$\frac{\partial W}{\partial t} = -\int_S (\boldsymbol{E}\times \boldsymbol{H})\cdot \boldsymbol{n}\,dS - \int_v \kappa \boldsymbol{E}^2\,dv \quad [\mathrm{W}] \tag{13.156}$$

を得る．ここに，$\boldsymbol{n}$ は考えている閉領域の外向き単位ベクトルである．式 (13.153) と式 (13.156) を等置して，

$$\underbrace{\frac{\partial}{\partial t}\int_v \frac{1}{2}(\boldsymbol{E}\cdot\boldsymbol{D} + \boldsymbol{H}\cdot\boldsymbol{B})\,dv}_{v\text{ 内に貯えられる単位時間あたりの電界，磁界のエネルギー}} + \underbrace{\int_v \kappa \boldsymbol{E}^2\,dv}_{v\text{ 内で消費されるジュール熱}} + \overbrace{\int_S (\boldsymbol{E}\times \boldsymbol{H})\cdot \boldsymbol{n}\,dS}^{\text{閉曲面 }S\text{ を通して外部へ流出する単位時間あたりのエネルギー}} = 0 \quad [\mathrm{W}] \tag{13.157}$$

結局，この式 (13.157) は，空間の閉領域 v 内の単位時間に対するエネルギー収支が零というエネルギー保存則，つまり，各瞬時においてエネルギーの流れが平衡していることを示している．

式 (13.157) を説明のため

$$-\frac{\partial}{\partial t}\int_v \frac{1}{2}(\boldsymbol{E}\cdot\boldsymbol{D} + \boldsymbol{H}\cdot\boldsymbol{B})\,dv$$
$$= \int_v \kappa \boldsymbol{E}^2\,dv + \int_S (\boldsymbol{E}\times \boldsymbol{H})\cdot \boldsymbol{n}\,dS \quad [\mathrm{W}]$$

と変形してみる．いま，左辺を，電磁界のエネルギーが毎秒減少した量と考えると，その一部が右辺の第 1 項のジュール熱として消費され，他のエネルギーは第 2 項の形で閉面から**流出**していくと考えられる．つまり，第 2 項の $(\boldsymbol{E}\times \boldsymbol{H})\cdot \boldsymbol{n}$ は $\boldsymbol{E}\times \boldsymbol{H}$ というベクトルの外向き法線方向の成分であって，単位時間に対し，単位面積あたり電磁界のエネルギー (電力) を表している．これを

$$\boxed{\boldsymbol{P} = \boldsymbol{E}\times \boldsymbol{H}\quad [\mathrm{W/m}^2]\cdots \text{ポインティングベクトル}} \tag{13.158}$$

で表し，**ポインティングベクトル** (Poynting vector) という[11]．

これは単位面積あたりのエネルギーを表すから，ある面を横切る電磁界の電力の流れは，ポインティングベクトルをその面全体にわたって面積分すればよい．ただし，ここで注意すべきは，このポインティングベクトル $\boldsymbol{P}$ を面積分して得られる電力は，時間的に平均したエネルギーではなく，**瞬時的なエネルギーの流れ**を意味している．したがって，時間的に変化している電磁界の平均エネルギーを考えるときは，次項で述べるように，これを一周期について平均する必要がある．

13.7.2 複素ポインティングベクトル…正弦波的に変化する場のエネルギー

前項で述べたポインティングベクトルは，瞬時的に見たエネルギーの流れ (電力流) を意味していた．電磁界が正弦波的に変化し，電界，磁界が複素数で表されているときは，一周期にわたる**平均エネルギー**を考える必要がある．このことは，交流電力を瞬時電力で表さずに，平均電力をもって交流電力を表すことと同じである．すなわち，交流電力の複素ベクトル表示 $\dot{P}$ は，電圧，電流をそれぞれ $\dot{V} = Ve^{j\phi_v}$, $\dot{I} = Ie^{j\phi_i}$ で表すとき，

$$\dot{P} = \dot{V}\dot{I}^* = P_r + jP_i$$

の複素共役で表され，一周期あたりの平均電力が $(1/2)\operatorname{Re}(\dot{V}\dot{I}^*)$ あるいは $(1/2)\operatorname{Re}(V\dot{V}^*/R)$ で表される．

さて，電界，磁界を一般に複素ベクトル $\boldsymbol{E}'e^{j\omega t}$, $\boldsymbol{H}'e^{j\omega t}$ で表すと，正弦波的に変化している電界 $\boldsymbol{E}$, 磁界 $\boldsymbol{H}$ は，その実部によって表される．ここで，$\boldsymbol{E}'$, $\boldsymbol{H}'$ も複素ベクトルで，

$$\boldsymbol{E}' = \boldsymbol{E}'_r + j\boldsymbol{E}'_i, \quad \boldsymbol{H}' = \boldsymbol{H}'_r + j\boldsymbol{H}'_i$$

と表すことにする．

したがって $\boldsymbol{E}$ は，

$$\boldsymbol{E} = \operatorname{Re}(\boldsymbol{E}'e^{j\omega t}) = \operatorname{Re}[(\boldsymbol{E}'_r + j\boldsymbol{E}'_i)(\cos\omega t + j\sin\omega t)]$$
$$= \boldsymbol{E}'_r \cos\omega t - \boldsymbol{E}'_i \sin\omega t \quad [\text{V/m}]$$

$\boldsymbol{H}$ も同様に

$$\boldsymbol{H} = \operatorname{Re}(\boldsymbol{H}'e^{j\omega t}) = \boldsymbol{H}'_r \cos\omega t - \boldsymbol{H}'_i \sin\omega t \quad [\text{A/m}]$$

したがって，前式のポインティングベクトルは

$$\begin{aligned}\boldsymbol{E} \times \boldsymbol{H} =& (\boldsymbol{E}'_r \times \boldsymbol{H}'_r)\cos^2\omega t + (\boldsymbol{E}'_i \times \boldsymbol{H}'_i)\sin^2\omega t \\ & - [(\boldsymbol{E}'_r \times \boldsymbol{H}'_i) + (\boldsymbol{E}'_i \times \boldsymbol{H}'_r)]\sin\omega t\cos\omega t \quad [\text{W/m}^2]\end{aligned} \quad (13.159)$$

---

[11] 1884年にポインティング (J. H. Poynting. 英) により提唱されたので，このようによんでいる．

ここでポインティングベクトルの時間平均,すなわち,$\boldsymbol{E} \times \boldsymbol{H}$ の一周期の平均(放射)エネルギー密度は

$$\boldsymbol{P}_{\mathrm{av}} = \frac{1}{T} \int_0^T (\boldsymbol{E} \times \boldsymbol{H}) dt \quad [\mathrm{W/m^2}] \tag{13.160}$$

式 (13.159) で $\cos^2 \omega t$, $\sin^2 \omega t$ の平均は $1/2$ に等しく,$\sin \omega t$, $\cos \omega t$ の平均は 0 となるから,

$$\boldsymbol{P}_{\mathrm{av}} = \frac{1}{T} \int_0^T (\boldsymbol{E} \times \boldsymbol{H}) dt = \frac{1}{2}(\boldsymbol{E}'_r \times \boldsymbol{H}'_r + \boldsymbol{E}'_i \times \boldsymbol{H}'_i) \quad [\mathrm{W/m^2}] \tag{13.161}$$

さらに,ここで,この式を共役複素数を使って書き換えるために,共役複素数を $*$ で示し,$\boldsymbol{E} \times \boldsymbol{H}^*$ について調べてみる

$$\begin{aligned}
\boldsymbol{E} \times \boldsymbol{H}^* &= (\boldsymbol{E}' e^{j\omega t}) \times (\boldsymbol{H}^{*'} e^{-j\omega t}) \\
&= (\boldsymbol{E}' \times \boldsymbol{H}^{*'}) = (\boldsymbol{E}'_r + j\boldsymbol{E}'_i) \times (\boldsymbol{H}'_r - j\boldsymbol{H}'_i) \\
&= (\boldsymbol{E}'_r \times \boldsymbol{H}'_r + \boldsymbol{E}'_i \times \boldsymbol{H}'_i) + j(\boldsymbol{E}'_i \times \boldsymbol{H}'_r - \boldsymbol{E}'_r \times \boldsymbol{H}'_i)
\end{aligned} \tag{13.162}$$

のようになる.

結局,式 (13.161) の時間平均したポインティングベクトル $\boldsymbol{P}_{\mathrm{av}}$ は,式 (13.162) の実数部の $1/2$ に相当し,

$$\boxed{\boldsymbol{P}_{\mathrm{av}} = \mathrm{Re}\left[\frac{1}{2}\boldsymbol{E} \times \boldsymbol{H}^*\right] \quad [\mathrm{W/m^2}]} \tag{13.163}$$

の形に表すことができる.

同様に,単位体積あたりの電界と磁界に貯えられるエネルギーの**時間平均値**は

$$\overline{w}_e = \frac{1}{2}\varepsilon E^2 \text{ の時間平均値}$$
$$= \frac{1}{4}\varepsilon \boldsymbol{E} \cdot \boldsymbol{E}^* \quad [\mathrm{J/m^3}]$$
$$\overline{w}_m = \frac{1}{2}\mu H^2 \text{ の時間平均値}$$
$$= \frac{1}{4}\mu \boldsymbol{H} \cdot \boldsymbol{H}^* \quad [\mathrm{J/m^3}]$$

また,単位時間あたりの電力損失は

$$w_e = \frac{1}{2}\kappa \boldsymbol{E} \cdot \boldsymbol{E}^* \quad [\mathrm{J/m^3}]$$

と表される.

上式 (13.163) で表された

$$\boxed{\boldsymbol{P}_c = \frac{1}{2}\boldsymbol{E} \times \boldsymbol{H}^* \quad [\mathrm{W/m^2}]} \tag{13.164}$$

のことを**複素ポインティングベクトル**という．式 (13.163) は単位面積あたりの電磁エネルギーの時間的平均を表しており，E の方向から H の方向に回転したとき，右ねじが進む向きにエネルギーの流れがあることを意味している．その大きさは，電界と磁界の絶対値の積に，そのなす角の正弦を掛けたものの半分である．

E, H は E, H の振幅の最大値を表しており，もし実効値を用いるならば，たとえば，E は $E = \mathrm{Re}(\sqrt{2} E'_e e^{j\omega t})$ で表されるから（E'_e は実効値），式 (13.164) の係数 1/2 は消えることに注意する必要がある．

第 13 章の練習問題

1. 周波数 1 kHz, 1 MHz, 1 GHz の電波の波長は何 [m] か．
2. 波長が 1 m, 10 m, 1 000 m の電波の周波数はいくらか．
3. 平行平板コンデンサに $e = E_m \sin \omega t$ [V] の電圧がかけられているとき，全変位電流を求めよ．ただし，コンデンサの静電容量を C [F] とする．
4. 平面波の真空媒質における電界 E と磁界 H の間には，$E/H = \sqrt{\mu_0/\varepsilon_0}$ の大きさの関係がある．$\sqrt{\varepsilon_0/\mu_0}$ の単位と大きさを具体的に求めよ．
5. 平面波の電界 E が次式で表されるとき，水中における磁界を求めよ．ただし，水の比誘電率を 80 とする．

$$E = E_m \sin \omega \left(t - \frac{x}{v} \right) \quad [\mathrm{V/m}]$$

6. 水の比誘電率を 80 とし，水中の電波の速度を求めよ．
7. 平面波が一様な絶縁体中に伝搬するときの電界のエネルギーと磁界のエネルギーは大きさが等しいことを証明せよ．
8. 電界 E の直角座標成分が次式で表されるとき，マクスウェルの方程式から磁界成分を導け．

$$\begin{cases} E_x = A e^{-j\beta z + j\omega t} \\ E_y = E_z = 0 \end{cases}$$

ただし，$\beta = \omega \sqrt{\varepsilon_0 \mu_0}$, ε_0, μ_0 は真空の誘電率，透磁率，ω は角周波数．

練習問題の略解

第1章

1. (1) $A \cdot B = -2 + 3 - 2 = -1$
   (2) $A \times B = i(A_y B_z - A_z B_y) + j(A_z B_x - A_x B_z) + k(A_x B_y - A_y B_x)$
   $= -i7 + j3 + k5$
   (3) $|A - B| = |i3 + j2 + k3| = \sqrt{9 + 4 + 9} = \sqrt{22}$
   (4) $A + B = i + j4 - k$
   $A - B = i3 + j2 + k3$
   $(A + B) \times (A - B) = (i + j4 - k) \times (j3 + j2 + k3)$
   $= j14 - j6 - k10$

2. $A \cdot B = |A||B|\cos\theta$ ∴ $\cos\theta = \dfrac{A \cdot B}{|A||B|}$
   $A \cdot B = 15 - 6 - 2 = 7$
   $|A| = \sqrt{9 + 4 + 1} = \sqrt{14}$
   $|B| = \sqrt{25 + 9 + 4} = \sqrt{38}$ ∴ $\cos\theta \fallingdotseq 0.303$
   $\theta = \cos^{-1} 0.303 \fallingdotseq 72.4°$

3. $A \cdot B = |A||B|\cos 90° = 0$
   ∴ $A \cdot B = 8 - 2a - 2 = 0$ ∴ $a = 3$

4. A の B 上への正射影は, $A \cdot B/|B| = A\cos\theta$
   ∴ $\dfrac{A \cdot B}{|B|} = \dfrac{(i2 - j3 + k6) \cdot (i + j2 + k2)}{|i + j2 + k2|} = \dfrac{8}{3}$

5. (1) $A \cdot B = 5t^4 \cos t + t^3 \sin t$
   $\dfrac{d}{dt}(A \cdot B) = 21t^3 \cos t + 3t^2 \sin t - 5t^4 \sin t$
   (2) $A \times B = -it\sin t + j(t^3 \cos t - 5t^4 \sin t) + kt\cos t$
   ∴ $\dfrac{d}{dt}(A \times B) = -i(\sin t + t\cos t) + j(3t^2 \cos t - 21t^3 \sin t$
   $- 5t^4 \cos t) + k(\cos t - t\sin t)$

6. $\text{div}\, A = \nabla \cdot A = \left(i\dfrac{\partial}{\partial x} + j\dfrac{\partial}{\partial y} + k\dfrac{\partial}{\partial z} \right) \cdot (ix^2 z - j2y^3 z^2 + kxy^2 z)$
   $= \dfrac{\partial}{\partial x}(x^2 z) + \dfrac{\partial}{\partial y}(-2y^3 z^2) + \dfrac{\partial}{\partial z}(xy^2 z) = 2xz - 6y^2 z^2 + xy^2$
   ∴ 点 $(1, 2, -1)$ では, $\text{div}\, A = -22$

7. $\operatorname{grad}\left(\dfrac{1}{r}\right) = \nabla\left(\dfrac{1}{r}\right) = \boldsymbol{i}\dfrac{\partial}{\partial x}\left(\dfrac{1}{\sqrt{x^2+y^2+z^2}}\right) + \boldsymbol{j}\dfrac{\partial}{\partial y}\left(\dfrac{1}{\sqrt{x^2+y^2+z^2}}\right)$
$\qquad + \boldsymbol{k}\dfrac{\partial}{\partial z}\left(\dfrac{1}{\sqrt{x^2+y^2+z^2}}\right)$
$\qquad = \boldsymbol{i}\left\{-\dfrac{1}{2}(x^2+y^2+z^2)^{-3/2}\cdot 2x\right\} + \boldsymbol{j}\left\{-\dfrac{1}{2}(x^2+y^2+z^2)^{-3/2}\cdot 2y\right\}$
$\qquad + \boldsymbol{k}\left\{-\dfrac{1}{2}(x^2+y^2+z^2)^{-3/2}\cdot 2z\right\} = -\dfrac{\boldsymbol{i}x+\boldsymbol{j}y+\boldsymbol{k}z}{(x^2+y^2+z^2)^{3/2}} = -\dfrac{\boldsymbol{r}}{r^3}$

8. 与式 $= (\boldsymbol{A}\times\boldsymbol{B})\cdot\boldsymbol{X}$ と表し，スカラ三重積の公式 $\boldsymbol{a}\cdot(\boldsymbol{b}\times\boldsymbol{c}) = \boldsymbol{b}\cdot(\boldsymbol{c}\times\boldsymbol{a}) = \boldsymbol{c}\cdot(\boldsymbol{a}\times\boldsymbol{b})$ を用いる．$\boldsymbol{X} = (\boldsymbol{C}\times\boldsymbol{D})$ とおくと，

与式 $= (\boldsymbol{A}\times\boldsymbol{B})\cdot\boldsymbol{X} = \boldsymbol{X}\cdot(\boldsymbol{A}\times\boldsymbol{B}) = \boldsymbol{A}\cdot(\boldsymbol{B}\times\boldsymbol{X}) = \boldsymbol{A}\cdot\underline{\{\boldsymbol{B}\times(\boldsymbol{C}\times\boldsymbol{D})\}}^{*}$，ここで下線部にベクトル三重積の公式を適用する．

$* = \boldsymbol{A}\cdot\{(\boldsymbol{B}\cdot\boldsymbol{D})\boldsymbol{C} - (\boldsymbol{B}\cdot\boldsymbol{C})\boldsymbol{D}\} = (\boldsymbol{A}\cdot\boldsymbol{C})(\boldsymbol{B}\cdot\boldsymbol{D}) - (\boldsymbol{A}\cdot\boldsymbol{D})(\boldsymbol{B}\cdot\boldsymbol{C})$

$= \begin{vmatrix} \boldsymbol{A}\cdot\boldsymbol{C} & \boldsymbol{A}\cdot\boldsymbol{D} \\ \boldsymbol{B}\cdot\boldsymbol{C} & \boldsymbol{B}\cdot\boldsymbol{C} \end{vmatrix}$

9. (1) $\operatorname{div}\operatorname{rot}\boldsymbol{A} = \dfrac{\partial}{\partial x}(\operatorname{rot}\boldsymbol{A})_x + \dfrac{\partial}{\partial y}(\operatorname{rot}\boldsymbol{A})_y + \dfrac{\partial}{\partial z}(\operatorname{rot}\boldsymbol{A})_z$
$\qquad = \dfrac{\partial}{\partial x}\left(\dfrac{\partial A_z}{\partial y} - \dfrac{\partial A_y}{\partial z}\right) + \dfrac{\partial}{\partial y}\left(\dfrac{\partial A_x}{\partial z} - \dfrac{\partial A_z}{\partial x}\right) + \dfrac{\partial}{\partial z}\left(\dfrac{\partial A_y}{\partial x} - \dfrac{\partial A_x}{\partial y}\right)$
$\qquad = 0$

(2) $(\operatorname{rot}\operatorname{rot}\boldsymbol{A})_x = \dfrac{\partial}{\partial y}(\operatorname{rot}\boldsymbol{A})_z - \dfrac{\partial}{\partial z}(\operatorname{rot}\boldsymbol{A})_y$
$\qquad = \dfrac{\partial}{\partial y}\left(\dfrac{\partial A_y}{\partial x} - \dfrac{\partial A_x}{\partial y}\right) - \dfrac{\partial}{\partial z}\left(\dfrac{\partial A_x}{\partial z} - \dfrac{\partial A_z}{\partial x}\right)$

(注：$(\operatorname{rot}\operatorname{rot}\boldsymbol{A})_x$ の添字 x は，ベクトル $(\operatorname{rot}\operatorname{rot}\boldsymbol{A})$ の x 成分を意味する)

$\qquad = \dfrac{\partial}{\partial x}\left(\dfrac{\partial A_x}{\partial x} + \dfrac{\partial A_y}{\partial y} + \dfrac{\partial A_z}{\partial z}\right) - \left(\dfrac{\partial^2 A_x}{\partial x^2} + \dfrac{\partial^2 A_x}{\partial y^2} + \dfrac{\partial^2 A_x}{\partial z^2}\right)$
$\qquad = (\operatorname{grad}\operatorname{div}\boldsymbol{A})_x - \nabla^2 A_x$

他の成分に関しても同様であるから，

$$\operatorname{rot}\operatorname{rot}\boldsymbol{A} = \operatorname{grad}\operatorname{div}\boldsymbol{A} - \nabla^2\boldsymbol{A}$$

ただし，$\nabla^2 \equiv \dfrac{\partial^2}{\partial x^2} + \dfrac{\partial^2}{\partial y^2} + \dfrac{\partial^2}{\partial z^2}$ である．

(3) $\operatorname{rot}\operatorname{grad}\phi = \nabla\times\nabla\phi = \nabla\times\left(\boldsymbol{i}\dfrac{\partial\phi}{\partial x} + \boldsymbol{j}\dfrac{\partial\phi}{\partial y} + \boldsymbol{k}\dfrac{\partial\phi}{\partial z}\right)$

$= \begin{vmatrix} \boldsymbol{i} & \boldsymbol{j} & \boldsymbol{k} \\ \dfrac{\partial}{\partial x} & \dfrac{\partial}{\partial y} & \dfrac{\partial}{\partial z} \\ \dfrac{\partial\phi}{\partial x} & \dfrac{\partial\phi}{\partial y} & \dfrac{\partial\phi}{\partial z} \end{vmatrix} = \boldsymbol{i}\left(\dfrac{\partial^2\phi}{\partial y\partial z} - \dfrac{\partial^2\phi}{\partial z\partial y}\right) + \boldsymbol{j}\left(\dfrac{\partial^2\phi}{\partial z\partial x} - \dfrac{\partial^2\phi}{\partial x\partial z}\right)$

$\qquad\qquad + \boldsymbol{k}\left(\dfrac{\partial^2\phi}{\partial x\partial y} - \dfrac{\partial^2\phi}{\partial y\partial x}\right) = 0$

(4) $\text{div grad}\,\phi = \nabla \cdot (\nabla \phi) = \nabla^2 \phi = \dfrac{\partial^2 \phi}{\partial x^2} + \dfrac{\partial^2 \phi}{\partial y^2} + \dfrac{\partial^2 \phi}{\partial z^2}$

10. $\{\text{rot}\,\phi\boldsymbol{A}\}_x = \dfrac{\partial}{\partial y}(\phi A_z) - \dfrac{\partial}{\partial z}(\phi A_y)$

$= \dfrac{\partial \phi}{\partial y}A_z + \phi\dfrac{\partial A_z}{\partial y} - \dfrac{\partial \phi}{\partial z}A_y - \phi\dfrac{\partial A_y}{\partial z}$

$= \dfrac{\partial \phi}{\partial y}A_z - \dfrac{\partial \phi}{\partial z}A_y + \phi\left(\dfrac{\partial A_z}{\partial y} - \dfrac{\partial A_y}{\partial z}\right)$

$= (\text{grad}\,\phi \times \boldsymbol{A})_x + \phi(\text{rot}\,\boldsymbol{A})_x$

他の成分についても同様であるから，

$$\text{rot}(\phi \boldsymbol{A}) = \text{grad}\,\phi \times \boldsymbol{A} + \phi\,\text{rot}\,\boldsymbol{A}$$

第 2 章

1. 図示したように，Q_1 を x 軸の原点にとり，まず，Q_1 に作用する力 F_1 を求める。

$$F_1 = \dfrac{Q_1 Q_2}{4\pi\varepsilon_0 a^2} + \dfrac{Q_1 Q_3}{4\pi\varepsilon_0 (2a)^2} = \dfrac{Q_1}{16\pi\varepsilon_0 a^2}(4Q_2 + Q_3) \quad [\text{N}]$$

次に，Q_2, Q_3 に作用する力 F_2, F_3 も同様に，

$$F_2 = -\dfrac{Q_1 Q_2}{4\pi\varepsilon_0 a^2} + \dfrac{Q_2 Q_3}{4\pi\varepsilon_0 a^2} = \dfrac{Q_2}{4\pi\varepsilon_0 a^2}(Q_3 - Q_1) \quad [\text{N}]$$

$$F_3 = -\dfrac{Q_1 Q_3}{4\pi\varepsilon_0 (2a)^2} - \dfrac{Q_2 Q_3}{4\pi\varepsilon_0 a^2} = -\dfrac{Q_3}{16\pi\varepsilon_0 a^2}(Q_1 + 4Q_2) \quad [\text{N}]$$

解図 2 章問 1

2. (i) A($-Q$), C($+Q$)　　(ii) B($-Q$), C($-Q$)　　(iii) A($-Q$), B($-Q$)

3. 頂点 A におけるクーロン力の大きさ F は，図に示すように，F_{BA} と F_{AC} の合力として求められる。

$$F_{\text{BA}} = \dfrac{Q^2}{4\pi\varepsilon_0 a^2}$$

$F_{\text{BA}} = F_{\text{AC}}$ であるから，

$$F = 2F_{\text{BA}}\cos 60° = F_{\text{BA}} = \dfrac{Q^2}{4\pi\varepsilon_0 a^2} \quad [\text{N}]$$

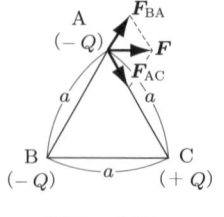

解図 2 章問 3

第 3 章

1. 点 P の電界の大きさを求めるためには，電界の水平成分 E_x，垂直成分 E_y を求めて，これら各成分どうしの和を求めて合成すればよい。

q_1, q_2 による点 P の電界の大きさは，点 P に 1 C を置いて，これに作用するクーロン力を求めればよい。

$$E_1 = \frac{q_1}{4\pi\varepsilon_0 \overline{\mathrm{AP}}^2} = 9 \times 10^9 \times \frac{1 \times 10^{-8}}{5} = 18 \quad [\mathrm{V/m}]$$

$$E_2 = \frac{q_2}{4\pi\varepsilon_0 \overline{\mathrm{BP}}^2} = 54 \quad [\mathrm{V/m}]$$

△PRS ∽ △AOP であるから，

$$E_{1x} = E_1 \times \frac{\overline{\mathrm{AO}}}{\overline{\mathrm{AP}}} = 18 \times \frac{1}{\sqrt{5}} = 8.06 \quad [\mathrm{V/m}]$$

$$E_{1y} = E_1 \times \frac{\overline{\mathrm{OP}}}{\overline{\mathrm{AP}}} = 18 \times \frac{2}{\sqrt{5}} = 16.12 \quad [\mathrm{V/m}]$$

同様に，

$$E_{2x} = 24.18 \; [\mathrm{V/m}], \qquad E_{2y} = -48.36 \quad [\mathrm{V/m}]$$

水平成分，垂直成分どうしの和は

$$E_x = E_{1x} + E_{2x} = 32.24$$

$$E_y = E_{1y} + E_{2y} = -32.24 \quad [\mathrm{V/m}]$$

ゆえに，電界の大きさは

$$E = \sqrt{{E_x}^2 + {E_y}^2} = 45.7 \quad [\mathrm{V/m}]$$

また，電界の向きは，電界 ***E*** と PT とのなす角を θ とすると，

$$\theta = \tan^{-1} E_y/E_x = -45°$$

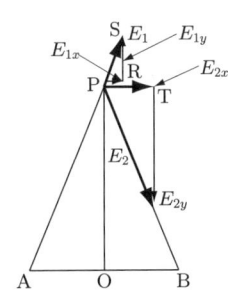

解図 3 章問 1

と求まる．

2. 点電荷 q_1, q_2 による点 P の電位 V_1, V_2 をそれぞれ別々に求め，これら電位の代数和を求めればよい．

$$V = V_1 + V_2 = \frac{1}{4\pi\varepsilon_0}\left(\frac{q_1}{\overline{\mathrm{AP}}} + \frac{q_2}{\overline{\mathrm{BP}}}\right)$$

$$= 9 \times 10^9 \left(\frac{1 \times 10^{-8}}{\sqrt{5}} - \frac{3 \times 10^{-8}}{\sqrt{5}}\right) = -80.5 \quad [\mathrm{V}]$$

3. (i) 点 P の電界は，点 P に 1 C を置いてクーロン力を考えればよい．点 P では A の電荷による電界と C による電界，および B による電界と D による電界が互いに打ち消し合い，点 P の電界は零となる．

(ii) 次に，点 R に 1 C を置いたときの，B による電界と C による電界は，同方向で大きさも等しい．また，D および A による電界は CB 方向の分力だけが残り，次のようにして電界の大きさが求まる．

$$E_\mathrm{R} = \frac{q}{4\pi\varepsilon_0 a^2} \times 2 - \frac{q}{4\pi\varepsilon_0 (\sqrt{2}a)^2} \times \frac{a}{\sqrt{2a^2}} \times 2$$

$$= \frac{(4-\sqrt{2})q}{8\pi\varepsilon_0 a^2} \quad [\mathrm{V/m}]$$

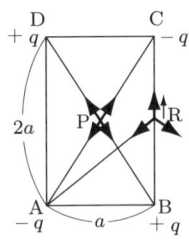

解図 3 章問 3

4. (i) P_0 の電位を V_0 とする，

$$V_0 = \frac{Q}{4\pi\varepsilon_0\sqrt{{x_0}^2 + a^2}} - \frac{Q}{4\pi\varepsilon_0\sqrt{{x_0}^2 + a^2}} = 0$$

(ii) 直角座標 (x,y,z) におけるそれぞれの軸の基本ベクトルを $\boldsymbol{i}, \boldsymbol{j}, \boldsymbol{k}$ とすると，

$$\boldsymbol{E} = -\operatorname{grad} V = -\left\{\boldsymbol{i}\frac{\partial V}{\partial x} + \boldsymbol{j}\frac{\partial V}{\partial y} + \boldsymbol{k}\frac{\partial V}{\partial z}\right\}$$

この式を用いて P_0 の電界を求めるためには V_0 の値が必要となる．しかし，$V_0 = 0$ であるから (i) の結果を用いることはできない．このような場合，まず，任意点 $P(x,y,z)$ の V_P を求め，上式へ代入してから，$P_0(x_0, 0, 0)$ について考える．

$$V_P = \frac{Q}{4\pi\varepsilon_0}\left\{\frac{1}{\sqrt{x^2+(y-a)^2+z^2}} - \frac{1}{\sqrt{x^2+(y+a)^2+z^2}}\right\} \quad [\text{V}]$$

ゆえに，

$$E_x = -\frac{\partial V_P}{\partial x} = \frac{Q}{4\pi\varepsilon_0}\left[\frac{x}{\{x^2+(y-a)^2+z^2\}^{3/2}} - \frac{x}{\{x^2+(y+a)^2+z^2\}^{3/2}}\right]$$

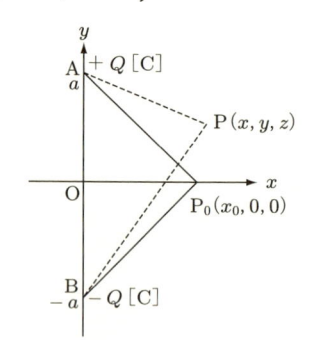

同様に，

$$E_y = -\frac{\partial V_P}{\partial y} = \frac{Q}{4\pi\varepsilon_0}\left[\frac{y-a}{\{x^2+(y-a)^2+z^2\}^{3/2}} - \frac{y+a}{\{x^2+(y+a)^2+z^2\}^{3/2}}\right]$$

$$E_z = -\frac{\partial V_P}{\partial z} = \frac{Q}{4\pi\varepsilon_0}\left[\frac{z}{\{x^2+(y-a)^2+z^2\}^{3/2}} - \frac{z}{\{x^2+(y+a)^2+z^2\}^{3/2}}\right]$$

解図 3 章問 4

ここで，点 P_0 について考え，$x = x_0$, $y = z = 0$ とすると，$E_x = E_z = 0$ となり，

$$E_y = -\frac{Qa}{2\pi\varepsilon_0}\frac{1}{(x_0^2+a^2)^{3/2}} \quad [\text{V/m}]$$

ゆえに，

$$\boldsymbol{E} = \boldsymbol{j}E_y = -\boldsymbol{j}\frac{Qa}{2\pi\varepsilon_0(x_0+a^2)^{3/2}}$$

5. この種の問題は，板上に面積素 dS を考え，これに σ を乗じ，σdS の**点電荷**による点 P の電位を考える．これを円板全体にわたって積分すればよい．

図のように O から x の距離の点 Q に，中心角 $d\varphi$，幅 dx の面積素 $dS(=xdxd\varphi)$ をとる．点 P の電位を dV とし，$PQ = \rho$ とすると，

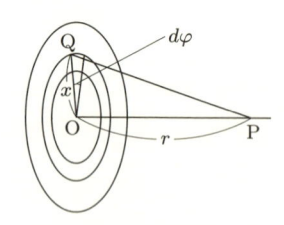

$$dV = \frac{1}{4\pi\varepsilon_0} \cdot \frac{\sigma dS}{\rho} = \frac{\sigma x\, dx\, d\varphi}{4\pi\varepsilon_0\sqrt{x^2+r^2}}$$

解図 3 章問 5

$$\therefore V = \frac{\sigma}{4\pi\varepsilon_0}\int_0^a \frac{x\, dx}{\sqrt{x^2+r^2}}\int_0^{2\pi} d\varphi = \frac{\sigma}{2\varepsilon_0}\int_0^a \frac{x\, dx}{\sqrt{x^2+r^2}}$$

$\sqrt{x^2+r^2} = t$ とおき，置換積分を行うと，

$$V = \frac{\sigma}{2\varepsilon_0}\left(\sqrt{r^2+a^2} - r\right)$$

次に点 P の電界 $\boldsymbol{E}$ は，軸方向 r 方向の電界だけを考えればよい．その理由は，点 Q の点電荷が点 P につくる電界のうち軸に垂直な成分は，点 Q の O に対して対称な位置 Q′ による電荷による垂直成分電界と打ち消されることを考えれば明らかである．したがって，電界の大きさは，$\boldsymbol{E} = -\operatorname{grad} V$ から，

$$E = -\frac{\partial V}{\partial r} = \frac{\sigma}{2\varepsilon_0}\left(1 - \frac{r}{\sqrt{r^2+a^2}}\right) \quad [\text{V/m}]$$

なお，点 P から円板を見た立体角 ω で表すと (第 1 章，式 (1.49) 参照)，

$$E = \frac{\sigma}{4\pi\varepsilon_0}\omega$$

6. この問は，図のように半径 a, b [m] のそれぞれの円板が $-$，$+$ に帯電しているものを加えたものと考えると，問 5 の電位を求めた結果がそのまま使える．

問 5 を参照して，まず半径 b [m] の円板に $+\sigma$ [C/m^2] が帯電している場合，

$$V_b = \frac{+\sigma}{2\varepsilon_0}\int_0^b \frac{x\,dx}{\sqrt{x^2+r^2}} = \frac{+\sigma}{2\varepsilon_0}\int_r^{\sqrt{r^2+b^2}} dt$$
$$= \frac{\sigma}{2\varepsilon_0}\left(\sqrt{r^2+b^2} - r\right)$$

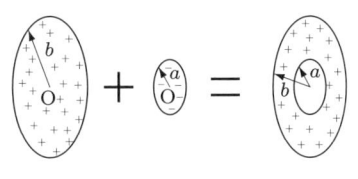

解図 3 章問 6

次に，半径 a の円板に $-\sigma$ が帯電している場合，上式で $b \to a$, $+\sigma \to -\sigma$ とし，

$$V_a = \frac{-\sigma}{2\varepsilon_0}\left(\sqrt{r^2+a^2} - r\right)$$

電位は，重ねの理で求まるから (単にスカラ的に加える)，いまの場合の点 P の電位は

$$V_\text{P} = V_a + V_b = \frac{\sigma}{2\varepsilon_0}\left(\sqrt{r^2+b^2} - \sqrt{r^2+a^2}\right)$$

7. OA 上の任意点の微小区間を dx，O からこの点までの距離を x とすると，この dx による点電荷 λdx による点 P の電位 dV は

$$dV = \frac{1}{4\pi\varepsilon_0}\frac{\lambda dx}{\sqrt{x^2+r^2}}$$

$x = r\tan\theta$ の置換をして，$\angle\text{OPB} = -\alpha$ から $\angle\text{OPA} = \alpha$ まで積分すると，

$$V = \frac{\lambda}{4\pi\varepsilon_0}\int_{-\alpha}^{\alpha}\frac{d\theta}{\cos\theta} = \frac{\lambda}{4\pi\varepsilon_0}\cdot 2\int_0^{\alpha}\frac{d\theta}{\cos\theta}$$
$$= \frac{\lambda}{2\pi\varepsilon_0}\left|\log\left[\frac{1+\sin\theta}{1-\sin\theta}\right]^{1/2}\right|_0^{\alpha} = \frac{\lambda}{2\pi\varepsilon_0}\log\left[\frac{1+\sin\alpha}{1-\sin\alpha}\right]^{1/2}$$

ここで，$\sin\alpha = l/\sqrt{l^2+r^2}$ であるから，

$$V = \frac{\lambda}{2\pi\varepsilon_0}\log\left[\frac{\sqrt{l^2+r^2}+l}{\sqrt{l^2+r^2}-l}\right]^{1/2}$$
$$= \frac{\lambda}{2\pi\varepsilon_0}\log\left[\frac{(\sqrt{l^2+r^2}+l)^2}{(\sqrt{l^2+r^2}-l)(\sqrt{l^2+r^2}+l)}\right]^{1/2}$$

$$= \frac{\lambda}{2\pi\varepsilon_0} \log \frac{l+\sqrt{l^2+r^2}}{r}$$

次に，点 P の電界は，点 O に対する電荷分布の対称性から，軸 OP に垂直な成分は消失し，軸方向成分だけとなる．ゆえに，

$$E = -\frac{\partial V}{\partial r} = -\frac{\partial}{\partial r}\left\{\frac{\lambda}{2\pi\varepsilon_0}\log\frac{l+\sqrt{l^2+r^2}}{r}\right\}$$

$$= -\frac{\lambda}{2\pi\varepsilon_0}\cdot\frac{\partial}{\partial r}\left\{\log\frac{l+\sqrt{l^2+r^2}}{r}\right\}$$

この右辺のカッコ内を y とおくと，

$$y = \log\frac{l+\sqrt{l^2+r^2}}{r} = \log(l+\sqrt{l^2+r^2}) - \log r$$

$$\therefore \frac{\partial y}{\partial r} = \frac{1}{l+\sqrt{l^2+r^2}}\cdot\frac{r}{\sqrt{l^2+r^2}} - \frac{1}{r} = -\frac{l}{r\sqrt{l^2+r^2}}$$

$$\therefore E = -\frac{\partial V}{\partial r} = -\frac{\lambda}{2\pi\varepsilon_0}\frac{\partial y}{\partial r} = \frac{\lambda}{2\pi\varepsilon_0}\frac{l}{r\sqrt{l^2+r^2}}$$

解図 3 章問 7

8. x 軸上の任意点 P の座標を $(X,0,0)$ と表すと，

ⅰ) A の微小線素 dl による点電荷 $-\lambda dl$ による点 P の電位 dV_A は

$$dV_A = \frac{-\lambda dl}{4\pi\varepsilon_0\{(x+b)^2+a^2\}^{1/2}}$$

$$\therefore V_A = \int_0^{2\pi a} \frac{-\lambda dl}{4\pi\varepsilon_0\{(x+b)^2+a^2\}^{1/2}} = -\frac{\lambda}{4\pi\varepsilon_0\{(x+b)^2+a^2\}^{1/2}}\int_0^{2\pi a} dl$$

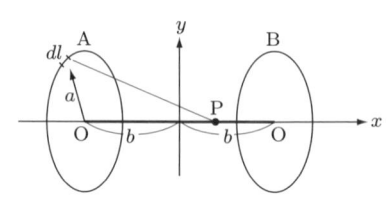

$$= -\frac{\lambda a}{2\varepsilon_0\{(x+b)^2+a^2\}^{1/2}}$$

ⅱ) B の微小線素 dl 部の点電荷による点 P の電位

$$dV_B = \frac{\lambda dl}{4\pi\varepsilon_0\{(x-b)^2+a^2\}^{1/2}}$$

$$\therefore V_B = \int_0^{2\pi a} \frac{\lambda dl}{4\pi\varepsilon_0\{(x-b)^2+a^2\}^{1/2}}$$

$$= \frac{\lambda a}{2\varepsilon_0\{(x-b)^2+a^2\}^{1/2}}$$

解図 3 章問 8

任意点 P の電位 V_P は，重ねの理によって V_A，V_B の和として表され，

$$V = \frac{\lambda a}{2\varepsilon_0}\left\{\frac{1}{\{(x-b)^2+a^2\}^{1/2}} - \frac{1}{\{(x+b)^2+a^2\}^{1/2}}\right\}$$

第 4 章

1. (a) 内導体に単位長あたり $+q$ [C] の電荷を与えると，静電誘導により，外導体の内側に単位長あたり $-q$，外側に $+q$ [C] の電荷が生じる．しかし，内外導体内で内導体中心から半径 x [m] の電界は，内導体の電荷 $+q$ [C] だけを考えればよい．ゆえに，

$$E = q/(2\pi\varepsilon_0 x) \quad [\text{V/m}]$$

両導体間の電位差は

$$V_{ab} = -\int_b^a E\,dx = \frac{q}{2\pi\varepsilon_0}\log\frac{b}{a} \quad [\text{V}]$$

外導体外部に単位長あたりの閉曲面を考えても，電荷の総和は，$+q - q + q = +q$ [C] であって，電界は内外導体間と同じ形で求まる．

(b) この場合，+，− の電荷は互いに吸引し合い，$-q$ [C] の電荷は，外導体内側に集まり，外側には電荷が存在しない．したがって，両導体間の電界，電位差は (a) の場合とまったく同じである．

また，外導体外側の電界は，電気力線が +，− の両電荷で終端しており，電気力線がないので，電界は存在しない．

2. (1) 内導体に与えられた単位長あたりの電荷 $+q_1$ によって，外導体内表面に $-q_1$，外表面に $+q_1$ が静電誘導により生じる．また，外導体に与えられた電荷 $+q_2$ は，内導体に与えられた電荷 $+q_1$ と反発しあって，外導体外表面に分布している．

しかし，内外導体間の電界，電位差は問 1 の解の $q \to q_1$ と置き換えるだけでよく，まったく同じ解となる．

他方，外導体外側に単位長あたりの閉曲面を考え，この内側の電荷の総量を求めると，$+q_1 - q_1 + q_1 + q_2 = q_1 + q_2$ となり，したがって，外導体外側の電界の大きさは

$$E = \frac{q_1 + q_2}{2\pi\varepsilon_0 x} \quad [\text{V/m}]$$

(2) 次に，外導体に $-q_2$ の電荷が与えられた場合を次のように各場合に分けて現象を考えてみる．

(i) $q_1 > q_2$ のときは，$+q_1$，$-q_2$ の両電荷は互いに吸引し合い，$-q_2$ は，外導体内表面に分布する．q_1 から出た電気力線は $-q_2$ に終端するが，$q_1 > q_2$ であるため一部の電気力線が余ることになる．しかし，この余剰な電気力線は静電誘導によって，外導体内表面に − の電荷を生じて補われるが，等量の + の電荷が外導体表面に分布する．この外導体表面に現れる電荷は $q_1 - q_2$ であり，これが外導体外部の電界形成に寄与する．

(ii) $q_1 < q_2$ のときは，内導体の $+q_1$ から出た電気力線は，外導体内表面の $-q_2$ に終端するが，外導体内表面には，− の電荷がまだ余っている．この余った − 電荷は，外導体内表面の他の一電荷と互いに反発し，外導体外表面に分布する．この余った電荷量は，$-(q_2 - q_1) = q_1 - q_2$ であり，これが外導体外部の電界形成に寄与する．

結局，両導体間の電界，電位差は，これまでと同様，問 1(i) の解で $q \to q_1$ とすればよい．また，外部導体の外側の電界は

$$E = \frac{q_1 - q_2}{2\pi\varepsilon_0 r} \quad [\text{V/m}]$$

3. $d \gg a$ の関係から，一方の球は他の球に対して点とみなしてよい．

$$V_1 = \frac{Q_1}{4\pi\varepsilon_0 a} + \frac{Q_2}{4\pi\varepsilon_0 d}, \qquad V_2 = \frac{Q_1}{4\pi\varepsilon_0 d} + \frac{Q_2}{4\pi\varepsilon_0 b}$$

$$\therefore\ Q_1 = \frac{4\pi\varepsilon_0 ad^2}{d^2 - ab}V_1 - \frac{4\pi\varepsilon_0 abd}{d^2 - ab}V_2$$

$$Q_2 = -\frac{4\pi\varepsilon_0 abd}{d^2 - ab}V_1 + \frac{4\pi\varepsilon_0 bd^2}{d^2 - ab}V_2$$

$$\therefore \quad q_{11} = \frac{4\pi\varepsilon_0 a}{1 - ab/d^2}, \qquad q_{22} = \frac{4\pi\varepsilon_0 b}{1 - ab/d^2} \quad \text{(静電容量係数)}$$

$$q_{12} = -\frac{4\pi\varepsilon_0 ab}{d(1 - ab/d^2)}(= q_{21}) \quad \text{(静電誘導係数)}$$

4. 各導体の電荷を Q_1, Q_2, Q_3, 電位を V_1, V_2, V_3 とすると,

$$V_1 = \frac{1}{4\pi\varepsilon_0}\left(\frac{Q_1}{a} + \frac{Q_2}{r} + \frac{Q_3}{r}\right) \tag{1}$$

$$V_2 = \frac{1}{4\pi\varepsilon_0}\left(\frac{Q_1}{r} + \frac{Q_2}{a} + \frac{Q_3}{r}\right) \tag{2}$$

$$V_3 = \frac{1}{4\pi\varepsilon_0}\left(\frac{Q_1}{r} + \frac{Q_2}{r} + \frac{Q_3}{a}\right) \tag{3}$$

（i）第1導体球を接地した場合, 式(1)で, $Q_2 = Q_3 = Q$, $V_1 = 0$ として,

$$0 = \frac{1}{4\pi\varepsilon_0}\left(\frac{Q_1}{a} + \frac{Q}{r} + \frac{Q}{r}\right) \qquad \therefore \quad Q_1 = -\frac{2a}{r}Q \quad \text{[C]}$$

（ii）次に第2球を接地したときは, 式(2)で $Q_1 = -2aQ/r$, $Q_3 = Q$, $V_2 = 0$ とすれば,

$$Q_2 = -\frac{a(r - 2a)}{r^2}Q \quad \text{[C]}$$

（iii）第3球を接地するときは, 式(3)において, $Q_1 = -2aQ/r$, $Q_2 = -a(r - 2a)Q/r^2$, $V_3 = 0$ として,

$$Q_3 = \frac{a^2(3r - 2a)}{r^3}Q \quad \text{[C]}$$

5. 導体1, 2にそれぞれ Q_1, Q_2 を与えたときの電位 V_1, V_2 は

$$V_1 = \frac{Q_1}{4\pi\varepsilon_0}\left(\frac{1}{a} - \frac{1}{b} + \frac{1}{c}\right) + \frac{Q_2}{4\pi\varepsilon_0 c}, \qquad V_2 = \frac{Q_1}{4\pi\varepsilon_0 c} + \frac{Q_2}{4\pi\varepsilon_0 c} \tag{1}$$

電位係数の定義式, $V_1 = p_{11}Q_1 + p_{12}Q_2$, $V_2 = p_{21}Q_1 + p_{22}Q_2$ と比較して, 電位係数は

$$\left.\begin{array}{l} p_{11} = \dfrac{1}{4\pi\varepsilon_0}\left(\dfrac{1}{a} - \dfrac{1}{b} + \dfrac{1}{c}\right), \qquad p_{12} = p_{21} = \dfrac{1}{4\pi\varepsilon_0 c} \\[2mm] p_{22} = \dfrac{1}{4\pi\varepsilon_0 c} \end{array}\right\}$$

次に, 式(1)を Q_1, Q_2 について解くと,

$$Q_1 = \frac{4\pi\varepsilon_0 ab}{b - a}(V_1 - V_2), \qquad Q_2 = \frac{4\pi\varepsilon_0}{b - a}\{-V_1 + (ab + bc - ca)V_2\}$$

定義式, $Q_1 = q_{11}V_1 + q_{12}V_2$, $Q_2 = q_{21}V_1 + q_{22}V_2$ と比較して, 静電容量, 誘導係数は

$$q_{11} = \frac{4\pi\varepsilon_0 ab}{b - a}, \qquad q_{12} = q_{21} = -\frac{4\pi\varepsilon_0 ab}{b - a}, \qquad q_{22} = 4\pi\varepsilon_0\left(\frac{ab}{b - a} + c\right)$$

6. 各導体に Q_1, Q_2 を与えたときの電位 V_1, V_2 は

$$V_1 = p_{11}Q_1 + p_{12}Q_2$$

$$V_2 = p_{21}Q_1 + p_{22}Q_2$$

ここで，$Q_1 = Q$, $Q_2 = -Q$ とおき，$V_1 - V_2 = V$ とすれば，静電容量 C は
$$C = \frac{Q}{V_1 - V_2} = \frac{1}{p_{11} - 2p_{12} + p_{22}}$$

次に，$Q_1 = q_{11}V_1 + q_{12}V_2$, $Q_2 = q_{21}V_1 + q_{22}V_2$ において，$Q_1 = Q$, $Q_2 = -Q$ とし，$V_1 - V_2 = V$ とおけば，
$$C = \frac{Q}{V_1 - V_2} = \frac{q_{11}q_{22} - q_{12}^2}{q_{11} + 2q_{12} + q_{22}}$$

7. はじめの静電容量は，$C_0 = \dfrac{\varepsilon_0 S}{b} \cdots (1)$，$b/3$ の厚さの金属板を中央に入れたときは，$b/3$ の間隔のコンデンサを直列に接続したと考えればよい．このときの静電容量は，
$$C_1 = \frac{1}{2} \cdot \frac{\varepsilon_0 S}{\dfrac{b}{3}} = \frac{3}{2} \cdot \frac{\varepsilon_0 S}{b} \cdots \qquad (2)$$

式 (1), (2) から，$C_1 = \dfrac{3}{2}C_0$，つまり，はじめの容量の 1.5 倍となる．

8. 導線単位長あたり，A に $+q$ [C/m]，B に $-q$ [C/m] の電荷を与えたと仮定すると，両導体の中心を結ぶ直線上で A から x [m] の点の A による電界は $q/2\pi\varepsilon_0 x$，B による電界は $q/2\pi\varepsilon_0(d-x)$ となり，電界の向きはともに同一方向であるから，合成電界は
$$E = \frac{q}{2\pi\varepsilon_0}\left\{\frac{1}{x} + \frac{1}{(d-x)}\right\}$$

AB 間の電位差は
$$V = -\int_{d-a}^{a} E\,dx = \frac{q}{2\pi\varepsilon_0} \int_{a}^{d-a} \left(\frac{1}{x} + \frac{1}{d-x}\right) dx$$
$$= \frac{q}{\pi\varepsilon_0} \log \frac{d-a}{a}$$

静電容量：$C = \dfrac{q}{V} = \dfrac{\pi\varepsilon_0}{\log \dfrac{d-a}{a}} \fallingdotseq \dfrac{\pi\varepsilon_0}{\log \dfrac{d}{a}}$ [F/m]

第 5 章

1. 分極の強さ $\boldsymbol{P}$ は，電界に比例し，この場合の比例定数を χ とするとき，この χ を**分極率**という．すなわち，$\boldsymbol{P} = \chi \boldsymbol{E} \cdots (1)$
電束密度 $\boldsymbol{D}$ と分極 $\boldsymbol{P}$ の間には，$\boldsymbol{D} = \varepsilon_0 \boldsymbol{E} + \boldsymbol{P} \cdots (2)$ が成立した．
式 (1), (2) から，
分極率：$\chi = \dfrac{P}{E} = \dfrac{D - \varepsilon_0 E}{E} = \varepsilon - \varepsilon_0 = \varepsilon_0(\varepsilon_s - 1)$
$\qquad = 8.854 \times 10^{-12}(10 - 1) = 7.98 \times 10^{-11}$ [F/m]

分極の大きさ：$P = \chi E = 7.98 \times 10^{-11} \times 10^3$ [FV/m²]

電束密度：$D = \varepsilon_0 \varepsilon_s E = 8.854 \times 10^{-12} \times 10 \times 10^3$
$\qquad = 8.854 \times 10^{-8}$ [C/m²]

2. 極板間が空気の場合，および誘電体の場合の静電容量はそれぞれ，

$$C_1 = \frac{\varepsilon_0 S}{l}, \qquad C_2 = \frac{\varepsilon_0 \varepsilon_s S}{l}$$

$$\therefore \text{比誘電率} : \varepsilon_s = \frac{C_2}{C_1} = 3$$

電界の強さは，この問では誘電体の有無に関係せず，

$$E = \frac{V}{l} = \frac{1000}{5 \times 10^{-3}} = 2 \times 10^5 \quad [\text{V/m}]$$

電束密度： $D = \varepsilon_0 \varepsilon_s E = 8.855 \times 10^{-12} \times 3 \times 2 \times 10^5$

$$= 5.31 \times 10^{-6} \quad [\text{C/m}^2]$$

分極の大きさ： $P = D - \varepsilon_0 E$

$$= 5.31 \times 10^{-6} - 8.86 \times 10^{-12} \times 2 \times 10^5$$

$$= 3.54 \times 10^{-6} \quad [\text{C/m}^2]$$

分極率： $\chi = \dfrac{P}{E} = \dfrac{3.54 \times 10^{-6}}{2 \times 10^5} = 1.77 \times 10^{-11} \quad [\text{F/m}]$

3. 極板面積を S [m^2] とし，両極板に $\pm Q$ [C] の電界を与えたと仮定する．

 (i) 金属板を挿入した場合，

$$D = \frac{Q}{S}, \quad E = \frac{D}{\varepsilon_0} = \frac{Q}{S \varepsilon_0}$$

電位差 V は， $V = E(l - d) - \dfrac{Q(l-d)}{S \varepsilon_0}$

静電容量： $C_0 = \dfrac{Q}{V} = \dfrac{\varepsilon_0 S}{l - d}$

 (ii) 誘電体を挿入した場合，

$$V = \frac{D}{\varepsilon_0}(l - d) + \frac{D}{\varepsilon}d = \frac{Q}{S}\left(\frac{l-d}{\varepsilon_0} + \frac{d}{\varepsilon}\right)$$

$$\therefore \ C_1 = \frac{Q}{V} = \frac{S}{\dfrac{l-d}{\varepsilon_0} + \dfrac{d}{\varepsilon}}$$

静電容量の比： $\dfrac{C_0}{C_1} = 1 + \dfrac{d \varepsilon_0}{(l-d)\varepsilon}$

4. 極板 A からの距離 x の点の誘電率は $\varepsilon(x) = \varepsilon_1 + (\varepsilon_2 - \varepsilon_1)x/d$，両極板に面密度 $\pm \sigma$ の真電荷を与えると，任意の場所での電束密度は， $D = \sigma$ である．ゆえに，電界は $E(x) = \sigma/\varepsilon(x)$

$$\therefore \ \text{電位差 } V = \int_0^d E\, dx = \int_0^d \frac{\sigma dx}{\varepsilon_1 + (\varepsilon_2 - \varepsilon_1)x/d}$$

$$= \frac{\sigma d}{\varepsilon_2 - \varepsilon_1} \log \frac{\varepsilon_2}{\varepsilon_1} \quad [\text{V}]$$

$$\therefore \ \text{単位面積あたりの容量 } C = \frac{\sigma}{V} = \frac{\varepsilon_2 - \varepsilon_1}{d \log(\varepsilon_2 / \varepsilon_1)} \quad [\text{F}]$$

5. 両極板に面密度 $\pm \sigma$ の真電荷を与える．電束密度 $D = \sigma$ は，極板間のいたるところで不変である．つまり，境界条件より電束密度の法線成分は各境界で等しい．各媒質内の電界を E_1, E_2, $\cdots$, E_n とすると， $\sigma = D = \varepsilon_1 E_1 = \varepsilon_2 E_2 = \cdots = \varepsilon_n E_n$

$$\therefore \quad E_1 = \frac{\sigma}{\varepsilon_1}, \quad E_2 = \frac{\sigma}{\varepsilon_2}, \quad \cdots, \quad E_n = \frac{\sigma}{\varepsilon_n}$$

電位差 $\quad V = E_1 d_1 + E_2 d_2 + \cdots + E_n d_n$

$$= \sigma \left(\frac{d_1}{\varepsilon_1} + \frac{d_2}{\varepsilon_2} + \cdots + \frac{d_n}{\varepsilon_n} \right)$$

$$\therefore \quad 容量 \quad C = \frac{\sigma S}{V} = \frac{S}{\dfrac{d_1}{\varepsilon_1} + \dfrac{d_2}{\varepsilon_2} + \cdots + \dfrac{d_n}{\varepsilon_n}}$$

6. 各分割区間を独立したコンデンサのように考えると，静電容量 $C_1, C_2, \cdots, C_n$ のコンデンサを並列接続したものと等価な関係にある．

$$C_1 = \frac{\varepsilon_1 S_1}{d}, \quad C_2 = \frac{\varepsilon_2 S_2}{d}, \quad \cdots, \quad C_n = \frac{\varepsilon_n S_n}{d}$$

合成容量 $\quad C = C_1 + C_2 + \cdots + C_n$

$$= \frac{\varepsilon_1 S_1 + \varepsilon_2 S_2 + \cdots + \varepsilon_n S_n}{d}$$

解図 5 章問 6

7. 内球に電荷 Q を与えたとき，半径 $a, r_1, r_2, \cdots, r_{n-1}, b$ の同心球電位をそれぞれ $V_a, V_1, V_2, \cdots, V_{n-1}, V_b$ とすると，

$$V_a - V_1 = -\int_{r_1}^{a} \frac{Q}{4\pi \varepsilon_1 r^2} dr = \frac{Q}{4\pi \varepsilon_1} \left(\frac{1}{a} - \frac{1}{r_1} \right)$$

$$V_1 - V_2 = -\int_{r_2}^{r_1} \frac{Q}{4\pi \varepsilon_2 r^2} dr = \frac{Q}{4\pi \varepsilon_2} \left(\frac{1}{r_1} - \frac{1}{r_2} \right)$$

$$\cdots\cdots\cdots\cdots$$

$$V_{n-1} - V_b = -\int_{b}^{r_{n-1}} \frac{Q}{4\pi \varepsilon_n r^2} dr = \frac{Q}{4\pi \varepsilon_n} \left(\frac{1}{r_{n-1}} - \frac{1}{b} \right)$$

$$\therefore \quad V = V_a - V_b = \frac{Q}{4\pi} \left\{ \frac{1}{\varepsilon_1} \left(\frac{1}{a} - \frac{1}{r_1} \right) + \frac{1}{\varepsilon_2} \left(\frac{1}{r_1} - \frac{1}{r_2} \right) \right.$$
$$\left. + \cdots + \frac{1}{\varepsilon_n} \left(\frac{1}{r_{n-1}} - \frac{1}{b} \right) \right\}$$

$$\therefore \quad 容量: C = \frac{Q}{V} = 4\pi \bigg/ \left\{ \frac{1}{\varepsilon_1} \left(\frac{1}{a} - \frac{1}{r_1} \right) + \frac{1}{\varepsilon_2} \left(\frac{1}{r_1} - \frac{1}{r_2} \right) \right.$$
$$\left. + \cdots + \frac{1}{\varepsilon_n} \left(\frac{1}{r_{n-1}} - \frac{1}{b} \right) \right\}$$

8. 誘電体内の電界が法線となす角を θ とする．
電界，電束密度に関する境界条件から，

$$E_0 \sin \theta_0 = E \sin \theta, \quad \varepsilon_0 E_0 \cos \theta_0 = \varepsilon E \cos \theta$$

これから，

$$E = E_0 \sqrt{\sin^2 \theta_0 + \left(\frac{\varepsilon_0}{\varepsilon} \right)^2 \cos^2 \theta_0}$$

$$\theta = \tan^{-1} \left(\frac{\varepsilon}{\varepsilon_0} \tan \theta_0 \right)$$

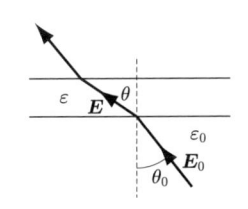

解図 5 章問 8

第6章

1. 誘電体を x [m] 挿入するものとする．空気部分の静電容量は $C_0 = \varepsilon_0(b-x)a/l$, 誘電体部の容量は，$C_1 = \varepsilon_0\varepsilon_s ax/l$, 全静電容量 C は，$C = C_0 + C_1$.
   静電エネルギー:
   $$W = \frac{CV^2}{2} = \frac{V^2\varepsilon_0 a}{2l}(b - x + \varepsilon_s x) \quad [\text{J}]$$
   静電力: $F = \dfrac{dW}{dx} = \dfrac{V^2 \varepsilon_0 a}{2l}(\varepsilon_s - 1) \quad [\text{N}]$

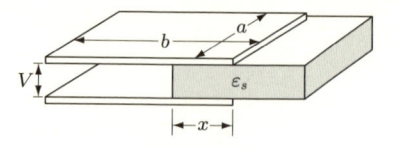

   解図 6 章問 1

2. 極板間隔を l, 面積を S とすると，誘電体挿入前と後の静電容量 C_1, C_2 は
   $$C_1 = \frac{\varepsilon_0 S}{l}, \qquad C_2 = \frac{2\varepsilon_0 S}{l + \dfrac{l}{20}}$$
   静電エネルギー W_1, W_2 は
   $$W_1 = \frac{C_1 V^2}{2}, \qquad W_2 = \frac{C_2 V^2}{2}$$
   静電 f_0, f_1 は
   $$f_0 = \frac{dW_1}{dl} = \frac{\varepsilon_0 S V^2}{2l^2}, \qquad f_1 = \frac{dW_2}{dl} = \frac{20\varepsilon_0 S V^2}{21 l^2}$$
   $$\therefore \frac{f_1}{f_0} = \frac{40}{21}$$

3. この場合の静電容量 C は
   $$C = \frac{\pi\varepsilon_0}{\log(d/a)}$$
   静電エネルギー W は
   $$W = \frac{CV^2}{2} = \frac{\pi\varepsilon_0 V^2}{2\log(d/a)}$$
   単位長さあたりの吸引力 F は
   $$F = -\frac{\partial W}{\partial d} = \frac{\pi\varepsilon_0 V^2}{2d\{\log(d/a)\}^2} \quad [\text{N}]$$

4. 一方の極板が x だけ引き離された場合の静電容量は
   $$C = \frac{S}{d/\varepsilon + x/\varepsilon_0}$$
   (i) $V = $ 一定の場合,
   静電エネルギー W は, $W = \dfrac{CV^2}{2}$, x の増加に対して働く力 F は
   $$F = \frac{\partial W}{\partial x}\bigg|_{x=0} = \frac{V^2}{2}\frac{\partial C}{\partial x}\bigg|_{x=0} = -\frac{\varepsilon^2 V^2 S}{2\varepsilon_0 d^2}$$

これは吸引力として作用しているから，引き離す力は
$$-F = \varepsilon^2 V^2 S / 2\varepsilon_0 d^2 \quad [\text{N}]$$

(ii) $Q = $ 一定 の場合，

静電エネルギー $W = Q^2/2C$

x の増加に対して働く力 F は

$$F = -\left.\frac{\partial W}{\partial x}\right|_{x=0} = -\frac{Q^2}{2}\left\{\frac{\partial}{\partial x}\left(\frac{1}{C}\right)\right\}\bigg|_{x=0} = -\frac{Q^2}{2\varepsilon_0 S}$$

極板を引き離すのに要する力は

$$-F = +\frac{Q^2}{2\varepsilon_0 S} \quad [\text{N}]$$

解図 6 章問 4

5. 誘電体がない部分とある部分の静電容量 C_0, C_1 は，誘電体挿入長を x，極板の幅を a とすると，

$$C_0 = \frac{\varepsilon_0 S(a-x)/a}{d},$$

$$C_1 = \frac{S(x/a)}{(d-t)/\varepsilon_0 + t/\varepsilon}$$

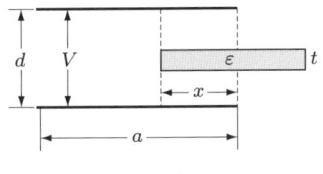

∴ 全容量 C はこれらが並列と考えられ，

$$C = C_0 + C_1 = \frac{\varepsilon_0 S}{a}\left\{\frac{a}{d} + \frac{xt'}{(d-t')d}\right\}$$

解図 6 章問 5

ここに，$t' = \dfrac{\varepsilon - \varepsilon_0}{\varepsilon}t$

静電エネルギーは，$W = CV^2/2$，ゆえに，$V = $ 一定 のとき x が増加する方向に働く力は

$$F = \frac{\partial W}{\partial x} = \frac{\partial}{\partial x}\left(\frac{CV^2}{2}\right) = \frac{\varepsilon_0 St'}{a(d-t')d}\frac{V^2}{2}$$

x に無関係となり常に一定の力となる．

6. 電荷 $\pm Q$ [C] を内外球間に与え，両球間の電位差 V [V] を誘電体を充填しているときについて求める．

$$V = \int_a^b E dx = \int_a^b \frac{Q dr}{4\pi \varepsilon r^2} = \frac{Q}{4\pi \varepsilon_0 \varepsilon_s}\left(\frac{1}{a} - \frac{1}{b}\right)$$

∴ 静電容量 $C : C = \dfrac{Q}{V} = \dfrac{4\pi \varepsilon_0 \varepsilon_s ab}{b-a}$

∴ 静電エネルギー：$W_1 = \dfrac{1}{2}CV^2 = \dfrac{2\pi \varepsilon_0 \varepsilon_s ab}{b-a}V^2$ [J]

空気の場合は上式で $\varepsilon_s = 1$ とすればよいから，

$$W_0 = \frac{2\pi \varepsilon_0 ab}{b-a}V^2 \quad [\text{J}]$$

7. 導体球の電位 V は

$$V = -\int_\infty^{a+d} \frac{Q}{4\pi \varepsilon_0 r^2} - \int_{a+d}^a \frac{Q}{4\pi \varepsilon r^2} dr$$

$$= \frac{Q}{4\pi \varepsilon_0}\left\{\frac{1}{a+d} + \frac{\varepsilon_0}{\varepsilon}\left(\frac{1}{a} - \frac{1}{a+d}\right)\right\}$$

静電エネルギー：$W = \dfrac{1}{2}QV = \dfrac{Q^2}{8\pi\varepsilon_0(a+d)}\left(1+\dfrac{\varepsilon_0 d}{\varepsilon a}\right)$ [J]

第 7 章

1. 小球の電荷 Q による影像電荷 $-Q$ を考えると，小球の電位は
$$V = \dfrac{Q}{4\pi\varepsilon_0}\left(\dfrac{1}{a}-\dfrac{1}{2d}\right)$$
平面導体の電位は零であるから，この導体と小球との間の電位差は上式で与えられる.
$$\therefore\ \text{静電容量}\ C = \dfrac{Q}{V} = \dfrac{4\pi\varepsilon_0}{\dfrac{1}{a}-\dfrac{1}{2d}}$$

2. 導線に単位長あたり Q [C] の電荷を与えると，この影像電荷は $-Q$ [C] である．AB 線上で地表 x の点の電界は下方に向いておりその大きさは，
$$E = \dfrac{Q}{2\pi\varepsilon_0}\left(\dfrac{1}{h-x}+\dfrac{1}{h+x}\right)$$
$\boldsymbol{E}$ と $\boldsymbol{x}$ は向きが反対であるから，$\boldsymbol{E}\cdot d\boldsymbol{x} = E(-dx)$ となることに注意して点 A の電位 V を求める.
$$V = -\int_0^{h-a}E(-dx) = \dfrac{Q}{2\pi\varepsilon_0}\log\dfrac{2h-a}{a}$$
$\therefore$ 大地に対する静電容量は
$$C = \dfrac{Q}{V} = \dfrac{2\pi\varepsilon_0}{\log\dfrac{2h-a}{a}} \fallingdotseq \dfrac{2\pi\varepsilon_0}{\log\dfrac{2h}{a}}\ \text{[F/m]}$$

解図 7 章問 2

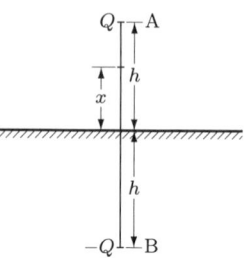

3. 影像電荷を図のように定める．$x>0$，$y>0$ の領域の点 P の電位は A, B, C, D 各点の電荷によって生じる電位の和として求められる.
$$V_{\mathrm{P}} = \dfrac{Q}{4\pi\varepsilon_0}\left(\dfrac{1}{\mathrm{AP}}-\dfrac{1}{\mathrm{BP}}-\dfrac{1}{\mathrm{CP}}+\dfrac{1}{\mathrm{DP}}\right)$$
$$= \dfrac{Q}{4\pi\varepsilon_0}\left(\dfrac{1}{\sqrt{(x-a)^2+(y-b)^2+z^2}}\right.$$
$$-\dfrac{1}{\sqrt{(x+a)^2+(y-b)^2+z^2}}$$
$$-\dfrac{1}{\sqrt{(x-a)^2+(y+b)^2+z^2}}$$
$$\left.+\dfrac{1}{\sqrt{(x+a)^2+(y+b)^2+z^2}}\right)\ \text{[V]}$$

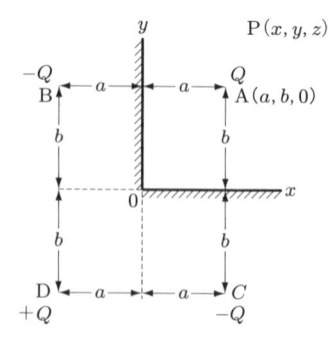

解図 7 章問 3

4. A, B は接地されているから，この電位が零となるように影像電荷を置く必要がある．まず，導体板の電位を零とするために Q の A に対する影像電荷 $-Q = Q_1'$ を置く．同じく B の導体板電位を零にするための影像電荷 $-Q = Q_1''$ を置くと，A の電位がこの Q_1'' の影響を受けて零でなくなってしまう．また，B の電位も Q_1' の影響を受けて，零でなくなっ

てしまう．そこで，Q_1', Q_1'' の B, A に関する影像 Q_2', Q_2'' を置くと同じ理由からさらにこれらの A, B による影像 Q_3', Q_3'' を置く必要が生じてくる．結局，この無限個の影像電荷を考えることによって，等価な電界を実現できる．

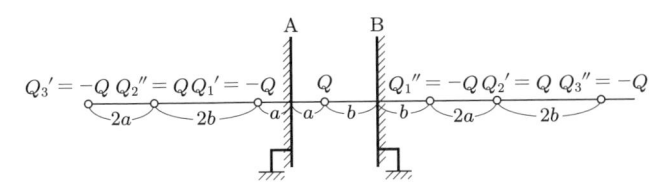

$$Q_3' = -Q \quad Q_2'' = Q \quad Q_1' = -Q \quad\quad Q \quad\quad Q_1'' = -Q \quad Q_2' = Q \quad Q_3'' = -Q$$
$$\underbrace{}_{2a} \underbrace{}_{2b} \underbrace{}_{a} A \underbrace{}_{a} \underbrace{}_{b} B \underbrace{}_{b} \underbrace{}_{2a} \underbrace{}_{2b}$$

解図 7 章問 4

A 側の影像電荷と点電荷間の引力：

$$F_1 = \frac{Q^2}{4\pi\varepsilon_0} \left\{ \frac{1}{(2a)^2} - \frac{1}{(2a+2b)^2} + \frac{1}{(4a+2b)^2} - \cdots \right\}$$

B 側の影像電荷と点電荷間の引力：

$$F_2 = \frac{Q^2}{4\pi\varepsilon_0} \left\{ \frac{1}{(2b)^2} - \frac{1}{(2a+2b)^2} + \frac{1}{(2a+4b)^2} - \cdots \right\}$$

∴ A 方向への引力

$$F = F_1 - F_2$$
$$= \frac{Q^2}{4\pi\varepsilon_0} \left\{ \frac{1}{(2a)^2} - \frac{1}{(2b)^2} + \frac{1}{(4a+2b)^2} - \frac{1}{(2a+4b)^2} + \cdots \right\} \quad [\text{N}]$$

5. この場合の電界は，Q_1, Q_2 が単独で存在するときの電界を重ね合わせたものとして考えることができる．半空間 ε_1 内の電界は，全空間を誘電体 ε_1 で満たし，Q_1 の対称点に $Q_1' = -Q_1(\varepsilon_2 - \varepsilon_1)/(\varepsilon_2 + \varepsilon_1)$ がある場合の電界と，同様に全空間が誘電体 ε_1 で満たされ，Q_2 の対称点に $Q_2' = -Q_2(\varepsilon_2 - \varepsilon_1)/(\varepsilon_2 + \varepsilon_1)$ のある場合の電界を重ね合わせたものになる．つまり，全空間が誘電体 ε_1 で満たされ，Q_1, Q_2, Q_1', Q_2' の四つの電荷がある場合の電界と等価になる．

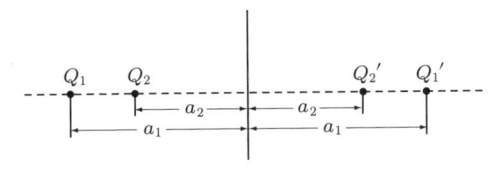

解図 7 章問 5

したがって，Q_1 に作用する力は，Q_2, Q_1', Q_2' の電荷によるクーロン力を考えればよい．

$$\therefore F = \frac{1}{4\pi\varepsilon_1} \left\{ \frac{Q_1 Q_2}{(a_1 - a_2)^2} + \frac{Q_1 Q_1'}{(2a_1)^2} + \frac{Q_1 Q_2'}{(a_1 + a_2)^2} \right\}$$
$$= \frac{Q_1}{4\pi\varepsilon_1} \left\{ \frac{Q_2}{(a_1 - a_2)^2} - \frac{\varepsilon_2 - \varepsilon_1}{\varepsilon_2 + \varepsilon_1} \left(\frac{Q_1}{(2a_1)^2} + \frac{Q_2}{(a_1 + a_2)^2} \right) \right\} \quad [\text{N}]$$

第 8 章

1. 電流は内導体から外導体へ放射状に流れている．中心から r の点の円筒の側面積は $S = 2\pi r l$，この円筒の抵抗は $dR = \rho \dfrac{dr}{S}$．

   ∴ 求める両円筒間の抵抗 R は

   $$R = \int_a^b \rho \frac{dr}{S} = \frac{\rho}{2\pi l} \int_a^b \frac{1}{r} dr = \frac{\rho}{2\pi l} \log \frac{b}{a} \quad [\Omega]$$

2. A 端からの距離を x とし，その幅を y とすると，

   $$y = a + \frac{(b-a)x}{l}$$

   ∴ 抵抗 R は $R = \displaystyle\int_0^l \frac{\rho dx}{ty} = \frac{\rho l}{t(b-a)} \log \frac{b}{a} \quad [\Omega]$

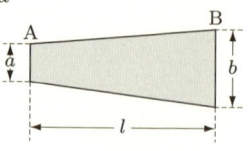

   解図 8 章問 2

3. 中心から x の点の断面積は $S = \pi x d / 4$．

   ∴ 抵抗 $R = \rho \displaystyle\int \frac{dx}{S}$
   $$= \frac{4}{\pi \sigma d} \int_{r_1}^{r_2} \frac{dx}{x} = \frac{4}{\pi \sigma d} \log \frac{r_2}{r_1} \quad [\Omega]$$

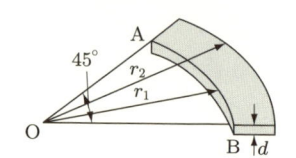

   解図 8 章問 3

4. t_1 [℃] のときの抵抗 $R_1 = R_0(1 + \alpha_0 t_1)$，また，$t_2$ [℃] のときの抵抗 R_2 は $R_2 = R_0(1 + \alpha_0 t_2)$ となることから，両者の比をとり $(t_2 > t_1)$，

   $$R_2 = R_1 \frac{1 + \alpha_0 t_2}{1 + \alpha_0 t_1} = R_1 \frac{1 + \alpha_0 t_2 + \alpha_0 t_1 - \alpha_0 t_1}{1 + \alpha_0 t_1}$$
   $$= R_1 \left\{ 1 + \frac{\alpha_0}{1 + \alpha_0 t_1} (t_2 - t_1) \right\}$$

   ∴ t_1 [℃] のときの温度係数 α_1 は

   $$\alpha_1 = \frac{\alpha_0}{1 + \alpha_0 t_1}$$

5. 電源の全起電力および，内部抵抗は，それぞれ NE，Nr_0，電球の抵抗は r/n である．

   $$\text{電流：} I = \frac{NE}{Nr_0 + R + r/n}$$

   ∴ 電力：$P = \left(\dfrac{NE}{Nr_0 + R + r/n} \right)^2 \dfrac{r}{n}$

6. 極板間の電界を E，面積を S，電荷を $\pm Q$，電位差を V とすると，電荷密度は $\varepsilon E (= D)$，電流密度は σE であるから，

   $$C = \frac{Q}{V} = \frac{\varepsilon E S}{V}, \quad I = \sigma E S$$

   $$\therefore R = \frac{V}{I} = \frac{\varepsilon E S / C}{\sigma E S} = \frac{\varepsilon}{\sigma C} = \frac{\varepsilon \rho}{C}$$

第9章

1. 図のように x, y 座標および r_1, r_2, θ_1, θ_2 を定める。
各電流による磁界は，アンペアの周回積分の法則から，
$$H_1 = \frac{I}{2\pi r_1}, \quad H_2 = \frac{I}{2\pi r_2}$$

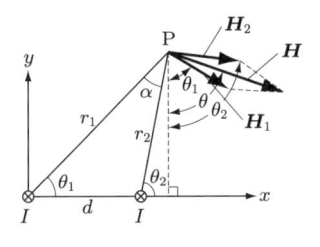

解図 9 章問 1

磁界の x, y 成分を H_x, H_y とすると，
$$H_x = H_1 \sin\theta_1 + H_2 \sin\theta_2, \quad H_y = H_1 \cos\theta_1 + H_2 \cos\theta_2$$

∴ 合成磁界 H (磁界の大きさ)
$$H = \sqrt{H_x^2 + H_y^2} = \sqrt{H_1^2 + H_2^2 + 2H_1 H_2(\cos\theta_1\cos\theta_2 + \sin\theta_1\sin\theta_2)}$$
$$= \frac{I}{2\pi}\sqrt{\frac{1}{r_1^2} + \frac{1}{r_2^2} + \frac{2}{r_1 r_2}\cos(\theta_2 - \theta_1)}$$
$$= \frac{I}{2\pi r_1 r_2}\sqrt{r_1^2 + r_2^2 + 2r_1 r_2 \cos\alpha} \quad (\alpha = \theta_2 - \theta_1)$$

磁界の向き
$$\tan\theta = \frac{H_x}{H_y} = \frac{H_1 \sin\theta_1 + H_2 \sin\theta_2}{H_1 \cos\theta_1 + H_2 \cos\theta_2}$$
$$= \frac{r_1 \sin\theta_2 + r_2 \sin\theta_1}{r_1 \cos\theta_2 + r_2 \cos\theta_1}$$

2. r_1, r_2 の交わる角を α とすると，図のような角度関係が成立する。各磁界の大きさは，$H_1 = I/2\pi r_1$, $H_2 = I/2\pi r_2$ となる。
∴ 合成磁界の大きさ
$$H = \sqrt{H_1^2 + H_2^2 - 2H_1 H_2 \cos\alpha}$$
$$= \frac{I}{2\pi r_1 r_2}\sqrt{r_1^2 + r_2^2 - 2r_1 r_2 \cos\alpha} = \frac{Id}{2\pi r_1 r_2}$$
($\because$ 三角関数の公式 $d^2 = r_1^2 + r_2^2 - 2r_1 r_2 \cos\alpha$)

解図 9 章問 2

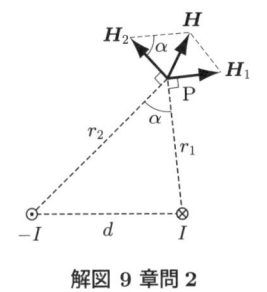

3. (i) 中空部 $(x < R_1)$ には，電流が存在しないから，
$$\oint_C H\,dl = 2\pi x H = 0 \quad \therefore\ H = 0.$$

(ii) 導体部 $(R_1 < x < R_2)$ の点 x の磁界を H とすると，半径 x の円筒内に流れている電流 I_x は
$$I_x = \frac{x^2 - R_1^2}{R_2^2 - R_1^2} I_0$$
$$\therefore\ 2\pi x H = I_x = \frac{x^2 - R_1^2}{R_2^2 - R_1^2} I_0$$
$$\therefore\ H = \frac{I_0}{2\pi x} \cdot \frac{x^2 - R_1^2}{R_2^2 - R_1^2} \quad [\text{A/m}]$$

(iii) 導体外部空間 $(x > R_2)$

$$2\pi x H = I_0 \qquad \therefore \ H = \frac{I_0}{2\pi x} \quad [\text{A/m}]$$

4. 177 ページ例題 9.5 の結果を利用する．BC を流れる電流によって重心 O に生じる磁界は

$$H_1 = \frac{I}{4\pi a}\{\cos\theta - \cos(\pi - \theta)\} = \frac{I}{2\pi a}\cos\theta$$

$$a = \frac{\sqrt{3}}{2} \times \frac{1}{3}l = \frac{\sqrt{3}l}{6}, \quad \cos\theta = \cos 30° = \frac{\sqrt{3}}{2}$$

求める磁界は

$$H = 3H_1 = 3 \times \frac{I\frac{\sqrt{3}}{2}}{2\pi \times \frac{\sqrt{3}}{6}l} = \frac{9I}{2\pi l} \quad [\text{A/m}]$$

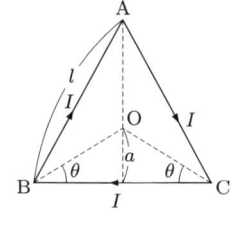

解図 9 章問 4

(向きは紙面に垂直で表から裏へ向かう)

5. 177 ページ例題 9.5 の結果を利用する．
1 辺を流れる電流による磁界 H は

$$H = \frac{I}{4\pi r}2\cos\theta$$

$$= \frac{2Ia}{4\pi\sqrt{x^2+a^2}\sqrt{x^2+2a^2}}$$

これの OP 方向成分を 4 倍すればよいから

$$H_\text{P} = 4H \times \frac{a}{\sqrt{a^2+x^2}} = \frac{2I}{\pi} \cdot \frac{a^2}{(x^2+a^2)\sqrt{x^2+2a^2}} \quad [\text{A/m}]$$

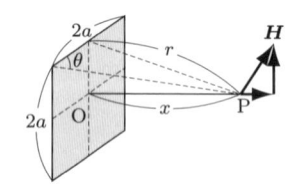

解図 9 章問 5

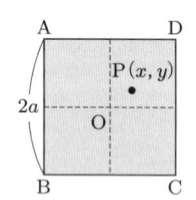

解図 9 章問 6

6. これも 177 ページ例題 9.5 の結果を用いればよい．
辺 AB，BC，CD，DA によって生じる点 P(x, y) の磁界は，紙面に垂直な方向で，

$$H_\text{AB} = \frac{I}{4\pi(a+x)}\left\{\frac{a+y}{\sqrt{(a+x)^2+(a+y)^2}} + \frac{a-y}{\sqrt{(a+x)^2+(a-y)^2}}\right\}$$

$$H_\text{BC} = \frac{I}{4\pi(a+y)}\left\{\frac{a+x}{\sqrt{(a+y)^2+(a+x)^2}} + \frac{a-x}{\sqrt{(a+y)^2+(a-x)^2}}\right\}$$

$$H_\text{CD} = \frac{I}{4\pi(a-x)}\left\{\frac{a+y}{\sqrt{(a-x)^2+(a+y)^2}} + \frac{a-y}{\sqrt{(a-x)^2+(a-y)^2}}\right\}$$

$$H_{\mathrm{DA}} = \frac{I}{4\pi(a-y)}\left\{\frac{a-x}{\sqrt{(a-y)^2+(a-x)^2}} + \frac{a+x}{\sqrt{(a-y)^2+(a+x)^2}}\right\}$$

求める磁界は，これらを合成したもので

$$H = H_{\mathrm{AB}} + H_{\mathrm{BC}} + H_{\mathrm{CD}} + H_{\mathrm{DA}}$$

7. 直線部の電流と点 O のなす角は零であるからビオ・サバールの法則により，直線導体部によって点 O に磁界は発生しない．

半円部による磁界は，$dl = ad\theta$ の関係および dl と半径が直交することを考慮して，

$$H = \int dH = \frac{Ia}{4\pi a^2}\int_0^\pi d\theta = \frac{I}{4a} \quad [\mathrm{A/m}]$$

8. 磁位は $U_{\mathrm{P}} = I\omega/4\pi$ (174ページ式 (9.9) 参照)，点 P から円形導線を見込む立体角 ω は，$\omega = 2\pi(1 - x/\sqrt{x^2+a^2})$

$$\therefore\ U_{\mathrm{P}} = \frac{I\omega}{4\pi} = \frac{I}{2}\left(1 - \frac{x}{\sqrt{x^2+a^2}}\right)$$

$$\therefore\ H = -\frac{\partial U_{\mathrm{P}}}{\partial x} = \frac{a^2 I}{2(a^2+x^2)^{3/2}} \quad [\mathrm{A/m}]$$

9. 力 $F = IBl\sin\theta$, $\theta = 90°$ であるから

$$F = 3 \times 1.5 \times 0.2 = 0.9 \quad [\mathrm{N}]$$

第 10 章

1. 空隙内における磁界の大きさを H_0，法線となす角を θ_0 とする．空隙内の磁束密度は $B_0 = \mu_0 H_0$，磁性体内では，$B = \mu_0 H + J$ である．磁界の接線成分と磁束密度の法線成分に対し境界条件を適用し，

$$H\sin\theta = H_0\sin\theta_0 \quad (1) \qquad (\mu_0 H + J)\cos\theta = \mu_0 H_0 \cos\theta_0 \quad (2)$$

式 (1) と (2) を μ_0 で割ったものをもとに 2 乗して加えると，

$$H^2\sin^2\theta + \frac{1}{\mu_0{}^2}(\mu_0 H + J)^2\cos^2\theta = H_0{}^2$$

$$\therefore\ H_0 = \sqrt{\left\{\left(\frac{J}{\mu_0}\right)^2 - \frac{2JH}{\mu_0}\right\}\cos^2\theta + H^2}$$

(1) ÷ (2) から，θ_0 の向きは

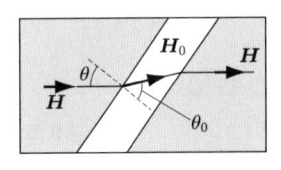

$$\tan\theta_0 = \frac{\mu_0 H}{\mu_0 H + J}\tan\theta$$

解図 10 章問 1

2. $\boldsymbol{B} = \mathrm{rot}\,\boldsymbol{A}$ の成分表示式へ A_x, A_y, A_z を代入して，

$$B_x = \frac{\partial A_z}{\partial y} - \frac{\partial A_y}{\partial z} = 0,\quad B_y = \frac{\partial A_x}{\partial z} - \frac{\partial A_z}{\partial x} = -2axyz$$

$$B_z = \frac{\partial A_y}{\partial x} - \frac{\partial A_x}{\partial y} = 2bx + axz^2$$

$$\boldsymbol{B} = -\boldsymbol{j}2axyz + \boldsymbol{k}(2bx + axz^2)$$

3. 式 (10.49) を適用する．

導線方向を x 軸とし,点 P からの距離を h とする.式 (10.49) で $r = \sqrt{h^2 + x^2}$, $d\boldsymbol{l} = dx$ とすると,

$$|\boldsymbol{A}| = A_x = \frac{\mu_0 I}{4\pi} \int_{-l}^{l} \frac{dx}{\sqrt{h^2 + x^2}}$$
$$= \frac{\mu_0 I}{4\pi} \left[\log(x + \sqrt{x^2 + h^2}) \right]_{-l}^{l}$$
$$= \frac{\mu_0 I}{4\pi} \log \frac{l + \sqrt{h^2 + l^2}}{-l + \sqrt{h^2 + l^2}}$$

解図 10 章問 3

4. 等価回路は図のように表される.
各磁気抵抗

$$R_1 = \frac{a+b}{\mu_0 \mu_s S}, \quad R_2 = \frac{a-d}{2\mu_0 \mu_s S} + \frac{d}{2\mu_0 S}$$

各項にキルヒホッフの法則を適用して,

$$N_1 I_1 = R_1 \phi_1 + R_2 (\phi_1 - \phi_2)$$
$$N_2 I_2 = R_1 \phi_2 + R_2 (\phi_2 - \phi_1)$$
$$\therefore \phi_1 = \frac{N_1 I_1 (R_1 + R_2) + N_2 I_2 R_2}{(R_1 + R_2)^2 - R_2^2}, \quad \phi_2 = \frac{N_2 I_2 (R_1 + R_2) + N_1 I_1 R_2}{(R_1 + R_2)^2 - R_2^2}$$

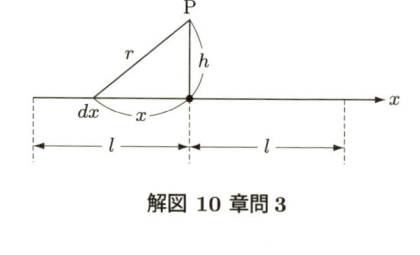

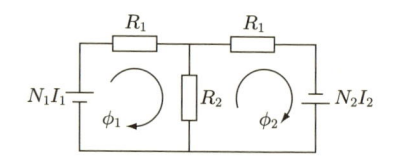

解図 10 章問 4

空隙を通る磁束 ϕ は ϕ_1 方向に

$$\phi = \phi_1 - \phi_2 = \frac{N_1 I_1 - N_2 I_2}{R_1 + 2R_2} = \frac{\mu_0 \mu_s S (N_1 I_1 - N_2 I_2)}{2a + b - d + \mu_s d}$$

と求まる.

5. 磁気抵抗:$R_m = \dfrac{l_1}{\mu_1 S_1} + \dfrac{l_2}{\mu_2 S_2}$,磁束 $\phi = \dfrac{NI}{R_m}$,

磁束密度:$B = \dfrac{\phi}{S_1} = \dfrac{NI}{\dfrac{l_1}{\mu_i} + \dfrac{l_2}{\mu_2}\dfrac{S_1}{S_2}}$ [Wb/m^2]

第 11 章

1. ソレノイドの軸長 l に対して半径が小さい場合は,ソレノイド内部磁界を無限長ソレノイドの磁界で近似できる.いま,コイルに 1 A の電流を流し,コイル巻数を N とすると,

$$H = \frac{NI}{l} = \frac{N}{0.5} \quad \therefore B = \mu_0 H = \frac{4\pi N}{0.5} \times 10^{-7}$$
$$\phi = BS = \frac{4\pi N}{0.5} \times 10^{-7} \times \pi \times 1^2 \times 10^{-4}$$

∴ 自己インダクタンス L は

$$L = N\phi = 8\pi^2 N^2 \times 10^{-11} = 20 \times 10^{-3}$$
$$N = (25 \times 10^6)^{1/2} = 5 \times 10^3$$

2. 磁束鎖交数は

$$\Phi = LI = 0.01 \times 3 = 0.03 \quad [\text{Wb}]$$

このときの磁束 $\phi = \dfrac{\Phi}{N} = \dfrac{0.03}{100} = 3 \times 10^{-4}$ [Wb]

3. 外側ソレノイドの長径に比べ長さが長いので，ソレノイド中央部の磁界を無限長ソレノイドの内部磁界で近似する．コイルに 1 A を流すと，

$$H = nI = 1000$$

$$\therefore M = N_2 \mu_0 H S_2 = 50 \times 4\pi \times 10^{-7} \times 1000 \times \pi \times \dfrac{1}{4} \times 10^{-4}$$

$$= 4.94 \times 10^{-6} \quad [\text{H}]$$

4. 空隙を設けたときと設けないときの磁気抵抗をそれぞれ R_0, R_1, 巻回数を N_0, N_1, インダクタンスを L_0, L_1 とする．

$$R_0 = \dfrac{l}{\mu S}, \quad R_1 = \dfrac{l-a}{\mu S} + \dfrac{a}{\mu_0 S}$$

いま，1 A を流したときの磁束鎖交数，すなわち自己インダクタンスは

$$L_0 = \dfrac{N_0{}^2}{R_0} = \dfrac{\mu N_0{}^2 S}{l}, \quad L_1 = \dfrac{N_1{}^2}{R_1} = \dfrac{N_1{}^2 S}{\dfrac{l-a}{\mu} + \dfrac{a}{\mu_0}}$$

$L_0 = L_1$ とおくと，

$$\dfrac{N_1}{N_0} = \sqrt{1 + \dfrac{a}{l}\left(\dfrac{\mu}{\mu_0} - 1\right)}$$

5. ノイマンの公式を適用する．

$dl_1 = dx_1$, $dl_2 = dx_2$ とおくと，平行導線の条件から $\theta = 0$ となり，$r = \sqrt{d^2 + (x_2 - x_1)^2}$. 相互インダクタンス M は

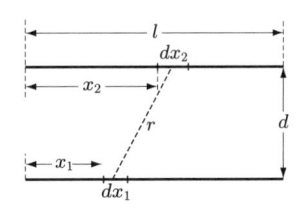

$$M = \dfrac{\mu_0}{4\pi} \int_0^l \int_0^l \dfrac{dx_1 dx_2}{\sqrt{d^2 + (x_2 - x_1)^2}}$$

解図 11 章問 5

> 公式： $\displaystyle\int_0^l \dfrac{dx_1}{\sqrt{d^2 + (x_2 - x_1)^2}} = \left|\sinh^{-1}\left(\dfrac{x_1 - x_2}{d}\right)\right|_0^l$
>
> および $\displaystyle\int \sinh^{-1} y \, dy = y \sinh^{-1} y - \sqrt{1+y^2} + c$ （積分定数）
>
> $\sinh^{-1} y = \log(y + \sqrt{1+y^2})$ を用いて，

$$= \dfrac{\mu_0}{4\pi}\Big[\{l \log(l + \sqrt{d^2 + l^2}) - \sqrt{d^2+l^2} + d\}$$
$$- \{l\log(-l + \sqrt{d^2+l^2}) + \sqrt{d^2+l^2} - d\}\Big]$$
$$= \dfrac{\mu_0}{4\pi}\left\{l\log\dfrac{(\sqrt{d^2+l^2}+l)^2}{d^2} - 2\sqrt{d^2+l^2} + 2d\right\}$$
$$= \dfrac{\mu_0}{2\pi}\left\{l\log\dfrac{\sqrt{d^2+l^2}+l}{d} - \sqrt{d^2+l^2} + d\right\} \quad [\text{H}]$$

$d/l \ll 1$ のとき，

$$M = \frac{\mu_0 l}{2\pi}\left\{\log\frac{l(\sqrt{(d/l)^2+1}+1)}{d} - \sqrt{\left(\frac{d}{l}\right)^2+1} + \frac{d}{l}\right\}$$

$$\fallingdotseq \frac{\mu_0 l}{2\pi}\left(\log\frac{2l}{d} - 1\right) \quad [\text{H}]$$

6. 大きい方のコイルに電流 I を流した場合の磁界は，第 9 章例題 9.4 の結果を利用すればよい．この例題は巻数が 1 であったが，比較的少ない巻数 N_1 のときの磁界 H は，単に N_1 倍すればよい．

$$H = \frac{a^2 I N_1}{2(a^2+d^2)^{3/2}}$$

小コイル内の磁界は一様とみなして，

鎖交磁束 $\quad \Phi = N_2 \mu_0 H \pi b^2 = \dfrac{\mu_0 \pi N_1 N_2 a^2 b^2}{2(a^2+d^2)^{3/2}} I$

ここで $\Phi = MI$ から

$$M = \frac{\mu_0 \pi N_1 N_2 a^2 b^2}{2(a^2+d^2)^{3/2}} \quad [\text{H}]$$

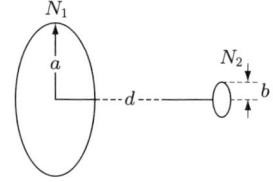

解図 11 章問 6

第 12 章

1. $U = -L\dfrac{dI}{dt} = -0.1 \times 500 = -50 \quad [\text{V}]$

2. $U_2 = -M\dfrac{dI_1}{dt} = 0.3 \times 0.5 \times 50\pi \sin 50\pi t$
   $= 7.5\pi \sin 50\pi t \quad [\text{V}]$

3. コイルの磁束鎖交数 Φ は

$$\Phi = \mu_0 HS \cos\omega t = \mu_0 H_m S \sin(\omega t + \theta)\cos\omega t$$
$$= \frac{\mu_0 H_m S}{2}\{\sin(2\omega t + \theta) + \sin\theta\}$$

∴ コイルの起電力 U は

$$U = -\frac{d\Phi}{dt} = -\mu_0 H_m S \omega \cos(2\omega t + \theta) \quad [\text{V}]$$

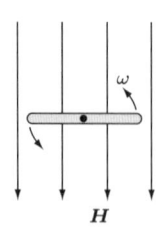

解図 12 章問 3 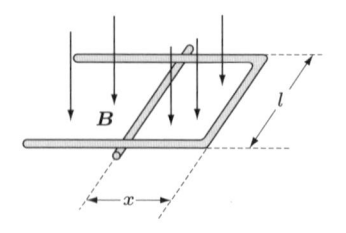   解図 12 章問 4

4. 磁束鎖交数 Φ は

$$\Phi = Blx = B_m l\{a\cos(\omega t + \theta) + b\cos(\omega t + \theta)\cos(\omega t + \phi)\}$$

∴ 起電力 U は
$$U = -\frac{d\Phi}{dt} = \omega l B_m \{a\sin(\omega t + \theta) + b\sin(2\omega t + \theta + \phi)\} \quad [\text{V}]$$

5. 交番磁束を $\Phi = \Phi_m \sin\omega t$ とすると，起電力 U は
$$U = n\frac{d\Phi}{dt} = n\omega\Phi_m \cos\omega t = E_m \cos\omega t$$

∴ 巻数：$n = \dfrac{E_m}{\omega\Phi_m} = \dfrac{E_m}{\Omega S B_m} = 2000$ 回巻

第 13 章

1. 波長 λ と周波数の間には，$f\lambda = c$ (光速) の関係がある．$c = 3 \times 10^8$ m/s を用いて
$$\lambda_1 = \frac{c}{f_1} = \frac{3 \times 10^8 \ [\text{m/s}]}{10^3 \ [1/\text{s}]} = 3 \times 10^5 \quad [\text{m}]$$
$$\lambda_2 = \frac{c}{f_2} = \frac{3 \times 10^8 \ [\text{m/s}]}{10^6 \ [1/\text{s}]} = 3 \times 10^2 \quad [\text{m}]$$
$$\lambda_3 = \frac{c}{f_3} = \frac{3 \times 10^8 \ [\text{m/s}]}{10^9 \ [1/\text{s}]} = 3 \times 10^{-1} \quad [\text{m}]$$

2. $f = c/\lambda$ から，
$$f_1 = \frac{3 \times 10^8 \ [\text{m/s}]}{1 \ [\text{m}]} = 3 \times 10^8 \ [1/\text{s}] = 300 \quad [\text{MHz}]$$
$$f_2 = \frac{3 \times 10^8 \ [\text{m/s}]}{10 \ [\text{m}]} = 3 \times 10^7 \ [1/\text{s}] = 30 \quad [\text{MHz}]$$
$$f_3 = \frac{3 \times 10^8 \ [\text{m/s}]}{1000} = 3 \times 10^5 \ [1/\text{s}] = 300 \quad [\text{kHz}]$$

3. コンデンサの極板間隔を l，極板面積を S，誘電率を ε とする．極板間の電界 E および電束密度 D は
$$E = \frac{e}{l} = \frac{E_m \sin\omega t}{l}, \quad D = \varepsilon E = \frac{\varepsilon E_m \sin\omega t}{l}$$

∴ 全変位電流 I は
$$I = S\frac{dD}{dt} = \frac{\varepsilon S \omega}{l} E_m \cos\omega t = \omega C E_m \cos\omega t \quad [\text{A}]$$

4. $\varepsilon_0 = \dfrac{1}{4\pi \times 9 \times 10^9}$ [F/m], $\mu_0 = 4\pi \times 10^{-7}$ [H/m]

$$\therefore \sqrt{\frac{\mu_0}{\varepsilon_0}} = \sqrt{(4\pi)^2 \times 9 \times 10^2 \ [\text{H/F}]} = 120\pi \quad [\text{H/F}]^{1/2}$$

ここで，$U = -L\dfrac{dI}{dt}$ からも明らかなように，[H] = [Vs/A]，また，$C = Q/V$ から $F = [\text{C/V}] = [\text{As/V}]$ であるから，
$$\left[\frac{\text{H}}{\text{F}}\right]^{1/2} = \left[\frac{\text{V}}{\text{A}}\right] = [\Omega]$$

$$\therefore \sqrt{\frac{\mu_0}{\varepsilon_0}} = 120\pi \fallingdotseq 376.8 \quad [\Omega]$$

5. 電界が $E = E_m \sin\omega\left(t - \dfrac{x}{v}\right)$ のとき，磁界 H は，$H = \sqrt{\dfrac{\varepsilon}{\mu}} E_m \sin\omega\left(t - \dfrac{x}{v}\right)$ と表される．

$$\therefore H_m = \sqrt{\dfrac{\varepsilon}{\mu}} E_m = \sqrt{\dfrac{80 \times 8.855 \times 10^{-12}}{1.257 \times 10^{-6}}} E_m = 2.37 \times 10^{-2} E_m$$

$$\therefore H = 2.37 \times 10^{-2} E_m \sin\omega\left(t - \dfrac{t}{v}\right) \quad [\text{A/m}]$$

6. 電波の伝搬速度は一般に $v = 1/\sqrt{\varepsilon\mu}$．
   ここに $\varepsilon = \varepsilon_0 \varepsilon_s$，$\mu = \mu_0 \mu_s$ であり，水の場合 $\mu_s = 1$．

$$\therefore v = \dfrac{1}{\sqrt{80 \times 8.855 \times 10^{-12} \times 4\pi \times 10^{-7}}} = 3.35 \times 10^7 \quad [\text{m/s}]$$

7. 電界の単位体積あたりのエネルギーは $\varepsilon E^2/2$，磁界は $\mu H^2/2$ である．
   平面波の電界，磁界の間には，$H = \sqrt{\varepsilon/\mu}\, E$ の関係があるから，

$$\dfrac{\mu H^2}{2} = \dfrac{\mu}{2}\left(\sqrt{\dfrac{\varepsilon}{\mu}}\, E\right)^2 = \dfrac{\varepsilon E^2}{2}$$

8. マクスウェルの方程式 $\nabla \times \boldsymbol{E} = -j\omega\mu_0 \boldsymbol{H}$ の成分表示式は，$E_y = E_z = 0$ を考慮すると，

$$\dfrac{\partial E_x}{\partial z} = -j\omega\mu_0 H_y \tag{1}$$

$$-\dfrac{\partial E_x}{\partial y} = -j\omega\mu_0 H_z \tag{2}$$

式 (1) から，

$$H_y = j\dfrac{1}{\omega\mu_0}\dfrac{\partial E_x}{\partial z} = \dfrac{\beta}{\omega\mu_0} A e^{-j\beta z + j\omega t}$$
$$= \sqrt{\dfrac{\varepsilon_0}{\mu_0}} A e^{-j\beta z + j\omega t}$$

参 考 文 献

[1] 竹山説三：電磁気学現象理論，丸善 (1964)
[2] 電気磁気学，電気学会大学講座，電気学会 (1950)
[3] 末武国弘：電気技術者のための応用ベクトル解析，オーム社 (1973)
[4] 飯田修一監訳：電磁気 (上，下)，バークレー物理学コース 2，丸善 (1971)
[5] 宮島龍興訳：電気磁気学，ファイマン物理学 III，岩波書店 (1974)
[6] 高橋秀俊：電磁気学，物理学選書 3，裳華房 (1975)
[7] 末松安晴：電気磁気学，共立出版 (1973)
[8] 神保成吉：電気磁気学，電気工学原論 I，共立出版 (1962)
[9] 川村雅恭：電気磁気学―基礎と例題―，昭晃堂 (1975)
[10] 小塚洋司：光・電波解析の基礎，コロナ社 (1995)
[11] 電磁界の生体効果と計測，電気学会高周波電磁界の生体効果に関する計測技術調査専門委員会編，コロナ社 (1995)
[12] 伊藤大介訳：電磁気学，ゾンマーフェルト理論物理学講座，講談社 (1984)
[13] 砂川重信：理論電磁気学，紀伊國屋書店 (1979)
[14] 柿内賢信訳：電気磁気学，丸善 (1974)
[15] 清水武夫・伊地知昇平・鍛治幸悦・山田十一：電気磁気学 (新編電気講座)，コロナ社 (1975)
[16] 榎本肇・関口利男：電波工学，オーム社 (1975)
[17] 後藤尚久：入門コース電磁気学，昭晃堂 (1988)
[18] 高木亀一：電気理論演習 I，オーム社 (1961)

索 引

■欧文先頭

B-H 曲線　207
div (divergence)　8
N 極　162
R_m-H 曲線　208
rot (rotation)　8
S 極　162
TE 波　290
TM 波　290
μ-H 曲線　208

■あ 行

圧粉鉄心　257
アンペア　145
アンペアの周回積分の法則　167, 168, 213
アンペアの右ねじの法則　163, 168
位相整合条件　292
位相速度　270
位相定数　270
位置エネルギー　37, 40
位置ベクトル　4
1 ワット時　157
一般の角　16
印加電気力　153
インダクタンス　218
インダクタンスの単位　221
インダクタンスの直列接続　226
インダクタンスの並列接続　229
うず電流　255
うず電流損　257
運動エネルギー　37
運動電磁誘導　244
影像 (image)　125
影像電荷　126
影像法 (image method)　125
影像力 (image force)　128
エネルギー　37

エラスタンス　80
オーム　146
オームの法則　146
温度係数　149

■か 行

回転　7, 8
ガウスの線束定理　56
ガウスの定理　48
ガウスの定理の一般形　96
ガウスの定理の積分形　56
重ねの理　62, 76
仮想変位　114
仮想変位の考え方　114
仮想変位の法　115
価電子　24
可変ベクトル　4
機械的エネルギー　250
起電力　150
基本ベクトル　4
逆起電力　152
逆磁性体　187
逆容量　80
キャパシタンス　80
境界値問題　124
強磁性体　187
強磁性体の磁化　207
極性分子　87
キルヒホッフの第一法則　159
均質等方性媒質　268
近接作用論　114
クーロンの法則　26
クーロン力　26
結合係数　228
原子分極　87
減磁率　197, 198
減磁力　197
減衰定数　270

源泉　55
験電荷　41
勾配　7, 13, 46, 59
コーシー・リーマンの微分方程式　140
固有インピーダンス　271, 272
孤立導体　105
コンダクタンス　148

■さ 行

鎖交　166
差動結合　226
残留磁気　208
磁化　186
磁界　162
磁界のエネルギー　206, 247
磁界のエネルギーと電磁誘導　247
磁界の境界条件　194
磁界の単位　168
磁界の保存性　185
磁化曲線　208
磁化線　191, 198
磁化率　193
磁気エネルギー　36, 231
磁気エネルギーのインダクタンス表示式　233
磁気回路　212
磁気シールド　199
磁気誘導　186
磁極　26, 195
磁極に関するクーロンの法則　197
磁極密度　195
自己インダクタンス　219
自己減磁力　197
仕事　6, 37
仕事率　39
自己誘導係数　219
自己誘導作用　246
磁針　162
磁束　190
磁束鎖交数　218
磁束線　198
磁束の単位　191
磁束の表皮効果　252
磁束密度　190
磁束密度の境界条件　283
ジーメンス　149

写像　139
自由空間　269
自由電荷　25
自由電子　24
重力場　37, 40
ジュール　39
ジュール熱　155, 156
ジュールの法則　155, 156
循環　11
準定常状態　254
準定常電流　145
常磁性体　187
小ヒステリシス環　209
初期曲線　208
磁力線　163, 198
磁力線の屈折　194
磁路　212
真空中のガウスの定理　48
真電荷　25
浸透の深さ　274
スカラ　1
スカラ積　5, 14
スカラ場　9
スカラ・ポテンシャル　201, 202
スタインメッツ定数　212
スタインメッツの実験式　210
ステラジアン　17
スネルの法則　292
成層鉄心　257
正則関数　139
静電エネルギー　36
静電応力　111
静電界　30, 71
静電気　25
静電誘導　28
静電容量　80
制動力　257
絶縁体　25
零ベクトル　3
線束　10
全電流　263
線電流密度　278
相互インダクタンス　219
相互インダクタンスの相反性　220
相互誘導係数　219

相互誘導作用　246
束縛電荷　25

■た　行

第1電磁方程式　264
第2電磁方程式　267
帯電　24
帯電状態　24, 28
対流電流　145
単位ベクトル　3
力の場　26, 30
直流　145
抵抗　146
抵抗の単位　146
抵抗率　147
抵抗率の温度係数　150
抵抗率の単位　148
定常電流　145, 254
定電圧源　152
鉄損　257
電圧　150
電圧降下　152
電位　39
電位係数　75
電位差　41, 80
電位の基準点　44
電位の単位　45
電荷　24
電界　26
電界中の静電エネルギー　109
電界の境界条件　274
電界の単位　32
電界の強さ　32
電界の特殊解法　124
電荷の移動　25
電荷の保存　159
電気影像法　125
電気エネルギー　114
電気回路　150
電気双極子　61
電気双極子のモーメント　63
電気二重層　66
電気二重層による電位　66
電気二重層の強さ　67
電気力線　35

電気力線数　35
電気力線の屈折　99
電気力線の性質　58
電気力線の発散　54
電気量　157
電気量の単位　157
電源　150
電磁波の境界条件　274
電子分極　87
電磁誘導現象　235
電磁誘導法則　235, 236
電磁誘導法則の拡張　240
電磁誘導法則の積分形　242
電磁誘導法則の微分形　242
電束　93, 95
電束密度　94
電束密度の境界条件　99
電池　151
点電荷　25, 32
伝導電流　145
電場　30
伝搬定数　270
電流　25
電流による磁界の磁位　172
電流の回転　256
電流の境界条件　160
電流の流れている回路に働く力　249
電流の表皮効果　252
電流の有する磁気的エネルギー　230
電流の流線　158
電流の連続式　158
電流密度　158
電流ループの磁気モーメント　174, 188
電力　156
電力の単位　157
等角写像　141
等角写像法　124
透過係数　287, 289
等価板磁石　179
動径ベクトル　4
透磁率　191
導体　71
導体間に働く力　116
導体における表皮効果　252
導電率　149

導電率の単位　149
特性インピーダンス　271

■な 行

ノイマンの公式　222, 223
ノイマンの法則　238

■は 行

発散　7, 8
波動方程式　268
バルクハウゼン効果　209
反射係数　286, 289
反射の法則　292
半導体　25, 150
ビオ・サバールの法則　174
ヒステリシス　208
ヒステリシス環　209
ヒステリシス損　209
ヒステリシス定数　212
比透磁率　192
比誘電率　84, 85
平等分極　90
表皮の深さ　277
表面電荷密度　282
表面電流の線密度　280
ファラデー管　97, 110
ファラデー管に働く力　111
ファラデーの電磁誘導則　239, 241, 260
ファラド　27, 77
フェーザ　1
フェライト　257
複素ポインティングベクトル　294
複素誘電率　286
フレネルの反射係数　292
フレミングの右手の法則　244, 245, 257
フレミングの左手の法則　181, 184, 257
分極　84, 87
分極原子　87
分極指力線　90
分極指力線数　94
分極電荷　25
分極電荷密度　90, 195
分極電流　261, 263
平面波　269

平面波の反射と透過　285
ベクトル　1
ベクトル解析　1
ベクトル関数　9
ベクトルの加法　2
ベクトルの減法　3
ベクトルの積　5
ベクトルの積分　8
ベクトルの相等　2
ベクトルの微分　7
ベクトル場　9
ベクトル・ポテンシャル　201, 203
変位電流　260
変動電流　145
ヘンリー　219, 221
ポアソンの方程式　57, 124
ポインティングベクトル　294
方位分極　87
方向余弦　4, 33
法線単位ベクトル　4
保磁力　208
ボルト　32, 46

■ま 行

マクスウェルの方程式　293
無限長ソレノイド　170
モー　149

■や 行

有向線分　1
誘電体　84
誘電体間に働く力　119
誘電体中のガウスの定理　96
誘電体の境界条件　99
誘電率　27
誘導加熱　236
誘導起電力　237
誘導係数　78
誘導電流　237
容量　80
容量係数　78

■ら 行

ラプラシアン　58

ラプラスの方程式　57, 124
力管　97
力線　95
立体角　16
レンツの法則　236, 237
レントゲン電流　261

ローレンツの力　184

■ わ 行

ワット　39
和動結合　226

著者略歴

小塚 洋司（こつか・ようじ）
1941 年　神奈川県に生まれる．
1984 年　東海大学教授
1995 年　ハーバード大学客員教授
2003 年　明治大学講師を兼務
2012 年　電気通信大学産学官連携センター客員教授
現　在　東海大学名誉教授
　　　　工学博士（東京工業大学）
主な著書：光・電波解析の基礎（コロナ社），RF/Microwave Interaction with Biological Tissues （Wiley，共著），電磁界の生体効果と計測（電気学会編，コロナ社，共著），バーコードの秘密（ポピュラーサイエンス，裳華房），Electromagnetic Wave Absorbers –Detailed Theories and Applications– (Wiley)，先端放射医療技術と計測（電気学会編，コロナ社，共著）ほか．

編集担当　塚田真弓（森北出版）
編集責任　石田昇司（森北出版）
組　版　　アベリー／プレイン
印　刷　　創栄図書印刷
製　本　　創栄図書印刷

電気磁気学［新装版］ ―その物理像と詳論―　　© 小塚洋司 2012

1998 年 4 月 27 日　第 1 版第 1 刷発行　　【本書の無断転載を禁ず】
2010 年 9 月 17 日　第 1 版第 13 刷発行
2012 年 3 月 30 日　新装版第 1 刷発行
2024 年 8 月 10 日　新装版第 9 刷発行

著　者　小塚洋司
発行者　森北博巳
発行所　森北出版株式会社
　　　　東京都千代田区富士見 1-4-11（〒 102-0071）
　　　　電話 03-3265-8341 ／ FAX 03-3264-8709
　　　　https://www.morikita.co.jp/
　　　　日本書籍出版協会・自然科学書協会　会員
　　　　JCOPY ＜（一社）出版者著作権管理機構　委託出版物＞

落丁・乱丁本はお取替えいたします．
Printed in Japan ／ ISBN978-4-627-73172-1

MEMO